HUOYAO XUE

火药学

蔺向阳　郑文芳　编著

化学工业出版社

· 北京 ·

《火药学》系统地叙述了火药的基本概念、分类及用途、典型配方及各组分作用、制造原理与工艺、能量性质、燃烧性质、力学性质、安定性质、性能及设计、发展动向等内容,详细地讨论了火药能量特性参数的计算方法。

本书为特种能源技术与工程本科专业教材,也可供有关研究生和科技人员参考。

图书在版编目(CIP)数据

火药学/蔺向阳,郑文芳编著. —北京:化学工业
出版社,2020.4(2025.2重印)
ISBN 978-7-122-36086-1

Ⅰ.①火… Ⅱ.①蔺…②郑… Ⅲ.①火药-高等
学校-教材 Ⅳ.①TJ41

中国版本图书馆 CIP 数据核字(2020)第 020817 号

责任编辑:袁海燕　　　　　　　　　　文字编辑:向　东
责任校对:盛　琦　　　　　　　　　　装帧设计:王晓宇

出版发行:化学工业出版社(北京市东城区青年湖南街 13 号　邮政编码 100011)
印　　装:北京盛通数码印刷有限公司
787mm×1092mm　1/16　印张 19¼　字数 500 千字　2025 年 2 月北京第 1 版第 9 次印刷

购书咨询:010-64518888　　　　　　　　售后服务:010-64518899
网　　址:http://www.cip.com.cn
凡购买本书,如有缺损质量问题,本社销售中心负责调换。

定　　价:88.00 元

前言

火药作为现代武器装备动力系统的能量来源,是武器系统不可或缺的组成部分。对于本科生和火药研究的技术人员而言,掌握火药的基本知识对于从事相关研究和技术工作是非常必要的。

本书是在 1988 年版内部《火药学》讲义基础上编写而成的。原讲义无论在深度和广度上都是一部优秀的基础教程。在过去三十年里,它为培养我国国防专业人才做出了贡献。但由于专业教学需要和火药技术在近期有了重要的发展等原因,需要对原讲义进行改编。在改编过程中,在内容上补充了近二十年来的新原理、新概念和新技术。根据教材和更新后的教学大纲特点,改编时重视知识继承、发展和创新的关系,在原讲义基础理论的基础上进一步拓宽内容,并重视对火药技术发展动向的介绍。另外,随着相关专业课时的减少,要求专业教程既要包含足够多的知识点和知识面,又要做到浅显易懂。笔者结合多年的教学实践,重新编制了本教程的大纲和目录,进行了大量的文献查阅和内容更新补充。

《火药学》结合近年特种能源技术与工程专业课程设置和大纲调整,考虑到内容的完整性,全书分为七章,第 1 章介绍火药的基本概念、分类和发展历史等内容,第 2 章介绍火药的组成及其各组分作用,第 3 章讨论火药成型原理,第 4 章讨论火药制造工艺,第 5 章讨论火药能量特性的理论计算,第 6 章讨论火药的性能与设计的相关内容,第 7 章介绍了新型火药及其制造技术的最新研究进展和发展趋势。

本书编写过程中,得到了南京理工大学化工学院刘征哲、张西亚、牟科赛等研究生的热情支持。南京理工大学何卫东研究员和郭效德研究员、北京理工大学翟进贤副教授、辽宁北方庆阳化学工业有限公司的张洪林研究员、泸州北方化学工业有限公司戴秋洪研究员、山西北方兴安化学工业有限公司赵芦奎研究员和古勇军研究员、西安北方惠安化学工业有限公司的吴永刚研究员等对书稿提出了许多宝贵的意见和建议。 南京理工大学黄振亚研究员主审了全部书稿,在他的支持下顺利完成了本书。在此对他们的积极支持和热情帮助表示衷心感谢。

由于笔者水平有限,书中出现的不足之处在所难免,恳请读者批评指正。

编著者
2020 年 1 月于南京理工大学

第 1 章 绪论 / 001

第 2 章 火药的组成及各组分作用 / 015

第 3 章　火药成型原理　/ 056

第4章　火药制造工艺　/ 097

第5章　火药能量特性的理论计算　/ 154

第6章　火药的性能与设计　/ 195

第7章　新型火药及其制造技术　/ 288

火
药
学

代号、主要符号和单位换算

代号

NC——硝化棉
NG——硝化甘油
DGDN——硝化二乙二醇
DINA——硝化二乙醇胺
NQ——硝基胍
RDX——黑索今
HMX——奥克托今
DNT——二硝基甲苯
DBP——邻苯二甲酸二丁酯
TDI——甲苯二异氰酸酯

DB——双基火药
CMDB——复合双基火药
AP——高氯酸铵
PS——聚硫橡胶
PVC——聚氯乙烯
PU——聚氨酯
CTPB——端羧基聚丁二烯
HTPB——端羟基聚丁二烯
PBAA——聚丁二烯/丙烯酸
PBAN——聚丁二烯/丙烯腈

主要符号

Q_V——定容爆热
Q_p——定压爆热
W_1——火药气体比容
T_V——定容爆温
T_p——定压爆温
T_0——初始温度
T_g——玻璃化[转变]温度
T_f——软化点
f_V——定容火药力
I——推力总冲
I_{sp}——比冲
I_ρ——密度比冲
C^*——特征速度
K——比热比
K_i——1kg 火药中含 i 种元素的原子数
R——通用气体常数
H——热焓
U——内能
S——熵

p——压力
V_0——初速
W_p——火药质量
W_i——点火药质量
Δ——装填密度
r——燃烧速度
η——效率、黏度
β_i——爆热系数
ρ——密度
σ——应力
ε——应变
τ——时间
φ——次要功系数
λ——热导率
m——质量燃速
n——燃速压力指数
μ——燃速温度系数
e——燃速层厚度
$w(N)$——含氮量百分数

单位换算

1cal＝4.184J
1bar＝10^5Pa
1kcal/kg＝4184J/kg
1atm＝101325Pa＝1013225N/m²
R(摩尔气体常数)＝8.3144J/(mol·K)

$t/℃＝(t/℉－32)\times\dfrac{5}{9}$

第1章

绪 论

1.1

火药的基本概念

　　火药（powder；propellant）是一类自身含有氧化性元素和可燃元素，具有一定的形状、尺寸和良好的物理化学性能，当受到适当的外界能量激发时，能够在没有外界助燃剂参加的条件下，有规律地燃烧，并释放大量热和高温气体的固体含能材料。火药与通常使用的燃料不同，它不是天然的物质或单一化合物，而是由多种组分经过合理的加工而成的一类特殊高分子复合材料。

　　火药的基本特征包括四个方面：①自身同时含有氧化剂和可燃成分；②具有一定的形状、尺寸；③具有良好的物理化学性能；④能够有规律地燃烧并对外做功。典型火药的外观如图 1-1 所示。

(a) 典型的发射药外观　　　　　　　　　　(b) 典型的固体推进剂药柱外观

图 1-1　典型火药的外观

　　长期以来，火药主要考虑固体类型，实际上，火药除了固体类型，还有液体、膏体等类型，其中液体推进剂是一类用于大型火箭发动机的典型能源材料。本书重点介绍固体类型的火药。

1.2

火药的用途

　　火药作为固体含能材料，广泛用于军事、航空航天及其他民用行业。

通常将装在身管武器弹膛内发射弹丸的火药称为发射药，广泛用于枪、炮等各个口径的身管武器发射装药。将用于火箭发动机的火药称为固体推进剂，已装备的火箭、导弹系统中，约有 85% 使用的是固体推进剂，如战略导弹、地空导弹及炮兵战术火箭中大多数使用固体推进剂，火箭炮、反坦克导弹以及火箭增程弹用的全部是固体推进剂。典型火药发射装药的应用场景如图 1-2 所示。

(a) 小型火箭发射

(b) 典型火炮装药发射

(c) 典型的大口径火炮装药

图 1-2　典型火药发射装药的应用场景

随着火药工艺的发展，固体推进剂的应用范围扩大到航空、航天领域，比如一些空间运载火箭及卫星的轨道和姿态调节等都应用了固体推进剂。典型的运载火箭及航天飞机发射起飞场景如图 1-3 所示。

(a) 大型运载火箭发射

(b) 航天飞机发射起飞

图 1-3　典型运载火箭和航天飞机发射起飞场景

导火索等火工品器件作为武器系统的功能首发元件，其动力大部分来源于火药。典型的导火索和射钉弹外观如图 1-4 所示。

(a) 导火索

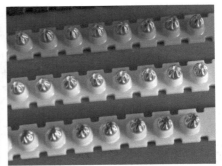
(b) 射钉弹

图 1-4　典型导火索及射钉弹外观

　　火药在民用方面也有广泛的用途，它既可用作猎枪、礼炮、烟火等的发射药，也可用于气象探空火箭、消冰雹火箭、人工降雨火箭、救生火箭、航天飞机起飞助推发动机中，还在燃气发生器中作为各种推进驱动装置的能源，如驱动涡轮、推动活塞、剪切螺栓以及从飞机上投掷货物和弹射座椅等；火药燃气也可以用于驱动灭火装置以及需要快速控制的高能动力系统；另外，火药还可用于紧固器材用射钉弹装药等方面。典型烟花产品和气象火箭等火药民用产品使用的场景如图 1-5 所示。

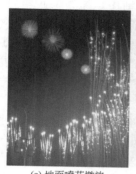  

(a) 地面喷花燃放　　　　　　　(b) 礼花弹燃放　　　　　　　(c) 气象火箭发射场景

图 1-5　典型的烟花和气象火箭应用场景

1.3

火药的发展简史

　　火药是我国古代四大发明之一，根据大量历史记载，中国早在春秋中期，因炼制矿石和药物，人们就已熟知木炭、硫黄和硝石。在汉代的《神农本草经》《周易参同契》中都记载着对硝、硫、炭三种物质性能的认识。后来经过长期的实践，人们认识到点燃硝、硫、炭三种混合物时，会发生异常剧烈的燃烧。唐代著名的炼丹家孙思邈所著《丹经》一书中已经记载有黑火药配方的组成与比例。公元 975 年宋灭南唐的战争中曾使用火箭，此后又利用火药制成其他爆炸性的兵器。公元 1232 年元朝时金军曾在战争中使用过震天雷，而到明朝万历年间已经制成具有发射精度较高的火箭发射装置，如火龙出水，其射程可达 1.5km，一次可使 32 支火箭同时发射，成为现代多管火箭炮的先驱。

　　约在 1225 年～1295 年间火药从中国传到阿拉伯国家及欧洲。1326 年英国出现了用火药做成的爆炸火器——"铁火瓶"。1680 年俄国开始建立火箭作坊。1799 年英国建立了火箭工厂，1807 年英国同丹麦作战时曾用火箭撞击哥本哈根并引起了大火。法国从丹麦得到了火箭技术。日本在 19 世纪后期（约 1876 年）才建立火药制造厂。黑火药作为唯一的火药和唯一的炸药，一直延续到 19 世纪后半期，历经一千多年。

　　典型的黑火药是由 75 份硝酸钾（硝石）、15 份木炭和 10 份硫黄混合加工而成，由于它能量低以及燃烧后生成大量烟雾和固体残渣，使得黑火药虽用于军用火药方面，但其性能已经不能满足现代武器的要求，目前仅用作点火药和传火药等。

　　18 世纪末到 19 世纪初，资本主义国家处在发展时期，它迫切需要比黑火药能量更高的火药。1832 年法国人布拉科诺发明了硝化纤维素，1846 年意大利人索布雷诺发明了硝化甘油，这些新发明的爆炸物就成为进一步发展火药的基本原料。经过长时间试验之后，1884

年法国化学家维也里用醇醚混合溶剂塑化硝化纤维素，压制成型再驱除溶剂，得到坚硬而有规律燃烧的硝化纤维素火药，或称为单基火药。1888年瑞典工程师诺贝尔用硝化甘油溶塑硝化纤维素而制得双基火药，又称为巴利斯太型双基火药。与此同时，1889年英国化学家阿贝尔又用丙酮、硝化甘油塑化高氮量的硝化纤维素制得柯达型双基火药。

由于上述两种以硝化纤维素和硝化甘油为基的单、双基火药的问世，不仅大大提高了火药性能，而且促进了武器的发展。至今这类火药仍是枪炮武器使用的发射药。

第二次世界大战期间，苏联首先把双基火药用在各种小型火箭中，提高了武器的威力，在战争中发挥了很大作用。战后发展起来的大型火箭需要能量更高、力学性能更好、形状更为复杂的大尺寸药柱，双基火药的能量和挤压工艺则不能满足要求。根据黑火药的基本原理，发展了以无机氧化剂（高氯酸盐）和可燃黏合剂为结构主体的复合火药，在组分混合均匀后采用浇铸成型工艺，经加温固化制得性能优良的大型药柱。当前浇铸的推进剂药柱直径可达约6m，长度约35～40m。

20世纪40年代，一些国家开始研制新型推进剂，其基本组分最初是沥青和高氯酸钾，但很快被以高氯酸铵为氧化剂及交联弹性体的聚硫橡胶、聚氨酯和聚丁二烯橡胶为黏合剂的复合推进剂所代替，还发展了热塑性的聚氯乙烯推进剂及改性双基推进剂等品种繁多的现代火药。复合推进剂的发展，使火药在品种、性能、工艺上都获得了较大的进步，并在大中型火箭导弹系统中得到广泛的应用。

20世纪60年代前后，许多国家大力开展能量更高的化合物合成与高能推进剂的研制。20世纪70年代以来，火药领域的研制重点逐渐从提高能量过渡到提高能量与改善综合性能并存的方向上，火药性能的改善，在一定程度上既可弥补能量上的不足，又可达到改进武器系统的某些功能的目的。直到21世纪初，典型的固体推进剂的实测比冲基本上未突破2600N·s/kg。

1.4
火药的分类

随着武器的发展，火药的品种日益增多，为了生产、使用和研究的方便，需要将火药进行适当的分类。早期只将火药分为有烟火药（即黑火药）和无烟火药（即单基药、双基药等）两类，显然这种分类不能反映火药性质的内在联系，既没有将具有共同性质的火药划为一类，也不能概括各种火药的特殊性质。若以燃烧有无烟雾来分，通常黑火药是有烟火药，而与黑火药具有共同性质的硝胺火药燃烧时却无烟，而且单、双基火药由于许多附加成分的加入，燃烧时也会有少量烟雾产生，因此，以燃烧时是否产生烟雾作为火药分类的依据是不合适的。按照火药的形态、结构、加工方法和基本燃烧性质可分为均质火药和异质火药。

1.4.1 均质火药

均质火药（homogeneous propellant）是由硝化棉及含能增塑剂或溶剂作为主体成分形成单相结构的均匀体系，经过塑化、密实和成型等物理或机械加工过程而成的固体火药。如果含能成分中仅有硝化棉高分子材料，称为单基火药（single-base propellant）；如果在硝化棉基础上再加入其他含能增塑剂（或溶剂），则称为双基火药（double-base propellant）。通常含能增塑剂为硝化甘油，为了降低火药对武器的烧蚀性，也有用硝化二乙二醇或硝基叔丁基三醇三硝酸酯来取代或部分取代硝化甘油。同时为了改善双基药的力学性能，也有用硝化三乙二醇或硝化二乙二醇和硝化甘油按一定比例组成混合硝酸酯溶剂，所制备的火药称为混合硝酸酯火药。

1.4.2 异质火药

异质火药（hetergeneous propellant）是在可燃物或均质火药基础上加入一定量的固体氧化剂混合而成的火药，在双基药基础上加入一定量的固体炸药而制成的发射药称为三基发射药（tri-base propellant）。为了降低火药对炮膛的烧蚀，减少火焰和烟雾，通常向其加入硝基胍，这类三基药一般采用溶剂法工艺、半溶剂法工艺及无溶剂法工艺制造。在双基药中加入黑索今等硝胺炸药时称为硝胺发射药，用于固体推进剂时称为高能改性双基推进剂（composite modified double-base propellant，CMDB）。NEPE（硝酸酯增塑聚醚）推进剂是指由硝酸酯增塑剂和聚醚黏合剂构成基体，以高能炸药、氧化剂和金属燃料等为固体填料而组成的高能推进剂。为进一步提高推进剂能量，在黏合剂中引入叠氮基团而制得的推进剂称为叠氮推进剂。

此外，黑火药、复合改性固体推进剂、高能改性双基推进剂都应归到异质火药类别中。

按火药组分结构的差异进行概略的分类，如下：

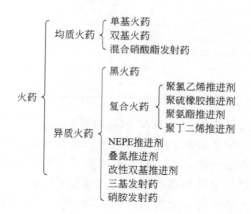

按火药用途分类，如下：

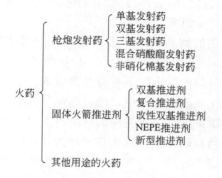

对各种火药组分的性质与作用，将在后面章节中详细叙述。

1.5
发射药的命名及标记

1.5.1 发射药的命名

发射药的命名包括名称和代号，名称用特定汉字和阿拉伯数字表示，代号用汉字拼音字母和阿拉伯数字表示。

发射药名称由类别的特定汉字、特征组分的特定汉字或符号和命名序号三部分组成。

发射药类别按基本组分分为单基、双基、三基、混合硝酸酯、叠氮硝胺和低易损性发射药，分别用一个特定汉字或符号表示，参见表 1-1。

表 1-1 发射药类别

类别	特定汉字	符号
单基发射药	单	D
双基发射药	双	S
三基发射药	三	A
混合硝酸酯发射药	酯	Z
叠氮硝胺发射药	氮	N
低易损性发射药	低	I

单基发射药以硝化棉为基本组分，加入固体炸药等改性组分的发射药，也归属单基发射药；双基发射药以硝化棉、硝化甘油或类似的一种二元醇或多元醇硝酸酯为基本组分；三基发射药在双基发射药的基本组分中，加入硝基胍或类似的固体炸药为基本组分，加入两种以上固体炸药组分时，以含量居多的为基本组分，其他为改性组分，归属三基发射药；混合硝酸酯发射药以硝化棉和两种或两种以上类似硝化甘油的二元醇或多元醇硝酸酯为基本组分；低易损性发射药以硝化棉以外的高分子材料为基本组分。

小粒发射药（用内溶法或外溶法工艺或经挤压、蒸溶工艺成型的圆片形、方片形、环形、球形、球扁形等形状的火药）的名称由类别的特定汉字、特征溶剂的特定汉字或特征组分的特定汉字及命名序号三部分组成。

多气孔发射药名称由类别的特定汉字、多气孔特征和易溶性盐加入量三部分组成。如多-45是指该药在制备时每 100 份硝化棉中加入 45 份硝酸钾。

发射药特征组分及特征溶剂的特定汉字和符号参见表 1-2。

发射药的特征组分是指在发射药配方中，能引起能量及其他性能（燃烧、消焰等）明显变化的组分。小粒发射药在制备工艺中所使用的特征溶剂可作为特征组分，多气孔发射药中易溶性盐可作为特征组分。当以硝化棉、硝化甘油作为特征组分时，其特定汉字省略。特定汉字的符号，一般选取汉语拼音的第一个字母，当第一个拼音字母与表 1-2 中的另一符号字母重复时，依次选取拼音的下一个字母。仍重复时，取两个字母，第一个取特定汉字的第一个拼音字母，第二个从特定汉字的第二个拼音字母依次选取。

表 1-2 发射药特征组分及特征溶剂的特定汉字和符号

类别	特定汉字	符号	类别	特定汉字	符号
硝化棉	(略)	(略)	松香	松	So
硝化甘油	(略)	(略)	中定剂	中	Zh
硝化二乙二醇	乙	Y	二苯胺	胺	A
硝化三乙二醇(太根)	太	T	硫酸钾	钾	Ja
硝基异丁三醇三硝酸酯	异	Yi	硝酸钾	硝	Xi
硝化三丁醇	丁	D	氯酸钾	氯	Lu
三羟甲基乙烷三硝酸酯	羟	I	硝酸钡	钡	B
二甲基丙烯酸乙二醇酯	丙	Bi	地蜡	蜡	La
过氯乙烯树脂	烯	X	樟脑	樟	Z
叠氮硝胺	叠	Di	苯二甲酸二丁酯	苯	Be
硝化二乙醇胺(吉纳)	吉	J	醋酸乙酯	醋	C
硝基胍	胍	Gu	聚氨酯	聚	Ju
偶唑	唑	U	石墨	石	S
黑索今	黑	H	二氧化钛	钛	Ta
奥克托今	奥	O	三氨基胍硝酸盐	氨	Au
二硝基甲苯	芳	F	六硝基六氮杂异伍兹烷	兹	CL

典型发射药的名称、代号及特征组分参见表 1-3。

表 1-3 典型发射药的名称、代号及特征组分

类别	名称	代号	特征组分
单基火药	单胺-11	DA-11	二苯胺
	单钾-11	DJa-11	硫酸钾
	单樟-11	DZ-11	樟脑
双基火药	双-12	S-12	
	双芳-3	SF-3	二硝基甲苯
	乙芳-2	SYF-2	硝化二乙二醇、二硝基甲苯
	双乙-4	SY-4	硝化二乙二醇
三基火药	三胍-11	AGu-11	硝基胍
	三胍-14	AGu-14	硝基胍
	三黑胍-11	AHGu-11	黑索今、硝基胍
小粒火药	双醋-11	SC-11	醋酸乙酯
	双苯-11	SBe-11	苯二甲酸二丁酯
	双苯-16	SBe-16	苯二甲酸二丁酯
混合硝酸酯火药	酯太-11	ZT-11	硝化三乙二醇
	酯太-12A	ZT-12A	硝化三乙二醇
	酯太-14	ZT-14	硝化三乙二醇

1.5.2 发射药的标记

发射药的形状和初始尺寸也是发射药分类的一个重要标志。

改变发射药的形状和尺寸是控制发射药做功性能的重要手段，而发射药的燃烧过程中表面面积变化取决于发射药的初始形状和尺寸。

从形状上来看，常见的发射药有管状、带状、片状、棍状、球形和圆环状等简单形状，以及七孔、花边七孔、花边十四孔、十九孔等复杂形状。

常用以下符号表示发射药的初始尺寸：

$2e_1$ 表示发射药的厚度，在管状或多孔粒状药中称为弧厚；$2b$ 表示发射药的宽度；$2c$ 表示发射药的长度。D、d 和 $2C$ 表示管状或多孔颗粒药的外径、孔径和长度。

为了简明地表示出发射药的性能、形状、尺寸以及有关的生产条件，通常对生产的每一批发射药注明一定的标记。发射药的形状尺寸标记用汉字和阿拉伯数字表示；标记也允许用代号表示，当采用代号时，用汉语拼音字母和阿拉伯数字表示。

表示方法是：药形类别标记＋尺寸标记＋辅助标记。

发射药药形类别按几何形状或工艺特征分为粒状药、管（棒）状药、片状药、小粒药和球形药。药形分类标记分别用一个特定的汉字表示，其代号用该汉字的汉语拼音第一个字母表示，药形为粒状、管（棒）状和片状时，其药形类别标记省略。发射药的药形类别标记见表1-4。发射药的尺寸标记见表1-5。

表 1-4　发射药的药形类别标记

药形类别	特定汉字	代号
粒状药	（略）	（略）
管（棒）状药	（略）	（略）
片状药	（略）	（略）
小粒药	粒	L
球形药	球	Q

表 1-5　发射药的尺寸标记

药形类别		标记形式	标记单位
粒状药	有孔	燃烧层厚度/孔数	燃烧层厚度以0.1mm计
	无孔	直径	以0.1mm计
管（棒）状药	有孔	燃烧层厚度/孔数-长度	燃烧层厚度以0.1mm计,长度以cm计
	无孔	直径-长度	直径以0.1mm计,长度以cm计
片状药	方形	厚度-宽度×长度	厚度以0.01mm计,长度、宽度以mm计
	带形	厚度-宽度×长度	厚度以0.01mm计,长度、宽度以mm计
	环形	厚度-内径/外径	厚度以0.01mm计,内径、外径以mm计
小粒药	圆片形	厚度-直径	以0.01mm计
	方片形	厚度-宽度×长度	厚度以0.01mm计,宽度、长度以0.1mm计
	球形	厚度-内径/外径	厚度以0.01mm计,内径、外径以0.1mm计
	球扁形	厚度×直径	以0.01mm计
球形药	球形	球径	以0.01mm计
	球扁形	厚度×直径	以0.01mm计

粒状药是指长径比不大于6的单孔、多孔或无孔的柱状发射药。管（棒）状药是指长径比大于6的单孔、多孔或无孔的柱状发射药。片状药指方片形、带状、环形等薄片状发

射药。

辅助标记是用以进一步区分发射药药形或燃烧特性的标记，类别用一个特定的汉字表示，其代号用该汉字的汉语拼音的第一个字母表示。当使用两种或两种以上辅助标记时，其特定汉字的排列次序按表 1-6 的先后顺序排列。典型发射药的标记示例见表 1-7。

表 1-6 发射药的辅助标记

类别	特定汉字	代号	注释
花边	花	H	指带花边的粒状药或管状药
开口	口	K	指开口的管状药或开口的片状药
凸痕	凸	T	表面有各种凹凸压痕的片状药
多气孔	多	D	指工艺过程加入可溶性盐使药体呈大量气孔
疏质	疏	S	指通过控制工艺条件使药体呈现疏松结构

表 1-7 发射药的标记示例

标记	代号	注释
9/7	9/7	燃烧层厚度为 0.9mm 的 7 孔粒状药
11	11	直径为 1.1mm 的无孔粒状药
12/1-42	12/1-42	燃烧层厚度为 1.2mm，长度为 42cm 的单孔管状药
35-2	35-2×100	厚度为 0.35mm，宽度为 2mm，长度为 100mm 的带形片状药
球 22	Q22	球径为 0.22mm 的球形药
球 20×100	Q20×100	厚度为 0.2mm，直径 1mm 的球扁形药
粒 25-6×6	L25-6×6	厚度为 0.25mm，长宽均为 0.6mm 的方片小粒药
16/7 花	16/7H	燃烧层厚度为 1.6mm 的 7 孔花边粒状药

1.6
固体推进剂的命名及标记

1.6.1 复合固体推进剂的命名及标记

（1）推进剂类别　复合推进剂的名称由推进剂类别、特征组分类别、定型序号和改型序号四部分组成，特征组分类别与定型序号之间用横线连接，形式如下：

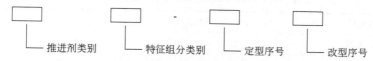

推进剂类别　　特征组分类别　　定型序号　　改型序号

复合推进剂按黏合剂系统分类，类别用黏合剂的两个特定汉字表示，对应的符号用两个大写字母表示，见表 1-8。

表 1-8 推进剂类别的特定汉字与标识符号

推进剂类别	特定汉字	符号
聚硫推进剂	聚硫	JL
丁羧推进剂	丁羧	DS
丁羟推进剂	丁羟	DQ
聚醚推进剂	聚醚	JM
丁腈羧推进剂	腈羧	QS

丁腈羧推进剂是以端羧基聚丁二烯丙烯腈为黏合剂的复合推进剂，简称腈羧推进剂。对于新的推进剂，取能代表其特点的两个特征汉字表示。

（2）特征组分类别　特征组分是指在复合推进剂配方中，能引起其性能明显变化的组分，并按特征组分所起的作用分类。特征组分类别用一个特定汉字表示，标识符号用一个大写字母表示，见表1-9。

表1-9　特征组分类别及特定汉字与标识符号

特征组分类别	特定汉字	符号
能量添加剂	能	N
氧化剂	氧	Y
燃烧调节剂	燃	R
键合剂	键	J
增塑剂	增	Z
固化剂	固	G
防老剂	防	F

（3）命名示例　以端羟基聚丁二烯为黏合剂的复合推进剂配方，特征组分为新型键合剂，定型序号为06，则推进剂名称为丁羟推进剂，配方代号为DQJ-06。

上述配方，进行第二次改型，改型序号为A，则配方代号为DQJ-06A。

1.6.2　双基固体推进剂的命名及标记

（1）推进剂类别

① 命名规则　双基推进剂的命名包括名称和代号，名称用汉字、汉语拼音字母和阿拉伯数字表示，代号用汉语拼音字母和阿拉伯数字表示。

② 命名方法　双基系固体推进剂的名称由类别、特征组分类别、定型序号和改型序号四部分组成，特征组分类别与定型序号之间用横线连接，形式与前面介绍的复合固体推进剂的名称相同。

双基固体推进剂的类别按组分和结构特征分为双基、改性双基、交联改性双基三类，分别以一个特定的汉字表示，见表1-10。

表1-10　双基固体推进剂类别的特定汉字和符号

推进剂类别	特定汉字	符号
双基推进剂	双	S
改性双基推进剂	改	G
交联改性双基推进剂	交	J

改性双基推进剂是指在双基推进剂中加入固体氧化剂、金属燃料、高能炸药之中的一种或几种组分，使其能量性能得到改善的推进剂；交联改性双基推进剂是指在改性双基推进剂中加入交联剂或高分子预聚物，固化后黏合剂系统呈现网状结构，力学性能得到改善的推进剂。

（2）特征组分类别　每种特征组分类别用一个特定汉字表示，标识符号用一个大写字母表示，硝化棉和硝化甘油为特征组分时特定汉字省略，见表1-11。

表 1-11 双基固体推进剂的特征组分类别的特定汉字和符号

特征组分类别	特定汉字	符号	特征组分类别	特定汉字	符号
高氯酸铵	铵	A	钡化合物	钡	B
醋酸酯类	醋	C	镉化合物	镉	E
钴化合物	钴	G	黑索今	黑	H
吉纳	吉	J	铝及铝化合物	铝	L
镁及镁化合物	镁	M	镍及镍化合物	镍	Ni
奥克托今	奥	O	硼化合物	硼	P
铅化合物	铅	Q	石墨	石	S
锌化合物	锌	X	硝化二乙二醇	乙	Y
间苯二酚	酚	Fe	钙化合物	钙	Ga
铬化合物	铬	Ge	钾化合物	钾	Ja
聚己二酸乙二酯	己	Ji	络合物	络	Lu
异氰酸酯	氰	Qi	聚甲醛	醛	Qu
钛化合物	钛	Ta	铜化合物	铜	To
炭黑	炭	T	苯二甲酸二丁酯	苯	Be
硝化三乙二醇（太根）	太	Ti	聚醚化合物	醚	Mi

含有多种特征组分时，先表示能量组分，后表示其他性能组分；含多种能量组分时，表示对能量影响最突出的或最高含量的组分；含多种特征组分时用不多于三种特定的汉字表示。

（3）命名示例　特征组分类别为铅化合物，定型序号为 2 的双基推进剂，名称双铅-2，代号为 SQ-2。

特征组分类别为硝化二乙二醇、聚甲醛，定型序号为 1 的双基推进剂，名称双乙醛-1，代号为 SYQu-1。

特征组分类别为高氯酸铵、铜化合物，定型序号为 1 的改性双基推进剂，名称改铵铜-1，代号 GATo -1。

1.7

武器对火药性能的要求

火药的发明对兵器的发展起着重大的推动作用，现代武器的迅速发展，反过来也对火药性能提出各种不同的要求，以满足武器的各项技术指标。因此，必须在充分了解武器对火药性能要求的前提下，完成火药配方设计，才可能用来提高和改善武器的某些性能，或应用于新武器设计。

1.7.1 武器对火药的基本要求

（1）能量性质　任何武器总希望具有射程远、精度高、威力大、寿命长、机动性好等特点，当武器结构及载荷已确定的条件下，要使武器射程远，就必须增大火药的气体生成量和火药的燃烧温度及其有效功系数。

对火炮而言，要提高弹丸的初速，则只能通过增加装药量 W_p，或提高定容火药力 $fv=nRTv$ 及有效功系数 η_t。

增大装药量 W_p，可通过增大药室容积或火药密度来达到，但增大药室容积受火炮机动性的限制，而火药的密度约为 $1.6kg/L$，两者不可能增大很多。因此对火药而言，主要应增加火药蕴藏的化学能，即增大比容与爆温的乘积（WTv）。但增大 Tv 的同时应考虑对火炮寿命的影响，这就要求火药必须是高能低烧蚀，也就是在一定的爆热范围内，尽可能增大燃气的物质的量 n。

在提高热机效率方面，可增加火炮身管长度，为了提高弹丸初速，也可适当减轻弹丸质量，改善弹形系数或降低弹丸飞行阻力等办法来达到提高火炮射程的目的。近年来，提高火炮装填密度的技术得到了长足的发展。

对火箭来讲，要使火箭射程更远，同样需要增大火药的气体生成量、燃烧温度和密度等，以及提高火箭发动机对火药能量的利用率——有效功系数 η_t。

（2）燃烧性质　火药的燃烧性质直接影响着武器弹道的稳定性，不同类型的武器有不同的要求，但概括起来主要有以下几点。

① 燃烧产物应具有良好的热力学性质，即燃气平均分子量小，产物无毒和无烟、无焰；

② 应具有燃烧临界压力低，容易点火和燃烧稳定性好，燃速压力指数低，燃速受初始温度影响小；

应有较宽的使用温度范围，常规武器为 $-50\sim+50℃$，特种武器要求 $-60\sim+70℃$；

④ 应具有较宽的燃速范围，以供各种型号武器选择。

（3）力学性质

① 在使用温度范围内，火药应具有足够的机械强度，以在承受发射和运输等情况所产生的动力负荷时，药体不应发生破裂或与发动机绝热层脱黏；

② 在贮存和使用条件下，药体热膨胀系数小。

（4）安全性质

① 对撞击、摩擦、静电、热、冲击波等外界刺激敏感度应尽可能低；

② 无毒或低毒，生产过程中放出的"三废"尽可能少，对环境破坏尽可能小。

（5）安定性质

① 火药各组分应有较好的物化安定性，组分间相容性好；

② 火药在制造过程的混合、挤压或浇铸、退模、整形时，应有足够的安全性，以免发生燃烧或爆炸；

③ 应有较长的贮存寿命，以满足武器的弹道性能。为保证武器有较长的安全使用期，一般要求枪炮发射药 $20\sim35$ 年，火箭用推进剂 $8\sim10$ 年以上的安全贮存期。

（6）工艺性质

① 应具有塑化或固化温度低，复合药的药浆黏度低及适用期长，以利于浇铸成型；

② 火药成型过程应放热少、收缩率低，以便制得均匀且稳定的药体形状。

（7）其他性能

除了以上要求，对火药还有一些其他方面的要求。

① 火药的烧蚀性应尽量小，在满足弹道指标的前提下保证武器身管较长的使用寿命；

② 火药在射击时，燃烧充分且避免形成炮口焰和炮尾焰，由膛口流出的气体应少烟和低毒；

③ 火药制造工艺应安全、简便、连续、自动化、成品率高，原料来源丰富、成本低等。

尽管上面阐述了武器对火药性能的各种要求，但并不是任何一种火药都能满足武器的所有要求。火药和武器设计工作者们，只能根据实际情况，研制或选择近乎最佳性能的火药，使其满足武器的技术指标。

1.7.2　典型武器系统对火药的要求

（1）火箭发动机　火箭发动机对火药的要求与身管武器对发射药的要求基本一致，但侧重点有所不同。能量水平方面，固体推进剂的能量指标主要是比冲和密度。燃烧性能方面，要求固体推进剂具有燃速可调范围宽、压力指数低和燃速温度系数低的特性。此外，一些特殊的固体导弹或动力源对固体推进剂还有以下特殊要求：

① 低特征信号推进剂要求推进剂的排气羽流特征信号（可见光、红外、微波衰减）应尽可能低；

② 冲压发动机用富燃料推进剂要求推进剂的燃速和压强指数都高；

③ 燃气发生器用的燃气发生剂要求燃温低、残渣少；

④ 钝感和低易损性推进剂要求安全性能满足七项试验要求，包括快速烤燃、慢速烤燃、子弹撞击、碎片撞击、聚能射流冲击、热碎片撞击、殉爆试验等。

（2）加农炮和榴弹炮　加农炮和榴弹炮用来破坏或压制对方火力点和杀伤有生力量，属于大口径远程火炮，其体积庞大、质量在数吨以上、价值较高，机动性和活力突击性多依靠牵引车辆。火炮的总体设计首先是突出火炮的使用寿命，每一根身管必须达到足够的射击弹数才能报废。发射威力可以通过火炮的结构改进、部分增加火炮质量和采用运载工具等方法补偿。除了火炮的寿命，还要优先考虑射击精度和自身安全性。要避免炮口（炮尾）焰和烟等有害射击现象，使火炮能够准确命中目标并保存自己。加农炮和榴弹炮发射装药的要求主要包括：

① 控制发射药的燃温，使发射药具有低的烧蚀性能，依据该原则，榴弹炮和加农炮多采用单基发射药和 M30、M31 系列三基发射药。

② 精选装药，控制并减少装药的燃尽系数，使燃烧的装药在弹丸接近炮口前尽早燃完，降低射击的或然误差。

③ 减少装药中的难燃组分，采用消焰剂等装药元件，减少火炮的焰和烟。

（3）高初速火炮　装甲和反装甲是全方位攻与防的体现。近些年来，通过复合装甲、反作用装甲等技术途径，明显提高了装甲的防护能力。此外，高初速火炮得到了迅速发展，其主要任务是反装甲。根据战术目标，该火炮对发射药的基本要求是赋予弹丸以高的初速和动能。高初速火炮对发射药的要求主要包括：

① 使用能量高的发射药和高密度装药，以获得装药的高能量密度，保证系统对装药潜能的需要，同时减少药室的容积并因此而减轻火炮系统的重量；

② 发射药及装药应具有好的力学性能，特别是在高压和高应变速率的环境下，发射药仍能保持燃烧的规律性；

③ 减少发射药中的难燃组分，采用消焰剂等手段，减轻射击有害现象；

④ 使用低易损性发射装药，防止武器系统的自我毁伤。

（4）高射速炮　高射速炮主要是中小口径火炮，这类火炮适合对付运动目标。近期发展的高射炮、航炮和舰炮，多具有高射速的功能，常常连续射击，并且射击持续时间较长，明显地加重了炮管的烧蚀和磨损。因此，要求发射药具有高渐增性、低烧蚀性，炮口烟、焰少。

（5）迫击炮和无后座炮　迫击炮是伴随步兵作战的压制兵器，用于对付近距离暴露的和隐藏的有生力量和技术兵器。为了赋予迫击炮以弹道弯曲、重量轻、操作方便、机动性好的特征，采用滑膛炮、短炮管、后坐座板的火炮结构，并选取低膛压弹道。

为在行程短、低膛压环境下发射药的有效利用，对发射装药的要求是高燃速、高热量发射药，采用薄弧厚、低密度的装药结构。比如，美国的 M8 和 M9 发射药。

（6）轻武器　轻武器大都是单兵使用的直射武器。轻武器的药室容积小、近距离使用，是速射型武器，对发射药的主要要求是小粒、高渐增性、低烧蚀性能、高堆积密度，枪口少焰、少烟。

思 考 题

（1）什么是火药？火药的基本特征有哪些？

（2）火炮用的火药与火箭发动机用的火药主要差别在哪？

（3）火药按照结构特征可以分哪些类别？

参 考 文 献

[1] 王泽山. 火炸药科学技术 [M]. 北京：北京理工大学出版社，2002.

[2] 王德才. 火药学 [M]. 南京：南京理工大学出版社，1988.

[3] 任玉立，陈少镇. 火药化学与工艺学 [M]. 北京：国防工业出版社，1981.

[4] 厉宝官，白文英，王继勋. 硝化棉化学工艺学 [M]. 北京：国防工业出版社，1981.

[5] 梁慧嫦. 火药化学工艺学 [M]. 北京：科学教育出版社，1961.

[6] 国防科学技术工业委员会. 发射药命名规则：GJB 170A—2005 [S]. 北京：国防科技工业委军标出版发行部，2005.

[7] 国防科学技术工业委员会. 发射药药形尺寸标记规则：GJB 555—88 [S]. 北京：国防科技工业委军标出版发行部，1988.

[8] 国防科学技术工业委员会. 复合固体推进剂命名规则：GJB 325—87 [S]. 北京：国防科技工业委军标出版发行部，1987.

第2章
火药的组成及各组分作用

本章的主要内容是按火药的结构分类顺序讨论典型火药的组成及各组分作用。火药的组成决定了其采用的制造工艺，组分决定其各项性能，研究火药配方中各组分的性质是设计新配方必要的基础知识。对于固体推进剂而言，主体组分包括氧化剂、黏合剂、金属燃料及高能添加剂、固化剂和交联剂、增塑剂等。对于发射药而言，主体组分包括黏合剂、含能增塑剂、惰性增塑剂、安定剂、弹道改良剂、工艺附加物和高能添加剂等。

2.1
均质火药组成及各组分的作用

均质火药系指以硝化棉（也称硝化纤维素）为主要黏合剂的一种热塑性火药。此类火药制造需要经过含能溶剂或辅助溶剂对硝化棉进行溶塑，使其胶化而具有塑性，在适当条件下，硝化棉与溶剂混合形成的溶塑体可以压制成不同几何形状的火药。根据火药中含能组分的种类和数量，又分为单基火药、双基火药等。

2.1.1 单基火药

单基火药组分中的硝化棉约占 $94\% \sim 96\%$，是由两种不同含氮量的硝化棉混合而成，通常称为混合硝化棉。使用混合棉的主要目的是满足火药制造工艺和能量性质两方面的要求。为稳定火药的燃烧性能和弹道性能，在制造过程中必须保证其结构均匀密实。单基药组织结构是否均匀密实，与硝化棉原料质量和性质、生产过程中的工艺条件有关。

由于单基药在制造过程中需用醇醚溶剂处理，以改变硝化棉的物理状态而获得可塑性，但在挤压成型后又需要将大部分溶剂驱除出来，只留下少量残余溶剂以调整弹道性能和维持火药组织结构的机械强度、密度和化学性能的稳定。在单基药的技术要求中，规定了必须达到的挥发分含量作为单基药必要的组成部分。

单基药的药型多为单孔或多孔粒状和单孔管状。枪用发射药一般为单基药，而炮用发射药则有单基、双基和多基发射药。枪用单基药尺寸较炮用单基药尺寸小。它们的组分因用途不同也有所区别，典型单基药的组分见表2-1。

二苯胺 $[(C_6H_5)_2NH]$ 在配方中作为安定剂，主要作用是提高单基药贮存过程的化学安定性。它能与硝化棉缓慢分解放出的具有自动催化作用的氧化氮气体相化合，以缓和或抑制硝酸酯基团的自催化分解，延长单基药的贮存年限。由于二苯胺呈弱碱性，通常加入量 $1\% \sim 2\%$，若加入量超过 2%，会引起硝化棉的"皂化"作用，反而降低其化学安定性。

表 2-1　典型单基药的组分（质量分数）　　　　　　　　单位：%

组分	枪药	炮药
NC(N>13.0%,醇醚溶解度约20%)	94~96	—
NC(N=12.8%~13.0%,醇醚溶解度约40%)	—	94~96
二苯胺	1.2~2.0	1.2~2.0
樟脑	0.9~1.8	—
石墨	0.2~0.4	—
总挥发分	1.7~3.4	1.8~3.8

樟脑作为钝感剂，可使火药的燃烧速度由表及里逐渐增加，获得所谓"渐猛"性的燃烧，用来改善火药的弹道性能。

石墨为光泽剂，可以增加火药在药筒内的装填密度和导电性，常用石墨进行火药表面处理，其含量在 0.5% 以下。

除了上述的基础配方外，为满足不同武器的需求还增加一些其他组分。例如为了减少大口径火炮发射时的二次火焰，在火药中加入硫酸钾或松香等消焰剂。消焰剂加入量通常在 1% 左右，而专门用作消焰附加药包的消焰药用量可达 50% 左右。为了减少高温燃烧对炮膛的烧蚀，在火药配方中可加入二硝基甲苯、樟脑和地蜡等降温剂。

火药用于手枪、冲锋枪、猎枪等短管武器和空包弹以及大口径火炮装药中的传火药时，要求火药燃尽的时间极短，以避免弹丸飞出膛口时药粒未燃完，通常采用多气孔单基药。表 2-2 为典型多气孔单基发射药配方。

表 2-2　典型多气孔单基发射药配方（质量分数）　　　　　　单位：%

组分	品号	
	多-45	多-125
NC(N>12.6%)	—	95~97
NC(N=12.7%~13.0%)	95~97	—
二苯胺	1.0~2.0	1.0~2.0
石墨	0.4~0.9	0.4~0.9
总挥发分	1.0~1.8	1.0~2.0
剩余硝酸钾	≤0.2	≤0.2
应用举例	7.62mm 口径手枪	运动步枪、9mm 口径手枪

多气孔单基药的特点是增大燃烧面和减少药体的弧厚。形成多气孔的方法是在塑化时加入水溶性硝酸钾等无机盐，经压伸成型，在驱除溶剂的同时硝酸钾被水浸出，药粒中就形成了大量细小而均匀的小孔，小孔的数量与大小取决于加入硝酸钾的粒度和数量。当药粒中剩余硝酸钾含量合格，浸水结束后分批次进行表面光泽处理。

单基药的密度在 1.58~1.64kg/L 范围内，在制造过程中，塑化质量良好、压伸压力合适、驱除溶剂均匀时密度较高。若密度过小说明火药内部结构疏松或有孔隙。

未经钝感和光泽处理的单基药，其外观呈淡黄色或深黄色，质量正常的单基药表面比较光滑。若单基药在贮存中颜色变为深黄、蓝色和黑色，表明单基药化学安定性已变差，火药的结构强度也就大幅度降低。

经钝化或光泽处理的粒状火药，表面因去掉了毛刺和棱角而变得光滑，假密度增大。火药的假密度系指粒状火药自由地倒满一定体积的容器中的火药质量与该容器体积之比。假密度表明火药在火炮药室中的容量，而增大假密度对自动武器有着特殊的意义，一方面它可减小药室或药筒的体积来简化自动武器的结构和操作；另一方面，火药假密度增大会引起发射药装药的点火困难。假密度的大小与火药组分密度、药体形状尺寸及表面状态有关，用石墨光泽处理的药粒比未光泽处理的药粒假密度约提高 7%。粒状单基发射药的假密度，枪药一般在 0.8~0.95kg/L，炮药一般在 0.65~0.75kg/L 之间。对于管状或带状发射药不测定假密度，而测定其在药室或药筒中的极限容量，即将管状药在不用力地装入药室或药筒时，发射药的最大质量，它们的极限容量约为 0.8kg/L。

2.1.2 双基火药

双基火药主要组分为硝化棉和爆炸性硝酸酯化合物。常用的爆炸性硝酸酯化合物有硝化甘油、硝化一缩二乙二醇和硝化二乙醇胺等，这些低分子有机化合物起着溶解硝化棉和能量组分的作用。为了增强硝化甘油对硝化棉的溶解能力，双基火药中常加入二硝基甲苯和邻苯二甲酸酯类物质作为辅助溶剂或增塑剂。

双基药组分中的化学安定剂，常用 I 号中定剂，即二乙基二苯脲 $[(C_6H_5 \cdot C_2H_5N)_2CO]$ 或 II 号中定剂，即二甲基二苯脲 $[(C_6H_5 \cdot CH_3N)_2CO]$ 的晶体粉末。

双基火药主要用作火炮发射药和火箭推进剂，由于它们应用环境和对燃烧性能的要求不同，故火药组分、形状尺寸和弹道性能指标等存在许多差别。

（1）双基发射药 双基发射药可用不同的工艺方法制造。用无溶剂（指无挥发性溶剂）工艺方法制造的称为巴利斯太型双基火药；用挥发性溶剂（如丙酮）工艺方法制造的称为柯达型双基火药。我国双基发射药主要生产方法为巴利斯太型，双基发射药中的硝化棉多采用低氮量的 D 级硝化棉（也称为弱棉）、硝化甘油（或硝化一缩二乙二醇）、二硝基甲苯、II 号中定剂和其他附加物。为了改善火炮内弹道性能，有时还加入消焰剂或光泽剂等。典型双基发射药的配方见表 2-3。

表 2-3 典型双基发射药的配方（质量分数）　　　　　　单位：%

组分	迫击炮药		线膛炮药		组分变化范围
	巴利斯太型	柯达型	巴利斯太型	柯达型	
硝化棉	57.5	64.5	58.5	65	50~65
硝化甘油	40	34	30	29.5	25~40
二硝基甲苯	—	—	7.5		
中定剂	2	1	3	2	1~15
二苯胺	—	0.2	—	—	
凡士林	0.3	0.3	1	3.5	
石墨(100%以外)	0.2	—	—	—	
氧化镁(100%以外)	—	0.2	—	—	1~5
丙酮(100%以外)	—	0.5	—	1.5	
水分(100%以外)	0.6	0.4	0.5	0.5	0.5~0.7

由于硝化棉和硝化甘油的比例可以在一定范围内调整，其能量可以满足多种武器的要求。但是，这种火药燃烧温度较高，对炮膛烧蚀较严重，在生产中也较危险。为了改善硝化棉的溶塑性和减小火药高温燃气对炮膛的烧蚀，可以采用溶塑性能好且燃烧温度低的硝化一缩二乙二醇取代硝化甘油，制成以硝化棉和硝化一缩二乙二醇为主要能量组分的双基发射药。但是这种火药燃烧速度低，使用时受到了某些局限性。采用混合硝酸酯制备的典型炮用

发射药配方见表 2-4。

表 2-4　混合硝酸酯炮用发射药配方举例（质量分数）　　　　　　单位：%

组分	JA-2	ZT-2
硝化棉(N 含量 13.0%)	63.5	65.5
硝化甘油(NG)	14.0	21.0
硝化二乙二醇(DEGN)	21.7	
硝化三乙二醇(TEGN)		11.0
苯二甲酸二丁酯(DBP)	0.05	
氧化镁	0.7	2.0(C₂)
石墨	0.05	0.5(TiO₂)

（2）双基推进剂　双基推进剂与双基发射药在主要组分上相类似，主要包括硝化棉、硝化甘油、Ⅱ号中定剂、二硝基甲苯等，所不同的是为了适应火箭发动机弹道性能的多种要求，主要是改变低压下火药燃烧时的化学反应速度和提高燃烧稳定性，以及降低燃速受压力、温度影响的敏感程度，所以，在双基推进剂配方中常加入燃烧性能调节剂（俗称催化剂）。

双基推进剂的生产工艺多采用挤压成型工艺，药体几何形状通常为单孔和星孔等，其外圆直径的范围在 15～350mm 或更大。为了改善双基推进剂制造工艺性能，还需加入工艺附加物，如加入石墨可以防止药料在压延时粘在辊筒上，加入凡士林以降低药料压伸成型过程的内摩擦力以增加药体密实性，也起到部分安定剂和消焰剂作用，加入硬脂酸锌可以降低药料外摩擦力。典型的双基推进剂配方见表 2-5。

表 2-5　典型的双基推进剂配方（质量分数）　　　　　　单位：%

组分	双石-2	双芳镁-1	双芳镁-2	双铅-1	双铅-2	双钴-1	双钴-2
NC(N=12.0%)	55.0	57.0	57.0	56.0	59.5	56.0	56.0
NG	29.3	26.0	26.0	26.7	25.0	27.0	27.2
二硝基甲苯	10.0	12.0	12.0	11.3	8.8	8.3	8.3
苯二甲酸二丁酯	—	—	2.0	—	—	2.5	—
Ⅱ号中定剂	3.0	—	—	3.0	3.0	—	2.5
凡士林	1.3	1.0	1.2	1.2	1.2	1.0	1.0
苯二甲酸铅	0.9	—	—	—	—	—	—
石墨	0.5	—	—	—	—	—	—
其他	—	2.0	2.0	1.8	2.5	2.7	5.0
$Q_{v(1)}$/(kJ/kg)	3598	3682	3473	3598	3556	3607	3607

目前，双基推进剂的最高实测比冲（比冲：表征推进剂做功能力的物理量，详见第 5 章有关火药能量性能参数的介绍）约为 2256N·s/kg，一般情况下为 1962～2256N·s/kg 之间。美国使用的双基推进剂实测比冲约为 1962～2207N·s/kg，俄罗斯约为 1913～2110N·s/kg。双基推进剂密度约 1.58～1.65g/cm³，燃烧速率约 5～30mm/s（20℃，80～110atm），弹道性能稳定、发射无烟，常温下具有较好的物化安定性和机械强度，贮存寿命大于 15 年。双基推进剂生产周期短，工艺成熟，有大工业生产的基础；药柱质量均匀，性能重现性好，广泛用于中小型火箭导弹和火箭炮装药。

双基推进剂的主要缺点是能量低，使用温度范围窄（−50～+50℃），药柱高温软化，低温变脆，燃烧临界压力高和不能生产更大尺寸的药柱等。

（3）双基平台推进剂　在设计火箭发动机时，总希望燃烧室的压力稳定或缓慢而有规律的变化。燃烧室平衡压力不稳定的主要因素是推进剂装药设计的燃烧面产生变化或喷管喉部面积变化所引起的，所以人们自然会提出设计一种压力指数近似为零，具有特殊弹道性能的新型平台推进剂。固体推进剂燃速与压力的关系式为

$$r = bp^n$$

（2-1）

式中　　r——推进剂燃烧速度，mm/s；

　　　　b——燃烧系数；

　　　　p——燃烧室工作压力，MPa；

　　　　n——燃速压力指数。

由式（2-1）可以看出，压力指数 n 值表示以对数为坐标轴时燃速-压力曲线的斜率。n 值等于零或接近零时，即在燃速与压力的关系图中表示为平台线，这时即使因某种原因破坏了燃烧室的平衡压力，也不会引起火药燃速的急剧变化。

在双基推进剂组分中加入铅化合物后，燃烧特性发生极大的变化，它使低压下燃速升高，压力指数增大，产生"超速燃烧"；在某段压力范围内，压力指数 n 趋近于零，燃速不随压力变化，产生所谓"平台燃烧"；或者在某段压力范围内，燃速随压力的升高而下降，压力指数出现负值，产生所谓"麦撒效应"，在此情况下，火药的燃速受温度变化的影响也很小。具有这种超速、平台或麦撒燃烧特性的火药叫作平台推进剂。

平台推进剂的特点：①双基平台推进剂由于压力指数、温度系数低和弹道偏差小，火箭的射击精度和密集度得到提高；②在发动机设计时，可以不必考虑环境温度变化、药柱少量的微小裂纹和少量气孔所引起燃烧室压力的波动，在保证发动机的正常工作前提下，适当减小其壁厚而减轻消极重量；③平台推进剂的平台区是在一定的燃烧压力范围内显示平台效应的，若离开此压力区的两端线性段，一般来说燃速压力指数 n 都比较大。

双基平台推进剂具有很高的实用性，但是在使用中仍受到能量、燃速和平台压力范围的限制。典型双基平台推进剂配方见表2-6。

表 2-6　典型双基平台推进剂配方

单位：%

组分	双乙醛	HN-5	Γ-6	N-5
NC	48.3	48.0	48.5	50.0
NG	27.2	22.0	27.2	34.8
硝化二乙二醇	6.8	8.4	6.2	
中定剂	1.4	1.4	1.4	2.0
苯二甲酸铅	1.6	1.6	1.0	—
氧化铅	—	1.3	—	—
氧化铜	0.4	1.3	—	—
雷索辛酸铜	—	—	1.0	—
水杨酸铅	—	—	—	1.2
己二酸铅	—	—	—	1.2
聚甲醛	13.6	12.0	14.0	10.8
三醋酸甘油酯	—	4.0	—	—
凡士林	0.7	—	0.7	—
$Q_{v(1)}/(kJ/kg)$	3531	3247	3531	3531

2.2
均质火药的基本组分

均质火药的基本组分有硝化棉、硝酸酯类含能增塑剂等化合物，还含有少量的附加物，如助溶剂、化学安定剂、钝感剂和燃烧性能调节剂（催化剂）等。

2.2.1 硝化棉

硝化棉（nitrocellulose，NC）发现于 1845～1847 年，由纤维素大分子 $[C_6H_7O_2(OH)_3]_n$ 与硝酸发生化学反应，将纤维素各个基本链节中羟基（—OH）酯化为硝酸酯基（—ONO$_2$）而制得纤维素硝酸酯，习惯上称为硝化纤维素。它是均质火药的结构主体，与溶剂作用后形成高聚物塑溶胶，把其他组分牢固地黏合成一体，使火药具有所要求的几何形状和物理化学性能。由于硝化棉是由纤维素制备而成，下面先介绍纤维素。

（1）纤维素性质 纤维素是自然界分布最广泛的有机物质之一，为植物细胞的主要组成部分，各类植物纤维中纤维素含量见表 2-7。

表 2-7　植物纤维中纤维素含量

植物名称	生长部位	纤维素含量/%
棉花	种子	＞90
大麻	韧皮	70～80
针叶树	杆、枝	50～60
阔叶树	杆、枝	45～55
竹子	茎秆	40～50
稻、草	茎秆	35～45
甘蔗	茎秆	35～50

由于棉纤维中的纤维素含量高，非纤维素的杂质低，容易精制，所以在硝化棉的生产和其他用途的产品中，常采用棉纤维作为制取纤维素的主要原料。

棉纤维除了含有大量的纤维素外，还含有一些非纤维素成分，见表 2-8。

表 2-8　棉纤维的化学成分　　　　　　　　　　　　　　　单位：%

化学成分	成熟棉纤维	棉籽皮	棉桃
纤维素	93.87	27.7	21.2
多缩戊糖	1.52	30.3	13.5
蛋白质	0.87	5.2	—
蜡质脂肪	0.63	1.6	—
水溶物	3.30	11.4	28.7
灰分	1.12	—	—
木质素	—	31.6	25.7

纤维素为大分子物质，无论由哪一种原料制取，它的化学成分都是由碳、氢、氧三种元

素所组成，其元素组成为：碳 44.44％、氢 6.17％、氧 49.39％。由于纤维素的分子量很大，不同原料、不同方法制得的纤维素的分子量相差也很大，所以纤维素的分子式一般写成 $(C_6H_{10}O_5)_n$。n 表示纤维素的聚合度，棉纤维素的聚合度可能高达 15000。纤维素大分子是由许多 D-葡萄糖残基所组成，葡萄糖残基就是失去一分子水的葡萄糖糖基，简称葡萄糖基，即

$$C_6H_{12}O_6 = C_6H_{10}O_5 + H_2O$$

纤维素的每个葡萄糖基的第 1 和第 4 碳原子以氧桥联结，形成六环结构。结构中每个基环（链节）上有三个羟基（—OH），其中位于第 2、3 碳原子上的是仲羟基，第 6 碳原子上的是伯羟基。纤维素链节间第 1、4 碳原子以氧桥联结，形成 β-1,4 配糖链相连的链状高联物。纤维素葡萄糖基分子量为 162，由于纤维素大分子链很长，端基很少，所以分子中间的葡萄糖基的特性，就可以代表纤维素大分子的特性。

根据纤维素定量分级，可得到聚合度和某些性质不同的纤维素，分别称为 α-纤维素、β-纤维素与 γ-纤维素。α-纤维素是纤维素中聚合度较高部分，其聚合度在 150 以上，β-纤维素聚合度在 15～150，γ-纤维素的聚合度在 15 以下，故把 β、γ-纤维素理解为半纤维素。在精制纤维素的过程中，要求尽量除去各项杂质以增加吸湿度和提高 α-纤维素含量。硝化用的精制棉，其 α-纤维素含量一般要求在 95％以上，以保持硝化质量的均匀性，易于安定处理和硝化棉得率高的优势。

纤维素不溶于水及一般有机溶剂，可溶于铜铵溶液、铜乙二胺溶液等。工业上常用铜铵溶液测定纤维素的黏度。铜铵溶液是将氢氧化铜溶于氨的浓溶液中，或通空气于含铜的浓氨水中而制得。纤维素的相对密度一般为 1.50～1.56，比热容为 1.297～1.381kJ/(kg·K)，着火点大于 290℃，燃烧热为 17154.4～17572.8kJ/kg。

(2) 硝化棉的制备　在生产硝化棉时，使用的原料为精制棉（即棉纤维素），反应式为：

$$[C_6H_7O_2(OH)_3]_n + n\gamma HNO_3 \underset{}{\overset{H_2SO_4}{\rightleftharpoons}} [C_6H_7O_2(OH)_{3-\gamma}(ONO_2)_\gamma]_n + n\gamma H_2O$$

火药计算中一般取 $n=1$，γ 为酯化度。硝化棉的酯化程度习惯上用含氮量百分数、酯化度和硝化度三种方法表示。

① 含氮量百分数　系指硝化棉分子中所含氮原子的质量分数，通常取 $n=1$ 其表达式为

$$w(N) = \frac{14\gamma}{162 + 45\gamma} \times 100\% \tag{2-2}$$

② 酯化度　系指纤维素大分子的基本链节内的羟基被硝酸酯基所取代的羟基数，酯化度最高等于 3。酯化度与硝化棉含氮量百分数的关系式为

$$\gamma = \frac{162w(N)}{14 - 45w(N)} \tag{2-3}$$

③ 硝化度　系指 1g 硝化棉完全分解后放出的氧化氮气体，在标准状态下（温度 0℃，1atm）所占有的体积（mL）数，以 NO(mL/g) 表示，其表达式为

$$NO(mL/g) = 16 \times \frac{14\gamma}{162 + 45\gamma} \times 100\% = 16w(N) \tag{2-4}$$

式中　14——氮原子量；

162——葡萄糖基的分子量；

45——葡萄糖基增加一个（—NO₂）后所增加的原子量。

由于纤维素具有多分散性（或称不均一性）和随聚合度的改变呈现特性变化，通常纤维素的聚合度或分子量均指平均值而言，而硝化棉大分子的结构性质就决定了链节中的羟基被酯化的不均一性，所以硝化棉酯化程度也只是一个统计平均值。

（3）硝化棉的分类与用途　为适应硝化棉多品号的生产和使用上的方便，一般按硝化棉的硝化度的高低和用途进行分类和命名，见表2-9。

表2-9　硝化棉分类与用途

品号	含氮量 /%	醇醚溶解度 /%	2%的丙酮溶液黏度 /(mm²/s)不小于	用途
A级硝化棉	12.50～12.70	99以上	20.0	配制混合棉
B级硝化棉	13.15以上	15以下	20.0	配制混合棉
C级硝化棉	11.88～12.40	95以上	20.0	配制混合棉
胶质硝化棉	12.7～13.0	22～45		制造单基药
D级硝化棉	11.75～12.10	98以上	10.0～17.4	制造双基药
E级硝化棉			20.0	A、C、D级混合
爆胶硝化棉	11.9～12.3	97以上		制造胶质炸药
喷漆硝化棉	11.5～12.2	98.5以上		制造硝基漆
塑料硝化棉	10.8～11.2	96以上		制造赛璐珞

硝化棉的大分子由于含有强极性基（—OH基和—ONO₂基）而呈现刚性，它较纤维素稍硬而脆。硝化棉的密度随含氮量增加而增加，一般为1.65～1.67kg/L，比热容为1.6736kJ/(kg·K)。

硝化棉的吸湿性较精制棉小得多，并随硝化度的增加而降低，主要是羟基和酯基亲和力不同。硝化棉很容易吸附金属离子和金属氧化物，含水硝化棉可以均匀地吸收硝化甘油。溶解硝化棉的有机溶剂可选择酮类、酯类、醚类、醇类和硝酸酯基化合物或混合溶剂等。工业上经常使用的溶剂和增塑剂见表2-10。

表2-10　各种硝化棉所用溶剂及增塑剂

品号	溶剂	增塑剂
混合硝化棉	醇醚混合物	
C级硝化棉	丙醇	
D级硝化棉	硝化甘油和硝化二乙二醇	苯二甲酸二丁酯
爆胶硝化棉	硝化甘油	
软片硝化棉	醇醚混合物、丙酮、醋酸乙酯、醋酸丁酯	苯二甲酸二丁酯等
喷漆硝化棉	丙酮、醋酸乙（丁）酯	
塑料硝化棉	乙醇	樟脑

影响硝化棉溶解度的因素主要是硝化棉的含氮量、聚合度、温度、物理状态和溶剂本身的性质。硝化棉的溶解度与一般低分子物质的溶解度含义不同，硝化棉的溶解度系指在一定温度、压力条件下，硝化棉在某种足够量的溶剂内本身能溶解的百分数，而不用溶剂的饱和浓度表示。其特点是与溶剂用量关系不大，在硝化棉充分溶解的情况下，再加该溶剂也不会使未溶解的部分溶解，它呈现出高聚物大分子非均一的特性。

硝化棉线型大分子的溶解是个很缓慢的过程，它通常分为两个阶段，即溶胀和溶解。当硝化棉放入溶剂内，溶剂的小分子首先浸入大分子间的作用力弱、缝隙多的孔隙、空腔和非结晶区中，然后渗透到密度较高的大分子有序区，使大分子开始发生溶胀，随着大分子间的溶剂量增加，使大分子和链节间的作用力不断减弱，强化了链段的旋转能力和大分子整体运动的能力，当分子链互不影响运动时，即呈现溶解状态。在这个阶段，适当地加热、加压搅拌，就能加快硝化棉的溶解过程。

（4）硝化棉的化学性质　稀酸对硝化棉的作用不太敏感，如 1% 浓度的强酸稀溶液，在 100℃ 下长时间煮沸，也不会改变硝化棉的性质，工艺上就是利用此性质除去硝化棉中不安定杂质，而对硝化棉本身破坏性很小。但硝化棉成品不能含酸，否则即使含量很小也会加速其分解。当酸的浓度和温度增大时，硝化棉将出现硝化度和黏度降低以及水解、脱硝和分解等现象。通过试验测出的氧化氮气体，可计算出硝化度数值。

碱（KOH 或 NaOH）对硝化棉的作用很敏感，它能使硝化棉脱硝和氧化。因此在制造硝化棉工艺中，不能用强碱中和硝化棉中的残酸，而必须用弱碱，即采用 0.1% 浓度以下的碳酸钠煮洗，以除去硝化棉中所含的不安定杂质。硝化棉与氧化剂作用比精制棉稳定，工业上制造高级塑料，常使用次氯酸钠在酸性介质中漂白硝化棉。

（5）硝化棉的燃烧和爆炸性质　硝化棉是一种易燃易爆的高聚物，它的爆发变化有燃烧与爆轰两种形式。干燥的硝化棉极易燃烧，火焰呈橙黄色，燃烧产物几乎全部变为气体。

硝化棉的燃烧速度与其含氮量、密度、含水量、物理状态及温度、压力等有关。实验证明，硝化棉含氮量和环境压力增加，其燃速提高，而密度和含水量增加，其燃速降低。硝化棉含水量为 5% 时，硝化棉就不易点燃，当硝化棉含水量高于 20% 时而不能燃烧。干燥的硝化棉，如果大量堆积或在密闭的容器内被点燃，就可能引起爆轰，无论松散或压紧状态的硝化棉都能被雷管引爆。为保证硝化棉在运输和贮存时的安全，其含水量均需在 25% 以上。

硝化棉的发火点随着密度的增加而上升，随含氮量提高而降低。如表 2-11 所示。

表 2-11　硝化棉含氮量与发火点的关系

含氮量/%	11.97	12.75	13.48
发火点/℃	190～200	186～190	183～186

硝化棉中若含有不安定杂质，发火点也会降低。硝化棉的爆热随含氮量增加而提高，其比容反而减小，见表 2-12。

表 2-12　硝化棉含氮量与能量的关系

含氮量/%	11.5	12.0	12.5	13.0	13.3
爆热/(kJ/kg)	3355.6	3652.6	3945.5	4242.6	4535.5
比容/(L/kg)	959	934	910	885	861

硝化棉含氮量愈高，其大分子中含氧量也愈高，燃烧得更完全。

2.2.2　硝酸酯类含能增塑剂

增塑剂是火药的主要组分之一，包括含能增塑剂和惰性增塑剂。均质火药常用的含能增塑剂包括硝化甘油、硝化二乙二醇、硝化三乙二醇等。常用的惰性增塑剂有苯二甲酸二丁酯、苯二甲酸二辛酯、甘油三醋酸酯等。

在发射药中含能增塑剂既可以改善火药中含能高分子骨架材料的塑性，又作为火药能量的主要来源。最常用的含能增塑剂是硝化甘油，硝化甘油只能溶解塑化低氮量的硝化棉，发射药中硝化甘油含量越大，其能量、爆温和感度随之增大。固体推进剂所使用的增塑剂主要作用是使推进剂药浆降低黏度，以利于推进剂的浇注成型。随着丁基硝氧乙基硝胺等新型含能增塑剂的合成成功，又赋予了增塑剂降低高能推进剂玻璃化温度，以及改善推进剂的低温力学性能的作用。含能增塑剂可以显著提高固体推进剂的能量水平。

（1）硝化甘油　硝化甘油学名丙三醇三硝酸酯（nitroglycerine，NG），是由意大利人Ascanio Sobrero 于 1846 年首次合成，纯硝化甘油在常温下为无色透明油状液体。分子结构式为

$$H_2C - \underset{ONO_2}{\overset{\overset{\displaystyle H}{|}}{C}} - \underset{ONO_2}{\overset{|}{CH_2}}$$

分子量 227.09，氧平衡 3.5%，15℃ 下相对密度为 1.6009，在 20℃ 下相对密度为1.5960。有两种晶形，一种为斜方晶体，熔点为 13.2～13.5℃ 的稳定型，熔融热 138.9J/mol；另一种为三斜晶形，熔点为 1.9～2.3℃ 的不稳定型，熔融热 21.7568J/mol，不稳定型可逐渐转变为稳定型晶体，它的转化热为 117.15J/mol。折射率 1.4786，吸湿性很小，常温下 100% 相对湿度的平衡水分为 0.12%。

硝化甘油标准生成热 −1633kJ/kg，燃烧热 −6787.7kJ/kg，爆速 7700m/s，爆热 6322kJ/kg，TNT 当量 140%，温度超过 50℃ 就开始分解，自燃温度 180℃，爆发点 222℃（5s）。热或真空安定性：在 72℃ 阿贝尔试验大于 30min，82℃ 试验大于 10min。摩擦感度，爆炸概率100%，撞击感度 $H_{50}=20$cm（落锤 2kg）。

硝化甘油易溶于乙醇、石油醚，还能与许多硝基化合物或其他化合物互溶，如硝化二乙二醇、硝基苯、二硝基甲苯、中定剂、二苯胺、硝化二乙醇胺、苯甲酸酯类等，可用以改善对硝化棉的溶解能力和工艺性能。硝化甘油在常温下挥发性很小，它随温度升高而挥发性增大，若温度在 50℃ 以上时就可嗅到硝化甘油的特殊气味。硝化甘油对酸、碱的存在很敏感：少量的酸就能使硝化甘油分解，放出氧化氮，其分解速度随温度升高而加速；少量的碱也会使其分解加速并发生皂化反应。硝化甘油为有毒性的化合物，进入人体内能引起头痛、恶心、呕吐等。因此在使用硝化甘油时应注意通风和防毒。

硝化甘油是由甘油（即丙三醇）与硝酸发生酯化反应而制得。由于制造方法与其他硝基化合物相似，故俗称硝化甘油。甘油的酯化过程可能生成甘油的一或二硝酸酯和硫酸酯等副产物，并伴有水生成，它们将影响硝酸的反应能力。

硝化甘油对低氮量（11.8%～12.2%）硝化棉有良好的溶塑能力，是火药较为理想的能量组分，常用硝化甘油含量变化来调整火药的能量和其他性能，如硝化甘油含量为 25%～26.5% 的双基发射药 $Q_{V(l)} = 2970.6 \sim 3200.8$kJ/kg；含量为 40% 的发射药 $Q_{V(l)} = 4937.12$kJ/kg。硝化甘油与硝化棉能量参数比较如表 2-13。

表 2-13　硝化甘油与硝化棉能量参数比较

名称	$Q_{V(l)}/$(kJ/kg)	$T_V/$℃	$W_1/$(L/kg)	$f_V/$(N·m/kg)
NG	6192	3750	716	125×10^3
NC(13.2%)	3828	2987	875	107×10^3

硝化甘油作为硝化棉的溶剂成为火药的能量组分，工艺中不再驱除，这就大大地简化了制造过程，扩大了火药能量范围，特别是可制成火药厚度较大的药柱。

（2）硝化二乙二醇　硝化二乙二醇学名叫一缩二乙二醇二硝酸酯（diethylene glycol

dinitrate，DEGN），其结构式为

$$O_2NO \diagdown O \diagup ONO_2$$

硝化二乙二醇的相对密度 1.385，分子量 196.12，20℃时黏度为 8.1mPa·s，有两种结晶形式，稳定型的熔点为 2℃，不稳定型的熔点为 -10.9℃，沸点 160℃并伴有分解，折射率 1.4536。无色或淡黄色无臭液体，挥发性较硝化甘油大，易溶于硝化甘油、硝化乙二醇、乙醚、甲醇、氯仿、醋酸、苯、甲苯，不易溶于乙醇、四氯化碳和二硫化碳。水中的溶解度 25℃为 0.4g/100mL、60℃为 0.468g/100mL，65% 相对湿度的吸湿率为 0.19%。标准生成焓 -2209kJ/kg，燃烧热 -11680.45kJ/kg，爆速 6500m/s，爆热 3519～4852kJ/kg，TNT 当量 77%，爆容 796L/kg，爆发点 210～215℃（5s），撞击感度较硝化甘油低。热或真空安定性：72℃阿贝尔试验 15min；100℃热试验，第一个 48h 失重 4.0%，第二个 48h 失重 3.0%，100h 不爆炸。撞击感度：175～180cm（落锤 2kg）。毒性比硝化甘油小。

硝化二乙二醇对低氮量硝化棉有良好的溶解能力，而且使用较安全，常用它制成爆热较低、烧蚀性较小的炮用火药。酸、碱的存在同样影响硝化二乙二醇的安定性。

二乙二醇经硝硫混酸硝化制得硝化二乙二醇，混酸比为 $HNO_3：H_2SO_4 = 65：36$，硝化系数为 2.7～3，硝化温度为 14～18℃。

硝化二乙二醇是双乙型双基火药、胶质炸药和固体推进剂的组分，也是固体推进剂的含能增塑剂。

（3）硝基异丁基甘油三硝酸酯　硝基异丁基甘油三硝酸酯（nitroisobutylglycerol trinitrate，NIBTN），为淡黄色油状液体。分子结构式为

$$O_2NO \diagdown \underset{NO_2}{\overset{O_2N}{\diagup}} \diagup \begin{matrix} ONO_2 \\ ONO_2 \end{matrix}$$

相对密度 1.617～1.618，熔点 -35℃，沸点 185℃，折射率 1.492。易溶于甲醇、乙醇、丙酮、三氯甲烷、苯，难溶于水。标准生成热 -791kJ/kg，燃烧热 -7759.2kJ/kg，爆速 7860m/s，爆热 7147kJ/kg，比容为 705L/kg，爆发点 257℃（5s）。热或真空安定性：在 70～80℃的安定性不低于硝化甘油，72℃阿贝尔试验大于 20min。撞击感度：15cm（落锤 2kg，H_{50}）。有轻微毒性，蒸气对人体有刺激性，液体与皮肤接触会出现红肿、头痛等症状。

硝基异丁基甘油三硝酸酯的制造方法是先把硝基异丁基甘油溶解到硫酸中，使酯化热大部分在磺化过程中放出，而后与混酸中的硝酸作用。主要工艺条件：$H_2SO_4：HNO_3 = 20：80$，硝化系数为 2.75，硝化温度为 43～45℃。硝基异丁基甘油三硝酸酯在稀碱溶液中有严重的水解现象，水解后溶液变为黄色，它对温度作用较敏感、受热易分解、安定性较差。

硝基异丁基甘油三硝酸酯对硝化棉有一定的溶解能力，但不如硝化甘油，实验证明它能够满足制造火药的要求，可用作硝化甘油的代用品。

（4）甲基异丁三醇三硝酸酯　甲基异丁三醇三硝酸酯，又称三羟甲基乙烷三硝酸酯（trimethylolethane trinitrate，TMETN），结构式为

$$O_2NO \diagdown \underset{}{\overset{H_3C}{\diagup}} \diagup \begin{matrix} ONO_2 \\ ONO_2 \end{matrix}$$

甲基异丁三醇三硝酸酯分子量 255.14，理论含氮量为 16.4%，外观为无色或淡黄色油

状液体。相对密度 1.468，熔点－17℃，沸点 182℃，折射率 1.4757。溶于乙醚、丙酮、氯乙烯、浓硝酸及浓硫酸，不易溶于水。30℃相对湿度 100％下的吸湿率为 0.14％。接触该产品时能使人微感头痛，但较硝化甘油轻。可与硝化甘油混合使用作为含能增塑剂。在火药中取代硝化甘油时，具有物化安定性较好、机械强度较大、对炮膛烧蚀性小、生产上安全和毒性小、经济成本低等优点。

标准生成焓－1628.5kJ/kg，燃烧热－10923kJ/kg，爆速 7050～7200m/s，爆热 5175～5271kJ/kg，爆容 853L/kg，爆温 3500K，爆发点 230～235℃（5s）。热或真空安定性：72℃阿贝尔试验 40～45min，100℃加热，第一个 48h 失重 2.5％，第二个 48h 失重 1.8％。100℃真空加热，40h 产气量 1.9mL/g。撞击感度：47cm（2kg 落锤），较硝化甘油低得多。

甲基异丁三醇三硝酸酯由甲基异丁三醇和硝硫混酸反应制得，混酸比 HNO_3：H_2SO_4 ＝ 42：55，硝化系数为 5～6，硝化温度为 20～25℃，硝化时间为 25～30min，得率一般不低于理论值的 90％。

（5）1,2,4-丁三醇三硝酸酯　丁三醇三硝酸酯（butantriol trinitrate，BTTN），分子量 241.1，氧平衡－16.6％（按 CO_2 计），淡黄色油状液体。相对密度 1.48～1.52，凝固点－27℃，沸点 197℃，折射率 1.4738，黏度为硝化甘油的 2.2 倍。稍溶于水、醇、醚、醋酸。37.7℃和 95％相对湿度的吸湿率 0.14％（24h），65％相对湿度时为 0.04％。挥发性约为硝化甘油的 50％。

$$\underset{ONO_2}{H_2C}-\underset{ONO_2}{\overset{H}{C}}-\overset{H_2}{C}-\underset{ONO_2}{CH_2}$$

标准生成焓－1684kJ/kg，燃烧热－9070.9kJ/kg，爆热 5941～5946kJ/kg，比容 840L/kg（以水为气体计），爆发点 230～235℃（5s）。撞击感度（2kg 落锤）：58cm，毒性比硝化甘油小，化学安定性良好。

（6）1,2,3,4-丁四醇四硝酸酯　丁四醇四硝酸酯（butanetetrol tetranitrate），分子量 302.1，氧平衡 5.3％（按 CO_2 计），无色结晶。相对密度 1.6～1.57，熔点 61.5℃，沸点 381.8℃。标准生成焓－1653kJ/kg，燃烧热－6468kJ/kg，爆热 6356kJ/kg（以水为液体计），爆容 704L/kg，爆发点 154～156℃。撞击感度：2J。

$$\underset{O_2NO}{O_2NO}\diagup\overset{\diagdown ONO_2}{\underset{\diagdown ONO_2}{}}$$

（7）乙二醇二硝酸酯　乙二醇二硝酸酯又称硝化乙二醇（ethylene glycol dinitrate，EGDN），分子量 152.1，外观为无色或淡黄色油状液体。相对密度 1.48，熔点－21.7～－22.8℃，沸点 197℃，折射率 1.4472。溶于乙醇、乙醚、丙酮、氯仿、苯、硝基苯和甲苯，稍溶于四氯化碳和挥发油。在 30℃和 90％的相对湿度下不吸湿。与硝化甘油相似，可引起头痛，与皮肤接触，大量吸入时会引起绞痛，与其他硝酸酯一样，能严重影响血液循环。最大允许浓度为 1.5mg/m³。

$$\underset{O_2NO}{}\diagup\diagdown\diagup\underset{ONO_2}{}$$

标准生成焓－1603.0kJ/kg，燃烧热－7379.3kJ/kg。爆速 7300m/s，爆热 6826kJ/kg，7289kJ/kg（以水为液体计），爆容 737L/kg，爆发点 257℃。热或真空安定性：100℃耐热试验，第一个 48h 失重 28.8％，第二个 48h 失重 25.4％。撞击感度：0.2J，2kg 落

锤 56cm。

2.2.3　附加物

在均质火药配方中还含有一些不可缺少的附加组分。如双基火药中的助溶剂，延长火药贮存寿命的化学安定剂，调节燃烧速度的燃烧性能调节剂（催化剂），改善弹道性能的钝化剂和消焰剂等。

2.2.3.1　二硝基甲苯

二硝基甲苯（dinitrotoluene，DNT），分子式：$C_7H_6N_2O_4$，分子量 182.14，氧平衡 -114.2%，外观为淡黄色至黄色固体。相对密度 1.521，熔点 $67\sim70℃$，沸点 $320℃$，折射率 1.442。有毒，易燃，微溶于水、乙醇、乙醚和嘧啶，溶于乙醚、丙酮、苯及甲苯等有机溶剂。在阳光下颜色变深，与碱接触变红。$25℃$ 和 100% 的相对湿度时不吸湿。标准生成焓 $-364\sim-431$kJ/kg，燃烧热 $-19438\sim-19610$kJ/kg。爆速 6930m/s，爆热 4420kJ/kg，爆容 602L/kg，爆发点 $310℃$。热或真空安定性：$0.04cm^3/40h$（$120℃$）。

二硝基甲苯为爆炸物质，由于它爆轰感度差，爆炸能力弱，所以它不能单独作为炸药，而在双基火药中作为附加物。工业一硝基甲苯为三种异构体的混合物，硝化时则得到六种异构混合物的工业二硝基甲苯，其成分及凝固点见表 2-14。

表 2-14　工业二硝基甲苯成分及凝固点

名称	含量/%	凝固点/℃	沸点/℃
2,4-二硝基甲苯	25.60	69.95	
2,6-二硝基甲苯	19.70	65.10	
3,4-二硝基甲苯	2.57	58.50	
2,3-二硝基甲苯	1.44	59.23	300℃沸腾并分解
3,6-二硝基甲苯	0.61	50.25	
3,5-二硝基甲苯	0.08	92.91	

由表 2-14 看出，主要成分为 2,4-二硝基甲苯异构物组成，它是一种夹杂有大量油状杂质的黄色结晶物质，凝固点为 $50\sim54℃$。工业二硝基甲苯在有机溶剂中的溶解度比三硝基甲苯（TNT）大，而在水中的溶解度极小。

在制造火药时先把工业二硝基甲苯按配方含量溶解在硝化甘油中，然后加入以大量水为分散介质的吸收药里，以便被硝化棉吸附。

2.2.3.2　安定剂

安定剂（stabilizer）系指能降低火药分解速度增加火药寿命的物质。安定剂的作用实质是在加工和贮存过程中吸收火药分解出的氧化氮及形成相应的酸，而减少火药自动加速分解的可能性。火药中常用的安定剂为苯胺类化合物，如二苯胺、Ⅰ 号中定剂和 Ⅱ 号中定剂等。在均质火药中无安定剂的火药使用期限约为 10 年，而含有安定剂的火药使用期限可在 15 年以上。

安定剂的基本要求：①应能很好地吸收火药分解放出的氧化氮及生成的 HNO_3 和 HNO_2，并生成安定的物质；②无显著的碱性，以免使硝化棉及多元醇硝酸酯皂化；③溶于火药使用的溶剂内，但不溶于水和尽可能对硝化棉有溶解能力；④在 $50℃$ 以下的温度范围不挥发。

常用的安定剂包括以下几种：

(1) 二苯胺　二苯胺学名 N-苯基苯胺（diphenylamine，DPA），为单基发射药的安定剂，其分子式为 $C_{12}H_{11}N$，结构式为

无色至白色晶体，可燃，有芳香气味和苦味。分子量 169.22，氧平衡 -278.91%，相对密度 $1.159\sim1.160$，熔点为 $52.8\sim54℃$，沸点为 $302℃$，闪点 $152℃$，自燃温度 $633.9℃$，折射率 1.5882，易溶于乙醇、乙醚苯、二硫化碳、冰醋酸、苯及无机酸中，稍溶于水（25℃时仅溶 0.3%）。

标准生成热 $689\sim778kJ/kg$，燃烧热 $-37982\sim-38003kJ/kg$，爆热 $-11229.8kJ/kg$。毒性为二级，吸入蒸气或液体与皮肤接触能产生头痛眩晕、神志不清等症状。主要用作单基药的安定剂。

二苯胺吸收氧化氮能力很强，所以能起安定作用。由于它具有还原性，火药内用量不宜过多（约为 2%）。二苯胺呈弱碱性，不宜用于双基火药。有挥发性，高毒，毒性作用与苯胺相似，能刺激皮肤和黏膜，引起血液中毒（生成高铁血红蛋白）等症状。可用于制染料和作炸药的稳定剂，能与强酸生成盐。二苯胺可以作为鉴定 DNA 的试剂，DNA 遇二苯胺变蓝色。二苯胺的浓硫酸溶液遇硝酸盐产生苯胺蓝的蓝色沉淀。

二苯胺制备工艺通常是将苯胺以无水三氯化铝做催化剂进行缩合反应，反应液经中和、煮洗、真空蒸馏，用乙醇结晶。

(2) Ⅰ号中定剂　Ⅰ号中定剂学名 N,N'-二乙基-N,N'-二苯基脲（N,N'-diethyl-N,N'-diphenylurea），简写为 C1，化学式 $C_{17}H_{20}N_2O$，分子结构式为

Ⅰ号中定剂为片状白色结晶，分子量 268.35，氧平衡 -256.4%，相对密度为 $1.112\sim1.14$，熔点为 $72\sim79℃$，沸点为 $325\sim330℃$，闪点 $165℃$，折射率 1.5486。有挥发性，难溶于水，易溶于有机溶剂，如乙醇、丙酮等，100g 无水乙醇可中溶解 72g。

标准生成热 $-391\sim-410kJ/kg$，燃烧热 $-35184\sim-35187kJ/kg$，爆热 $-10144kJ/kg$。

在推进剂中少量使用时（1% 以下）用作安定剂，大量使用时（$3\%\sim10\%$）作为硝化棉的增塑剂。硝化甘油对中定剂具有良好的溶解能力，中定剂在较高温度下对低氮量硝化棉具有一定溶解能力，中定剂的酒精溶液能渗透到硝化棉内部并牢固地结合。还可用于检定硝酸盐和亚硝酸盐。还可做硫化橡胶阻滞剂。

(3) Ⅱ号中定剂　Ⅱ号中定剂，又称中定剂Ⅱ，简写为 C2，学名 N,N'-二甲基-N,N'-二苯脲（N,N'-dimethyl-N,N'-diphenylurea），化学式 $C_{15}H_{16}N_2O$，分子结构式为

其性质与Ⅰ号中定剂很相似，白色粉状结晶；分子量 240.31，氧平衡 -246.34%，相对密度为 $1.1\sim1.184$，熔点为 $121\sim121.5℃$，沸点 $350℃$。易溶于有机溶剂，如酒精、乙

醚、丙酮等，18℃时 100g 硝化甘油中溶解 13g、23℃时为 19.4g。标准生成热 $-254.39\sim$ 304.19kJ/kg，燃烧热 $-33442\sim33810$kJ/kg，爆热 -9619kJ/kg。它能与 NO 及 HNO_3 化合，生成一硝基、三硝基和四硝基中定剂。Ⅱ号中定剂作为硝化棉的增塑剂不如Ⅰ号中定剂，也用作推进剂包覆剂和发动机燃料抗震添加剂。

（4）2-硝基二苯胺　邻硝基二苯胺（2-nitrodiphenylamine，NDPA），橙红色片状结晶，化学式 $C_{12}H_{10}N_2O_2$，分子量 214.22，分子结构式为

邻硝基二苯胺相对密度 1.366，熔点 74~76℃，沸点 167~168℃，折射率 1.6660，溶于乙醇，几乎不溶于水，有毒，主要用作推进剂的安定剂，还可作为汽油抗氧剂 N-苯基-N-苯基-N-烷基邻苯二胺的中间体。

标准生成热 $-300.6\sim-368.8$kJ/kg，燃烧热 $-29014\sim29018$kJ/kg。

由邻硝基氯苯与苯胺在乙酸钠存在下，于 190~200℃反应 12h 而制得。

（5）间苯二酚　间苯二酚（m-dihydroxybenzene），化学式 $C_6H_6O_2$，分子量 110.11，结构式为

间苯二酚相对密度 1.27~1.285，熔点 110.7℃，沸点 276.5℃，闪点 127℃，折射率 1.620。无色或类白色的针状结晶或粉末，含有杂质时暴露在光线中变成桃红色，易溶于水、乙醇、乙醚，溶于氯仿、四氯化碳，不溶于苯。溶解度：水中 83.3%，乙醇中 73%，丙酮中 75.1%，苯中 14.1%。标准生成热 -25879kJ/kg，燃烧热 -2847.8kJ/mol。有毒，能引起皮炎、水肿和刺激皮肤。遇到热源和火焰时，能微弱燃烧，与氧化物能起反应。

2.2.3.3　钝感剂

钝感剂（desensitizer）系指能减缓火药燃烧速度的物质。火药中常用的钝感剂有二硝基甲苯、樟脑、中定剂和树脂等。钝感剂的使用可以分为两种情况：一是在火药组分中加入钝感剂时，钝感剂均匀地分布于药体中，它能使火药的燃烧速度普遍降低；二是用钝感剂处理火药表面时，钝感剂随着溶剂渗入到药体的内部，其浓度分布是自外层至内层逐渐减少，使火药的燃烧速度呈现渐增性。钝感剂应具有熔点低，与火药有良好的相容性，正常保存条件下不挥发等特点。

（1）樟脑　樟脑（$C_{10}H_{16}O$），分子量 152.23，结构式为

樟脑相对密度 0.985，常温下为大结晶体，有特殊气味，挥发性较强，易升华，熔点为 175~180℃，沸点为 309℃，折射率 1.5462，难溶于水，易溶于酒精、乙醚等溶剂，在 100℃时能与硝化棉生成赛璐珞。

（2）邻苯二甲酸二丁酯　　邻苯二甲酸二丁酯（dibutyl phthalate，DBP），化学式 $C_{16}H_{22}O_4$，分子量 278.34，结构式为

邻苯二甲酸二丁酯相对密度为 1.042～1.048，熔点－35℃，沸点 340℃，闪点 172℃，折射率 1.492，相对介电常数 6.436（30℃），黏度 9.72mPa·s（37.8℃），蒸气压 1.58kPa（200℃），表面张力 33.4×10^{-3}N/m（20℃），蒸发热 79kJ/mol。无色油状液体，可燃，有芳香气味。水中溶解度 0.01%（20℃），易溶于乙醇、乙醚、丙酮和苯等溶剂，对硝化棉、乙基纤维素、聚氯乙烯等都有很好的溶解能力。标准生成热－410～－391kJ/kg，燃烧热－35187～－35184kJ/kg，爆热－8681kJ/kg。

在推进剂中少量使用时（1%以下）用作钝感剂，大量使用时（3%～10%）作为硝化棉的增塑剂。硝化甘油对中定剂具有良好的溶解能力，中定剂在较高温度下对低氮量硝化棉具有一定溶解能力，中定剂的酒精溶液能渗透到硝化棉内部并牢固地结合。还可用于检定硝酸盐和亚硝酸盐，还可做硫化橡胶阻滞剂。

2.2.3.4　惰性增塑剂

（1）甘油三醋酸酯　　甘油三醋酸酯俗称三醋精（propanetriol triacetate，或 triacetin），化学式 $C_9H_{14}O_6$，分子量 218.20，相对密度为 1.1562，熔点－78℃，沸点 258～260℃，闪点 130～138℃，折射率 1.4307，相对介电常数 6.0（21℃），黏度 16.1mPa·s（25℃），蒸气压 1.58kPa（200℃），表面张力 35.6×10^{-3}N/m（20℃），蒸发热 82kJ/mol（25℃）。

标准生成热－5579～－6098kJ/kg，燃烧热－19300～－21091kJ/kg，爆热 5372kJ/kg。

无色无味油状液体。溶于醇、醚、苯、氯仿和蓖麻油，但不溶于亚麻仁油。能溶解硝化棉、醋酸纤维素、丙烯酸树脂、聚醋酸乙烯酯等。对天然松香有一定程度的溶解，但不与聚氯乙烯、聚苯乙烯混溶。制备方法是用醋酐在 100℃处理丙三醇而得。用作香烟过滤嘴黏结剂、香料固定剂、溶剂、增韧剂，并应用于化妆品、铸造、医药、染料等行业。本品无毒、无刺激性。

（2）己二酸二辛酯　　己二酸二辛酯［dioctyl adipate 或 di（2-ethylhexyl）adipate，DOA］，化学式 $C_{22}H_{42}O_4$，分子量 370.31，氧平衡－263.37%，相对密度 0.927，熔点－67℃，沸点 374.4℃，闪点 196℃，折射率 1.4474，黏度 13.7mPa·s（20℃），蒸发热 95kJ/mol。无色无味的澄清透明液体，微有气味，不溶于水，溶于醇、醚、苯、乙酸乙酯、氯仿、植物油、矿物油等有机溶剂，微溶于乙二醇。标准生成热－3056～－3067kJ/kg。对硝化棉、聚氯乙烯、聚苯乙烯有很强的溶解能力，用作硝酸棉、聚氯乙烯、聚乙烯共聚物、聚苯乙烯、乙基纤维素和合成橡胶的典型耐寒增塑剂，增塑效率高，受热变色小，可赋予制品良好的低温柔软性和耐光性。制备方法：己二酸与工业辛醇（2-乙基己醇）在催化剂存在下发生直接酯化反应而得粗品，经中和水洗、气提、压滤等工艺制得精品。高品质产品可再经分子蒸馏或减压蒸馏而得。

（3）癸二酸二丁酯　　癸二酸二丁酯（dibutyl decanedioate，或 dibutyl sebacate，DBS），化学式 $C_{18}H_{34}O_4$，分子量 314.46，相对密度 0.934～0.942，熔点－11℃，沸点 344～345℃，闪点 178℃，折射率 1.4433，相对介电常数 4.54（20℃），黏度 0.01Pa·s（20℃），蒸发热 93kJ/mol。标准生成热－3758kJ/kg。无色或淡黄色透明液体。不溶于水，溶于醇、醚、氯仿、丙酮等溶剂。除了醋酸纤维素外，能与乙烯类树脂、硝化棉、聚苯乙烯、聚氯乙烯等混合均匀。用作硝化棉的增塑剂，还可用于与食品接触的包装材料耐寒性辅助增塑剂。

由癸二酸和丁醇在硫酸催化下合成。

（4）邻苯二甲酸二乙酯　邻苯二甲酸二乙酯（diethyl phthalate，DEP），化学式 $C_{12}H_{14}O_4$，分子量 222.24，结构式为

相对密度为 1.118，熔点 $-40℃$，沸点 295℃（0.1MPa），闪点 153℃，折射率 1.5002，相对介电常数 7.63（30℃），黏度 10.06mPa·s（25℃），蒸气压 1.58kPa（200℃），表面张力 35.3×10^{-3}N/m（20℃），蒸发热 67kJ/mol。无色油状液体，无毒，微带芳香味。溶解性：水中溶解度 0.1%（20℃），易溶于乙醇、乙醚、丙酮和苯等溶剂，对硝化棉、乙基纤维素、聚氯乙烯等都有很好的溶解能力。标准生成热 $-3460\sim-3495$kJ/kg，燃烧热 -26777kJ/kg。

2.2.3.5　消焰剂

消焰剂系指在火炮射击时能减少炮口焰或炮尾焰的物质。消焰剂可以分为两类：一类是能降低火药爆温的物质，如苯二甲酸二丁酯、松香和其他惰性有机物质；另一类为负催化剂，它能使火药气体在高温下与空气接触时燃烧困难，如 K_2SO_4、KCl、酒石酸钾、草酸钾等。

一般消焰剂应具有高度消焰能力，不溶于水、中性、与火药有良好的结合能力。

（1）氯化钾（KCl）　白色晶体，相对密度 1.98，熔点 768℃，沸点 1415℃。水中溶解度：0℃时为 28.5%，10℃时 32%，80℃时 51%，100℃时 56.6%。

（2）硫酸钾（K_2SO_4）　白色晶体，相对密度 2.67，熔点 1066℃，比热容 0.82kJ/(kg·K)。水中的溶解度：在 0℃时为 6.85%，10℃时 9.7%，50℃时 14.87%，100℃时 19.4%。

（3）松香（$C_{20}H_{30}O_2$）　含有两个双键的不饱和化合物，它是天然树脂蒸馏后的产物，相对密度为 1.1~1.7，易溶于有机溶剂，不溶于冷水，能部分溶于热水。常温下保存容易自身氧化，经氧化的松香比较容易研碎，但由于氧化度的增加，火药的缓燃能力随之降低。火药中含有松香时其安定性会有所降低，在 80% 的相对湿度下，经 15d 就能看出分解现象，无松香的火药在同样条件下经 30d 才能看出分解现象。

（4）冰晶石　钾冰晶石（elpasolite，potassium cryolite）分子式 $3KF·AlF_3$，分子量 258.28，白色无定形粉末或晶体，相对密度 3.0，熔点 1025℃，硬度 2.5，在冷水及有机溶剂中不溶解，生成热 -12596kJ/kg。

（5）有机酸盐

① 邻苯二甲酸钾　邻苯二甲酸钾（di-potassium phthalate），分子式 $C_8H_4K_2O_4$，分子量 241.94，白色粉末，溶于水。分子结构式为：

② 硬脂酸钾　硬脂酸钾（potassium stearte），分子式 $C_{18}H_{35}KO_2$，分子量 322.57，白色粉末，溶于水和乙醇，水溶液呈强碱性，乙醇溶液呈微碱性。分子结构式如下

$$H_3C-\left(C\begin{matrix}H_2\end{matrix}\right)_{16}COOK$$

③ 山梨酸钾　山梨酸钾（potassium sorbate），学名 (E,E)-(2,4)-己二烯酸钾盐，分

子式 $C_6H_7KO_2$，分子量 150.22，由山梨酸与碳酸钾或氢氧化钾反应制得。本品为白色颗粒结晶或结晶粉末，在水中易溶，在乙醇中微溶。分子结构式如下：

这三种钾盐均不呈晶体，加入火药中塑化良好、质地均匀。而且具有较强的耐浸渍能力，适用于单基、双基、三基火药的任何工艺。

除了上述消焰剂，国内外还探索了有机消焰剂及含能消焰剂等品种，但部分文献没有公开有关材料的结构和性能，无法全面地介绍这些新材料的实际应用效果。

2.3
异质火药组成及各组分的作用

异质火药的特征是组分结构的不连续性，组分间存在着相的界面。最基本的组分为晶体氧化剂和燃料黏合剂。这类火药又因所需的黏合剂不同而分为混合推进剂、复合推进剂和改性双基推进剂等。

混合推进剂是由低分子物质组成，如由炭、硫和硝酸盐机械混合而成的黑火药。复合推进剂是由高分子聚合物为黏合剂，加入大量的固体氧化剂和其他物质经混合固化后得。改性双基推进剂是以双基药料为黏合剂，加入高能炸药、高氯酸铵和铝粉或其他物质经过混合、固化成型后制得。

2.3.1 复合推进剂

现代复合推进剂的产品类型十分庞杂，下面仅对具有代表性的端羟聚丁二烯（HTPB）推进剂、端羧聚丁二烯（CTPB）推进剂、聚氨酯（PU）推进剂、聚氯乙烯（PVC）推进剂、聚硫橡胶（PS）推进剂等给予概括地介绍。

（1）端羟聚丁二烯推进剂　端羟聚丁二烯推进剂是目前应用最多且最成熟的推进剂品种之一。典型端羟聚丁二烯推进剂配方见表 2-15。

表 2-15　典型端羟聚丁二烯推进剂配方　　　　　　　　单位：%

组分	序号			组分作用
	1	2	3	
HTPB	10.03	14.00	7.82	固化系统
二异氰酸酯	0.67	0.70	0.46	
三乙醇胺	0.30	—	0.04	
三(甲基氮丙啶)氧化磷	—	0.30	—	
己二酸二辛酯	1.00	—	—	
癸二酸二辛酯	—	—	4.48	增塑剂
苯乙烯	—	2.00	—	稀释剂
NH_4ClO_4	68.00	67.00	68.00	氧化剂
Al	20.00	15.00	18.00	金属燃料
其他	—	1.00	1.20	含催化剂、防老剂

　　端羟聚丁二烯推进剂的实际比冲为 2305～2405N·s/kg，密度为 1.7～1.8kg/L，燃速为 5～50mm/s，燃速压力指数约 0.20～0.35，燃速温度系数约为 0.2%/℃，常温抗拉强度为 $7×10^5$～$10×10^5$ Pa，延伸率大于 50%，玻璃化温度低于-70℃，能满足发动机设计对-55～70℃温度范围的使用要求。端羟聚丁二烯推进剂突出的特点是低温力学性能优良。端羟聚丁二烯推进剂是战术和战略导弹的主要推进剂之一，它也是中大口径火炮弹底喷气增程弹的主要推进剂。

　　（2）端羧聚丁二烯推进剂　　端羧聚丁二烯推进剂是 20 世纪 60 年代末发展起来的一类复合推进剂，典型端羧聚丁二烯推进剂配方见表 2-16。

表 2-16　典型端羧聚丁二烯推进剂配方
单位：%

组分	序号		组分作用
	1	2	
CTPB	9.17	14.00	固化系统
三(甲基氮丙啶)氧化磷	0.13	0.90	
癸二酸二辛酯	5.16	—	增塑剂
三甲胺	0.29		防老剂
氧化铁	1.20		催化剂
NH_4ClO_4	74.00	67.00	氧化剂
Al	10.00	15.00	金属燃料
苯乙烯	—	2.00	稀释剂
其他		1.10	含催化剂、防老剂

　　端羧聚丁二烯推进剂最高理论比冲为 2610N·s/kg，最高实测比冲为 2423N·s/kg，燃烧温度为 3000～3600K，铝粉的含量为 17%～25%，密度为 1.72～1.84kg/L，燃速为 6.34～22.88mm/s，燃速压力指数为 0.2～0.4，燃速温度系数为 0.2%～0.3%/℃，玻璃化温度为-73℃左右，抗拉强度为 $6×10^5$～$42×10^5$ Pa，延伸率大于 40%，能满足-54～68℃温度范围内的大型固体火箭发动机的要求。

　　端羧聚丁二烯推进剂的缺点是固化副反应较多，制造过程中需严格控制工艺条件，由于乙烯双键的存在，容易产生老化和大分子链的热降解或热断链，造成药柱表面硬化或发软，导致力学性能的改变等。

　　端羧聚丁二烯推进剂广泛用于各种火箭导弹和航天器的发动机装药，如战略导弹、地空导弹、空空导弹、地地导弹、反弹道导弹和航天助推器等。

　　（3）聚氨酯推进剂　　聚氨酯推进剂是在 20 世纪 50 年代中期继聚硫橡胶推进剂后，为了满足战略导弹和宇宙航行器等大型固体发动机装药的需要而发展起来的。聚氨酯推进剂的出现使复合推进剂的发展进入了一个重要阶段，它在能量性质和力学性质等方面获得了重大改善。聚氨酯推进剂仍是广泛使用并继续发展的一种重要的固体推行剂。

　　聚氨酯推进剂的黏合剂（或称固化系统主剂）类型主要是聚酯类和聚醚类预聚体，由聚酯制得的推进剂能量低于由聚醚制得的推进剂能量。其原因是聚酯的黏度大，固体填料含量不能加多而影响能量的提高。典型聚氨酯推进剂配方见表 2-17。

　　聚氨酯推进剂最高理论比冲为 2551～2600N·s/kg，真空理论比冲为 3000N·s/kg 左右，现在装备使用的聚氨酯推进剂实测比冲大约为 2256～2403N·s/kg，燃烧温度范围约为 3255～3598K，密度为 1.65～1.81kg/L，燃速范围为 4～10mm/s，燃速压力指数约为 0.2～0.35。

表 2-17　典型聚氨酯推进剂配方　　　　单位：%

组分	序号			组分作用
	1	2	3	
聚二醇	12.7	—	—	固化系统
醇酸聚酯	—	20.0	—	
聚醚	—	—	12.0	
甲苯二异氰酸酯	2.2	0.8	3.0	
一缩二乙二醇	—	—	0.4	
三元醇	0.4	0.5	—	
癸二酸二辛酯	2.0	2.0	2.0	增塑剂
NH_4ClO_4	65.0	73.0	65.0	氧化剂
Al	17.0	3.0	16.4	金属燃料
其他	1.6	0.7	1.2	催化剂等

抗拉强度约为 $3.5 \times 10^5 \sim 7 \times 10^5 Pa$，延伸率为 25% 左右，能满足 $-54 \sim 65℃$ 温度范围内的发动机设计要求。燃烧稳定性好和燃速低是这种推进剂的一个重要特点。

2.3.2　改性双基推进剂

改性双基推进剂（composite modified double-base proppellant，CMDB）是在双基推进剂的基础上增加氧化剂和金属燃料以提高其能量特性。按氧化剂组分的不同，又可分为 AP-CMDB 和 HMX（RDX）-CMDB 推进剂两类，它们的区别在于前者氧化剂为 AP，后者氧化剂为高能炸药（HMX 或 RDX），燃烧时前者能量高而有烟，后者能量较低而无烟。改性双基推进剂的能量较高，理论比冲可达到 $2600 \sim 2650 N \cdot s/kg$，但其高低温的力学性能相对较差，特别低温下延伸率不足。典型改性双基推进剂配方见表 2-18 和表 2-19。

表 2-18　典型 AP-CMDB 推进剂配方　　　　单位：%

组分	中国	美国	英国
硝化棉（NC）	23	22.3	15~21
硝化甘油（NG）	31	32.8	26~30
高氯酸铵（AP）	32	20.8	20~35
Al 粉	8	21.6	16~20
安定剂	1	2.5	2
钝感剂	—	—	6~7
二硝基甲苯	5		

表 2-19　典型 HMX（RDX）-CMDB 推进剂配方　　　　单位：%

组分	Ⅰ	Ⅱ	Ⅲ	Ⅳ
硝化棉（NC）	36.67	27.68	23.25	27.00
硝化甘油（NG）	35.83	30.35	31.48	32.00
苯二甲酸二乙酯	9.17	9.20	9.20	—
硝基二苯胺	0.83	2.00	2.00	—
炭黑	—	0.03	0.03	—
水杨酸铅	—	1.97	1.97	—

续表

组分	I	II	III	IV
二乙基己酸铅	—	1.97	1.97	—
乙基中定剂	0.83			1.00
三醋精	—			5.00
Al				10.00
HMX	16.67	26.80	20.10	—
RDX	—			23.00

AP-CMDB 推进剂的理论计算比冲约为 2649N·s/kg，实际比冲为 2403～2502N·s/kg，燃烧温度约为 3650～3800K，密度为 1.75～1.80kg/L。当其固体（AP-Al）含量在 30％～40％时，推进剂就可达到最佳比冲，而其他复合推进剂要达到最佳比冲的固体含量一般需要高达 75％～90％。AP-CMDB 推进剂燃速范围在 10～30mm/s，如火药中嵌入金属丝可大幅度提高燃速，其燃速约为 175mm/s，燃速压力指数一般为 0.6～0.7，如加入适当的铅化物可使燃速压力指数降低到 0.34～0.37，燃速温度系数为 0.55％～0.80％/℃。这种推进剂加入合适的有机酸铅盐之后，可获得一种燃速温度系数和压力指数很小的所谓高能平台推进剂。

HMX（RDX）-CMDB 推进剂其优点是燃烧产物的气体生成量大、无烟。用 HMX（RDX）制得的改性双基推进剂的理论计算比冲约为 2453N·s/kg，实际比冲约为 2256N·s/kg。

改性双基推进剂的玻璃化温度高达 20℃以上，其低温（-51℃）延伸率不超过 5％。机械冲击感度高，生产时比较危险，贮存寿命约为 3～10 年。

2.3.3　三基发射药及硝胺发射药

典型的三基发射药是在双基发射药基础上加入硝基胍而制得的。硝基胍的加入使硝化棉和硝化甘油含量明显减少，这种火药定容爆温（2870～3080K）高于双基发射药定容爆温（2400～2650K），但是它可以降低火炮膛内的烧蚀，所以常称硝基胍火药为"冷火药"。在双基发射药基础上加入黑索今等硝胺炸药称为硝胺发射药。

三基发射药早期主要采用溶剂法成型工艺制造，为了适应大口径远射程火炮需要，其品种在不断增加，如用硝基异丁基甘油三硝酸酯等能量组分取代硝基胍。三基发射药配方中含有二氧化钛或冰晶石，其目的是增加火药燃烧时的稳定性，对提高火药燃速和减少炮膛烧蚀是有利的。三基发射药的硝化棉品号为皮罗棉，其特点是含氮量高（12.9％），物理和化学状态均匀，塑化性能好，用皮罗棉制成的硝基胍火药力学性能较好。典型三基发射药和硝胺发射药的配方见表 2-20。

表 2-20　典型三基发射药及硝胺发射药的配方　　　　单位：％

组分	三胍-12	三胍-13	硝胺发射药	M17（美）	M30（美）
NC（12.6％）	30.5	29.5	44.1	22.01（13.15）	28.07（12.6）
NG	20.0	16.0	19.6	21.5	22.5
硝基胍	47.7	47.0	—	54.7	47.7
RDX	—	—	22.6	—	—
二硝基甲苯	—	5.5	6.86	—	—
苯二甲酸二丁酯	—	—	2.94	—	—
乙基中定剂	1.5	≥1.3	1.96	1.5	1.5
二氧化钛	—	—	—	—	—
冰晶石	0.30	—	—	0.3	0.3
其他组分	—	—	1.96	—	—
$Q_{v(1)}$/(kJ/kg)	3980	3720	4228	4021	4084

除了硝基胍之外，三基发射药中还可以加入黑索今或奥克托今等高能炸药。三基发射药多用于各种加农炮、榴弹炮以及高膛压滑膛火炮的装药。

2.3.4 黑火药

在现代火药、炸药出现以前，黑火药既是发射药，又是炸药，它广泛地使用于军事及民用爆破。由于黑火药能量低、产气量小、燃烧时产生大量固体残渣，所以，在发射药及爆破药方面已逐渐被各种现代火药和猛炸药所代替。然而，黑火药具有其他火药所不完全具备的特点，如物化安定性好、火焰感度高、火焰传播速度及燃速高、压力指数低、燃烧性能稳定、工艺简单及成本低等，至今仍被广泛用于军事和民用部门。

2.3.4.1 黑火药的组成

黑火药是由燃烧物（木炭）、氧化剂（硝酸钾）和黏合物（硫）三种原料按一定比例制成的混合火药。氧化剂也可用硝酸钠，但制成的黑火药吸湿性大，使用时应注意防潮。黑火药品种与配方见表 2-21。

表 2-21 黑火药品种与配方

品种	组分/%			外表直径
	KNO₃	S	C	
粒状黑火药	60～70	15～25	10～20	0.1mm 以下
矿用黑火药	60～70	10～20	10～20	3～7mm 球状
猎用黑火药	74～80	8～12	10～16	0.4～1.2mm 光药
小粒黑火药	74～80	8～12	10～16	0.4～1.2mm 光药

近代各国军用黑火药的配方大体相似，民用黑火药及特殊用途的黑火药配方变化比较大，见表 2-22。

表 2-22 近代各国黑火药的组成

品种		组成/%		
		硝酸钾	木炭	硫黄
英国、法国、德国、苏联、瑞典	标准军用黑火药	75.0	15.0	10.0
美国	军用黑火药	74.0	15.6	10.4
	缓燃黑火药	70.0	14.0	16.0
	爆破黑火药	70～74	15～17	11～13
	小火箭黑火药	59.0	31.0	10.0
德国	小火箭黑火药	60.0	25.0	15.0
	爆破药	73～77	10～15	8～15
苏联	信管药	75.0	15.0	10.0
	粒状导火索药	78.0	10.0	12.0
	粉状导火索药	63.0	10.0	27.0
	猎用黑火药	73～78.5	12.5～16	9～11
	普通矿用黑火药	75.0	15.0	10.0
	多硝矿用黑火药	84.0	8.0	8.0
	多炭矿用黑火药	70.0	18.0	12.0
法国	炮用黑火药	75.0	12.5	12.5
	改进炮用黑火药	78.0	19.0	3.0
	延期导火索药	75.0	13～15	10～12
	猎用黑火药	78.0	12.0	10.0
	强爆破药	75.0	15.0	10.0
	缓性爆破药	40.0	30.0	30.0
	爆破药	73～77	10～15	8～15

为了改善黑火药的某项性能，可改变其某一组分，使之成为特种黑火药。如无硫黑火药和"奔那药"等。无硫黑火药系 80%KNO₃、20%木炭或 70%KNO₃、30%木炭组成，主要用作发射烟火剂的黑火药和无硫炮药。"奔那药"是在黑火药中加入硝化棉以提高能量，典型的配方为 40%硝化棉（N 含量 13.5%）、44.3%硝酸钾、6.3%硫黄、9.4%木炭和外加 9.5%乙基中定剂组成。若使黑火药缓燃，可加入一些缓燃剂，如虫胶、松香、硬脂酸等物质。

2.3.4.2 黑火药的性质

（1）外观 粒状黑火药表面光滑有光泽，呈灰黑或黑色，相对密度为 1.65～1.90，假密度为 0.9～1.05kg/L，水分含量不超过 1%。若含水量超过 2%，不但燃速和能量降低，而点火也发生困难；若含水量超过 15%，则因 KNO₃ 析出失去燃烧性。粒状黑火药的近似尺寸，见表 2-23。

表 2-23 粒状黑火药的近似尺寸

品种	品号		近似直径/mm
大、小粒黑火药	大粒	1号	5.0～10.0
		2号	2.8～6.0
		3号	2.8～4.3
	小粒	1号	1.0～4.3
		2号	0.71～1.25
		3号	0.50～0.90
		4号	0.36～0.53
发射药	小粒	2号	0.71～1.25
		3号	0.50～0.90
普通延期药	小粒	3号	0.45～0.70
		4号	0.36～0.40
缓燃延期药	小粒	3号	0.40～0.63
		4号	0.36～0.40
粒状导火索药	小粒		0.28～0.90

（2）发火温度 粉状黑火药发火点约 290℃，粒状药约 300℃，黑火药对撞击、摩擦、静电火花等敏感度高，这些冲量中最突出的是火焰冲量。

（3）燃烧速度 黑火药的燃速受许多条件影响，当火药组分、密度和初温一定时，燃速主要受压力影响，可用以下近似公式计算

$$\left.\begin{array}{ll} p=0.1\sim1\text{atm} & r=9p^{0.55} \\ p=1\sim10\text{atm} & r=9p^{0.35} \\ p=10\sim100\text{atm} & r=9p^{0.23} \\ p=100\sim10^4\text{atm} & r=9p^{0.19} \end{array}\right\} \tag{2-5}$$

式中 r——为黑火药线性燃速，mm/s；

p——燃烧时的压力，atm。

黑火药的密度小于 1.65kg/L 时，不能呈平行层燃烧；密度大于 1.75kg/L 时，呈平行层燃烧。黑火药一个突出特点是火焰沿药体表面传播速度极快，如单粒黑火药密度为

1.75kg/L，在大气压下，其燃速为9mm/s，而火焰传播速度约600mm/s。当黑火药用作发射药的点火药时，其火焰传播速度为1000~3000m/s，它比单、双基火药火焰传播速度高得多。

（4）爆发产物　黑火药爆发分解产物既决定于它的组成也决定于燃烧条件，所以其爆发分解产物十分复杂。固体产物约为46%~68%，主要是碳酸钾、硫酸钾和硫化钾等；气体产物约为40%~50%，主要是二氧化碳、一氧化碳、氮气和硫化氢气等，其比容为240~375L/kg。某些黑火药的比容如表2-24所示。

表2-24　某些黑火药的比容

品种	密度 /(kg/L)	组成/%			W_1 /(L/kg)	W_2 /(L/kg)
		硝酸钾	硫黄	木炭		
球形黑火药		75.59	12.42	11.34	240.8	232.7
猎用黑火药		74.68	10.37	13.78	252.7	238.2
小粒黑火药	1.60	73.91	10.02	14.59	277.6	259.2
大粒黑火药	1.70	74.36	10.09	14.29	284.4	271.3
立方体形黑火药	1.75	74.76	10.07	14.22	287.5	275.7
矿用黑火药		61.92	15.06	21.41	374.6	354.6
栗炭黑火药	1.80	78.83	2.04	17.80	315.1	295.4

注：W_1—水为气体计的比容；W_2—水为液体计的比容。

黑火药的爆热与组分的关系，如表2-25所示。

表2-25　黑火药的爆热与组分的关系

品种	组成/%			$Q_{V(1)}$	
	硝酸钾	硫黄	木炭	kcal/kg	kJ/kg
矿用黑火药	62	20	18	570	2385
小粒黑火药	72	13	15	694	2904
小粒黑火药	74	10.5	15.5	731	3059
小粒黑火药	75	12.5	12.5	753	3151
猎用黑火药	78	10	12	807	3376

（5）贮存稳定性　黑火药长期贮存时，弹道性能稳定。

2.4
异质火药的基本组分

异质火药典型的如复合推进剂的组分比双基推进剂复杂得多，综合现有资料，常用复合推进剂组分中氧化剂含量范围为60%~80%、高分子黏合剂为10%~22%、金属燃烧剂为0~20%、固化剂为0~3%、其他附加物为0~5%。下面将分别介绍复合推进剂的组分性质及作用。

2.4.1　氧化剂

氧化剂是复合固体推进剂的主要组分之一，为保证推进剂充分燃烧获得高做功能力，通常氧化剂占推进剂总质量的 60%～85%。

氧化剂的主要作用包括：

① 提供推进剂燃烧时本身所需要的氧，以保证火药释放出足够的能量；

② 在燃烧过程中，氧化剂分解产物与黏合剂等分解产物进行氧化还原反应，主要生成气体产物；

③ 作为黏合剂基体的填充物，以提高推进剂的弹性模量和机械强度；

④ 通过控制其粒度的大小与级配来调节推进剂的燃烧速度。

2.4.1.1 氧化剂性能

氧化剂应具备有效氧含量高、密度大、气体生成量大、物理安定性好、与黏合剂等组分的相容性好等特性。

（1）有效氧含量高　有效氧含量系指氧化剂分子中全部可燃元素与氧化元素化合时，其化合价得到满足以后，剩余氧的质量与氧化剂的质量（以分子量表示）之比。

以高氯酸铵为例

$$4NH_4ClO_4 \longrightarrow 6H_2O + 4HCl + 2N_2 + 5O_2$$

所以

$$有效氧含量 = \frac{5 \times 32}{4 \times 117.5} \times 100\% = 34.04\% \tag{2-6}$$

（2）密度大　对于机械混合物或由几种组分组成后体积变化不大的火药，其密度与组分密度之间的计算可以近似地采用下列关系式

$$\rho_s = \frac{K}{\sum_{i=1}^{n} \frac{g_i}{\rho_i}} \tag{2-7}$$

式中　ρ_s——火药的密度，kg/L；

ρ_i——火药第 i 种组分密度，kg/L；

g_i——火药第 i 种组分的百分数；

K——充填系数。

K 代表各组分原有体积的总和与加工后推进剂体积的相对值。若 $K=1$ 表示混合前组分占有的体积等于混合后火药的体积。由式(2-7)看出，提高各组分的密度或增加高密度组分的百分含量，均可提高火药的密度。当火药组分含量不变时，选用高密度的氧化剂，可以提高火药的密度。

（3）气体生成量大　气体生成量的大小是指氧化剂分解产物气体物质的量（mol），气体物质的量大，推进剂比冲就可能增加。表 2-26 列出一些无机氧化剂的一般性能数据。

表 2-26　无机氧化剂的一般性能数据

氧化剂	分子式	密度 /(kg/L)	熔点 /℃	有效氧含量 /%	生成热 /(kJ/mol)	主要优缺点
高氯酸铵	NH_4ClO_4	1.95	分解	34.0	−294.14	低压力指数,高能
高氯酸钾	$KClO_4$	2.53	525	46.2	−430.12	高燃速,中能
高氯酸钠	$NaClO_4$	2.54	482	52.3	−382.24	吸湿,低能
高氯酸锂	$LiClO_4$	2.43	247	60.2	−380.74	吸湿,中能
高氯酸硝酰	NO_2ClO_4	2.22	—	66.0	+37.24	活泼,吸湿,高能
硝酸铵	NH_4NO_3	1.73	169.6	20.0	−365.26	吸湿,中能,无烟
硝酸钾	KNO_3	2.11	333	39.6	−492.88	低成本,低能
硝酸钠	$NaNO_3$	2.26	310	47.0	−466.52	低成本,低能
硝酸锂	$LiNO_3$	2.38	253	58.0	−482.42	吸湿,低成本

从推进剂对氧化剂的各项性能要求来看，目前应用最广泛的氧化剂是高氯酸铵，它具有相容性好、气体生成量高、吸湿性较小和成本低等优点。

用高氯酸钾为氧化剂的推进剂，它具有密度大、燃速高、燃速压力指数大、吸湿性小等特点。由于 $KClO_4$ 的生成焓低，气体生成量小，使推进剂具有中等能量水平，其实测比冲约为 1766～2158N·s/kg，含 $KClO_4$ 的推进剂较适用于可控发动机和民用小推力发动机。高氯酸硝酰能量虽高，但其物理安定性差，易吸湿与常用的黏合剂化学上都不相容，至今在推进剂中仍未得到应用。所有用高氯酸盐为氧化剂的推进剂，燃烧时都产生氯化氢及其他氯化物，而形成大量的具有腐蚀性的烟雾。

硝酸盐比高氯酸盐能量低，如 NH_4NO_3，有效氧含量低、吸湿性大，但硝酸铵具有燃气生成量大、原料丰富、价格低廉等特点。硝酸铵推进剂实测比冲一般在 1962N·s/kg 以下，这种推进剂具有燃烧温度低，燃速低，压力指数低和燃烧产物无烟，无腐蚀等优点，所以硝酸铵推进剂常用于燃气发生器。

2.4.1.2　常用氧化剂

火药中实际使用的无机氧化剂为 KNO_3、NH_4NO_3、$KClO_4$、NH_4ClO_4 等。

（1）高氯酸铵　高氯酸铵（ammonium perchlorate，AP）是白色斜方晶体，分子式 NH_4ClO_4，分子量 117.5，氧平衡 34.04%，相对密度 1.95，熔点＞150℃（分解），熔融热 67.8kJ/kg，折射率 1.4883，20～28℃时的比热容为 1.760kJ/(kg·K)。

具有一定的吸湿性，在潮湿空气中长期存贮结块，在 75%～95% 的相对湿度之间吸湿，相对湿度超过 95% 开始潮解。在水中易于溶解，20℃时溶解度为 17.25%。溶于二甲基甲酰胺，微溶于丙酮、乙醇，不溶于乙醚、乙酸乙酯。在乙醇中溶解度 1.908%。

高氯酸铵为一种强氧化剂，与许多有机物质发生燃烧和爆炸反应。

标准生成热为 -2513kJ/kg，爆热为 1114kJ/kg，爆发点为 435℃，自燃点为 350℃，爆温为 1473K，爆速为 2500m/s 左右，比容为 810L/kg，撞击感度为 80%。热或真空安定性：100℃第一个 48h 内失重 0.02%，第二个 48h 内失重 0.00%，100h 不爆炸。摩擦感度：28%（25kg，66°摆角）。撞击感度：58%（10kg 落锤，25cm）。

高氯酸铵有两种结晶变体，室温下是稳定的，150℃时开始分解，240℃发生晶型转变，由斜方晶体变为立方晶体，晶变热为 9.622kJ/mol。晶型变化对其分解速度影响极大，在 240℃以下，分解速度随温度的升高而增大，240℃时达到最大值，然后下降，250℃时达到最小值，若温度再继续升高，高氯酸铵的分解速度也随着增大。

高氯酸铵的分解过程可分为三个阶段：第一阶段在 300℃以下，称为低温分解期，分解反应是自动催化进行的，它由感应期、加速期和减速期构成，分解量约达 30%。分解余下的固体物质仍为高氯酸铵，其化学性质不变，物理性质则成了相当稳定的多孔物，它只有通过升华、重结晶才能恢复低温活性。第二阶段在 350～450℃之间，称为高温分解期，整个分解过程呈现减速，随着加热时间的增长能够全部分解。第三个阶段在 450℃以上，称为爆燃期，经过一个感应期之后，高氯酸铵迅速分解，分解气体的压力突然上升而发生爆燃。在高温和低温分解期间，伴随着分解和升华过程。

高氯酸铵热分解产物受温度影响很大，见表 2-27 和表 2-28。

从上述表中可以看出，高氯酸铵的分解是极为复杂的，受分解条件的影响很大。迄今为止，尚没有完全搞清楚高氯酸铵分解产物的组成，仅有一个公认的分解产物近似表达式：

$$NH_4ClO_4 \longrightarrow 0.6O_2 + 0.07N_2 + 0.264N_2O + 0.01NO + 0.323NO_2 + 0.38Cl_2 + 1.88H_2O + 0.24HCl$$

表 2-27 高氯酸铵的热分解产物 单位：mol/mol

温度/℃	O₂	N₂	N₂O	NO	HNO₃	NO₂	HCl	Cl₂	试验者
225	0.51	0.31	0.36				0.16	0.43	伯坎肖(Bircumshaw)
275	0.57	0.06	0.44	0.015			0.14	0.39	同上
280	0.75	0.05	0.29	0.32			0.22	0.39	斯曼根(Shmagin)
75	0.52	0.05	0.36	0.015		0.17	0.16	0.39	同上
180	0.69		0.35		0.42		0.32	0.38	同上
280	0.62		0.27		0.20		0.44	0.23	同上
380	0.42		0.21		0.17		0.52	0.15	同上

表 2-28 高氯酸铵热分解产物与温度的关系 单位：mol/mol

温度/℃	O₂	N₂	N₂O	Cl₂+ClO₂	总酸①	HNO₃	HCl	NO
225	0.51	0.126	0.362	0.426	0.155			
230	0.48	0.12	0.328	0.427	0.155			
235	0.51	0.09	0.348	0.43	0.143			
245	0.553	0.061	0.387	0.423	0.141			
250	0.61	0.055	0.37	0.39				
255	0.567	0.063	0.373	0.421	0.137	0.14	0.15	0.006
260	0.567	0.063	0.391	0.420	0.152			
265	0.567	0.063	0.391	0.387	0.134			
270	0.556	0.062	0.453	0.408	0.141			
275	0.571	0.062	0.437	0.39	0.135			
300	0.53	0.052	0.37	0.37		0.12	0.21	0.018
325	0.57	0.063	0.365	0.275		0.25	0.28	0.032

① 总酸＝HNO₃＋HClO₄。

（2）硝酸铵 硝酸铵（ammonium nitrate，AN），分子式 NH_4NO_3，分子量 80.0，氧平衡 20.0%，白色晶体，相对密度 1.73，熔点 169.6℃，熔融热 67.8kJ/kg，折射率 1.611。20～28℃时的比热容 1.760kJ/(kg·K)，标准生成热 −4563kJ/kg，爆热为 1601kJ/kg，爆温为 1773K，爆速为 2700m/s，爆容 980L/kg，爆发点 465℃（5s）。热或真空安定性：第一个 48h 内损失 0.13%，100h 内不爆炸。撞击感度：49J。

固态硝酸铵有五种结晶变体，每种晶体仅在一定温度范围内稳定存在，以转变温度区别之，转晶时不仅有热量变化，而且有体积变化。温度低于 32.2℃ 的菱形晶型和正方晶型最稳定。晶型特性及存在的温度范围见表 2-29。

表 2-29 硝酸铵的晶型特性及存在的温度范围

晶型代号	稳定存在温度/℃	晶型名称	密度/(g/cm³)	晶格体积/10⁻³⁰ m³
Ⅰ	169.9～125.2	立方晶型	—	85.2
Ⅱ	125.2～84.2	正方晶型	1.69	163.7
Ⅲ	84.2～32.3	菱形晶型	1.66	313.7
Ⅳ	32.3～−17	菱形、八面晶体	1.726	155.4
Ⅴ	−17～−50	正方晶型	1.725	633.8

硝酸铵易溶于水，水溶液呈酸性反应，也能溶于甲醇和乙醇，18.5℃时在甲醇中的溶解度为 14%，溶液的沸点和相对密度随质量分数的增大而增大。具有高度的吸湿性，在湿空气中吸湿结硬块，并能变为液体。硝酸铵加热到 110℃时就开始分解，生成 N_2O 和 H_2O，至 185℃剧烈分解，生成 NO_2、NO 和 N_2。

2.4.2 黏合剂

复合推进剂高分子黏合剂的主要作用是：①提供火药燃烧时所需的可燃元素；②黏结

氧化剂、催化剂和金属燃烧剂等异相粒子；③提供连续的黏合相，使推进剂成为黏弹性物体，以保证火药具有规定的形状尺寸和机械性能。对黏合剂的主要要求包括：①密度大、元素原子量小、物理化学安定性好、玻璃化温度低（$T_g < -50℃$）、黏度低，与其他组分易混合均匀并牢固结合；②固化时放热少，且不产生易挥发物质和体积收缩小等特点。

推进剂的黏合剂虽然应用了种类繁多的高分子物质，但是，通常可以按热作用的性质把它们分为两大类，即热塑性和热固性高聚物。

热塑性黏合剂特点：①在温度升高到一定程度时，黏合剂系统塑化，常温变硬，再升温又软化；②在与其他组分混合加工前，黏合剂本身已完成聚合反应而成为符合要求的高聚物；③固化时仅属物理变化。其机理与单基、双基火药相似，它是依靠适当的增塑剂经过扩散进入高聚物大分子间，在较高温度下使高聚物溶塑成型，如聚氯乙烯推进剂。

热固性黏合剂的特点：①温度升高时黏合剂系统固化变硬，常温也是如此，再升温也不变软；②在与其他组分混合前黏合剂为低聚合度的液相预聚物；③固化时属于化学变化，其机理是黏合剂与交联剂等在固化催化剂的作用下与固化剂反应，使黏合剂由液态变成适度交联的网状固态弹性体，如聚硫橡胶（PS）、聚氨酯（PU）、端羧聚丁二烯（CTPB）和端羟聚丁二烯（HTPB）等推进剂，均属此类黏合剂。

复合推进剂随着黏合剂的发展而发展，它经历了如表 2-30 所示的发展过程。

表 2-30 复合推进剂的发展过程

类型	研制年份	黏合剂	氧化剂	金属粉	理论比冲/(N·s/kg)	优缺点
沥青推进剂	1942	沥青	AP AN		1815	比冲低，贮存变形
聚酯推进剂	1947	聚酯	AP		1962	强度高，脆化
聚硫推进剂	1947	聚硫橡胶	AP		2354	易于生产，但不适合加金属添加剂
聚氯乙烯推进剂	1950	聚氯乙烯	AP	无 Al	2354 2600	高温强度差 固化温度高
聚氨酯推进剂	1954	聚酯或聚醚	AP	Al、Mg Be	2551 2747	能量较高 力学性能好
改性双基推进剂	1957	NC+NG	AP	Al Be	2600 2747	低温延伸率低 能量高
聚丁二烯推进剂	1957	PBAA PBAN CTPB HTPB	AP	Al Be	2600 2747	能量高 低温性能好

（1）端羟聚丁二烯（HTPB） 端羟聚丁二烯的结构式为

$$HO-(CH_2-CH=CH-CH_2)_n-OH$$

常用的端羟聚丁二烯分子量约为 3000～4000，密度为 0.9kg/L，生成焓为 1.05kJ/mol，玻璃化温度为 -84.4℃。它的羟基官能团在大分子链的两端，分子柔顺性好。端羟聚丁二烯预聚体的黏度低，可自备高固体含量推进剂（约 86%～90%），有利于提高推进剂比冲。

（2）端羧基聚丁二烯（CTPB） 端羧聚丁二烯（丁二烯一戊二酸）预聚物的结构式为

$$HOOC-C_4H_6-(CH_2-CH=CH-CH_2)_n-C_4H_6-COOH$$

　　端羧聚丁二烯的羧基在大分子链的两端而有规则地分布，羧基的间距有较大的增加，大分子柔顺性好。端羧聚丁二烯的分子量约为 3500～5000，密度为 0.91kg/L，分解温度为 497℃，生成焓为 −114.9kJ/mol，玻璃化温度为 −93℃，力学性能优良。用 CTPB 作为黏合剂，固化后黏合剂的结构可控，固体含量显著增加而提高了推进剂的比冲。

　　（3）聚氨酯（PU）　实际上它是由端基为羟基的聚酯、聚醚、聚丁二烯高分子化合物与多元异氰酸酯（R'NCO）反应而得到氨基甲酸酯基，反应式为

$$R'NCO + ROH \longrightarrow R'NHCOOR$$

　　理论上任何二醇和三醇的化合物与异氰酸酯类反应时，都能形成网状结构。长链二醇作为黏合剂时，基本上可以达到固化收缩小，反应放热少，在极低的温度下（−60℃）具有橡胶特性，具有良好的工艺性和物化稳定性等。按照黏合剂主链结构上的差异，可将长链二醇分为聚酯、聚醚和端羟基聚丁二烯。在聚醚中也常用高分子量的聚醚三醇为聚氨酯推进剂的黏合剂。常用的长链二醇黏合剂的结构特征如表 2-31 所示。

表 2-31　常用长链二醇黏合剂结构特征

类型	结构通式	结构特征
聚酯	$HO-R-O \left(R-\overset{O}{\overset{\|}{C}}-O-R'-O \right)_n H$	$-\overset{O}{\overset{\|}{C}}-O-$
聚醚	$HO \left(ROR' \right)_n OH$	$-R-O-R'-$
聚丁二烯	$HO \left(CH_2CH=CHCH_2 \right)_n OH$	$-CH=CH-$

　　① 聚酯　聚酯的品种很多，其中仅有聚新戊二醇二酸酯（NPGA）在推进剂中得到了应用。其化学结构式为

$$H \left[O-CH_2-\underset{CH_3}{\overset{CH_3}{C}}-CH_2-O-\overset{O}{\overset{\|}{C}} \left(CH_2 \right)_7 \overset{O}{\overset{\|}{C}}-O \right] CH_2-\underset{CH_3}{\overset{CH_3}{C}}-CH_2-OH$$

分子量约为 2000 的液体预聚物。由于 NPGA 制得的推进剂低温力学性能不突出，所以常把 NPGA 与聚醚二醇配合使用，以增大其室温和较高温度下的抗拉性能。

　　② 聚醚　常用的聚醚分为聚醚二醇和聚醚三醇两大类。

　　a. 聚醚二醇

　　ⅰ. 聚（1,2-氧亚丙基）二醇（PPG），结构式为

$$HO-\underset{}{CH}-CH_2 \left(O-CH_2-\underset{CH_3}{\overset{CH_3}{CH}} \right)_n OH$$

PPG 的端基都是仲羟基，具有较宽的分子量分布，其平均分子量约为 2000。

　　ⅱ. 聚（1,2-氧亚丁基）二醇（B-2000），结构式为

$$HO-\underset{}{CH}-CH_2 \left(O-CH_2-\underset{C_2H_5}{\overset{C_2H_5}{CH}} \right) OH$$

B-2000 的分子量约为 2000，具有较好的低温力学性能，由于它的极性较 PPG 小，则吸水性也小，所以不会因吸湿而脆裂。PPG 和 B-2000 的玻璃化温度均低，黏度低，适合于制造在较宽的温度范围内使用的推进剂。

　　ⅲ. 聚（1,4-氧亚丁基）二醇（LD-124），结构式为

$$HO-\!\!\left(\!CH_2CH_2CH_2CH_2\!-\!O\right)_{\!n}\!H$$

LD-124 的分子量约为 1000，黏结力强，玻璃化温度较高，不宜用作在低温下使用的推进剂的黏合剂，但它可以广泛地应用于衬里配方中。

b. 聚醚三醇

ⅰ. 由甘油引发聚合环氧丙烷而制得的聚醚三醇，结构式为

$$H_2C-\!\!\left(\!O-CH_2-\overset{CH_3}{\underset{}{CH}}\right)_{\!n_1}\!OH$$
$$HC-\!\!\left(\!O-CH_2-\overset{CH_3}{\underset{}{CH}}\right)_{\!n_2}\!OH$$
$$H_2C-\!\!\left(\!O-CH_2-\overset{CH_3}{\underset{}{CH}}\right)_{\!n_3}\!OH$$

平均分子量为 2000～4000。

ⅱ. 由甘油引发聚合的环氧丙烷四氢呋喃而制得的聚醚三醇，结构式为

$$H_2C-\!\!\left(\!O-CH_2-\overset{CH_3}{\underset{}{CH}}\right)_{\!n_1}\!\!\left(OCH_2CH_2CH_2CH_2\right)_{\!m_1}\!OH$$
$$HC-\!\!\left(\!O-CH_2-\overset{CH_3}{\underset{}{CH}}\right)_{\!n_2}\!\!\left(OCH_2CH_2CH_2CH_2\right)_{\!m_2}\!OH$$
$$H_2C-\!\!\left(\!O-CH_2-\overset{CH_3}{\underset{}{CH}}\right)_{\!n_3}\!\!\left(OCH_2CH_2CH_2\right)_{\!m_3}\!OH$$

这种聚醚三醇是我国常用的黏合剂，其平均分子量约为 3000～4000。

聚醚胶具有黏度低，适中的固化速率，在较低的温度下可以固化，原料较丰富等优点。推进剂能量性质方面聚醚比聚酯高，但不如聚丁二烯推进剂。聚丁二烯的耐老化性质不如聚醚胶。聚醚胶的密度为 1.2～1.3kJ/L，玻璃化温度为 $-45℃$，生成焓为 $-3485kJ/kg$，燃烧热为 $-30354kJ/kg$。

（4）聚氯乙烯　聚氯乙烯（PVC）是由氯乙烯聚合而成的高分子化合物，如

$$nCH_2\!=\!CHCl\ \longrightarrow\ \left(CH_2\!-\!CHCl\right)_{\!n}$$

聚氯乙烯工业品是白色或淡黄色粉末，用作推进剂黏合剂的聚氯乙烯粉末最大直径约为 $30\mu m$ 或更小。聚氯乙烯相对密度约为 1.4，单体生成焓为 $-29.24kJ/mol$，含氯量约为 $56\%\sim58\%$。低分子量聚氯乙烯易溶解于酮类、酯类和氯代烃类。聚氯乙烯热稳定性较差，在 $140℃$ 时有分解现象并放出 HCl，因此在加工中应加入热稳定剂。

（5）聚硫橡胶（PS）　通常使用的液态聚硫橡胶有乙基缩甲醛聚硫橡胶、丁基缩甲醛聚硫橡胶和丁基醚聚硫橡胶等，其化学结构式为

$$HS-\!\!\left(\!CH_2\!-\!CH_2\!-\!O\!-\!CH_2\!-\!O\!-\!CH_2\!-\!CH_2\!-\!S\!-\!S\right)_{\!n}\!SH$$
乙基缩甲醛聚硫橡胶

$$HS-\!\!\left(\!CH_2\!-\!CH_2\!-\!CH_2\!-\!CH_2\!-\!O\!-\!CH_2\!-\!CH_2\!-\!CH_2\!-\!CH_2\!-\!S\!-\!S\right)_{\!n}\!SH$$
丁基缩甲醛聚硫橡胶

$$HS-\!\!\left(\!CH_2\!-\!CH_2\!-\!CH_2\!-\!CH_2\!-\!O\!-\!CH_2\!-\!CH_2\!-\!CH_2\!-\!CH_2\!-\!S\!-\!S\right)_{\!n}\!SH$$
丁基醚聚硫橡胶

液体聚硫橡胶的分子量约为 $1000 \sim 4000$，$20^\circ C$ 时相对密度为 $1.27 \sim 1.32$，生成焓约为 $-114.9 kJ/mol$，燃烧热约为 $-23446 kJ/kg$。为了增加聚硫橡胶推进剂的机械强度，在聚硫黏合剂中常加入少量的环氧树脂。

（6）环氧树脂　环氧树脂是含有环氧基的高分子聚合物的总称，它的化学性质比较活泼。一般双酚 A 型环氧树脂的结构通式为

固化前它的结构是线型热塑性树脂，具有一般塑料所特有的性质，其流动状态随温度的改变而改变，若其中加入不同的固化剂后，就能生成不溶解、不熔化的体型结构。环氧树脂由于大分子中含有羟基（—OH）、醚基（—O—）和环氧基，因此能使相邻界面产生电磁力，还能与金属表面的游离键起反应形成化学键，因而有高度的黏合力。环氧树脂的分子量为 $4000 \sim 5000$，密度为 $1.1 \sim 1.4 kg/L$，生成焓为 $-297.4 kJ/mol$。

（7）含能黏合剂　含能黏合剂是一种分子链上带有含能基团的聚合物，这些含能基团主要包括硝酸酯基、硝基、硝氨基、叠氮基和二氟氨基等，这类黏合剂主要特点是燃烧时能释放出大量的热，因此用到火药中可以大幅度提高配方的做功能力。表 2-32 列出了几种典型含能基团的生成热数据。这些含能基团中，生成热最高的基团是叠氮基，高达 $355.0 kJ/mol$。因此，叠氮类聚合物是长期以来广受关注的含能黏合剂。

表 2-32　含能基团的生成热数据

基团	生成热/(kJ/mol)	含能黏合剂类型
—ONO₂	-82.2	硝酸酯类
—NO₂	-66.2	硝基类
—NNO₂	74.5	硝胺类
—N—N≡N	355.0	叠氮类
—NF₂	-32.7	二氟氨基类

① 叠氮类含能黏合剂　叠氮类含能聚合物是近年来研究最多的一类含能黏合剂，代表性的叠氮黏合剂主要有叠氮缩水甘油醚（GAP）以及基于 BAMO（双叠氮甲基氧丁环）和 3-叠氮甲基-3-甲基氧杂丁环（AMMO）单体的均聚物和共聚物。典型的叠氮类含能聚合物的基本参数见表 2-33。由表 2-33 可以看出，叠氮类含能聚合物的密度比普通 HTPB 黏合剂的密度（$0.91 g/cm^3$）高 16% 以上，生成热高，稳定性好，氧平衡系数高，机械感度低，并可降低硝酸酯的冲击感度。

表 2-33　叠氮类含能聚合物的基本参数

基本参数	HTPB	GAP	polyAMMO	polyBAMO
单体化学式	C₄H₆	C₃H₅ON₃	C₅H₉ON₃	C₅H₈ON₆
结构式		$H{-}(O-CH_2-\underset{CH_2N_3}{\overset{H}{C}})_n OH$	$H{-}(O-CH_2-\underset{CH_2N_3}{\overset{CH_3}{C}}-CH_2)_n OH$	$H-O-CH_2-\underset{CH_2N_3}{\overset{CH_2N_3}{C}}-CH_2-OH$
生成热/(kJ·mol⁻¹)	-1.05	154.6	43.0	406.8
密度/(g/cm³)	0.91	1.30	1.06	1.3
$T_g/^\circ C$	-83	-45	-55	-39
氧平衡/%	-325.5	-121.1	-169.9	-123.7

② 硝酸酯类含能黏合剂　硝酸酯类含能黏合剂是指含硝酸酯基团的聚合物，硝化棉是一类典型的硝酸酯类聚合物，前面已做了深入的介绍，此处不再赘述，除了硝化棉外还有聚缩水甘油醚硝酸酯（polyGLYN，PGN）和聚 3-硝酸酯甲基-3-甲基氧杂丁环（polyNIMMO），其相关性能见表 2-34。PGN 是一类高能钝感黏合剂，它与硝酸酯相容性好，含氧量高，可显著改善固体推进剂的氧平衡，燃气较洁净。

表 2-34　polyNIMMO 和 PGN 硝酸酯类含能黏合剂的物理性质

聚合物	密度 /(g/cm³)	黏度 /Pa·s	T_g/℃	分解温度 /℃	官能团数	生成热 /(kJ/mol)
polyNIMMO	1.26	135.0	−25	229	2~3	−309
PGN	1.42	16.3	−35	222	2~3	−284

注：polyNIMMO 及 PGN 的数均分子量分别为 2000~15000、1000~3000（30℃）。

③ 硝基类含能黏合剂　硝基类含能黏合剂是指含硝基基团的聚合物，多硝基苯亚基聚合物（PNP）、硝基聚醚和聚丙烯酸偕二硝基丙酯（PDNPA）是典型的硝基聚合物。PNP是一种耐热无定形聚合物，1987 年德国 Nobel 化学公司首次合成出该类聚合物。PNP 聚合物外观为黄褐色固体，热分解峰值温度 317℃，爆发点 320.65℃，撞击感度 80%（10kg 落锤，250mm 落高）。聚丙烯酸偕二硝基丙酯的热分解温度为 252.8℃，真空安定性测试放气量为 0.06mL/g，说明该类聚合物稳定性也很好。

④ 硝胺类含能黏合剂　硝胺类含能黏合剂是指含硝胺基团的聚合物，硝胺基团较稳定，可以利用亚甲基嵌入重复链单元，可使醚键和硝胺基团分离或把硝胺基团连接在聚合物侧链上，从而减少硝胺基团对醚键的影响，形成稳定的聚合物。国内外已经合成了多种硝胺类聚合物，如聚（乙二醇-4,7-二硝基氮杂癸二酸酯）（DNDE）和聚（1,2-环氧-4-硝基氮杂）（PP4）等，这两种聚合物都是热稳定性好的含能黏合剂，具体性能见表 2-35。

表 2-35　DNDE 和 PP4 硝胺类含能黏合剂的物理性质

聚合物	起始分解温度/℃	生成热/(kJ/mol)	密度/(g/cm³)
DNDE	230	−353.3	1.46
PP4	223.5	−306.6	1.36

⑤ 二氟氨基类含能黏合剂　二氟氨基类含能聚合物是指分子结构上含有二氟氨基的聚合物，这类聚合物的密度较大、能量更高，是近年来研究较多的一类黏合剂。典型的有3-二氟氨基甲基-3-甲基环氧丁烷（DFAMO）和 3,3-双（二氟氨基甲基）环氧丁烷（BDFAO）的均聚物和共聚物，主要性能见表 2-36。

表 2-36　DFAMO 和 BDFAO 二氟氨基类含能黏合剂的物理性质

性能	DFAMO	BDFAO	DFAMO/BDFAO
外观	液态	固态	液态
M_w(GPC)	18300	4125	21000
分散度	1.48	1.32	1.76
T_g/℃	−21	130.78	
起始分解温度/℃	191.3	210	191.7
分解峰值温度/℃	230.7	222.3	219.8

这类黏合剂燃烧过程生成 HF 产物分子量低、生成热高，有利于提高火药的能量水平，

尤其是应用于含硼和铝的富燃料推进剂中，满足高性能冲压发动机的要求。

⑥ 具有两种或两种以上含能基团的含能聚合物　为了进一步提高含能聚合物的综合性能，含能材料研究者们设计并合成了一些具有两种或两种以上含能基团的聚合物，这类聚合物可以是含有不同含能基团的单体共聚或由一种含有两种以上含能基团的单体均聚成的聚合物。

2.4.3　固化剂

固化剂（curing agent）是热固性黏合剂系统不可缺少的组分，其作用是使线型预聚物大分子链间延长为适度的大分子和交联成网状结构的高聚物，以便在工艺性、力学性和化学安定性等方面满足推进剂的技术要求。

固化原理是黏合剂大分子链中具有反应能力的活泼性官能团上的氢，如—SH、—OH、—COOH 等与固化剂分子中的官能团，如—NCO、$=$N—OH、$-N\begin{smallmatrix}H\\C-CH_3\\CH_2\end{smallmatrix}$、—OH、—NH$_2$、$H_2C-CHCH_2-$（含氧环）等发生化学反应，使反应生成物形成长链或网状结构的高聚物。

（1）对固化剂的要求

① 链扩展剂应是两官能度以上的化合物。所谓官能度系指化合物分子中所包含的能起化学反应而导致生成新键的"活性点"数目。交联剂则必须是三官能度以上的化合物。

② 在常温下最好能和黏合剂反应完全，而没有后固化现象。

③ 固化反应时最好没有水分子或易挥发的低分子物生成、少放热或不放热，以免使药柱产生气孔或收缩。

④ 固化反应时应有适中的反应速度，药浆应具有较长的使用期。

⑤ 固化剂应是无毒和难挥发的液态化合物。

黏合剂的预聚物不同，它所需的链扩展剂和交联剂亦不同，如聚硫橡胶的固化剂用过氧化铅（PbO_2）和对苯醌二肟 [$C_6H_4(NOH)_2$]；环氧树脂（$C_{18}H_{20}O_3$）用顺丁烯二酸酐（$C_4H_2O_3$）；多羟基高聚物预聚体的链扩展剂用二异氰酸酯 [$R(NCO)_2$]，交联剂用三乙醇胺（$C_6H_{15}O_3N$）或三（甲基氮丙啶）氧化磷（$C_9H_{18}N_3PO$），简称 MAPO；端羧基聚丁二烯的固化剂通常也用氮丙啶化合物，如三（甲基氮丙啶）氧化磷。

（2）典型的固化反应

① 聚硫预聚体固化反应

$$2R-SH+PbO_2 \longrightarrow R-SS-R+H_2O+PbO$$
$$2R-SH+HON=C_6H_4=NOH \longrightarrow R-SS-R+O_2+H_2NC_6H_4NH_2$$

对苯醌二肟结构式为

$$HO-N=\!\!\!\!\bigcirc\!\!\!\!=N-OH$$

对苯醌二肟为深棕色粉状物质，相对密度为 1.2～1.4，在温度高于 215℃时分解，易燃，溶于乙醇，微溶于丙酮，不溶于水、苯和汽油。

② 环氧树脂固化反应　环氧树脂常用的固化剂有胺类和酸酐等固化剂。

与胺类固化反应

$$RNH_2 + H_2C\text{—}CH\text{—} \longrightarrow RNHCH_2\text{—}CH\text{—}$$
$$O \quad\quad OH$$

$$RNHCH_2CH\text{—} + H_2C\text{—}CH\text{—} \longrightarrow RN(CH_2CH)_2\text{—}*$$
$$OH \quad\quad O \quad\quad OH$$

$$RN(CH_2CH)_2\text{—}* + H_2C\text{—}CH\text{—} \longrightarrow RN(CH_2CH)_2\text{—}*$$
$$OH \quad\quad O \quad\quad O\text{—}CH_2CH\text{—}$$
$$OH$$

与酸酐固化反应

③ 羟基预聚物固化反应　一般是由二官能度或三官能度的羟基预聚物与异氰酸酯类化合物反应，生成长链或网状结构的弹性体。

异氰酸酯类化合物中最常用的是 2,4-甲苯二异氰酸酯（TDI）、己二异氰酸酯（HDI）以及异弗尔酮二异氰酸酯（IPDI）。甲苯二异氰酸酯具有强烈的刺激气味，颜色为澄清的淡黄色，相对密度为 1.2244，熔点为 21.5℃，生成焓 -171.7kJ/mol。

2,4-甲苯二异氰酸酯和己二异氰酸酯的结构式为

2,4-甲苯二异氰酸酯　　　己二异氰酸酯

异氰酸酯的异氰酸基（—N＝C＝O）非常活泼，能与含有活泼氢的化合物发生加成反应。

a. 异氰酸酯与羟基化合物反应

$$R'NCO + ROH \longrightarrow R'NHC\overset{O}{\underset{OR}{}}$$

$$R'NHC\overset{O}{\underset{OR}{}} + R'NCO \longrightarrow R'N\text{—}COOR$$
$$OCNH\text{—}R'$$

利用氨基甲酸酯反应来制造推进剂特别合适，优点是反应完全，反应速度适中，还可用适当的催化剂调节反应速率，以便获得良好的力学性质。固化催化剂有乙胺、缩胺、乙酰丙酮铁和其他金属的乙酰丙酮盐、二丁基二月桂酸锡等，与氨基甲酸酯反应都具有催化作用。

b. 异氰酸酯与胺反应

$$R'\text{—}N＝C＝O + RNH_2 \longrightarrow R'\text{—}N\text{—}C\overset{O}{\underset{N\text{—}R}{}}$$
$$H \quad\quad H$$

c. 异氰酸酯与水反应

$$R'-N=C=O + HOH \longrightarrow R'-\underset{H}{N}-\overset{O}{\underset{}{C}}-OH$$

氨基甲酸不稳定，易失去 CO_2 生成胺，其反应式为

$$R'-\underset{H}{N}-\overset{O}{\underset{}{C}}-OH \longrightarrow R'NH_2 + CO_2$$

然后，胺又可与异氰酸酯反应生成脲，其反应式为

$$RNH_2 + R'NCO \longrightarrow O=C\overset{NH-R}{\underset{NH-R'}{}}$$

由此可见，在羟基胶推进剂生产过程中，对环境温度和原材料水分含量应有严格的控制。水分的存在不仅破坏推进剂配方的当量关系，而且在生产过程中会放出 CO_2 使药柱产生气孔。

聚氨酯推进剂生产过程中，常加入固化催化剂，如乙酰丙酮铁〔$Fe(AA)_3$〕，它是红色粉末状物质。其结构式为

$$H_3C-C\overset{\text{=}}{\underset{}{}}C-CH_3$$

乙酰丙酮铁和乙酰丙酮配合使用能更有效地延长药浆使用期。

乙酰丙酮（HAA）的结构式为

$$CH_3C-CH_2-C-CH_3 \rightleftharpoons CH_2=C-CH_2-C-CH_3$$

$Fe(AA)_3$ 与醇反应为

$$Fe(AA)_3 + R-OH \rightleftharpoons Fe(AA)_2OR + HAA$$

由上式看出，在固化系统中加入 HAA 将使反应平衡向左移，减少醇解产物的浓度，因此使反应速度减慢。

④ 端羧基预聚固化反应

$$3RCOOH + O=P\left[N\overset{\overset{H}{\underset{}{C}}-CH_3}{\underset{CH_2}{}}\right]_3 \longrightarrow O=P\left[\underset{H}{N}-CH-CH_2-O-\overset{O}{\underset{}{C}}-R\right]_3$$

或

$$3RCOOH + O=P\left[N\overset{\overset{H}{\underset{}{C}}-CH_3}{\underset{CH_2}{}}\right]_3 \longrightarrow O=P\left[\overset{H}{\underset{}{N}}-\overset{H_2}{\underset{}{C}}-\overset{H}{\underset{CH_3}{C}}-O-\overset{O}{\underset{}{C}}-R\right]_3$$

三（甲基氮丙啶）氧化磷具有官能度和化学反应活性，它对羧酸预聚物是一种有效的固化剂。它与端羧聚丁二烯反应能制得在很宽的温度范围内具有良好力学性能的推进剂。但是它在固化过程中，除得到希望的反应产物外，也发生不希望的均聚反应和重排噁唑啉反应，尤其在有高氯酸镁存在时更是如此，它所形成的三维网状结构并不稳定，不论是高温或室温条件下，推进剂会发生后固化现象。这种后固化现象的原因是 P—N 键的断链，使其交联密度降低而引起力学性能损失。为此可采用不含 P—N 键的氮丙啶化合物，或者与环氧化合物混合使用，这样制得的推进剂能够得到令人满意的力学性能及高温稳定性。

三（甲基氮丙啶）氧化磷还与羟基化合物或水反应，其反应式为

$$R-OH+O=P-\left[N \begin{array}{c} H \\ C-CH_3 \\ CH_2 \end{array} \right]_3 \longrightarrow R-O-CH_2-\underset{CH_3}{\overset{H}{C}}-NH-\overset{O}{\overset{\|}{P}}-\left[N\begin{array}{c} H \\ C-CH_3 \\ CH_2 \end{array}\right]_2$$

2.4.4 金属燃烧剂

异质火药中常加入 5%～18% 高热值的金属粉末充作固体燃料，其目的是提高推进剂的燃烧温度、提高推进剂的密度、增加推进剂燃烧的稳定性和改善推进剂药浆的浇铸性能等。金属燃烧剂应具有燃烧热值高、燃烧性能好、产物无毒、密度大、活性氧高、与其他组分的相容性好、耗氧量低和原料丰富等特点。几种高热值金属燃料性质比较，见表 2-37。

表 2-37　金属燃料性质的比较

名称	分子式	密度/(kg/L)	燃烧热/(kJ/kg)	耗氧量/(g/g)	理论比冲/(N·s/kg)
铍	Be	1.84	64015	1.77	2747
硼	B	2.30	58241	2.22	2502
铝	Al	2.70	30460	0.88	2600
镁	Mg	1.74	51880	0.66	2551

注：表中推选剂为 PU/AP/燃料最佳配比，发动机出口压力与燃烧室压力之比 $P_e/P_c=1/70$。

从表 2-37 看出铍燃烧热最高，铍较硼容易燃烧，推进剂的比冲一般可提高约 245N·s/kg，但铍的燃烧产物剧毒、价格昂贵，则限制了它的使用。硼的原料丰富；燃烧热也高，但它的耗氧量太大，在普通的燃烧室内难以燃烧完全，所以在高氯酸硼推进剂中，硼粉并不能显著地提高推进剂的能量。铝粉的燃烧热虽低些，但其耗氧量低，它对提高推进剂比冲相当显著，一般情况下比镁可提高 149N·s/kg，它有利于推进剂的稳定燃烧，且具有原料丰富、成本低等优点，所以铝粉已成为现代复合和改性双基推进剂的基本组分之一。镁粉广泛用于烟火剂中，在现代火药中较少应用它。

2.4.5 燃烧催化剂

燃烧催化剂又称为燃烧性能调节剂，是指能够改变火药燃烧化学反应速度而本身并不参加反应的少量添加物，能提高推进剂燃速的称为正催化剂，降低燃速的称为负催化剂，它是现代固体推进剂研究的关键技术之一，使用燃烧催化剂是调节固体推进剂燃烧性能的最佳途径。

燃烧催化剂是固体推进剂必不可少的重要组分，其主要作用有：

① 改变推进剂在低压燃烧时的化学反应速度；

② 降低推进剂燃速对压力、温度影响的敏感程度；

③ 改善推进剂的点火性能；

④ 提高推进剂的燃烧稳定性；

⑤ 调节推进剂燃速，实现发动机设计的不同推力方案。

近几十年来，固体推进剂的燃烧催化剂引起了国内外学者的广泛关注，并得到了较大发展，已由单一的金属氧化物发展到复合纳米催化剂，由惰性催化剂发展到含能催化剂，由单金属有机配合物发展到具有多功能的复合金属有机配合物。从国内外研究情况，可以将燃烧催化剂分为以下几类。

（1）金属氧化物、金属复合氧化物和无机金属盐

① 金属氧化物催化剂　传统的燃烧催化剂，其催化原理一般认为是由于金属氧化物表面的吸附性及酸碱性对推进剂本身或其分解产物起到吸附和催化作用。此类金属氧化物主要有 PbO、Pb_3O_4、CuO、Cu_2O、Cr_2O_3、Fe_2O_3、Fe_3O_4、Co_2O_3、Al_2O_3、ZrO_2、Bi_2O_3、MgO、La_2O_3、Ti_2O_3、CeO_2、SiO_2、Ni_2O_3、SnO_2、CaO。

② 金属复合氧化物催化剂　指两种以上金属共存的氧化物。这类催化剂在催化过程中存在协同催化作用，其催化活性往往比同种的单一金属氧化物及混合氧化物的催化活性更高。这类催化剂主要有 $PbSnO_3$、$CuSnO_3$、$PbTiO_3$、$CuCrO_4$、$CuCr_2O_3$、$CuFeO_3$、$PbO \cdot CuO$、$PbO \cdot SnO_2$、$CuO \cdot Bi_2O_3$、$CuO \cdot Fe_2O_3$、$CuO \cdot NiO$ 等。

③ 无机金属盐催化剂　主要是碳酸盐和草酸盐，主要用来降低火药的燃速，如 $PbCO_3$、$CuCO_3$、$CaCO_3$、$MgCO_3$、BaC_2O_4、MgC_2O_4、CuC_2O_4 等。

（2）金属有机化合物催化剂　金属有机化合物催化剂是指没有含能基团的金属有机盐及配合物，催化原理是金属盐或配合物在燃烧过程中分解，原位产生对燃烧反应体系有催化作用的纳米或微米级金属氧化物或金属，从而起到催化作用。

金属有机化合物种类众多，如水杨酸、雷索辛酸、没食子酸、酒石酸、柠檬酸、3,4-二羟基苯甲酸等都可以作为配体或有机阴离子形成金属有机化合物。有较好催化活性的金属元素主要包括 Pb、Cu、Fe、Bi、Co、Ni、Be、Mg 等。近年来研究较多的是双金属有机化合物。二茂铁及其衍生物可以较大幅度提高复合推进剂的燃速，因而在复合推进剂方面获得广泛应用。

（3）含能燃烧催化剂　含能燃烧催化剂一般是在金属基催化剂分子中引入含能基团制备得到的含能盐或配合物。近年来研究的主要品种包括唑类、呋喃类、嗪类、吡啶类、二茂铁类含能衍生物和富氮直链化合物及其衍生物等。从结构上来看，这类含能化合物可分为含能配合物和含能离子盐。

唑类含能化合物中研究应用最多的是 3-硝基-1,2,4-三唑-5-酮（NTO）的金属盐，如 $Pb(NTO)_2$、$Cu(NTO)_2$、$Fe(NTO)_2$ 等。吖嗪类含能化合物以吡啶类和四嗪类化合物居多。吡啶类含能催化剂主要有 4-羟基-3,5-二硝基吡啶铅盐和铜盐、2-羟基-3,5-二硝基吡啶铅盐或铜盐、2,6-二氨基-3,5-二硝基吡啶-1-氧化物（ANPYO）为配体的金属配合物。四嗪类含能催化剂主要是双（1-氢-1,2,3,4-四唑-5-氨基)-1,2,4,5-四嗪（BTATz）的铅盐、铜盐、镁盐、钡盐、钴盐。

富氮直链含能化合物及其衍生物是近年来开发的新型化合物，用它们作为燃烧催化剂才刚刚起步。涉及的催化剂主要有 1-氨基-1-肼基-2,2-二硝基乙烯（AHDNE）的铅盐、铜盐和锶盐，硝酸碳酰肼（CHZ）类配合物，如 $Co(CHZ)(NO_3)_2$、$Ni(CHZ)(NO_3)_2$、$Cu(CHZ)(NO_3)_2$ 等。

（4）碳材料燃烧催化剂　碳材料是一类具有大比表面积的含碳物质，单独的碳材料加入推进剂中并不能提高燃速或降低压力指数，它只是和其他催化剂配合使用才能发挥作用。可

用于推进剂的碳材料包括炭黑、富勒烯、碳纤维、碳纳米管以及石墨烯等。

（5）纳米金属粉、纳米复合金属粉和功能化纳米金属粉

① 金属粉　作为燃料在含能材料中得到广泛应用，是提高体系能量性能的重要技术途径。理论上可用于固体推进剂的活性金属粉包括铍、铝、锆、镁、镍等。近年来研究发现某些纳米金属粉具有很好的燃烧催化性能，如纳米铝粉、纳米铁粉、纳米铜粉等。除了单一的纳米金属粉，研究者还提出了纳米复合金属粉的概念，这类复合金属粉包括 Ni-Cu、Co-Ni、Ni-B-Al、Mg-Ni-B、Fe-Zr-B、Al-Cu-Fe 等。

② 功能化纳米金属粉　是将纳米金属粉与其他功能化材料进行复合或组装，使之更好地发挥纳米粒子的大比表面积、高表面能、高表面活性的优点。这些材料主要有超级铝热剂、纳米金属粉/碳纳米管和纳米金属粉/石墨烯等。

由于推进剂和燃速催化剂的种数很多，催化条件也比较复杂，因此对推进剂燃速催化机理的认识很难统一模式。研究者们提出三种基本看法：①气相催化机理认为催化剂改变了气相中的化学反应速度，或者改变燃烧表面的气相放热化学反应速度；②界面非均相催化机理认为催化剂改变了氧化剂分解气体与黏合剂间的非均相放热化学反应速度；③催化剂改变了黏合剂的热裂解。总之催化剂改变了燃烧过程中的放热化学反应速度，从而增加或减少传至燃烧表面上的热量，使燃烧表面的温度升高或降低，其结果导致火药燃速的改变。

2.4.6　抗老化剂

抗老化剂习惯上也称防老剂。高聚物材料的老化现象是其固有的属性，因此抗老化剂成为复合推进剂组分中不可缺少的添加剂，其含量约为 0.1%～1%，抗老化剂的加入可显著地延长推进剂的贮存寿命。复合推进剂可视为一种高填料的硬橡胶制品，所以橡胶工业的抗老化剂原则上都可以用于复合推进剂。在复合推进剂中得到广泛应用的是苯胺类防老剂，如 N,N'-二苯基对苯二胺，简称防老剂 H，分子式为 $C_{18}H_{16}N_2$，结构式为

N,N'-二苯基对苯二胺在推进剂中，对抗热和空气老化有明显效果，分子量为 260.34，银白色粉状结晶，熔点 152℃，不溶于水，可溶于苯等有机溶剂中，在空气中及日光下易氧化变为棕褐色。防老剂 H 适用于天然橡胶及多种合成橡胶、乳胶和聚乙烯中。防老剂 H 遇到热的稀盐酸产生绿色反应，并与硝酸、二氧化氮、亚硫酸钠作用生成葡萄红或浑红色产物。

N-苯基-N'-环乙基-对苯二胺，简称防老剂 4010，分子式为 $C_{18}H_{22}N_2$，结构式为

防老剂 4010 对防止推进剂表面产生龟裂有着良好的效果，其分子量为 266.18，相对密度为 1.29，熔点为 115℃，白色粉末，在空气中及日光下颜色逐渐变深，但不影响使用性能。它不溶于水，溶于丙酮、苯等有机溶剂。

推进剂中还采用 N,N-二甲基对苯二胺 $[(CH_3)_2NC_6H_4NH_2]$ 为抗老化剂，其相对密度为 1.036。

在二烯型黏合剂中常用苯基-α-苯胺和苯基-β-苯胺为抗老化剂，如 N,N'-二（β-苯基）对苯二胺，简称防老剂 DNP，它对抗氧化和热老化效应极佳。

在复合火药中很少采用其他类型的防老剂，如酮胺缩合物、醛胺缩合物及喹啉衍生

物等。

抗老化剂品种很多，其作用各异，在使用时可根据黏合剂分子结构特性和对使用性能要求来选取。

2.4.7 高能化合物

为了达到提高火药的能量或降低火药的爆温、减少对火炮膛内烧蚀的目的，在双基火药中加入一定数量的高能化合物，如在常规火药基础上加入硝基胍、硝化二乙醇胺、黑索今和奥克托今等硝胺系炸药的火药，叫作硝胺火药。下面介绍火药配方中常用的高能化合物：

(1) 硝化二乙醇胺 硝化二乙醇胺 (nitrodiethanolamine dinitrate, DINA)，学名叫二乙醇-N-硝胺二硝酸酯，又称吉纳，分子量 240.1，氧平衡-26.6%（按 CO_2 计），淡黄色晶体。相对密度 $1.67 \sim 1.70$，熔点 $49.5 \sim 51.5℃$，熔化热为 98.3J/g，沸点 $197 \sim 202℃$。$30℃$ 和 90% 相对湿度的吸湿率 0.03%，65% 相对湿度时不吸湿。溶于甲醇、乙醇、乙酸乙酯、苯、甲苯、乙醚、冰醋酸，难溶于盐酸，几乎不溶于水、四氯化碳和石油醚。结构式

$$O_2N-N\begin{matrix} H_2C-CH_2-ONO_2 \\ \\ H_2C-CH_2-ONO_2 \end{matrix}$$

标准生成焓$-1286kJ/kg$，燃烧热$-10029kJ/kg$。爆热 5249kJ/kg，比容 930L/kg，爆温 3500K，爆速为 7800m/s。爆容 865L/kg，爆发点 $230℃$（5s）。

热或真空安定性：$72℃$ 阿贝尔试验 60min，$160℃$ 时才开始显著分解，$180℃$ 时剧烈分解，着火点 $240℃$。撞击、摩擦、火焰感度均低于硝化甘油。撞击感度：2kg 落锤，落高 31cm，$6.0N \cdot m$。

1942 年加拿大首次合成吉纳，它是由二乙醇胺与硝酸反应而成，醋酐为胺类化合物硝化脱水剂。由于硫酸在吉纳生成时有破坏作用，故不宜应用。在制取硝化二乙醇胺时，也常采用硝酸镁作为脱水剂，即氧化镁与浓硝酸作用生成 $Mg(NO_3)_2 \cdot H_2O$，硝酸镁是可以结合六个结晶水的盐。催化剂也以廉价的食盐（NaCl）代替 HCl。硝化时配料质量比为三乙醇胺：硝酸：氧化镁：氯化钠$=1 : 4.5 : 0.39 : 0.032$。温度控制：配酸温度为 $50℃$，硝化温度为 $55℃$。

硝化二乙醇胺的爆炸性能与黑索今相似，能量范围与硝化甘油相当，但比容较大。与硝化甘油、硝化二乙二醇等可互溶，对高氮量硝化棉有较好的溶塑能力，可作为火药的能量组分。其溶解度随温度变化而变化，有晶析现象发生是其缺点。

(2) 硝基胍 硝基胍 (nitroguanidine, NQ) 由 Jousselin 于 1877 年首次合成，分子式为 $CH_4N_4O_2$，相对分子质量 104.1，分子结构式

$$HN=C\begin{matrix} NH_2 \\ \\ NHNO_2 \end{matrix}$$

白色针状结晶，相对密度为 1.715，熔点为 $234 \sim 239℃$，熔化时会分解。标准生成热 $-816 \sim -893kJ/kg$，爆热为 3724kJ/kg，爆速为 7000m/s，比容为 1077L/kg，爆温为 2450K，爆发点为 $275℃$。硝基胍的机械感度很小，经压制后的硝基胍点燃仅能燃烧而不会转为爆轰。具有弱碱性，在一般条件下存放比较安定。

硝基胍的合成通常分为两步进行。第一步尿素与硝酸铵在硅胶催化下制成硝酸胍，第二步硝酸胍脱水制得硝基胍。将一份干燥的硝酸胍投入装有三份 98% 浓硫酸的脱水器中，于 $15 \sim 16℃$ 下搅拌 30min，然后将物料放入装有冷水的稀释槽里，稀释至硫酸浓度为 $15\% \sim$

20％，析出的硝基胍经过滤、洗涤、干燥，再进一步结晶和精制。硝基胍有两种异构体

$$HN = C \underset{NH_2}{\overset{NH-NO_2}{\diagdown}} \qquad O_2N-N=C \underset{NH_2}{\overset{NH_2}{\diagdown}}$$

α型针状晶体　　　　　　　　β型矩柱状晶体

　　α型晶体最稳定，火药中应用α型晶体。溶于硫酸；微溶于乙醇、硝酸；不溶于丙酮、苯、二硫化碳、四氯化碳、氯仿、乙酸乙酯、乙醚。在水中的溶解度20℃时为4.4g/L，50℃时为11g/L，100℃时为82g/L。在30℃和90％相对湿度环境下不吸湿。火药成分中含有硝基胍，能使火炮膛内烧蚀降低，并能提高火药的热安定性。在三基发射药组分中硝基胍含量可高达40％～50％。

　　(3) 黑索今　学名环三亚甲基三硝胺（hexogen，cyclotrimethylenetrinitramine，RDX），简称黑索今，1899年首次由亨宁合成，化学式$C_3H_6N_6O_6$，相对分子量222.12，氧平衡－21.61（按CO_2计），分子结构式为

$$\begin{array}{c} NO_2 \\ | \\ N \\ H_2C \diagup \quad \diagdown CH_2 \\ | \qquad | \\ O_2N-N \qquad N-NO_2 \\ \diagdown \quad C \quad \diagup \\ H_2 \end{array}$$

　　无臭、具有甜味的白色晶体，相对密度为1.816，熔点为204.5～205℃，折射率1.5775（α型）、1.5966（β型），熔化时即开始分解。溶于丙酮、浓硝酸和热苯，不溶于水、乙醇、四氯化碳和二硫化碳，微溶于甲醇和乙醚。在25℃和100％相对湿度下吸湿率为0.02％，在65％相对湿度下不吸湿。标准生成热299～363kJ/kg，燃烧热－9475～－9548kJ/kg，爆速8400m/s，爆热5523kJ/kg，比容910L/kg，爆发点230℃。黑索今为中性物质，它不与稀酸反应，与碱液作用可加速水解，与还原剂（TiCl、FeCl_2）反应时其硝基被还原。黑索今可以由乌洛托品（$C_6H_{12}N_4$）和硝酸反应制得。黑索今用于火药组分时不需纯化，应适当控制其含量，若超过一定数量时它会发生晶析。

　　(4) 奥克托今　学名环四亚甲基四硝胺（cyclotetramethylene tetranitramine，HMX），简称奥克托今，分子式为$C_4H_8O_8N_8$，分子量296.16，氧平衡－21.61％（按CO_2计），分子结构式为

$$\begin{array}{c} NO_2 \\ | \\ N \\ CH_2 \diagup \quad \diagdown CH_2 \\ | \qquad | \\ O_2N-N \qquad N-NO_2 \\ | \qquad | \\ CH_2 \diagdown \quad \diagup CH_2 \\ N \\ | \\ NO_2 \end{array}$$

　　白色结晶粉末，相对密度为1.905；熔点为280～282℃，爆发点为287℃。溶于二甲基甲酰胺、二甲亚砜、丁内酯丙酮、硝基甲烷、环己酮和浓硝酸中，不溶于水、乙醚、氯仿、四氯化碳和二硫化碳。在水中的溶解度15～20℃时约为0.003％，100℃时约为0.02％。不吸湿，不挥发。标准生成热238～322kJ/kg，燃烧热－9334kJ/kg，爆速8917～9130m/s，爆热5648～6092kJ/kg，比容910L/kg，爆发点230℃。奥克托今有四种不同晶型，即α、β、γ、δ，其中仅β型是安定的。其发火点为327℃，熔点为278℃，熔化即开始分解，相对密度为1.902（β型），不吸湿，不挥发。它还具有不怕光、毒性小的特点。

HMX 是由乌洛托品、硝酸、硝酸铵、醋酐和醋酸制得。工艺过程主要是将乌洛托品-醋酸溶液、硝酸-硝酸铵溶液及醋酐按一定配料比（1∶4.5∶5.4∶12.35∶21.7，摩尔比），连续加入硝化器中，在良好的搅拌下，于 40～47℃进行硝解，再经冷却、过滤即可得到粗制的 α 型 HMX。而后将粗品加入 70%～80%的硝酸中，加热至 65～75℃，将粗制品转化为安定性更好的 β 型晶体，并除去其中杂质。再经醋酸煮洗至中性，过滤、干燥即制得精制品，其得率为 70%以上。

HMX 和 RDX 的爆炸性能见表 2-38。

表 2-38　HMX 和 RDX 的爆炸性能

炸药名称	撞击感度 （10kg 落锤,25cm）/%	摩擦感度/%	爆速/(m/s)	爆热/(kJ/kg)
HMX	100	100	8917　Δ=1.85	5648
RDX	80	79	8400　Δ=1.70	5523

上述炸药的各种性能比较见表 2-39。

表 2-39　常见炸药的性能比较

炸药	$Q_{V(1)}$ /(kJ/kg)	W_1 /(L/kg)	T_V /K	D /(m/s)	d(20℃)	发火点	感度
NG	6322	716	3750	7700	1.601	220	高
DGDN	3966	796		6500	1.385	215	低
NIBTN	7147	705		7860	1.617	257	低
TMETN	5271	853		7200	1.475	230	低
DINA	5249	930	3500	7800	1.670	230	低
NQ	3724	1077	2450	7000	1.715	275	低
HMX	6092	910	3380	8917	1.905	287	低
RDX	6025	910	3275	8700	1.816	230	低
NC(N=12.5%)	3946	910	2881	6000	1.600	190	高

思　考　题

(1) 均质火药的主要组成成分有哪些？它们分别起什么作用？

(2) 请思考复合火药和均质火药的结构特点与组分有哪些关系？

(3) 从配方组成上来分析，均质火药与复合火药有哪些共同点？

参　考　文　献

[1]　王德才. 火药学 [M]. 南京：南京理工大学出版社，1988.

[2]　王泽山，何卫东，等. 火药装药设计原理与技术 [M]. 北京：北京理工大学出版社，2006.

[3]　张炜，鲍桐，周星. 火箭推进剂 [M]. 北京：国防工业出版社，2014.

[4]　覃光明，卜昭献，张晓宏. 固体推进剂装药设计 [M]. 北京：国防工业出版社，2013.

[5]　庞爱民，马新刚，唐承志. 固体火箭推进剂理论与工程 [M]. 北京：中国宇航出版社，2014.

[6]　陈舒林，李凤生. 火药学 [M]. 南京：南京理工大学出版社，1986.

[7]　邓汉成. 火药制造原理 [M]. 北京：国防工业出版社，2013.

[8]　黄人骏，等. 火药设计基础 [M]. 北京：北京理工大学出版社，1997.

[9]　泰皮. 含能材料 [M]. 欧育湘，主译. 北京：国防工业出版社，2009.

[10]　田德余，赵凤起，刘剑洪. 含能材料及相关物手册 [M]. 北京：国防工业出版社，2011.

[11]　罗运军，王晓青，葛震. 含能聚合物 [M]. 北京：国防工业出版社，2011.

[12]　赵凤起，仪建华，安亭，等. 固体推进剂燃烧催化剂 [M]. 北京：国防工业出版社，2016.

[13]　Jacqueline Akhavan. 爆炸物化学 [M]. 3 版. 肖正刚，译. 北京：国防工业出版社，2017.

第**3**章
火药成型原理

火药的组成成分决定了火药的物理化学性能，火药在通常环境下都是具有良好尺寸稳定性的固体材料，其综合质量是由成型加工的工艺条件决定的。火药成型制备的主要任务是安全有效地完成目标配方中各组分的均匀混合，以及按照设计的形状尺寸完成物料堆砌成型并达到足够高的密实性，以保证武器的弹道性能和长期贮存稳定性。此外，成型制备过程还应保证工艺的本质安全性。火药的成型技术离不开对高分子材料的研究，大多数火药品种都是以高分子材料为黏合剂的高分子复合材料，火药的物理状态与高分子材料的物理状态密切相关，因此，下面先简单介绍高分子材料的状态特性。

3.1
高分子材料的物理状态

火药的力学性质主要是由高分子黏合剂决定的，而黏合剂一般是线型高聚物。高聚物与低分子物质有明显的区别，从低温到高温有三种聚集状态，分别为玻璃态（glassy state）、高弹态（elastic state）和黏流态（viscous state），这三种聚集状态具有不同的力学特征，三种力学状态是当外力一定时在不同的温度范围出现的，因而也称为热机状态。高聚物状态的变化主要从形变能力表现出能够从一个机械状态过渡到另一个机械状态。

（1）玻璃态　玻璃态是指在温度足够低时，高分子热运动能量太低，致使高分子链和链段的运动受到冻结，不能沿恒定外力作用方向作取向运动，而仅能使高分子发生平均位置的移动，呈现出刚性玻璃的普弹形变，这种状态称为非晶相玻璃态。把玻璃态向高弹态转变的温度称为玻璃化转变温度（T_g）。玻璃态具有普弹形变的特点，在极限应力内，形变是可逆的，形变与恢复形变都是瞬时完成。弹性模量大（$10^9 \sim 10^{9.5}$ Pa），形变小（形变率 $0.1\% \sim 1.0\%$），应力应变关系服从虎克定律：

$$\sigma_g = E\varepsilon_g \tag{3-1}$$

或

$$\sigma_g = \frac{1}{D}\varepsilon_g \tag{3-2}$$

式中　σ_g——应力，kPa；

ε_g——应变，%；

E——弹性模量，相当于相对伸长为 100% 时的应力，kPa；

D——柔量（$1/E$）。

当某材料被拉伸时，其横向尺寸变化与纵向尺寸变化之比，用泊桑比 μ 表示

$$\mu = \frac{\varepsilon_{横}}{\varepsilon_{纵}} = \frac{横向单位尺寸变化}{纵向单位尺寸变化} \tag{3-3}$$

大多数材料的泊桑比为 $\mu = 0.20 \sim 0.50$。

（2）高弹态

高弹态是指当温度足够高时，高分子热运动能量逐渐增加，在达到某一温度之后，虽然整个高分子链仍不能移动，但在外力作用时，可产生缓慢的形变，去掉外力作用时，又可以缓慢地恢复原形，似弹性橡胶状，这种状态称为高弹态。高弹态具有高弹形变的特点，这种形变也是可逆的，但与普弹形变不同的是受力后达到形变的平衡值和恢复形变都需要经过一段时间，形变量大（高达 $100\% \sim 1000\%$），弹性模量只有 $10^5 \sim 10^6 \, \text{Pa}$，高弹形变是时间的函数，其表达形式为：

$$\varepsilon_Y(t) = \frac{\sigma_Y}{E(t)} \tag{3-4}$$

式中　$\varepsilon_Y(t)$——高弹形变，%；

σ_Y——应力，kPa；

$E(t)$——松弛模量，kPa。

（3）黏流态

黏流态是指当温度继续上升，直到整个高分子链和链段都能移动，在外力作用时，高分子间产生相互滑移形变，除去外力后不能回复原态，呈现塑形不可逆流动，这种状态称为黏流态。黏流态具有黏性形变的特点，在外力作用下发生不可逆形变，并随时间推移而无限发展下去，弹性模量只有 $10^2 \sim 10^4 \, \text{Pa}$。高弹态转变为黏流态的温度，称为软化点或称黏流温度，以 T_f 表示。

在恒定外力时，塑性形变特征表达式为

$$\varepsilon_z = \frac{\sigma_z}{\eta} t \tag{3-5}$$

式中　ε_z——塑性形变；

σ_z——应力；

η——黏度；

t——力作用时间。

高聚物在力的作用下发生形变时，由于高聚物的多分散性以及分子堆砌的无规则性，实际上不可能将三种力学状态截然分开，因此形变应该是三种力学形态的总和，在一定条件下又以某一种形变为主。

在不同的温度区间，非晶态高分子材料在一个较小的外力作用下表现出不同的变形特点。将一定尺寸的非晶态高分子材料在一定作用力下，以一定的速度升高温度，同时测试样品形变随温度的变化，可以得到温度-形变曲线（也称为热-机械曲线）。如图 3-1 所示，在同样强度的外力作用下，玻璃态的固体在玻璃化转变温度 T_g 以下，能够抵御外力而不发生显著变形；而在该温度之上，高分子线团会发生大尺度的形变，并能维持该形变相当长一段时间，

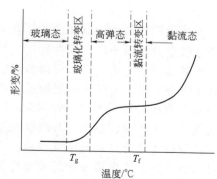

图 3-1　高分子材料的温度-形变
曲线及物料状态

表现出橡胶高弹性的特点；在更高的温度区间，会出现高弹-黏流转变，高分子本体随即成为黏滞的流体，发生显著的永久变形。

大多数高分子材料的加工成型都在黏流态中进行，以保证易于加工并得到足够的永久变形。同样地，大多数的火药产品的成型加工也是在黏流态下完成的。

小分子通常直接在玻璃态和黏流态之间转变，不会经过高弹态。高弹态是非晶高分子特有的中间温度状态，反映了链构象在分子线团尺度以下可以发生大尺度弹性形变的结构特点。从黏流态开始，随着温度的降低，对应不同尺度的高分子运动模式将逐步被冻结。首先发生的黏流-高弹转变使熔体高分子进入高弹态，整链的运动被冻结下来，永久形变能力大幅度减小，高弹态形变开始发挥主导作用；接着发生的高弹-玻璃态转变使高分子进入玻璃态，链段运动被冻结，链构象不再发生大尺度弹性形变；进一步降温还会出现链节和侧基运动被冻结的次级转变。

高分子变形所表现出来的不同尺度上的分子运动依次被冻结或解冻的动态结构与其分子质量、结晶度和交联度都有关系。分子质量是高弹态出现的必要条件，而结晶度和交联度将抑制高弹态的出现。

高分子聚合物的聚集状态是高分子的链段和整个高分子链的运动所起的作用不同的反映。玻璃态是一种链段和高分子链都被冻结在外力作用下只发生键长和键角变化的状态。高弹态是一种链段运动起主导作用的状态。黏流态是整个高分子链运动起主导作用的状态。因此，可以通过改变高聚物链段和整个高分子链的运动来转变其聚集状态，从而达到控制与调节的目的。

3.2
聚合物的流变性能及其表征

研究物质流动与形变的科学称为流变学。目前，解释聚合物流变行为方面仍处于定性阶段。尽管如此，流变学的概念已成为聚合物加工的理论基础，对最佳工艺条件的确定和模具设计等均起着重要作用。

流体的主要特点是没有固定的形状，极易变形，内部质点易发生相对运动，即具有流动性。当流体受外力作用时，内部质点不能保持平衡而发生运动，这就是流体的流动。流体流动有两种形式，当流体的流动速度较慢且有秩序地一层一层流动时，这种流动称为稳定流动或层流；当流体的流动速度超过临界速度时，流动的秩序被破坏，这种流动称为不稳定流动或湍流。

流体在圆筒内流动时，圆管任意截面上各点流体的速度并不相同，管中心的速度最大，越靠近管壁速度越小，黏附在管壁上的一层极薄的流体速度为零，其速度随半径呈抛物线分布。流体在圆管内流动时，可以假设被分割成无数极薄的同心圆筒，一层套一层，各层以不同速度向前运动。流体在分层流动时，由于层与层之间的速度不等，相互间产生阻力，这种阻力是在流体内部发生的，故称为内摩擦。常用黏性表示流体内摩擦的大小。黏性是流动性的反面，流体的黏性越大，其流动性越小。

流变行为是通过黏流态来表现。所谓黏流态，是指在流动温度和分解温度范围内出现的一种力学状态。许多聚合物的成型都借助于流动过程。加工成型过程中聚合物流动性能主要表现为黏度的变化，故聚合物流体的黏度及其变化是加工成型的重要参数。下面介绍聚合物流动性的表征方法和流动的一般特点。

3.2.1 流动性的表征方法

聚合物的流动性是指在一定条件下流动的难易程度。流动性好的聚合物，加工成型时可以适当选择较低的温度和压力，此时比较容易制成构型复杂的聚合物制品。流动性较差的聚合物，则相应地需提高加工温度和压力，更不易制成构型复杂的制品。

流体的流动形式有层流和湍流两种。流体为层流形式流动时，其主体的各点速度都向着流动方向，极少有左右移动的现象；当其为湍流时，其各点的速度除了向着流动的主要方向外，尚有次要的左右移动，同时速度的绝对值也不是恒定的。层流和湍流区分以雷诺数为准，凡流体流动时其雷诺数在 2000 以下的均为层流，超过 4000 则为湍流。经长期实践证明：在聚合物所有成型中，不管是聚合物熔体还是分散体或浓溶液，其流动皆属层流形式。

描述流体层流的最简单规律是牛顿流动定律。当剪切应力 τ，在一定温度加于两相距为 dr 的流体的平行液层而以相对速度移动 dV 时，则剪切应力 τ 与剪切速率 dV/dr 之间呈下列线性关系：

$$\tau = \eta(dV/dr) = \eta\dot{\gamma} \tag{3-6}$$

式中　τ——剪切应力；

dV/dr——剪切速率；

$\dot{\gamma}$——剪切速率；

η——黏度。

常用的衡量聚合物流动性好坏的指标是熔融指数和表观黏度。

（1）熔融指数　熔融指数是在标准熔融指数仪中测定，先将聚合物加热到一定温度，使其完全熔融，然后加上一定的负荷，使熔融体从仪器的喷孔压出，以单位时间压出的聚合物重量（g）作为该聚合物的熔融指数。一种聚合物在相同条件下，被压出的量愈大，说明其流动性愈好，即熔融指数高。反之，则流动性差，熔融指数低。

对不同的聚合物，由于测定时所控制的条件不同，不能从熔融指数大小来比较它们之间流动性的好坏。一般情况，浇铸成型或注射成型，要求熔融指数高；挤出成型的熔融指数可以较低。

（2）表观黏度　表观黏度并不反映聚合物的真实黏度。所谓表观黏度，是根据聚合物流体直观的流动情况所测得的黏度值。表观黏度是非稳定流动的一种反映。聚合物流动过程伴随高弹形变，故在流动中测出的流动速率所得的黏度值只具有相对和表观的性质。式(3-6)中 η 为比例常数，常称为牛顿黏度，这是表征流动特性黏度的经典概念，如果在 1Pa 的剪切应力下，产生 $1s^{-1}$ 的剪切速率，则此流体的黏度为 1Pa·s。适于此流动规律的流体称为牛顿流体，其中 dV/dr 和 τ 的流动曲线图都是直线图。

黏度总是与速度梯度相联系，所以黏度只有流体流动时才表现出来。黏度的单位用泊表示。黏度与物质的种类有关，而与剪切应力和剪切速率无关，同一种物质的黏度受温度影响较大，温度升高时，黏度下降很快。所以，度量黏度时最重要的是保持一定的温度。表示黏度时必须注明温度，比较不同材料的黏度大小也只有在同一温度下进行才有意义。

绝大多数的聚合物流体受力不服从牛顿流动规律，称为非牛顿流体，这类聚合物流体的黏度随剪切应力或剪切速率的变化而变化。剪切应力与剪切速率的比值称为表观黏度。以剪切应力对剪切速率，或以黏度对剪切速率所作的曲线称为流动曲线。此曲线可反映聚合物流体的黏度特性。

不服从牛顿流体时黏度变化规律的情况是多种多样的。从它们流动行为变化的明显特征可大致归纳为三个体系：黏性体系、有时间依赖性的黏性体系和黏弹体系。其中黏性体系的剪切速率只依赖于所施加的剪切应力；有时间依赖的系统流体的剪切速率不仅与所施剪切力的大小有关，而且还依赖于应力施加的时间；黏弹体系同时具有黏性行为及弹性行为。

3.2.2 不同类型非牛顿流体的流动特性

（1）黏性体系 按照黏性体系中各种流体的剪切应力-剪切速率的关系，又可分为宾汉流体、假塑性流体和膨胀性流体。图 3-2 表示这几种流体的剪切应力和剪切速率、表观黏度与剪切速率的关系。

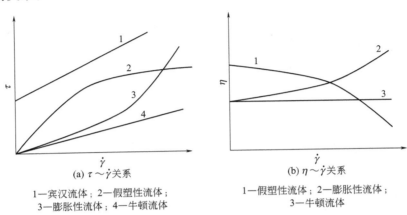

(a) $\tau \sim \dot{\gamma}$ 关系　　　(b) $\eta \sim \dot{\gamma}$ 关系
1—宾汉流体；2—假塑性流体；　　1—假塑性流体；2—膨胀性流体；
3—膨胀性流体；4—牛顿流体　　　　3—牛顿流体

图 3-2　不同类型流体的流动曲线

图 3-2(a) 表示了几种典型非牛顿流体对剪切速率依赖性的差异。从图中关系可见，宾汉流体的流动曲线不通过坐标原点；假塑性流动表现出应变速率的变化比应力变化快得多；膨胀性流体则正相反，应变速率的变化要比应力变化慢。

可表示为：

$$\tau - \tau_y = \eta_\rho (\mathrm{d}V/\mathrm{d}r) = \eta_\rho \dot{\gamma} \tag{3-7}$$

式中，η_ρ 称为刚度系数，等于流动曲线的斜率。宾汉流体所以有这种行为，原因是流体在静止时内部存在凝胶性结构。当外加应力超过 τ_y 时这种凝胶结构完全消失。在实际中，有些聚合物在其良溶剂中的浓溶液和凝胶性塑料的流动行为，都与这种流体接近。

① 假塑性流体 这种流体是非牛顿流体中最普遍的一种，它所表现的流动曲线是非线性的，但不存在屈服应力。流体的表观黏度随剪切应力的增加而下降。大多数熔融聚合物，以及在良溶剂中的聚合物浓溶液，其流动行为都倾向于这种假塑性流体。

聚合物黏性流体在一定温度下以及给定剪切速率范围内流动时，剪切力和剪切速率具有指数函数关系，其数学式为：

$$\tau = K \left(\frac{\mathrm{d}V}{\mathrm{d}\gamma} \right)^n = K \dot{\gamma}^n \tag{3-8}$$

或

$$\eta_a = \frac{\tau}{\dot{\gamma}} = K \dot{\gamma}^{n-1} \tag{3-9}$$

此式为指数定律方程，它在有限范围内具有较高的准确性。式中，K 和 n 均为常数。K 相当于牛顿流体的流动黏度 η，称为黏度系数，K 值越高黏稠性越大。η_a 为流动行为的特性指数，用来表征流体偏离牛顿流动的程度。当 $n=1$ 时完全与牛顿流体方程相同，说明流体具有牛顿流体的流动行为；$n>1$ 或 $n<1$ 时表明该体系为非牛顿流体。n 与 1 之间偏差的大小可作为判断流体的非牛顿性的尺度。实验证明 $n<1$ 时为假塑性流体，$n>1$ 时为膨胀性流体。

假塑性流体的黏度随剪切应力或剪切速率的增加而下降的原因与流体分析物理结构有关。对聚合物溶液来讲，当它受外力时，原来由溶剂化作用而被封闭在粒子或高分子盘绕空穴内的小分子就会被挤出，这样粒子或盘绕高分子的有效直径随应力的增加而相应地缩小，从而使流体的黏度下降。因为黏度的大小与粒子或高分子的平均尺度成比例，但不一定是直线关系。对聚合物熔融流体来讲，由于高分子彼此间的缠结，在缠结和高分子受到外力时缠结点就会被解开，同时还会沿着流动方向排成线，因此会使体系的黏度降低。缠结点被解开和高分子排列成线的程度是随应力的增加而加大的。

从图 3-2(a) 曲线 2 可见，在低剪切速率范围内，假塑性流体也呈现牛顿性流体行为。当剪切应力达到一定值时，体系偏离牛顿型流动。曲线部分又不存在屈服应力，且曲线的切线又不通过原点而落在纵轴上，这又好像有一屈服值，所以才称其为假塑性流体。

② 膨胀性流体　这种流体的流动曲线也不是直线，如图 3-2(a) 曲线 3，而且也不存在屈服应力。从图 3-2(b) 曲线 2 可见，它与假塑性流体不同的是表观黏度会随剪切应力的增加而上升。膨胀性流动行为也可以用服从指数定律方程来描述，$n>1$。属于这类流型的流体大多数是固体含量高的悬浮液。处于较高剪切速率下的某种聚氯乙烯的流动行为与这种情况很接近。

膨胀性流体之所以有这样的流动行为，可能是由于大多数高固体含量悬浮液在静止时，体系中固体粒子处于紧密堆砌状态，粒子之间空间很小且充满液体。剪切应力很低时体系中固体颗粒在液体的润滑作用下能产生相对滑移，并可保持固体粒子原有紧密堆砌状态下使整个悬浮液体系沿受力方向移动，从而表现出牛顿型流体行为。但是，当剪切应力或剪切速率增加到一定程度，体系中粒子被迫发生较快的转移，粒子相互间增加碰撞机会，流动阻力加大；与此同时由于体系中粒子已不再保持静止时的堆砌状态，粒子间空隙增大导致悬浮体体系总体积增加。体系中已充满粒子空隙的液体已不能再填充，从而增大的空隙使粒子移动时的润滑作用减少和阻力增大。这种情况恰与假塑性流体流动性质相反。

（2）有时间依赖性的体系　这种流体在恒温下的表观黏度会随所施应力的持续时间而逐渐上升或下降。上升或下降到一定值后即行停止，体系达到平衡。这种变化是可逆的，因为流体中的粒子或分子并未发生永久性的变化。表观黏度随剪切应力持续时间下降的流体有聚合物溶液、涂料与油墨等；表观黏度随持续时间上升的流体有石膏水溶液、某些浆状物料等。这些流体的流动行为的物理机理，可能与假塑性和膨胀性流体相似，所不同的是在流动开始后需要一段时间以待达到平衡。

（3）黏弹体系　黏弹体系是一个兼具黏性流体和弹性固体的综合体系。属于这一体系的流体有某些聚合物熔体，如聚乙烯熔融体。黏弹体系的弹性变形起源于长链分子主键的弯曲与延伸，而黏性流动则是由于聚合物分子链或链段间的滑动。

流体在流动过程中的弹性行为是聚合物高分子构象的改变，由卷曲变为伸展状态所引起。由热力学稳定态转变为不稳定态，在高分子内贮存了弹性能量，所以高分子恢复到稳定态时，就会引起高弹性形变。聚合物黏弹形变可以下式表示：

黏弹形变＝普弹形变＋高弹形变＋黏性形变

线型聚合物总形变为上述三种形变之和。普弹形变——在外力作用下很短时间内发生弹性形变，相当于分子链中键角、键长变化而引起的普弹形变。高弹形变——由高分子链段运动所引起。黏性形变——高分子链发生塑性流动的部分，相当于分子链的相互位移。可见，黏弹性流体的形变包含了黏性和弹性形变，只是由于加工条件不同存在着两种形变成分的相对差异，复合火药加工成型时在玻璃化温度以上进行的，其中的普弹形变很小可忽略不计。

黏弹性流体在流动中，以黏性形变为主还是以弹性形变为主，这要取决于力的作用时间与松弛时间。如果力的作用时间比松弛时间长得多，流体的总形变成分中以黏性为主。一般情况下，黏弹性流体流动时，弹性形变与聚合物的分子量、外力作用时间、温度等有关。分子量大、外力作用时间短或作用速度快，以及流体温度高于熔点以上不多时，弹性现象就明显。

上面讨论了三类非牛顿流体的流动特点，其目的在于简化实际情况而便于认识和研究。聚合物加工成型过程中所遇到的聚合物熔体或分散体，在不同条件下，可以分别具有以上几种类型的行为。综上所述，非牛顿流体的应力-形变关系曲线特征可简单概括如下：表观黏度不是一个常数，随剪切应力或剪切速率降低而增大；流体流动时黏度很高，流体是黏弹性的。低分子液体黏度为 $0.001\sim1\,\mathrm{Pa\cdot s}$，高分子化合物流体的黏度可达 $10^2\sim10^8\,\mathrm{Pa\cdot s}$。形变中包含有不可逆形变和可逆形变。黏弹性流体在加工过程中黏性流动伴随以不可忽略的弹性效应。假塑性流体和膨胀性流体实际上都属黏弹性流体，这种流体不仅与应力值有关，还与形变和应力的作用时间有关。

目前，对黏弹性流体的弹性行为的认识尚不深入。一般情况下，都是按黏性流体处理，再将弹性效应考虑进去加以修正。工程上都是在不同的剪切应力或剪切速率下测定聚合物的流动数据，再绘成剪切应力-剪切速率、表观黏度-剪切速率的流动曲线，从而得到用来指导成型工艺的技术参数。

3.3
火药的成型基础

典型的火药都是由高分子黏合剂与其他组分组成的，根据火药的成型加工要求，黏合剂与其他组分首先完成均匀混合，然后在高分子物料的黏流态下进行成型加工。以热塑性高分子材料作为黏合剂的火药可以在较高的温度下，当黏合剂转变为黏流态时完成成型。以热固性高分子材料作为黏合剂的火药，则需要在较低的温度下采用单体或高分子的低聚物与固化剂发生交联聚合完成固化成型。加工成型后通常火药产品所处的状态为玻璃态或高弹态，具有足够高的力学性能，可以抵抗外力对其形态造成的影响。

3.3.1 双基火药成型基础

3.3.1.1 双基火药的物理状态

双基火药是以硝化棉和硝化甘油为主要组分的规律性燃烧的爆炸物，它之所以具有规律性燃烧特征，是因为作为高分子聚合物的硝化棉经过硝化甘油等含能溶剂溶解而变成具有致密结构的聚合物浓溶液。在硝化棉中加入溶剂或增塑剂以改善其流动温度和玻璃化温度以利于加工成型。

在聚合物成型中，有些是首先制成聚合物溶液，在溶液状态下才能加工成型，这种聚合物一般软化温度较高，它的分解温度低于软化温度，因此不能直接用提高温度的方法来达到成型加工的目的，必须借助低分子有机溶剂或增塑剂而制成聚合物溶液，以降低其软化温度，有利于加工成型。双基火药中硝化棉属于分解温度低于软化温度的聚合物。因此，含硝化棉的火药加工成型有别于聚乙烯等熔融聚合物的加工成型，需要借助硝化甘油等低分子溶剂增加其分子间距离、提高分子链的柔顺性和减小分子间的范德华力。显然，双基火药本身是一种浓度很高的聚合物溶液，在一定温度和压力下通过浓溶液在黏流态下加工成型。

双基火药属于 NC-NG 体系的浓溶液，其中 NG 含量是可变的，NG 含量不仅影响火药性能，而且对加工工艺也影响颇大。有关聚合物浓溶液的溶解性能、流变性能和力学性能的理论是双基火药工艺技术的重要基础。研究和掌握双基火药工艺的目的就是根据 NC-NG 体系的特性，选择和确定合理的工艺技术条件，以制得全面符合武器要求具有优良性能的火药。

硝化棉是线型无定形聚合物。人们对于聚合物溶液是逐渐加以认识的，由于聚合物溶液中溶质的粒子比较大，这种粒子与胶体粒子相接近，再加上溶液性质方面显示出胶体溶液类似，曾有一段相当长的时间认为聚合物溶液是胶体溶液。这种判断的错位是因为根据溶质粒子大小在胶体分散度范围内所表现出的分子动力学性质来划分的，而不是根据热力学的稳定性来区分真溶液和胶体溶液。

聚合物分子量大，运动速度慢，在溶解过程中需要较长时间才能达到平衡状态。硝化棉的分子链柔顺性小，一般并不具有高弹性，更无法使用升温的办法使其达到黏流态。但是，加入硝化甘油等小分子含能溶剂后就减弱了硝化棉分子链间的作用力，而使其出现高弹态，降低其玻璃化温度。硝化甘油是含氮量 $11.8\%\sim12.1\%$ 硝化棉的良溶剂，因此硝化棉与硝化甘油是聚合物溶液体系。

硝化棉是非晶态的线型聚合物，具有类似低分子液体的相态结构。在一定条件下可以和某些低分子液体互溶。由于聚合物分子相当庞大，其体积要比一般低分子大几千或几万倍。聚合物的运动速度要比低分子物慢得多，分子间作用力也要大，这就决定了聚合物和低分子液体的互溶过程是一个相当慢的过程。

聚合物在低分子溶液中溶解要经过溶胀和扩散两个阶段才能完成。将少量硝化棉置于丙酮溶剂中，首先直观看到的是试剂外层慢慢胀大起来，并逐渐向内层发展；胀大到一定程度就像"冻胶"一样；再经过一段时间"冻胶"就逐渐分散到丙酮中去；最后"冻胶"消失，此时聚合物完全溶解而形成均相溶液。硝化棉在丙酮溶液中的胀大现象称为"溶胀"。"溶胀"是大多数聚合物溶解必经的过程。

聚合物在低分子溶剂中溶解，与低分子溶剂之间的相互溶解不同。聚合物分子的体积庞大、运动困难，不可能很快向低分子相扩散，而只能是运动速度较快的低分子溶剂渗透进入聚合物的表层，由于聚合物分子链的柔顺性而使小分子能够从表层逐渐渗透进入聚合物内层，从而使聚合物中分子间距离拉开，其体积也随之胀大。当聚合物中高分子链之间完全被溶剂隔离开，每个高分子可以在溶剂中比较自由地运动，形成均匀溶液。双基药中 NC-NG 体系是聚合物溶液，硝化棉含量可达 60% 左右，硝化棉需要在一定温度下借助外力才能很好地溶解。

3.3.1.2 双基火药的流变特性

（1）硝化棉的溶解性能　双基火药中最基本的组分是硝化棉和硝化甘油，或者将硝化甘油和其他组分组成溶剂。影响硝化棉溶解性能的主要因素有：

① 硝化棉的含氮量及其分布　双基火药中所用的硝化棉含氮量一般为 $11.8\%\sim12.1\%$，此含氮量是指氮量的平均值，这种含氮量的多分散性表示化学组分上的不均匀性是聚合物所具有的特性，这种特性对聚合物的溶解性能有较大影响，因此尽可能要求硝化棉含氮量均匀。研究表明，对于同一含氮量的硝化棉，由于其氮量分布不均匀在同一溶剂中表现出的溶

解性能并不一致。这可能是由于硝化棉制造工艺条件及其有关的条件波动导致的。含氮量为12.1%以上的硝化棉并不能溶于硝化甘油。

② 硝化棉的分子量及其分布　硝化棉在溶剂中溶解性能与其分子量大小、分布状况有关。分子量愈大，意味着分子链愈长，运动困难，分子间作用力愈大，则溶解性能愈差。分子量常用聚合度表示，用电镀法测定的火药用硝化棉聚合度为300~3500。硝化棉分子量也同样具有多分散性。

③ 硝化纤维素的比表面　提高硝化棉的细断度（用来表征纤维平均长度的参数）可增加其比表面，溶解性能一般会得到改善。例如，含氮量为12.03%的硝化棉经细断时间为0h、4h和20h，其在乙醇中的溶解度分别为4.6%、8.4%和10.3%，但细断时间太长是不经济的。

④ 合理的工艺条件　正确选择火药的加工条件，对于保证火药质量起着重要作用。对硝化棉而言，提高温度可使高分子链的运动速度增加，分子柔顺性也增加；升高温度可以加速低分子化合物体系的溶解。在加工中除了温度条件外，还需借助于一定外力才能实现火药的成型加工。

为改善均质火药的性能，通常加入各种类型的爆炸性和非爆炸性物质，这些物质的加入能否影响其溶解性能，要从相似相溶理论和溶度参数相近的原则来说明。用爆炸性物质的溶度参数来比较C级硝化棉的溶解度情况是以二者的溶度参数的差值（$\Delta\delta$）而定，这种差值愈小，其溶解性能愈佳。

硝化甘油混合液改善了硝化棉的溶解性能。混合液的溶度参数由以下计算

$$\delta_混 = X_1\delta_1 + X_2\delta_2 + \cdots + X_n\delta_n = \sum X_i\delta_i \qquad (3-10)$$

式中　X_1，X_2，$\cdots$，X_n——混合液中单独组分的体积分数；

δ_1，δ_2，$\cdots$，δ_n——混合液中单独组分的溶度参数；

$\delta_混$——混合液的溶度参数。

在实际工作中，同时使用两种或两种以上的混合溶剂，使得混合液的溶度参数更接近硝化棉的溶度参数，从而改善了溶解性能。利用合理的混合液来加入某些爆炸性物质，既可以改善并调整火药的能量性能，又能了解火药的溶解性能和工艺合理性。

（2）双基火药的流变特性　双基火药的流变行为较为复杂，开始呈现塑性流动，当剪切应力超过极限应力时，开始流动，然后呈现假塑性流动，可用指数定律来描述双基火药的流变行为。

在一定温度下，几种不同品号的双基火药的流变曲线如图3-3所示，由图可以看出，不同品号双基药的流动曲线均不是直线而是曲线，其流动速度的增长比剪切应力快，表观黏度随剪切应力的增长而下降，这属于假塑性流体的特征。

（3）影响双基火药流变特性的因素

① 双基火药成分的影响　双基火药的成分不同，其流动曲线也不同。双基火药是由多种组分组成的，有能量组分、溶剂、增塑剂、弹道改良剂及工艺附加物等，不同品号的双基火药组分种类和含量是不同的，表观黏度不同，流动性有所差异。双基火药成分的影响主要表现在以下几个方面：

溶剂的性质和用量对流变特性有一定影响。一般是对硝化棉溶解能力愈好的溶剂，愈易减弱硝化棉高分子间的作用力，愈有利于分子间的滑动而导致流动。溶剂量增大，棉溶质量比减小，表观黏度变小，流动性好。表现在流动曲线是在较小的剪切应力下，有较大的剪切速率。

固体颗粒物料的性质和用量对流变特性也是有影响的。双基火药中加入的弹道改良剂通

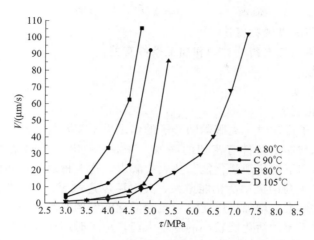

图 3-3　不同品号双基火药在一定温度下的剪切应力-流动速度曲线

常以固体颗粒状态存在，弹道改良剂的加入，改变了双基火药各组分分子间的作用力。一般是加入少量的固体物料降低硝化棉高分子间的作用力，有利于降低表观黏度。对于铅、钙的氧化物或盐与硝化棉高分子形成网络结构，提高了黏流温度，表观黏度升高，流动性较差。

　　硝化棉的性质和用量是影响流变特性的重要因素。硝化棉的性质主要指分子量、分子量分布、硝酸酯基的分布。硝化棉分子量增大，整个高分子链流动阻力加大，运动也很困难，高分子间的内摩擦增大，表观黏度升高，流动性差。为此双基火药通常使用聚合度为250～400的硝化棉。硝酸酯基在硝化棉分子链上分布得愈均匀，在溶剂中的溶解能力也愈高，使其表观黏度减少，有利于流动。

　　硝化棉用量的增加，必然会导致溶剂含量的减少。在相同的溶剂含量情况下，其用量增加时提高了棉溶比，高分子链、链段双重运动单元结构增加，位移困难，流动性差。通常是在保证双基火药力学性能的前提下，考虑到加工条件，不使硝化纤维素含量过高。

　　② 温度的影响　图 3-4 为某双基火药在不同温度下的流动曲线。由图可以看出，对于同一品号的双基火药，温度不同，流动性能也不同。如图 3-5 所示，在相同的剪切应力作用下，温度高，流动速度快，表观黏度低。对于同一品号的双基火药，在一定剪切应力作用下，表观黏度随温度的升高以指数函数的方式降低。双基火药的表观黏度与温度的关系符合 Arrhenius 方程。

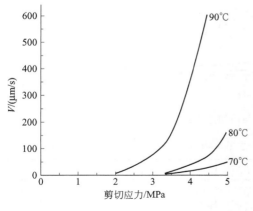

图 3-4　不同温度下某双基火药流动曲线

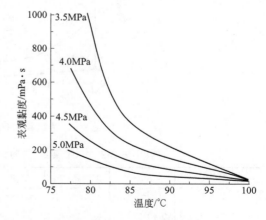

图 3-5　某双基火药表观黏度温度曲线

$$\eta = A\,e^{\frac{\Delta E}{RT}}$$ (3-11)

式中　　η——双基火药的表观黏度；

　　　　A——常数，与双基火药的类型和加工条件有关；

　　　　R——气体常数；

　　　　T——热力学温度；

　　　　ΔE——流动活化能。

流动活化能是分子流动时，克服周围分子的作用力所需要的能量。流动活化能反映了双基火药药料的性质，与加工条件有密切的联系。表 3-1 列出了不同品号双基火药在不同温度、不同剪切应力作用下的流动活化能。从表中看出，这 5 种双基火药的流动活化能范围在 36～64kJ/mol。双基火药的流动活化能愈大，其对温度愈敏感。加工时只要升高少许温度，双基火药的流动性就可大大增加。因此，对流动活化能大的双基火药，在加工过程中必须特别慎重调节温度。对于流动活化能较小的双基火药，加工时即使较大幅度地提高温度，其表观黏度也降低甚少，流动性提高不大。这种情况下，不宜用提高温度的办法来改善其流动性。

表 3-1　不同品号双基火药的流动活化能　　　　　　单位：kJ/mol

温度/℃	应力/MPa	1	2	3	4	5
80～100	4.9	47.3	41.4	47.3	36.4	—
	4.4	49.8	40.6	49.8	38.1	—
	3.9	48.5	41.4	50.6	41.4	58.2
	3.4	48.5	43.9	49.8	39.3	64.0

③ 剪切应力的影响　图 3-6 是某双基火药在 80～100℃时表观黏度与剪切应力的关系。由图看出，表观黏度随剪切应力的增加而降低。不同品号的双基火药对剪切应力的敏感性也有明显的差异，如表 3-2 所示。

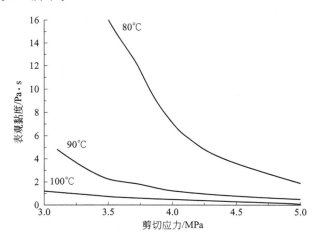

图 3-6　某双基火药表观黏度与剪切应力的关系

表 3-2　100℃温度下不同品号双基火药在不同剪切应力下的黏度　　　　单位：mPa·s

τ/MPa	1	2	3	4	5	6	7
2.5	—	—	—	—	—	—	4.2×10^{7}
3.0	—	—	—	—	—	—	1.1×10^{7}
3.5	1×10^{9}	2.5×10^{8}	9.3×10^{7}	6.5×10^{7}	5.1×10^{7}	5.1×10^{7}	4.3×10^{7}

续表

τ/MPa	1	2	3	4	5	6	7
4.0	5.8×10^8	1.5×10^8	4×10^7	3.3×10^7	2.3×10^7	2.0×10^7	1.8×10^7
4.5	3×10^8	8.4×10^7	2.5×10^7	1.9×10^7	1.3×10^7	1.3×10^7	—
5.0	1.7×10^8	4.7×10^7	1.6×10^7	1×10^7	7×10^6	7.5×10^6	—

从表 3-2 看出，随着剪切应力增加，表观黏度下降，有的下降较为明显，可达到一个数量级。对于表观黏度对剪切应力敏感的双基火药，在加工成型过程中若流动性不符合要求时，可以适当调整剪切应力来改变其表观黏度。对于敏感程度小的产品，调整剪切应力不会使其表观黏度有明显的改变，只能使表观黏度改变较为敏感的如温度等因素，达到改善其流动性的目的。

④ 流动曲线在选择工艺条件中的指导作用 由上述影响因素中看出，双基火药的黏度对温度、剪切应力有依赖性，即表观黏度随温度的升高而降低；表观黏度随剪切应力的增加而降低。即当表观黏度恒定时，温度和剪切应力具有等效性。该等效性表明，调节表观黏度可用调节温度的办法，也可以用调整剪切应力的办法。这对于控制一定的黏度，在成型工艺中是十分重要的。有的工艺设备，要求有某一较佳黏度范围，在此范围内可以保证质量和提高产量。在实践中，往往是根据流变曲线绘制成温度-剪切应力等黏度曲线。利用等黏度曲线，要达到某一黏度，可以采用较高的温度和较低的剪切应力，也可以采用较低的温度和较高的剪切应力，以选择适当的工艺条件。

（4）双基火药的弹性 双基火药和其他非牛顿型聚合物一样，在流动中表现出黏性行为外，还不同程度地表现出弹性行为。其弹性主要有挤出物胀大和熔体破裂。

在螺压成型过程中，双基火药从模具挤出时，药柱的直径大于模孔直径，这一现象称为挤出物胀大。熔体破裂是指挤出药柱表面产生的表面疵病，如竹节形、螺旋形、表面裂纹和表面粗糙等等。挤出物胀大往往是由于在入口处有拉伸流动，硝化棉高分子沿流动方向伸展和取向，产生拉伸弹性应变；同样，药料在模具内剪切流动，产生剪切弹性应变。聚合物的这种高弹性形变具有可逆性，只要引起速度梯度的应力消除，伸展与取向的高分子恢复卷曲构象，产生弹性恢复，从而使挤出物的直径增大。

影响挤出物胀大的原因很多。聚合物的分子量、分子量分布、剪切速率、模具温度及模具后锥的收缩角和成型体的长径比等均影响挤出物胀大。聚合物的弹性随其分子量的增加而增加，也随聚合物分子量分布的加宽而增加；在药料一定的情况下，挤出物胀大随剪切速率即出料速度的增加而增加；在剪切速率一定的情况下，挤出物胀大往往随模具温度的升高而降低，也随成型体长径比增加而降低。另外，当模具后锥体收缩角过大时，药料流入成型体时，由于拉伸作用较大，使挤出物胀大增加。

熔体破裂是药料不稳定流动现象。稳定流动状态，药料具有正常的沿管轴对称的速度分布，此时产品表面无疵病。不稳定流动状态，速度分布遭到破坏而药柱表面产生疵病，流体的弹性不稳定是产生熔体破裂的原因。

产生熔体破裂的原因之一是流体在成型体管壁出现滑移和流体的弹性恢复。流体在管中流动时管壁处剪切速度最大，由于黏度对剪切速率的依赖性，所以管壁处的流动必然有较低的黏度。同时流动过程的分级效应又使聚合物中的低分子量部分较多地集中到管壁附近。这两种作用都使管壁附近的流体黏滞性降低，从而容易引起流体在成型体管壁上滑移，使流体的流速增大。剪切速率分布的不均匀性还使流体中弹性能的分布沿径向方向存在差异，剪切速率大的区域聚合物分子的弹性形变和弹性能的贮存较多，流体中产生的弹性应力一旦增加到与黏滞流动阻力相当时，黏滞阻力就不能再平衡弹性应力的作用，流体中弹性应力间的平衡遭到破坏，随即发生弹性恢复作用。由于管壁处的流体黏度最低，弹性恢复在这里受到的黏滞阻力也最小，所以弹性恢复容易在管壁处发生。可见，流体通过自身的滑移就使流体中的弹性得到恢复，从而使该区域流体中的弹性应力降低。当管壁处形成低黏度层时，伴随弹性恢复的滑移作用使其流速分布发生变化，产生滑移区域的流体流速增加，压力降减小，层流流动被破坏，滑移区域的流体增加，总流量增大。当新的弹性形变发生并建立新的弹性应力平衡后，流体的速度分布又恢复到正常的沿管轴对称的抛物线分布。这就是流体不稳定流动现象的本质。流体的流动速度在某一位置上的瞬间增大是弹性效应所致，常把这种现象称为"弹性湍流"。如果这种不稳定点呈现有规律的移动，则挤出药柱的表面疵病也是有规律的。竹节状药柱是由于不稳定点在整个圆周上产生所致；螺旋状药柱是不稳定点沿管周移动所致。

产生熔体破裂的另一个原因是流体所经受的剪切条件和持续时间差异所引起的。流体在渐缩器的收缩角过大时，流体在入口处拉伸、剪切流动时存在漩涡流动（即死角），这部分流体与其他部分流体比较，受到不同的剪切作用。当漩涡中的流体被拖拽进入成型体时，可能引起极不一致的弹性恢复，如果这种弹性恢复力较大，以致能克服流体的黏滞阻力时，就能导致药柱表面产生疵病。

控制成型体内和出口处的压力波动和适当提高模具温度可以改善和消除药柱的表面疵病。剪切速率、模具的长径比和入口角的大小均对压力波动有影响。剪切速率（即出药速度）低，压力波动小；模具的长径比大，压力波动小；模具的入口角较小时，压力波动小。只要相配的模具和工艺条件选择合理，熔体破裂现象是可以避免或减轻到最小程度。

3.3.2　复合火药成型基础

复合火药是以聚合物为主体的异质混合体系，它的成型工艺建立在聚合物基础上。聚合物的成型是对聚合物的加工处理，其目的在于使聚合物成为所要求的尺寸和形状并达到预定的性能。复合火药的成型工艺，实际上也是将燃烧黏合剂和各种添加剂混合物转变为具有预定性能、预定形状尺寸的固体药柱。

复合火药在成型过程中的转变，表现为形状、结构和性能的变化。这与聚合物加工成型过程所经历的聚集态的转变以及转变过程的本质和规律性密切相关。这些规律性可指导我们选择适当的成型工艺和制定合理的工艺条件，为获得优质复合火药提供依据。

复合火药一般有两种成型方法，第一种是挤出成型，在一定温度下将药料通过挤出成型机经流动变形而实现成型，此时聚合物处于软化或流动温度，挤出成型过程不发生化学变化；第二种方法是浇铸成型，将液体预聚物和其他物料的混合物浇入所需形状和尺寸的模具中，在一定温度和时间条件下，发生化学变化而固化成型。前一种工艺所用的聚合物成型是一种具有可逆性非永久变形，受热呈黏流态，在外力作用下仍可重新发生变形，热塑性聚合物适于此工艺。后一种工艺所用聚合物在成型时发生化学交联反应而固化成型，是不可逆的永久变形，热固性聚合物适于此工艺。

由于复合火药成型过程大多数都存在流动与变形的行为，所以研究了解聚合物的加工性质、松弛过程和流动与变形的规律性是十分重要的，这也是复合火药的理论基础。

3.3.2.1　聚合物的加工性能

聚合物分为线型聚合物和体型聚合物，体型聚合物是由线型聚合物或某些低分子物质与分子量较低的聚合物通过化学交联反应而得到的。线型聚合物中，聚集体中每个分子具有长链结构，分子间彼此重复、贯穿和缠结。由于长链分子间强大的吸引力作用，使聚合物表现出各种力学性质。在复合火药制造成型过程中，药料所表现出的许多性质都与聚合物长链结构和缠结以及聚集态所处力学性质有关。

按照聚合物所表现的力学性质和分子热运动特征，可划分为：玻璃态，高弹态和黏流态。处于不同聚集态的聚合物，由于主键与次价键共同作用构成的内聚能不同而表现出一系列的独特性能。线型聚合物随温度的升高，由玻璃态转变为高弹态和黏流态。体型聚合物，由于高分子间形成三维空间排列，堆砌紧密且结构稳定，所以在其熔融前，温度对形变速率影响小，但到达熔融温度后则能迅速形变并成为黏度很小的黏性液体。

当聚合物处于玻璃化温度时，聚合物中由于主价键和次价键所形成的强大内聚力的作用，使聚合物具有相当大的力学强度，聚合物为固体状态。此时，聚合物材料由于弹性模量高、形变值小，而不宜进行大变形的加工，一般只能进行车、刨、削等机械加工。在玻璃化温度以下某一温度，材料变脆，易断裂破坏，此温度为脆化温度，它是材料正常使用的下限温度。

聚合物处于高弹态时，虽然形变值加大，但它是可逆的，故此时很少用于聚合物的成型。高弹态的上限温度也是聚合物转变为黏流态的开始温度，此时聚合物为熔融体或流体。黏流态开始温度不高的范围呈橡胶流动行为，通常在这一转变区域可进行压延或挤出成型。温度再升高会使分子热运动大大激化，药料的模量降到最低值。此时，聚合物流体形变的特点是在不大的外力下就能引起宏观的流动，形变组成中更多是不可逆的黏性形变成分，冷却聚合物就能使形变成为永久变形保持下来。因此，这一温度可用来浇铸、抽丝、注射等。温度再升高，聚合物熔体黏度会大大降低，直到分解。可见，聚合物的玻璃化温度和黏流温度是聚合物材料加工成型的重要参数。

3.3.2.2 聚合物的黏弹性

聚合物在加工时，常需要从固体变为液体，而后又由液体变成固体。聚合物在固体状态下表现出很大弹性，具有高的弹性模量。聚合物在液体状态下，表现出很大的黏性，具有较高的黏度。可见，聚合物是具有弹性和黏性的物质。

由于聚合物中高分子长链结构和缠结作用，使聚合物中形成似网络结构，产生暂时性的次价交联。在外力作用下，网络结构中链段位移引起高分子构象的改变，外力除去后高分子恢复卷曲构象。这种高分子链构象的伸展与恢复作用使聚合物产生了一定的弹性。外力作用下，高分子链沿外力方向可能发生逐渐解缠和滑移，达到一定程度则会引起聚合物宏观的流动。但是，由于链的缠结使分子形变和移动又受到阻碍，因而聚合物流动时又表现出很高的黏性。可见，聚合物的形变和流动不是纯黏性的，也不是纯弹性的，是黏性和弹性的综合——黏弹性。

在玻璃化温度和黏流态初始温度范围内，聚合物在外力作用下是高弹形变，聚合物是处于无规则热运动的高分子链段形变和位移状态，此时形变具有可逆性。高于黏流温度时，聚合物在外力作用下发生黏性形变，此时聚合物为黏流态，沿力作用方向可发生高分子链间的解缠和高分子间相对滑移。

温度升高至比黏流温度还高时，聚合物形变发展至黏性形变为主。但是，聚合物在黏流态下的形变并不是纯黏性的，它表现出一定程度的弹性，因为流动中高分子因伸展而贮藏了弹性能。当引起流动的外力消失后，伸展的分子恢复卷曲构象的过程就产生了高弹性。这种弹性效应如果贮存于成型药柱中，则会引起药柱形状的不稳定性，还可能出现内应力，严重的会出现表面裂纹。反之，当温度降低到黏流温度以下时，聚合物转变为高弹态，其形变组成中弹性成分迅速增加，黏性成分减小。如果调整外力的大小和外力的作用时间，并配合适当的温度，可能使聚合物的形状由弹性变为塑性形变。当温度升高到黏流温度以上时，由于高分子的热运动加剧而可能会引起弹性恢复，药柱表现为收缩。为了避免由于弹性效应而引起药柱形变，一般成型完毕后应缓慢进行冷却，以减少弹性恢复作用使药柱形状和尺寸相对稳定。

聚合物黏弹性是十分重要的，了解聚合物弹性形变产生的条件和规律性，可为正确制定复合火药成型条件提供依据，从而达到保证火药药柱质量良好。

3.3.2.3　聚合物的浇铸性

聚合物在流动状态下，可以通过浇入、注射等方法在模具中获得所需形状而成型。复合火药的浇铸性主要取决于燃料黏合剂——聚合物的流动性、热性质和力学性质，还与其化学反应有关。图 3-7 表示浇铸最佳区域范围。

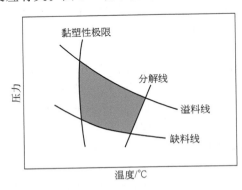

图 3-7　最佳浇铸区域示意图

如果浇铸温度过高时，聚合物流动性好且易于充模，但有可能引起分解，此时药柱收缩率大；如果浇铸温度过低时，聚合物流体黏度大，流动困难，成型质量差，同时由于弹性发展明显，产品的形状稳定性差；如果浇铸时压力太高，容易引起溢料，并会增大药柱的内应力；压力过低时，则会造成缺料现象。所以图 3-7 中四条线构成的面积内才是浇铸最佳区域。选定浇铸最佳条件可保证复合火药药柱的外观形状尺寸和力学性能。

聚合物的热性质，如热导率、热焓、比热等，对复合火药药料的加热、冷却、流动性和固化速度均有影响。判断复合火药的浇铸性，大多数是用螺旋流动试验测定。复合火药药浆通过一个有螺旋形槽的模具来实现。药浆在外力推动下，流入螺旋流动实验模具，流动过程伴随以流体的逐渐冷却并凝固为螺线，螺线的长度可反映出不同类型复合火药流动性的差异。

浇铸流动试验可以得到：

① 复合火药浇铸时的温度、压力和周期等最优条件；

② 复合火药在一定温度和外力范围内的流动性质；

③ 复合火药配方中各种添加物的不同和用量对浇铸药浆流动性与工艺条件的影响关系。

随各种复合火药的不同要求，可设计和试验不同类型的螺旋模具来测定。

3.3.2.4　聚合物的可挤压性

可挤压性是指聚合物通过挤压作用发生形变和流过模具时而获得形状与保持形状的能力。具有这种可挤压性质的药料可以通过挤压方法加工成型为管状、棒状、星形内孔等构型的药柱。

某些复合火药的成型特性取决于燃料黏合剂的黏度。通常，聚合物流体的黏度是随剪切应力或剪切速度增大而降低。如果药料黏度很低时，流动性良好，但它保持形状的能力较差；相反，药料的剪切黏度很高时，则会使药料流动与成型困难。所以具有不同剪切黏度的聚合物具有不同性质的挤压性。因此，可调整挤压过程的条件，如剪切力、剪切速率和温度等，来改变药料的可挤压性质，以使所需加工的药料适于不同情况的挤出成型。这种可挤性还与加工的设备形状、尺寸和结构有关。

为了了解和掌握复合火药的可挤压性，通常是测定其剪切应力或剪切速率对体系黏度的影响关系，即测定体系在不同温度、不同剪切应力下的流变性。为了预估复合火药的挤压性质，也可使用熔融指数测定仪来测定其熔融指数和流动速率。熔融指数是评价热塑性聚合物挤压性的一种简单方法。

3.3.2.5 聚合物的加工与松弛过程

聚合物在加工过程中高分子发生形变时，高分子间的距离、相互位置和高分子的形态都会发生改变。加工过程完成后，高分子之间又会形成新的排列关系。了解聚合物形变行为的性质和规律可为拟定复合火药成型加工条件提供理论基础。

（1）聚合物的松弛与滞后效应　一定温度下，从聚合物受外力开始的瞬间，高分子的构象经过一系列不平衡态过渡到与外力相适应的平衡态的全部过程称为松弛过程。聚合物加工由初态经过形变和流动转变为具有一定尺寸和形状药柱的过程，是在一定温度和应力共同作用下高分子的松弛过程。高分子松弛过程的速度与分子间的相互作用能和热运动能的比值有关。升高温度时，分子热运动能量增加，分子间作用能减小，高分子改变构象和重排速度加快，松弛过程可缩短。反之，温度降低时，则松弛过程可延长，增加松弛时间，延缓松弛速度。复合火药和聚合物加工成型一样，正是利用松弛过程对温度的这种依赖性，从而使复合火药在较高温度下能以较快的速度在较短的时间内经过流动变形成为所要求的药柱。主要由温度所决定的松弛过程可称为热松弛过程。松弛速度随聚合物分子量的增加而变慢。当引入增塑剂时，由于削弱了高分子间的作用力而使松弛过程加快。

应当指出，在加工成型过程中，不是所有的松弛过程都是有利的。例如，拉伸纤维时，升高温度至软化温度时则可使松弛速度加快，有利于高分子取向。但是，高分子热运动又使已定向的分子链段解取向而恢复卷曲状态，该解取向作用也是松弛作用。在实际加工中，适当升温和迅速降温都是根据松弛作用来确定药柱的加工成型条件。

聚合物形变的滞后效应是外力作用时形变需要经过一段时间才能发展到与该力所对应的平衡状态。聚合物体系的种种对外力反应的滞后现象称为"滞后效应"。同样，外力取消后聚合物的形变恢复也需要一定时间。形变的滞后效应在聚合物加工过程中是普遍存在的。聚合物在加工过程中所发生的宏观形变在短时间内高分子的形变并没有真正完成。如果此时立即除去外力，由于高分子的弹性恢复将会使已取得形状和尺寸的药柱在长时间内发生变化。如果适当延长外力作用时间，会使高分子形变进一步巩固，有利于提高药柱的形状、尺寸的稳定性。提高加工温度和降低结束加工时温度可减少和防止弹性滞后引起的形状和尺寸的不稳定性。

（2）聚合物的体积松弛现象　加工成型后的聚合物制品在贮存和使用过程中会发生尺寸的减小和形状的变化，使体积缩小，这种体积的缓慢收缩也是"松弛过程"，亦称"体积松弛"。

"体积松弛"现象与聚合物流体加工成型为一定形状时的高分子重排和堆砌情况有关。聚合物分子体积大、分子量高和链缠结复杂，由流体变为固体时，高分子重排和堆砌不可能很紧密，有可能在分子链和无规则线圈间存在很多微小空隙。

药柱的冷却速度和冷却温度有关。当聚合物流进模具固化时，如果模具温度太低，则流体的冷却速率很大，高分子和高分子链段来不及进行充分的重排运动就会被冻结。所以，这种速冷药柱会保持它在较高温度下分子间较松散的堆砌状态，而形成的微小空隙多，玻璃化温度就高。反之，如果加工温度高，当缓慢冷却时高分子重排和堆砌较紧密，微小空隙少，玻璃化温度就低。密度较低的急冷聚合物在室温下链段还能继续热运动，这样，在一段时间内链段重排运动的结果则引起体积逐渐收缩，直至到达体积平衡，以上所述为"体积松弛"

的内在原因。

加工成型后的药柱，应避免急冷状态，因为冷却速度愈大体积松弛愈严重。线型聚合物加工后急冷，会伴随以药柱各部分收缩的不均匀，以致使药柱内部产生内应力，严重时会出现开裂现象。晶型聚合物急冷时，体系温度会迅速降到玻璃化温度以下，有可能使分子链段来不及进行有序排列而保持一定程度的非晶型聚合物状态。

3.3.2.6 聚合物的流动特性

研究聚合物在黏流态下的流动特性是认识复合火药成型工艺的必要基础。当温度超过聚合物流动温度时，线型聚合物就产生黏性流动，其发生的形变是非永久性的。聚合物流动行为是聚合物分子运动的表现，它反映体系的组成、结构、分子量及其分布的特点。聚合物在不同条件下的流动性是加工成型的依据。

复合火药中燃料黏合剂在加工成型过程中是很复杂的，其复杂性表现在聚合物流体在加工成型过程中不但表现出黏性流动形变，还表现出弹性形变；聚合物链结构的不均一性、分散体系的不均匀性、加入氧化剂分散不均一、氧化剂颗粒大小的不均一；加工成型中可能发生的化学降解和热氧化降解；形变的不均一性等。

测定聚合物材料或复合火药流动性的原则是：在一定温度下，测定它们在不同应力或应变速率范围流动时的表观黏度。应该注意的是实验过程中必须等待足够长的时间使高弹形变发展结束而建立起恒稳态。测定方法主要有三种：毛细管挤压流变计法、旋转黏度计法和落球黏度计法。

测定黏度的各种方法所适用黏度范围见表 3-3。

表 3-3　测定黏度的各种方法适用的黏度范围

测定方法	适用黏度范围/mPa·s
毛细管挤压流变计	$0.1 \sim 10^7$
旋转黏度计	$0.1 \sim 10^{11}$
落球黏度计	10^4

除了以上几种聚合物流动性测试方法外，还有前面介绍的熔融指数测试和螺旋流动度的测定。这两种方法不能解决广泛应力-应变速率关系，所以不能用来测定聚合物的黏度和用来研究聚合物流动的流变性能。但由它们得到的实验数据可为加工过程材料的选择、加工工艺条件的确定提供参考依据。

复合火药中主要组成聚合物流体的流动性能主要决定于：

① 在一定的剪切速率下，聚合物的黏度是由其内部的自由体积和高分子链之间的缠结所决定。自由体积是高分子链段进行扩散运动的场所，所以，凡能引起自由体积增加的因素都可活跃高分子的运动，并使聚合物流体的黏度降低。

② 高分子缠结阻碍了分子链运动。凡能减少这种缠结作用的因素都可活跃或加速分子的运动，并使其黏度降低。

聚合物分子量和分子量分布、温度、剪切应力和剪切速率、附加物、增塑剂和静压力等都对聚合物的黏度有影响。下面分别讨论这些因素对聚合物流动性能的影响。

（1）分子量和分子量分布　聚合物的分子量愈大，药浆的黏度愈高，流动性愈差。

聚合物分子量的增加在一定程度上虽然会提高复合火药的物理机械性能，但是聚合物的分子量过高会导致黏度提高到加工成型变得异常困难。所以，确定合适的分子量既可保证复合火药的药柱质量，又可使物料具有良好的工艺性能。

资料报道，每一种聚合物都有一个临界分子量。临界分子量可以看作发生分子链缠结的最小分子量值。从加工成型角度来看，为了制成优质复合火药，希望药浆流动性好些。人们曾试图从降低聚合物分子量着手来降低药浆的流动性，以达到改善复合火药的成型工艺性能。然而，也要注意由于分子量降低而影响复合火药力学性能降低的问题。所以，在实际生产中，常常要通过恰当地调整分子量的大小来控制药柱所要求的性能。

分子量分布的不同对聚合物的黏度也有影响。聚合物流体出现非牛顿流体流动时，在分子量相同时，分子量分布宽的非牛顿流动的剪切速率值比分子量分布窄的要低得多。一般情况下，平均分子量相同时，聚合物流体的黏度随分子量分布范围增宽而下降；分子量分布窄的聚合物受温度影响较分布宽的为大。分子量分布宽的聚合物对剪切速率的敏感性较大。

除分子量和分子量分布外，聚合物的结构不同也会影响黏度随剪切速率而下降的程度。柔性愈大，聚合物的缠结点愈多，链的解缠和滑移愈困难，流动时会表现出很大的黏性和弹性，非牛顿性愈强。高分子长链支化对聚合物黏度有影响。聚合物中长支链存在会增加与其邻近分子的缠结，对流动性有影响。在相同的黏度值时，支化的聚合物开始出现非牛顿性流动的剪切速率值较线型无支化的聚合物为大。

（2）温度 从分子运动角度来看，黏度与分子内摩擦、扩散、取向等有关，而这些又与温度密切相关。剪切应力和剪切速率一定时，温度升高，链段活动能力增加，体积膨胀，分子间相互作用减少，流动性增大。

聚合物处于熔融温度以上时，其黏度随温度的升高而降低。在不超过分解温度情况下，温度提高会增大聚合物的流动性。温度和黏度的依赖关系如下式：

$$\eta = A\,\mathrm{e}^{\Delta E_\eta / RT} \tag{3-12}$$

式中，ΔE_η 为黏流活化能，表征聚合物流体黏度对温度的依赖性，kJ/mol；A 为相当于温度 T 时的黏度常数；R 是气体常数，8.314kJ/(mol·K)。实验表明，ΔE_η 随分子量的提高而增大，但分子量达到几千以上时 ΔE_η 即趋于恒定，不再依赖于分子量。可以认为流体流动时高分子链是分段移动而不是整体移动。流动时高分子链运动单元的分子量值一般比临界分子量小。在高剪切速率下聚合物流动温度敏感性比低剪切速率下小得多。通常，聚合物黏度对温度的敏感性可用给定剪切速率下，相差 10℃ 的两个温度下黏度比值来表征。

聚合物分子链刚性愈大，流动活化能愈高，其流动性对温度的敏感性愈大。加工成型时温度稍有改变，其流动性就有望得到改善。任何聚合物在加工温度下长期受热都会发生不同程度的降解，从而引起体系黏度下降。

（3）剪切应力和剪切速率 聚合物流体的黏度在低剪切速率时约为 $10^2 \sim 10^8$ Pa·s 或更大，当剪切速率增大时，其黏度可下降 2～3 个数量级。可见，聚合物流体的黏度对剪切速率有很大依赖性。

聚合物加工成型中，可通过调整剪切速率来改变其黏度。只有选择对剪切速率有敏感性的聚合物才会收到较好的效果。就加工成型过程而言，如果剪切速率很小的变化就可影响聚合物黏度的话，这就意味着剪切速率的变化和波动常常造成复合火药药柱质量的显著差异。所以，在加工成型中应选择药料黏度对剪切速率不敏感的区域。

药料中固体物质含量从 0～20％ 时，聚合物体系黏度最大；到 30％ 时则黏度下降；到 45％ 时，甚至比单纯的聚合物时的黏度还要低。固体颗粒含量增加到一定程度时，粒子之间距离逐渐缩短，体系黏度增大。粒子与粒子相互靠近，中间仅隔一层极薄的液膜。这种薄膜能将它们黏结在一起，因而黏度随浓度而急剧增大。但增加到 30％ 含量时，则情况相反，其黏度之所以比纯聚合物还要低是因为固相物质用量增大的过程，实际上就是改变聚合物从黏弹性流动转变为塑性流动的过程。

固体物质的颗粒特性对体系的黏度也有影响。含有大量固体颗粒的聚合物的流动性，在很大程度上与颗粒大小的分布有关。实践证明，在单级颗粒聚集体中加入若干较小的细粒时，装填空隙率降低，装填密度加大。通常浇铸复合火药用氧化剂是二级级配，细粒质量约占 30%，小颗粒粒度与大颗粒粒度之比约为 $1/10\sim1/8$，此时含固相物质量较高的药料具有较好的流动性。细颗粒约为 $10\mu m$，大一些的可达 $100\sim300\mu m$。

（4）增塑剂　复合火药中的增塑剂可削弱聚合物高分子之间的作用力。由于高分子间距离加大，缠结效应减少，从而可使聚合物流体的黏度降低，流动性增加。增塑剂和聚合物可组成聚合物浓溶液，溶液的浓度对体系的黏度和流动性能均有影响。增塑剂与聚合物之间相溶性的好坏对体系的影响很大。相溶性好时，体系的流动性好。相溶性好表明聚合物能被增塑剂较好地溶解或溶胀，聚合物粒子具有很软的外层，当剪切力加大则容易变形，所以其黏度随剪切速率增大而下降。反之，如果相溶性差，溶解和溶胀都不理想，则流动性差。此时，当剪切力作用于聚合物体系——复合火药时，其中高分子之间相互滑移比较困难。

当复合火药中聚合物与增塑剂相溶性很好时，聚合物全部溶解而形成浓溶液。茵斯特指出：如果溶液黏度为 η，增塑剂黏度为 η_s，$\eta/\eta_s=\eta_r$，聚合物体积分数为 f，相互关系如下：

$$\eta/\eta_s=\eta_r=1+2.5f \tag{3-13}$$

上式并未考虑浓度高的聚合物溶液中，溶质间的碰撞与摩擦等作用。克斯和赛玛赫提出可用下式代表聚合物溶液的计算黏度公式：

$$\eta/\eta_s=\eta_r=1+2.5f+14.1f^2 \tag{3-14}$$

此式对增塑剂溶胶和悬浮液也适用。

在复合火药中加入增塑剂，除了能改善药剂的流动性外，还可以改进复合火药的物理化学性能，如低温力学性能的提高等。随着增塑剂的加入，聚合物高弹态的温度范围向低温度方向移动。增塑剂应与复合火药有良好的相溶性，且其分子量应较高以避免挥发。复合火药选用增塑剂的好坏十分重要，增塑剂对黏合剂体系的相互作用力和溶解性能的影响都会涉及复合火药的性能，应充分认识和研究聚合物浓溶液的溶解性能和溶解机理。

在复合火药中常使用 1% 左右的硅酮油等表面活性剂，使聚合物体系的流动性得到很大改善。

（5）压力　在复合药加工成型中，压力对聚合物流动性的影响具有很大实际意义。某些聚合物由于压力增加过大往往会使黏度升高很剧烈，以致使材料变硬，无法加工。聚合物的密度、分子结构不同，使聚合物黏度对压力的敏感性不同。如高密度的聚乙烯比低密度的聚乙烯受压力影响小；而聚苯乙烯由于具有很大的侧基，且分子链为无规则结构，分子间空隙较大，所以对压力较敏感。当压力作用于聚合物时，聚合物体系自由体积减小，高分子间的距离缩小，链段跃动范围和次数减少，分子间作用力加大，所以聚合物体系的黏度加大。这对于复合火药加工成型是在静压力下进行的过程具有重要意义。

3.3.2.7　聚合物的交联与流动性能

热固性的聚合物，在尚未成型时，其主要组成物均为线型聚合物。这些线型聚合物分子与热塑性聚合物分子的不同点在于，前者在分子链中均带有反应基团或反应活点。成型时，这些分子通过自身的反应基团与所加入的某些交联剂作用而交联在一起。未交联前线型聚合物流动性好，随着交联的进行其流动性逐渐减小，直到达到一定交联度时，聚合物体型结构形成，则完全失去流动性。复合火药固化成型前，线型聚合物与低分子化合物均处于良好的流动状态。未固化前的药料流动性应规定适用期，即在固化成型前不允许因固化而无法流动，导致影响加工成型过程的进行。线型聚合物交联完成后，实际上就是一个体型网络结构的高分子聚合体。随着交联度的提高，聚合物逐渐失去可熔性和可溶性，体系的物理化学性能均发生变化。

交联度与聚合物体系流动性密切相关，主要受以下因素影响：

（1）温度　热固性聚合物的固化时间随温度升高而缩短。温度升高时，聚合物反应初期黏度小、流动性大，此时有利于分子扩散运动，交联反应速度增加。到达一定程度后，体系黏度变大，流动性降低。

（2）固化时间　热固性聚合物在固化初期，由于升温受热体系流动性增加，随着时间加长逐渐进行交联反应，直到最大值时，流动性逐渐降低，直到完全不能流动，高分子扩散运动已不可能进行。高分子中反应基团的浓度随时间延长而降低，直到在较高温度下长时间加热也再难以进行交联为止。交联度不能达到 100%，在网络结构中还会保留一些残存的反应基团。如固化时间短、交联度不够，聚合物性能就不佳。此时聚合物的力学性能差、耐热性差且药柱表面粗糙等，但交联度过高也会引起药柱发脆、变色和气泡等，从而也会影响质量。交联度过高称为"硬化过度"。适宜的交联度和固化时间有关，这需经实验确定。

（3）应力　加工过程中的搅拌、流动等都有利于增加扩散和交联反应。聚合物处于黏流态，流动与搅拌可加快交联反应速度，缩短固化周期。

（4）反应物的官能度　反应物的官能度是指反应物含有反应基团的数量。聚合物的交联度与参加反应物的官能度密切相关。反应物反应基团多，体系的交联度就高。对于复合火药来讲，参与的反应物的分子量不宜过大，流动性要好，且反应物的反应基团要多。

3.3.2.8　复合火药的流动特性

在浇铸工艺中，固化前的药浆通过加压或真空压差压入发动机或模具中，并通过药浆自身的重力作用，使药浆缓慢向器壁和芯模周围的空隙处流动、流平和完全充满，以获得所需药柱。能否使药浆完全充满燃烧室，药浆的流动性非常关键。复合火药主体成分是黏合剂加固体填料，由于存在固化剂，加工过程中，黏合剂的分子量和分子结构随时间不断变化，因而该体系的流动特性非常复杂。不同的氧化剂添加量及粒度级配，药浆的非牛顿性不同，可能为假塑性体也可能为膨胀体。影响复合火药药浆流动性能的主要因素为：

（1）黏合剂的流动性能　黏合剂本身的流动特性直接影响到火药药浆的流动特性。黏合剂的流动特性与高聚物分子链的柔顺性和分子量的大小有密切联系。如同等分子量条件下，聚丁二烯的黏度低于聚异戊二烯的黏度，端羟基聚丁二烯的黏度又低于端羧基聚丁二烯的黏度。结构不同，高分子之间的次价键力不同，分子链的柔顺性不一样，黏合剂内部的阻力势必不同，因而表现出来的流动也不一样。分子量大小对流动的影响已被人们熟知，高聚物的黏度总随分子量的减小而降低。因此，为使火药药浆具有良好的流动特征，浇铸火药总是使用分子量较低的高聚物预聚体做黏合剂。

（2）固体成分的含量、颗粒形状、大小和分布情况　复合火药是含有过量固体填料的多相体系。药浆中固体粒子的存在，使流动的阻力增加，因此药浆的黏度永远大于黏合剂本身的黏度，并随固体颗粒含量的增加而增大。当固体颗粒含量过高，颗粒间的距离接近到足以呈现粒子之间摩擦干扰时，对药浆流动性的影响会更加突出，甚至，如前所述会改变药浆的流动类型。固体颗粒分布的情况对药浆的流动性影响很大，对浇铸工艺用的复合火药，氧化剂通常采用二级粒度级配，细颗粒的质量约占 30%，小颗粒与大颗粒的粒度比为 1/10～1/8，

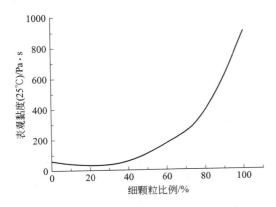

图 3-8 细粒和粗粒硝酸铵级配对
复合火药药浆表观黏度的影响

这样配比能得到较高的固相含量和较好的流动性能（见图 3-8）。

固体颗粒的直径和形状对药浆的流动性能也有很大影响。粒径越小以及非球形固体颗粒有较大的比表面积和运动阻力，药浆的黏度增大。采用粒径 113μm 的球形 AP，在 40℃ 温度下，固含量为 80% 的药浆黏度为 150Pa·s，而相同粒径的非球形 AP 对应的药浆黏度为 342.5Pa·s。为了研究 AP 氧化剂颗粒级配的影响，固定粗、细 AP 的质量比为 7/3，固体含量为 83%，粗颗粒的粒径为 425μm，不同细粒 AP 粒径对应的药浆黏度测试结果参见表 3-4。

表 3-4　二级粒度级配氧化剂粒度对药浆黏度的影响

细 AP 粒径/μm	265	190	113	47	28	8
40℃ η_a/Pa·s	348	297	316	353	432	810

（3）增塑剂　低分子增塑剂由于加大了分子之间的距离而提高了黏合剂系统的流动性。这对热塑性的复合火药特别重要。这是因为热塑性复合火药所用的黏合剂的分子量不能像热固性复合火药黏合剂那么低，否则不能保证其力学性能。

（4）表面活性剂　复合火药中黏合剂与固体成分之间存在相界面，其中界面自由能大小对系统内摩擦有很大的影响。亲水性氧化剂颗粒与亲油性的黏合剂结合具有较大的界面自由能，若有水分的存在，更增大了这种能量，以致使药浆不能浇铸。如果加入适当的表面活性物质，可以大大降低系统的界面自由能而使药浆黏度大大降低。目前复合火药中常采用的表面活性剂有十二烷基磺酸钠、卵磷脂、硅酮（即聚硅氧烷）油。采用良好的表面活性物质对改善药浆的流动性和火药的力学性能都有十分重要的意义。

（5）固化剂　不同固化剂影响药浆的固化速率，影响到黏合剂高分子的交联和分子量的增长速度，因而影响到药浆的流动性能。如 HTPB 复合火药常用的 TDI（甲苯二异氰酸酯）和 IPDI（异佛尔酮二异氰酸酯），TDI 反应速度快，药浆黏度增长也快，而 IPDI 反应速度慢，药浆黏度增长也慢。

（6）稀释剂　稀释剂可降低药浆黏度和屈服应力，增加流平特性。在加工过程中往往加入一定量的稀释剂。所谓稀释剂，实质上是一种挥发性溶剂，它对黏合剂有很好的溶解作用，从而降低药浆黏度，使其可以进行浇铸，且这些成分在工艺过程中易挥发。稀释剂是一种迫不得已采用的工艺附加物，它只能改善浇铸药浆的浇铸流动性，并无其他好处，因为这类材料的加入会显著降低火药的能量，此外，由于它的挥发性，不能保证在火药中含量的稳定性，这往往影响到火药的物理安定性和力学性能。目前，常用的稀释剂是苯乙烯和其他芳香族溶剂。

此外，键合剂、防老剂和燃速催化剂也是复合火药所必需的组分，这些组分也会通过化学或物理的作用，单独或与其他组分协同影响药浆的流动性能。

（7）温度与操作时间　温度对药浆黏度的影响同溶塑火药的规律。对热固性复合火药药浆，固化剂和黏合剂发生的固化反应改变了黏合剂高分子的分子量和交联结构，由此影响到药浆的流动性。而这种固化反应与药浆的温度密切相关。系统中，固化剂与黏合剂的反应速度与温度的关系符合 Arrhenius 定律。药浆的固化反应速度决定了黏合剂的分子量和交联度增大速率。

复合火药药浆中黏合剂的交联不仅影响药浆的黏度，而且还能影响药浆的物理状态。当药浆随固化反应形成的交联网络达到一定程度后，就会使药浆产生屈服应力，并随固化反应的进行，屈服值越来越大，最终会变成不能流动的黏弹性固体。图 3-9 列出了温度和时间对固体含量为86％的 HTPB 复合火药药浆屈服应力的影响。

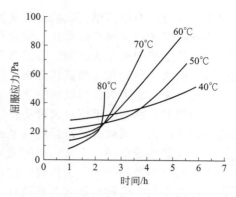

图 3-9 温度和时间对药浆屈服应力
的影响（HTPB，86％固体含量）

浇铸工艺中，药浆在加压或真空压差驱动下，以设计规定的流速流经花板孔、或插管流入发动机壳体或模具中，然后在自身重力作用下，缓慢流向燃烧室壁和芯模周围空隙，充满所有空间，并在药浆固化定型前使药面流平。为此，必须保证药浆具有良好的流动性，能在规定的浇铸设备和工艺条件下，以规定的流动速率流入模具。一般药浆的黏度小于 1500Pa·s 时就能保证药浆的正常流动。

药浆在浇铸流动过程中，伴随着固化反应的不断进行，黏合剂高分子的交联度不断增加而引起药浆黏度增加。因此，操作时间与药料流动性的变化密切相关。

药浆黏度的不断增加，会逐渐使药浆失去黏性，从而影响到药浆的正常流动和黏合。因此，必须保证药浆从混合完毕到浇铸结束这段时间内能够保持药浆的正常流动性能和黏合性能。浇铸药浆的适用期与固化体系、工艺温度有关，也与固化抑制剂、工艺助剂、增塑剂含量等有关。对不同固化体系的黏合剂系统，可通过对工艺温度和上述组分的调节或对氧化剂AP 进行包覆来延长药浆的适用期。工艺上，可通过不同温度、不同的药浆适用期内测定药浆的流动特性曲线，来选择最佳的浇铸温度。

3.4

挤出成型原理

（1）挤出成型概述 挤出成型（extrusion molding）是热塑性高分子材料最主要的成型加工技术之一，由于具有生产率高、适应性强、用途广泛等特点使其产品产量位居所有高分子制品的首位。挤出成型原理是通过加热、加压使聚合物的熔体在挤出机的螺杆或柱塞的挤压作用下通过一定形状的口模而连续成型，所得的制品为具有恒定断面形状的连续型材或制品。

挤出成型加工技术是一种高效连续化作业过程，制品是在一条生产线中完成的，需要完成加料、加压输送、熔体均化、泵送、口模成型、定型、凝固、切割等环节。

挤出成型过程大致可以分为三个阶段：第一阶段是原料的塑化，即通过挤出机的加热和混炼，使固态原料变为均匀的黏性流体。第二阶段是成型，即在挤出机挤出部件作用下，使熔融的物料以一定的压力和速度连续地通过成型机头，从而获得一定断面形状。第三阶段是定型，通过冷却等方法使熔体已经获得的形状固定下来，并变成固体材料。

（2）挤出成型分类 按挤出过程中成型物塑化方式的不同，可分为干法挤出和湿法挤出两种。干法挤出是依靠挤出机将固体物料变成熔体（称为塑化过程），塑化和挤出在同一台挤出机上进行，通过口模挤出的塑性连续体的定型处理仅为简单的冷却操作。湿法挤出成型需用溶剂将聚合物材料充分塑化，塑化和挤出需分别用两台设备独立完成，挤出物的定型处理则依靠脱除溶剂来完成。湿法挤出虽有容易塑化均匀和可避免成型物料因过度受热而分解的优点，但由于塑化和定型操作复杂又需使用大量易燃的有机溶剂等缺点，仅限于硝化棉、聚乙烯醇、聚丙烯腈等少数加热塑化极易分解的材料。

按挤出时连续性的不同，又可将挤出成型分为连续式挤出和间歇式挤出。连续式挤出采用螺杆式挤出机，间歇式挤出采用柱塞式挤出机。柱塞式挤出机的主要成型部件是加热料筒和柱塞。在制品成型时，先将一份物料加进料筒，而后借助料筒的加热塑化并依靠柱塞的挤压作用将物料推进到挤出机头的模孔内，成型后再从模孔挤出。加入的一份物料挤完后柱塞需退回，待新的一份物料加入后再进行下一次的推挤操作。显然柱塞式挤出机的成型过程是不连续的，而且在塑化过程中无法使物料受到搅拌混合作用，成型物料的塑化温度均一性差，但由于柱塞可对塑化物料施加很高的推挤压力，因此柱塞式挤出机还用于超高分子量聚乙烯、聚四氟乙烯等熔融黏度很高的特种型材挤出成型。

按照螺杆数量多少，挤出成型又可分为单螺杆挤出、双螺杆挤出和多螺杆挤出，目前应用最多的还是单螺杆挤出和双螺杆挤出，其中单螺杆挤出主要用于挤出成型制品，而双螺杆挤出具有良好的强制输送性、自洁性、混合分散性等优点，广泛应用于填充、增强、合金等改性塑料制备。

（3）挤出成型应用　通过改变挤出机料筒、螺杆、口模、辅机等设备的结构和控制系统，挤出成型可用于以下几个方面：

① 挤出造粒　将以聚合物为主料与其他添加剂，以及不同聚合物混合为目的的挤出称为挤出造粒，为后续加工提供成型用颗粒料，主要采用双螺杆挤出机实现。

② 挤出制品　通过螺杆挤出机制备连续等截面制品是挤出成型的最主要用途。通过口模的旋转变化或挤出物处于熔融状态时进行进一步后加工，也能够挤出成型连续变截面制品。将不同挤出机的熔融物通过同一口模共挤出，可以得到复合挤出制品。

③ 反应挤出　通过改变螺杆结构、增加加料口数量、加强排气等措施，可以实现一系列的反应挤出，如制备 POM、TPU、PMMA 等产品的聚合反应挤出。

（4）典型的挤出成型设备　挤出成型设备是以挤出机组的形式出现的，无论挤出制品的形状如何，都包括挤出机、口模、定型装置、冷却装置、牵引装置、卷取或切割装置，其中挤出机是最主要的设备。

单螺杆挤出机是在挤出料筒中安装单根螺杆的挤出机，主要用来挤出各种塑料制品。单螺杆挤出机遵循经典的三大挤出理论，即固体输送、固体熔融、熔体输送，结构如图 3-10所示。

双螺杆挤出机是在挤出料筒中安装两根螺杆的挤出机，按照两根螺杆的啮合方式，可分为啮合型和非啮合型双螺杆挤出机；按照两根螺杆的旋转方式又分为同向旋转和异向旋转双螺杆挤出机；按照两根螺杆的轴线又分为平行和锥形双螺杆挤出机等类型。图 3-11 为双螺杆挤出机的结构简图。

非啮合异向旋转螺杆漏流比较大，比较适合混料。啮合同向旋转螺杆的各螺槽与料筒内壁形成一些封闭的小室，物料在小室内按照螺旋线向口模方向流动，但由于啮合处两根螺杆圆周上各点的运动方向相反，而且啮合处间隙非常小，迫使物料从一根螺杆螺槽向另一根螺杆螺槽运动，从而形成 8 字形流体，比单螺杆增加了物料流动距离，进一步加强了混合作用，两根螺杆间歇处基本没有物料，自洁作用强烈。啮合异向旋转螺杆，两根螺杆旋转方向不同，一根螺杆上的物料螺旋前进的路线被另一根螺杆堵死，不能形成 8 字形流动，只能通

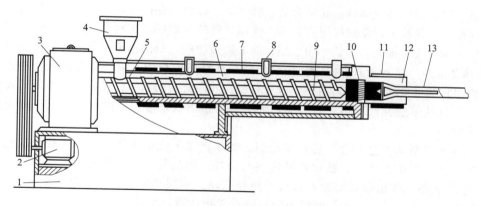

图 3-10　单螺杆挤出机结构示意图

1—基座；2—电机；3—传动装置；4—料斗；5—料斗冷却区；6—料筒；7—料筒加热器；
8—热电偶；9—螺杆；10—过滤网和分流板；11—机头加热器；12—机头；13—挤出物

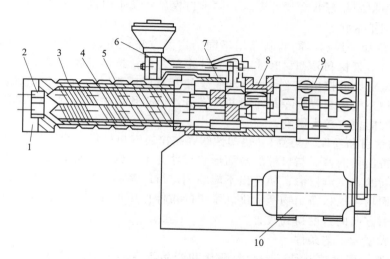

图 3-11　双螺杆挤出机的结构简图

1—连接器；2—过滤器；3—料筒；4—螺杆；5—加热器；
6—加料斗；7—支座；8—止推轴承；9—减速机；10—电机

过两根螺杆的间隙做圆周运动，同时在螺旋作用下朝口模方向流动。物料通过两根螺杆的间隙运动类似于物料通过压延辊筒的辊，具有十分强烈的剪切作用，此外，螺棱与料筒内壁之间的间隙以及两根螺杆螺棱侧壁之间也有漏流出现，这种螺杆剪切作用最为强烈、塑化效果好，自洁作用较啮合同向旋转螺杆差，多用于加工制品，不适合用于热敏性材料。

与单螺杆挤出机相比，双螺杆挤出机具有以下优点：

①强制输送作用　在异向旋转双螺杆挤出机中，依靠正位移原理输送物料，没有压力回流，无论螺槽是否填满，输送速率基本不变，具有最大强制输送物料能力，因此容易加料。在单螺杆中难以加入的带状料、粉料等，通过双螺杆挤出机的不同加料口均可以实现加入。

②混合作用　由于两根螺杆相互啮合，物料在双螺杆挤出机中的运动比单螺杆挤出更为复杂，混合作用更强，物料塑化更快，停留时间更短，适用于热敏性材料及热固性材料的挤出加工。

③自洁作用　黏附在螺杆上的物料，如果停留时间长，容易降解变质，严重影响最终制

品的质量。异向旋转的双螺杆，在啮合处、螺纹间、螺槽内存在速度差，在相互擦离时相互剥离黏附在螺杆上的物料，使螺杆得到自洁。同向旋转的双螺杆，在啮合处、螺纹间和螺槽内的速度相反，相对速度很大，剪切作用强烈，能够撤离物料，自洁作用比异向双螺杆更好。

④ 压延效应　物料加入到向内异向旋转的双螺杆挤出机中，很快被拉入螺杆啮合处，受到螺棱顶面和螺槽地面的辊压，与压延效应相似。同向旋转的双螺杆没有明显的压延效应。

除了常见的单螺杆和双螺杆挤出机，还有两台挤出机串联而成的双节挤出机以及排气式挤出机等类型。

（5）挤出成型的工艺过程　各种挤出制品的生产工艺流程大体相同，一般包括原料的准备、预热、干燥、挤出成型、挤出物的定型与冷却、制品的牵引与卷取（或切割）。

① 原料准备　挤出前要对原料进行预热和干燥，不同类型的材料控制的水分含量不同，通常控制含水量在 0.5% 以下。原料中的机械杂质也应尽可能除去。

② 挤出成型　将挤出机加热到预定温度，开动螺杆，加料。初期挤出物质量和外观较差，应根据材料性能和机头口模结构特点等调整料筒各加热段和机头口模的温度及螺杆转速等工艺参数。根据制品形状和尺寸要求，调整口模尺寸及牵引设备装置，以控制挤出物的产量和质量，直到正常状态。

③ 定型与冷却　根据不同的制品用不同的定型方法，多数情况下冷却和定型是同时进行的，只有在挤出管材和异型材时才有独立的定型装置，挤出薄膜、单丝等不必定型，仅通过冷却即可。未定型的挤出物必须用冷却装置使其及时降温，以固定挤出物的形状和尺寸，已定型的挤出物在定型装置内冷却作用并不充分，仍必须用冷却装置，使其进一步冷却，冷却速度对制品性能也有较大影响。

④ 制品的牵引和卷取（切割）　热塑性塑料挤出离开口模后，由于有热收缩和离模膨胀双重效应，使挤出物的截面与口模的端面形状尺寸并不一致。此外，挤出是连续过程，如不引出，会造成堵塞，生产停滞，使挤出不能顺利进行或制品产生变形。因此在挤出热塑性塑料时，要连续而均匀地将挤出物牵引出。牵引的拉伸作用可使制品适度进行高分子取向，从而使制品在牵引方向的强度得到改善。

（6）挤出成型的工艺条件

① 温度控制　温度控制是影响塑料塑化和产品特性的关键。挤出机从加料口到机头口模的温度是逐渐升高的，从而保证物料在料筒内充分混合和熔融。生产中机头口模的温度应控制在物料的流动温度和分解温度之间的范围内。在保证物料不分解的前提下，提高温度有利于生产率提高。在成型过程中，根据不同的物料和具体的操作工艺来确定最佳的温度。

② 螺杆的转速和机头压力　螺杆的转速决定了挤出机的产量并影响熔融物料通过机头口模的压力和产品质量，该速度取决于螺杆和挤出制品的几何形状及尺寸。增加螺杆转速可提高挤出机的产量；同时，由于螺杆对物料的剪切作用增强，可提高物料的塑化效果，改善制品的质量。但螺杆转速不是越高越好，如果转速调节不当，会使制品表面粗糙，产生表面缺陷，影响外观质量。应根据具体情况，调整螺杆的转速，使螺杆的转速和机头口模压力达到最佳值，既保证制品的质量，又获得较高的产量。

③ 牵引速度　牵引速度和挤出速度的配合是保证挤出过程连续进行的必要条件。在挤出成型过程中，物料从机头口模挤出时会发生出模膨胀现象。物料出模后常会被牵引到等于或小于口模的尺寸，这样，型材的尺寸应按比例缩小到牵引断面相同的程度。因为物料牵引程度有所差异，所以牵引工艺就成为型材产生误差的根源，为此需要通过改进口模和增加定型装置来予以纠正。

（7）挤出成型原理　以固体进料的挤出过程，物料要经历固体-弹性体-黏性液体的变化。同时物料又处于变动的温度和压力之下，在螺槽与机筒间，物料既产生拖曳流动又有压力流动，因此挤出过程中物料的状态变化和流动行为十分复杂。

为使挤出机达到稳定的产量和质量，一方面，沿螺槽方向往一截面上的质量流率必须保持恒定且等于产量；另一方面，熔体的输送速率应等于熔体速率。如果不能实现这些条件就会引起产量和温度的波动。实验研究表明，物料自料斗加入并到达螺杆头部，要通过几个区域，即固体输送区、熔融区和熔体输送区。固体输送区通常限定在自加料斗开始算起的几个螺距中，在该区物料向前输送并被压实，但仍以固体状存在；物料在熔融区开始熔化，已熔的物料和未熔的物料以两相共存状态推进，最终完全转变为熔体；熔体输送区，螺槽全部被熔体充满，它一般限定在螺杆的最后几圈螺纹中。这几个区不一定完全与习惯上提到的螺杆加料段、压缩段、均化段相一致。目前广为接受的挤出理论，就是分别在以上三个职能区中建立起来的，它们分别是固体输送理论、熔融理论和熔体输送理论。

① 固体输送理论　物料从料斗进入挤出机的料筒中后，处于螺槽和料筒内壁间，将沿螺杆向机头方向移动，首先经过加料段，在此段物料的状态仍然是处于疏松状态的粉状或粒状固体，温度较低，黏度基本没有发生变化。固体输送理论认为：物料进入机筒后，与螺槽和料筒内壁所有面紧密接触，被压实形成固体塞，并以恒定的速率沿螺槽向前移动，该移动受其与机筒内壁及螺杆之间的摩擦力控制。移动可以分解为两部分，一部分是由于物料与螺杆之间的摩擦力作用使转动的螺杆带着物料产生旋转运动，另一部分则是由于螺杆旋转时斜棱对物料的推力及物料与料筒间的摩擦力产生的轴向分力使物料沿螺杆产生的轴向水平移动。当轴向水平运动力高于旋转运动力时，物料将沿轴向向前移动；反之，当轴向水平运动力小于旋转运动力时，物料将随螺杆转动，但不沿轴向向前移动，从而不能被输送。

② 熔融理论　熔融理论又称为熔化理论或相迁移理论。由加料段送来的已被密实的固体物料床进入压缩段后，由于螺槽深度逐渐变浅，固体床在前进过程中将不断受压缩，料筒外部加热器提供的热量及物料与料筒、物料分子间的摩擦热导致的升温作用使固体床中的物料逐渐熔化，在料筒内表面处率先形成一层熔体膜，由于料筒内表面对螺杆和固体床间存在相对运动使得在料筒和固体塞间形成的熔体膜内存在速度梯度，当熔体膜的厚度超过螺杆与料筒内壁间的间隙时，熔体被螺棱刮下，落在螺棱的前侧而形成漩涡状的熔体池，而螺棱后侧仍为固体床，随着螺杆的旋转，固体床沿螺槽向前移动，来自加热器的热量和熔膜中的剪切热不断传给未熔融的固体床，使与熔膜相接触的固体粒子熔化，导致越来越多的物料从固体床落入熔体池，固体物料完全变成熔体，进入均化段。由于挤出机中物料的熔化过程主要是在压缩段完成的，所以压缩段较多的是研究物料由固体转变为熔融态的过程和机理。

③ 熔体输送理论　物料从压缩段被送入均化段后，将变成具有恒定密度的熔体，物料在均化段的流动实际上是熔体的流动，此时的流动不仅受旋转螺杆的挤压作用，同时受到由于机头口模的阻力所造成的反压作用，因而流动情况变得更为复杂。均化段熔体输送理论在挤出理论中研究较早，它是研究如何确保物料在均化段完全塑化，使其压实，定量、定温地从机头挤出，以提高挤出机的生产效率，改善制品质量。该理论把均化段熔体的流动分布分为正流、逆流、横流、漏流等 4 种类型。

3.5

火药组分的混合与分散

根据火药的基本概念可知，火药满足使用性能的基本前提是具有良好的物理化学性能，组分混合与分散的均匀性就是达到良好物理化学性能的前提条件。对于不同体系的火药，组成成分和结构有较大的差异，组分的形态和物理特征也各不相同，因此对组分的混合与分散的要求也具有显著的差异。

火药组分的混合与分散实质上是高分子材料与其他材料的物理混合过程，因此需要根据具体的物料体系来制定适宜的工艺方法和工艺参数。例如，含大量 AP 晶体的改性双基火药的物料混合，需要借助溶剂将双基火药物料溶解后再与 AP 在捏合机中进行混合，这样可以保证混合的安全性和均匀性。

对于热塑性的均质火药而言，组分混合均匀后各组分几乎处于分子层面的均匀状态，典型的如双基火药，其主成分硝化棉和硝化甘油达到完全的互溶状态，即可理解为高分子真溶液，除了极少量的助剂成分，通过常规的测试手段无法识别出硝化棉与硝化甘油组分之间的空间距离。因此，对于均质火药混合分散的最终目标是达到组分之间的完全互溶或完全分散状态。

对于含固体炸药组分的三基发射药、硝铵发射药、改性双基推进剂以及复合固体推进剂等火药类型，由于存在较大量的高能固体填料，火药结构是异质结构，即固体填料与黏合剂等组分之间存在明显的相间界面。这种结构只能根据黏合剂与固体之间的空间分布情况达到相对混合和分散均匀，从宏观层面考察是均匀的即可，这种相对分散均匀性通常可以通过测试物料的外在物理参数间接表征其混合均匀程度。

根据上面对典型的火药状态和物料分散均匀性的分析，无论是均质火药还是异质火药，实现组分的混合和分散的方法都可以采用机械混合方法来完成，但为了达到理想的混合状态，通过大量的实践获得了不少专用的混合工艺和相应的混合分散设备。例如对于双基火药，通常是从硝化棉和硝化甘油的吸收开始的，然后经过驱水、压延等工艺过程，在完成物料均匀混合的同时物料的密度逐步提高到接近理论密度的水平，尽管这些混合分散过程所经历的时间和工艺环节很多，但整个过程是相对安全的。还有另外一种物料混合方式，就是借助溶剂的作用，在较短的时间内使得物料达到较好的混合效果和足够高的密实性，这种混合方式对于制备小尺寸的发射药颗粒或管状药来讲是非常有效的。

复合固体推进剂的成型通常是采用浇铸和固化的方式来成型的，物料的均匀混合通常是在立式混合设备中完成的，对于不同黏合剂体系只要改变混合工艺参数即可达到较理想的混合效果。

在双基火药基础上发展的改性双基推进剂和硝铵发射药的物料均匀混合，相对于其他火药类型，均匀混合的难度更大一些，尤其是采用无溶剂挤出成型工艺制备炸药含量较高的高能改性双基推进剂，在引入固体填料的同时要保证物料具有足够好的成型性能和良好的力学性能，在不改变工艺流程的前提下必须对配方体系进行优化，引入增塑剂或通过调节固体组分的形貌、表面特性和粒度级配等参数，实现最优的物料混合均匀性和良好的成型效果。

3.5.1　物料混合的原理

（1）混合的概念　把两种以上的物质均匀混合的操作统称为混合。其中包括固固、固液、液液等组分的混合，混合的物质不同所采用的操作方法也不同，从而有了更具体的狭义名称，如固固粒子的混合叫固固混合或简称混合；大量固体和少量液体的混合叫捏合；大量液体和少量不溶性固体或液体的混合，如悬浮液、乳液、膏剂等在制备过程中进一步粉碎与混合叫均化。

固体混合设备中所述的固体包括粒料和粉体，两者的粒径约以 $50\mu m$ 为界，粒料上限为数毫米，而粒料与粉体的更本质区别在于两种固体颗粒的力学行为的差异。粒料的力学行为主要受重力所控制。当粒料的粒径不断减少，粒子之间的附着力所引起的作用逐渐增大，当粒径小至数十微米时，附着力与重力平衡。粒径进一步减小，附着力急剧增加，当粒径小至数微米时，重力的作用小到可以忽略，由于附着力的作用会形成聚集体，即发生所谓逆粉碎现象。粒径大小对混合物性能的影响主要是通过两相的界面起作用的，过小的粒子对混合物的力学性能不一定有好处。

混合操作以含量均匀一致为目的。需混合的细微粉体具有粒度小，密度小，附着性、凝聚性、飞散性强等特点，粒子的形状、大小、表面粗糙度等对混合都有影响。混合成分多，有时可达十多种；微量混合时，最少成分的混合比例较大等。这些混合操作带来一定难度，混合效果直接影响制剂的外观和内在质量。

（2）混合机理　混合机内粒子的运动非常复杂，早在 1954 年 Lacey 提出主要存在对流混合、剪切混合和扩散混合的三种运动方式。

对流混合是指固体粒子的集合体在机械转动的作用下，产生较大的位移时进行的总体混合；剪切混合是由于粒子群内部力的作用结果，在不同的区域间发生剪切作用而产生滑动面，破坏粒子群的凝聚状态而进行的局部混合；扩散混合是相邻粒子间产生无规则运动时相互交换位置而进行的局部混合。在实际混合过程中发生的对流、剪切和扩散三种混合方式并不独立进行，而是相互联系，是随着混合过程进行同时出现的。其所表现的程度因混合器的类型、粉体性质、操作条件等而不同。如水平辊筒混合器内以对流混合为主，而搅拌混合器内以强制对流与剪切混合为主。

（3）混合度　混合度是衡量混合过程物料混合均匀程度的指标。固体间的混合不能达到完全均匀排列，只能达到宏观的均匀性，因此常常用统计分析的方法，以统计混合限度作为完全混合状态，并以此为基准表示实际的混合程度。

在粉体混合操作中，以混合为最终目标的是很少的，许多场合只是一种预处理，只有等完成所有的其他操作后，才能获得最终的制品。因此，混合的均质度必须与最终制品的品质对应起来才能评定。如要对单独混合操作进行评价，通常使用由统计学定义的混合度或均匀度来衡量。混合度可用混合前后的颜色、示踪剂、粒度分布等各种物理量的变化来判断。均匀的混合物是指混合物中任一点检出的主要成分的概率都相同，称为统计上的完全混合状态。

① 标准偏差法　混合度是随机事件，单个随机事件的出现有偶然性，但总体来看有统计规律，因此可以用标准偏差 δ 表示混合度。对某个间歇操作的混合设备，在不同时间和不同位置取样测试任一组分的浓度，其标准偏差随混合过程的进行而减小。对于连续混合设备，可在设备的物料出口随机或固定时间间隔取样，求某一组分随时间变化的标准偏差。

② 变异系数法　用标准偏差表示混合度时没有考虑试样含量的影响，因而在表示含量相差悬殊的混合物时有误差。例如某组分在第一种混合物中的含量为 50%，测得其标准偏差为 2%；第二种混合物中的含量仅为 5%，测得标准偏差也为 2%。上述两种情况下的标准偏差相同，但是混合物的混合质量无疑是不同的。由此可见，标准偏差不足以说明混合程度的真实情况，采用变异系数 CV（或相对偏差）则能较确切地反映组分混合物中的混合程度。

③ 影响试样测定值准确度的因素　每个试样含量的测定值的准确程度对混合度计算影响较大，而影响试样测定值准确度的主要因素包括：试样大小，试样量越大，其值越接近平均值；试样个数，试样个数多，所得结果可靠，一般取样数量为 20~50。

（4）影响混合的因素　在混合机内多种固体物料进行混合时往往会伴随着离析现象，离析是与粒子混合相反的过程，妨碍良好的混合，也可使已混合好的混合物料重新分层，降低混合程度。因此在实际混合操作中影响混合速度及混合度的因素很多，使混合过程更为复杂，很难用单一因素考察。总的来说，可分为物料因素、设备因素和操作因素。

① 物料的粉体性质　颗粒分布、粒子形态及表面状态、粒子密度及堆密度、含水量、流动性、黏附性、凝聚性等都会影响混合过程，特别是粒径、粒子形态、密度等在各个成分间存在显著差异时，混合过程中或混合后容易发生离析现象而失去均匀混合。

② 设备类型　混合机的形态及尺寸、内部结构、材质及表面情况等影响混合效果，应根据物料的性质选择适宜的混合机。

③ 操作条件　物料的充填量、装填方式、混合比、混合机的转速及混合时间等影响混合效果。V 型混合机装料量占容器体积的 30% 左右时，混合效果最好。转动型混合机的转速过低时，粒子在物料层表面向下滑动，如各成分粒子的物性差距较大时易产生分离现象；转速过高时，粒子受离心力的作用随转筒一起旋转而几乎不产生混合作用。适宜的转速一般取临界转速的 0.7~0.9 倍。各成分间密度差及粒度差较大时，先装填密度小的或粒径大的物料，后装填密度大的或粒径小的物料，并且混合时间应适宜。

3.5.2　火药组分的混合效果

（1）火药物料的混合效果评价　制备固体推进剂等火药时需要添加多种组分，使成品满足力学性能、弹道性能、加工性能等要求。各组分之间存在有相容性问题时，在提高某些性能的同时会降低另外一种性能。例如，通过增大增塑剂的含量可以提高材料的加工性能，但会降低其机械强度。火药中主要组分包括黏合剂、增塑剂、固体氧化剂以及其他固体填料、键合剂、工艺添加剂、固化剂、燃速调节剂、稳定剂等。这些组分必须正确混合才能达到分散均匀、无明显团聚及破碎颗粒的要求，最终满足产品的综合质量指标要求。

混合是否均匀可以采用以下方法判断其终点：监测物料的流变性能；测试混合物的能量吸收；将样品固化后测试其力学性能和弹道性能；通过固化产品表征物料混合状态。

监测样品的流变性能并将其与先前测得的数据做对比是检验样品制备是否具有可重复性的有效途径之一。混合后及浇铸后样品的黏度是表征共混体的常用参数。对某些特定混合，为了使样品混合均匀，在混合过程中必须输入一定的混合能量。很多标准规定，为了便于测试样品的机械性能及给定压力下样品的燃速，必须先将样品按要求浇铸成型。

（2）物料的混合理论　除了实验方法判断物料混合效果，理论方法也是可行的。常用的方法是以无量纲参数如搅拌雷诺数（N_{Re}）和功率准数（N_P）来描述，其他物理量如速度和能量损耗 P 则是量纲参数。

$$N_P = \frac{gP}{\rho N^3 D^3} \tag{3-15}$$

$$N_{Re} = \frac{\rho N D^2}{\eta} \tag{3-16}$$

式中　g——重力加速度，m/s^2；

　　　　ρ——密度，kg/m^3；

　　　　N——每秒钟的转速，s^{-1}；

　　　　D——桨叶直径，m；

　　　　η——黏度，$Pa \cdot s$。

层流时，N_{Re} 和 N_P 的乘积等于常数 B，如下式

$$B = N_P N_{Re} \tag{3-17}$$

Dubois 等人研究了锥形混合机中黏度较大液体的流体方程，发现 B 具有容量依赖性。

扭矩 T 与能量及混合桨叶的转速密切相关, 参见式(3-18) 和式(3-19)

$$P = TN \tag{3-18}$$

或者

$$P = CN\eta \tag{3-19}$$

维持转速不变, 测定扭矩时, 要使物料混合均匀所需要做的功如式(3-20)

$$W_u = 2\pi NM \int T \mathrm{d}t \tag{3-20}$$

上式应从开始混合到混合结束对混合时间进行积分。M 为混合物的质量, 单位为 kg。该方程式在橡胶工业中用于研究高剪切混合。此外, 方程式对放大过程和批量生产的均匀性研究均具有重要意义。

对填料体积分数大于 60% 的推进剂体系而言, W_u 的典型值为 80kJ/kg; 对高黏度的三基推进剂而言, W_u 的典型值为 700kJ/kg。

根据方程式(3-19) 可知扭矩和黏度是相互关联的。然而, 作用于混合物的剪切速率与 N 成正比, 转速和黏度均为 N 的函数, 这同样适用于非牛顿流体。因此, 保持 N 不变, 可得到扭矩和混合黏度之间的线性关系。

3.5.3　火药物料专用混合设备

(1) 间歇式混合机　包括换罐式立式行星混合机、螺旋桨式混合机、双臂揉捏混捏机。

(2) 强力混合机　包括密闭式混炼机, 主要用于塑料、橡胶的混合, 在混合机的桨叶与内壁间存在微小的间隙, 可以将物料高效混合。

(3) 滚筒混合机　滚筒混合机, 可以产生较高的局部剪切力。有立式和卧式两类, 各有优缺点。高黏度物料所使用的往往是立式和平面桨式。TNO 公司的两类立式行星混合机, 由于设计优良, 混合效率高。两类混合机均采用平面桨叶, 中间的桨叶固定不变, 外桨同时围绕中间桨叶和自身转轴转动。小型的混合机常为卧式, 桨叶类型也不同, 如 Z 型捏合机和 Sigma 型混合机。此类混合机可提供高剪切力, 但在真空浇铸时操作比平面桨叶混合机困难。达到相同或相似的流变性能的时间越短, 混合效率越高。

20 世纪 80 年代, 有人用平面桨叶混合机进行粗品 AP 颗粒粉碎研究, 通过测定混合终点时推进剂的力学性能及燃速来评价粗品 AP 颗粒的粉碎程度。如果粉碎发生, 则试样的燃速加快, 同样力学性能也会发生变化, 特别是杨氏模量会升高。杨氏模量是应力-应变曲线中线性部分的斜率, 代表试验在测试过程中没有受损的弹性部分。

加入固化剂后, 最后阶段的混合才算开始, 混合时间通常在 10~90min。研究发现, 在 30min 左右出现一个引发效应, 此后, 出现一个相对平稳的增长区, 杨氏模量和燃速均持续增长, 但增幅很小。

在制造质量分数 86% 的复合推进剂过程中研究了混合桨叶的相对转速对混合效果的影响。混合机主桨(固定桨)的转速范围为 10~60r/min, 混合温度 50℃, 混合周期为 120min。

混合速率对屈服应力和单位剪切速度的黏度影响巨大, 并且是时间的函数。这是由于高速混合加大了颗粒间磨蚀作用, 在任何混合速度下加入固化剂, 假塑性指数 n 在 2~4h 后均达到最大值。研究表明, 最佳的混合速度为 25r/min, 速度太快时, 剪切过于剧烈导致 AP 破碎, 影响 AP 的粒度级配, 进而影响成品的力学性能和弹道性能。

另一种混合方法是滚筒混合机进行混合, 这种混合机比 Sigma 型桨叶混合机混合更充分, 得到的产品强度更高。更为剧烈的混合将导致硬度增加、燃速提高、强度提高, 应变略有增加。

3.5.4 火药物料混合的操作条件

（1）混合时间及混合效率的关系 无论是混合机的选择、混合时间的确定，还是配方的选定，都必须保证团聚体的粉碎是安全的。这些团聚体可能是颗粒在生产中由于颗粒间相互作用而形成的。如果混合时间过长，单个颗粒有可能破裂，从而导致粒径分布的变化以及力学性能和弹道性能的变化。

在混合过程中测量物料的扭矩，可非常清楚地描述这一效应（见图 3-12）。从图中可看出，扭矩急剧增大至最大值，然后在物料混合良好时又降低到最小值。继续混合导致扭矩的稳定增加，这是颗粒破碎所造成的，因而会改变粒径分布。同样，物料的黏度也稳定提高，添加固化剂后，扭矩迅速下降。

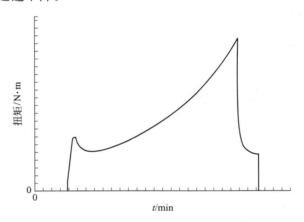

图 3-12　扭矩随物料混合程度的变化过程

Ramohalli 等人分析了以 PBAN 为黏合剂的 70AP/Al 推进剂以及 4～600L 混合机的放大效应。在批量制备推进剂的不同阶段抽样，测定混合时间及加入固化剂前推进剂长时间存放对产品力学性能和燃速的影响。主要结果包括：最佳工艺制备的推进剂在不同压力下的燃速标准偏差为 0.8%～2.1%，最大应力及对应应变的标准偏差为 5%；推进剂力学性能与混合时间及最终浇铸黏度紧密相关。图 3-13 给出了推进剂试样最大应力与混合时间的相互关系。在固化剂加入前，先将推进剂贮存 1d 或 2～3d，可使物料的黏度降低，增加润湿，还

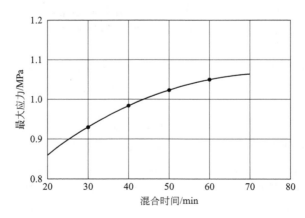

图 3-13　推进剂试样最大应力与混合时间的相互关系

可明显提高推进剂的燃速；混炼及浇铸过程中物料黏度上升。

混合时间对剪切速率为 $1s^{-1}$ 的黏度及屈服应力的影响极小，可以忽略不计。但混合时间影响了假塑性指数，为使假塑性指数达到最大值，混合时间不得低于 120min，但应该小于 180min，否则粗品 AP 颗粒将可能被桨叶撞击粉碎。

（2）添加剂的加入次序　添加剂的选择及它们的添加次序相当关键，例如，如果黏合剂是固体，而且可能溶解于另外一种黏合剂中产生絮凝。细粒的添加物在粗粒的添加物之前或之后加入，很大程度会影响物料的流动性能，以及固化后推进剂的力学性能和弹道性能。

燃速催化剂或燃速调节剂的添加也会影响上述性能，包括固化剂固化速率。

就推进剂的安全性及均一性考虑，各种添加剂的添加次序至关重要。从安全角度考虑必须避免干燥的氧化剂及还原剂间的混合，例如干燥的 AP 及 Al 之间的混合可能导致意外的燃烧。通常的操作顺序是，粗的 AP 在常压混合 5min，然后在真空下混合 30min，再分两步将细的 AP 加入，最后再在真空下混合 60min。最终，浇铸后的物料在 60℃下固化 10d。

3.6
溶剂驱除与挥发分控制

在火药成型阶段，为了改变硝化棉的物理状态，需要加入一定比例的挥发性溶剂，在成型过程中溶剂挥发。为了保证火药的弹道性能和安定性，需要将溶剂驱除，并控制一定的挥发分含量。

（1）外挥和内挥的概念　溶剂驱除与挥发分控制，主要是控制火药成品的外挥和内挥。单基药的挥发分通常用"总挥""外挥"和"内挥"来表示。火药在 95℃加热 6h 所失去的挥发性成分，叫做"外挥发分"，简称"外挥"；仍留在火药体中的挥发性成分叫做"内挥发分"，简称"内挥"；外挥与内挥的总和称为"总挥"。通常对于单基发射药而言，外挥主要包括水、溶剂及少量的二苯胺和其他物质的微量挥发物。在不同的工艺阶段，外挥的意义是不同的。

（2）溶剂驱除和挥发分控制的意义　溶剂法火药成型制备的过程中，经过成型和切粒后仍然含 30%～35% 的溶剂，这些溶剂必须驱除出来。残余溶剂的存在可以使火药的燃速减慢、燃烧热降低，因而对火药的做功能力有显著的影响。此外，挥发性溶剂的存在，造成火药在贮存期间性能的改变，因此驱除这些溶剂是十分必要的。

将残余的溶剂全部驱除出来几乎是不可能的，为了保持火药性质的稳定，并调节弹道性能，在火药中保持一定的挥发分也是必要的。

（3）溶剂驱除和挥发分控制的方法　溶剂驱除和挥发分控制的方法，应满足以下几方面的要求：首先要能达到溶剂驱除与挥发分控制的目的，其次生产周期要短，同时火药结构不能被破坏，密度和机械强度不能降低；再者火药的化学安定性要得到保证，生产要安全。

溶剂从火药中挥发的过程时，首先溶剂分子穿过药层的阻力，向药粒表面扩散，然后再由表层向周围介质中蒸发。当溶剂从硝化棉高分子之间的空隙逸出时，由于高分子之间作用力的关系，高分子有相互靠拢以消除其间空隙的趋势，如果在溶剂蒸发的过程中能够保持溶剂向表层扩散的速度等于其从表层蒸发的速度时，高分子之间空隙永远被溶剂分子占据着，可以保持溶剂扩散的阻力不致增加。但实际上溶剂的扩散速度和蒸发速度是不可能相等的，因为溶剂从表层蒸发要比溶剂穿过药层方便得多。因而药粒表层的溶剂很快从高分子间的空隙蒸发，而内层的溶剂来不及补充，即增加了溶剂扩散的阻力。同时在烘干的过程中，由于药粒中溶剂含量的降低浓度梯度愈来愈小，其推动力也逐步降低。因此，采用烘干的方法驱除溶剂时间很长，同时由于火药长期受热，其化学安定性不好，生产也不安全。

经过长期的实践，发展了采用三个步骤进行溶剂驱除和挥发分控制的工艺方法，即预烘、浸水处理、烘干。预烘是在较低温度下烘除部分溶剂，使药粒中的溶剂含量降低到一定的范围，然后再进行浸水处理，进一步驱除溶剂并控制火药内挥。最后进行烘干、吸湿，烘除由浸水处理带来的水分，并控制其挥发分。这种方法既消除了烘干方式的弊病，同时也不会引起火药结构的破坏，使生产周期从数月缩短到几天，其优越性是十分明显的。

挥发分的控制实际上是通过干燥等手段控制火药产品内部的挥发分含量的过程。

（4）火药外挥和内挥控制范围　火药的外挥一般控制在 $1.0\%\sim2.1\%$ 范围内，但为了挥发分稳定和大气中的水分平衡，实际控制在 $1.3\%\sim1.5\%$ 左右。

火药的内挥控制范围是由火药长期贮存地区四季平均相对湿度来决定的，此外，还需要考虑弹道性能的要求。

3.7

溶剂回收

溶剂的驱除和回收是火药的溶剂法成型工艺中不可或缺的组成部分。做好溶剂回收工作是为了保证安全生产和工人的健康，也是环境保护及节约原材料的重要措施之一。下面以单基发射药生产为例，介绍生产过程中溶剂的回收原理和过程。

单基火药生产过程会用到酒精和乙醚混合溶剂，这两种溶剂都有一定的刺激性和毒性，大量散布到空气中会影响工人的健康。当酒精、乙醚的浓度达到一定范围时，极易引起燃烧爆炸。酒精的爆炸极限范围为 $4\%\sim14\%$（体积分数），乙醚的爆炸极限范围为 $1.25\%\sim10\%$。在生产中，要求空气中的溶剂浓度应低于爆炸下限，通常控制在爆炸下限的 $30\%\sim50\%$ 或更低。空气中的酒精允许的含量不超过 0.15%，乙醚允许含量不超过 0.06%。

在火药制造中，溶剂气体的回收大都采用吸附法，这种方法的原理是利用多孔性固体物质能够将溶剂蒸气吸附在固体小孔的表面，再在某种条件下驱出而加以回收。一般采用活性炭吸附法。利用鼓风机或抽风机把生产过程中各工序挥发出来的溶剂气体送入到吸附器，被活性炭所吸附，再用蒸汽将活性炭吸附的溶剂脱除出来，然后经冷却、分馏、提浓等工序，得到合格的溶剂。

（1）吸附的基本原理　吸附现象在自然界普遍存在，在固体物质内部每个粒子在各个方向上被其他粒子包围着，它们之间作用力相等并处于平衡状态，但固体表面上的各个粒子向外的一方吸引力并没有达到平衡，还存在着自由力场，表面层粒子就依靠这种自由力场，将与它接触的气体、液体和固体粒子吸住，这种现象称为吸附。能大量吸附气体、液体和固体的物质称为吸附剂，被吸附的物质称为吸附质。

有关吸附的理论有物理理论和化学理论，物理理论认为固体吸附剂所以能够吸附气体吸附质，是由于吸附剂表面的原子和吸附质分子间的范德华引力作用的结果。并认为吸附质分子可能在吸附剂表面堆积若干层。吸附的化学理论认为吸附作用是由于吸附剂表面原子具有剩余价力而对吸附质分子吸引的结果。这种剩余价力的作用范围很小，一般只能达到一个分子直径的范围，所以被吸附的吸附质分子只能是单层的。

溶剂蒸气在毛细管中的饱和蒸气压低于在平面上的饱和蒸气压，所以溶剂蒸气在吸附剂毛细管内极易发生凝聚。吸附剂性能的好坏决定于吸附表面能的大小，表面能可由表面张力和表面积的乘积表示。当表面张力一定时，吸附剂的性能就由表面积大小或孔隙率来决定。吸附性能也与吸附质的性质有关系。吸附过程中，吸附质的沸点愈高，愈容易被吸附。

吸附过程是放热的，温度升高将不利于吸附作用的进行。同时温度升高也会减少吸附剂的表面张力，更加减弱吸附剂的吸附能力。但温度不宜太低，否则，空气中所含的水蒸气凝结在吸附剂表面反而降低吸附能力。

吸附剂吸附某种溶剂蒸气的速度快慢差别很大，为了描述吸附速度引入了活性的概念。活性有静活性与动活性之分，静活性指的是在一定温度和压力条件下吸附剂从某种浓度的溶剂空气混合气中，能够吸附的最大溶剂量，就是说吸附剂的吸附程度达到饱和或达到吸附平衡时所吸附的吸附质数量；动活性是指在相同条件下，吸附进行到在废气中开始出现溶剂蒸气或吸附质达到逸出时的所吸附的吸附质（溶剂）数量。

（2）溶剂蒸气回收用吸附剂——活性炭 吸附效率的高低与吸附剂的选择关系很大，在火药生产中，一般采用活性炭做吸附剂，因为活性炭具有较高的活性，较大的吸附表面及良好的机械强度与结构。此外，活性炭在一定温度下仍然保持良好的吸附能力。活性炭活化表面很大，通常每克活性炭有 $600m^2$ 以上的活化面积。活性炭的活性值通常以苯的吸附率来表示。

在溶剂回收中要求活性炭有良好的机械强度，否则经过风力的撞击和高温下的骤然冷却会变成粉末，增大了系统的阻力和炭的消耗，因此吸附器内的活性炭要定期进行过筛。根据吸附操作可以分为间歇吸附及连续吸附，根据吸附时槽内的压力可分为正压和负压吸附。

（3）醇醚溶剂蒸气的回收 在典型的溶剂法火药成型加工过程中，溶剂大多数以蒸气形式挥发，成型后残留在药中的溶剂比例很小。从药料中挥发出来的溶剂蒸气与空气混合，由于溶剂蒸气的密度比空气大，接近地面的溶剂浓度较大，所以各个工序的溶剂回收口一般都设在较低的位置。实际生产中，常有药粉产生，因此溶剂空气混合气体在进入回收口后应进行过滤。此外，还在回收管道间装防爆器，以防止发生事故时爆炸沿管道的波及现象。

单基发射药生产过程溶剂蒸气的回收流程图如图 3-14 所示。

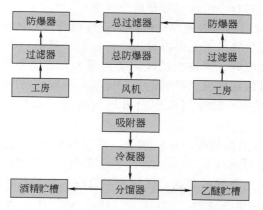

图 3-14 单基发射药生产过程溶剂蒸气的回收流程图

回收设备设有回收口、回收管道、过滤器、防爆器、鼓风机、吸附器、分馏器、冷凝器及贮槽等部分，如图 3-15 所示。

为了收集工房的溶剂蒸气，应在产生溶剂蒸气最多的部位安设回收口，通常回收口位置应在生产设备的下方并尽量靠近，当溶剂蒸气主要由设备上方放出时才可以将回收口装在上部。回收口的面积应适宜，回收口的风速应大于溶剂蒸气向空气中扩散的速度。由于酒精和乙醚的饱和蒸气向空气中扩散的速度分别为 0.54m/s 和 0.25m/s，回收口的风速应为 2～

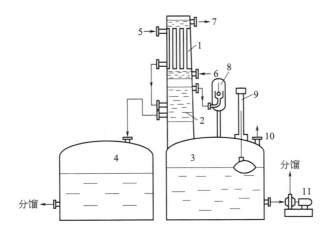

图 3-15　冷凝器、分离器、贮槽等回收设备

1—冷凝器；2—分离器；3—乙醚贮槽；4—酒精贮槽；5—解吸气体入口；

6,7—冷凝水出入口；8—比重针；9—浮标；10—气体回收口（通至吸附器）；11—泵

3m/s。各回收口设有风板式开关以控制风量和在不生产时加以关闭。

过滤器的作用是除去溶剂与混合气中的灰尘、药粉等杂质。防爆器是防止一个部位发生燃烧爆炸时不至于蔓延到其他部位，设计良好的防爆器能可靠地消除回收管道中的火焰。吸附器通常设计成立式结构，活性炭利用率高，结构紧凑，占地面积小。解吸出来的溶剂水蒸气混合气体须进入冷凝器冷却。冷凝器下部有分离器，借密度的差异使乙醚和酒精水溶液分离，然后分别导入贮槽以待分馏。冷凝器中的冷却水出口温度在 20℃ 左右，在此温度下往往不能使溶剂蒸气全部冷凝，故在贮槽上方设有回收口，以便未冷凝的溶剂气体重新进入吸附器吸附。溶剂贮槽大部分埋入地下，可使占地空间小，保持较低温度，减少溶剂挥发。溶剂混合液的输送应采用蒸汽泵，而不用压缩空气，以免发生爆炸事故。

回收操作分为吸附、解吸、干燥和冷却四个环节。

① 吸附　利用活性炭的选择吸附作用将溶剂空气混合气中的溶剂加以吸附。溶剂-空气混合气体借助于吸附器废气排出管上的排风机在回收管和吸附器中造成负压而吸入，当溶剂蒸气与活性炭接触时就被吸附。活性炭的吸附能力很大，它能吸附占其自身重量 15% 的醇醚溶剂。根据废气出口处溶剂浓度判断吸附是否完毕，一般控制吸附器废气出口的浓度不大于 $0.2g/m^3$。在吸附过程中，活性炭温度上升过快时应立即停止吸附，一般控制温度低于 50℃。

② 解吸　利用水蒸气的热量将活性炭加热，并以水分使活性炭饱和，使被吸附的溶剂脱除出来。解吸时向吸附器内送入 102～120℃ 的水蒸气。在解吸将近结束时，吸附器上部温度应高于相应于器内压力下水的沸点，这样才不致使水蒸气大量凝结而影响脱除效果。例如当吸附器内表压为 0.5atm（1atm＝101325Pa）时，水的沸点为 110.8℃，吸附器上部温度应当达到 115℃ 左右。

当解吸出来的溶剂蒸气混合气体冷凝后得到混合液密度达到 $0.994g/cm^3$ 时解吸可以结束。回收的混合液在分离器内因密度不同分离后，再进行分馏。由冷凝器出来的混合液温度不应超过 25℃，以免溶剂挥发而损失。

③ 干燥　用热空气将含有大量水分的活性炭加热干燥，活性炭的干燥速度主要取决于热空气的温度和湿度。温度太高还有着火的危险，因此多采用 50～55℃ 的热空气，活性炭中的含水量控制在 10% 左右即可。

④ 冷却　利用冷空气使活性炭降温而重新获得吸附能力，冷却到 40℃ 以下时即可重新进行吸附。

3.8
火药成型的界面化学原理

典型火药的成型过程，很多工艺环节都涉及或应用了界面化学的原理，因此本部分内容简单介绍界面化学的基本概念和知识点，便于更深入地掌握火药成型原理。

界面化学研究的是界面上特殊的物理化学性质产生的一系列现象及其应用的科学。

界面是指两种物理相态之间的相邻区域，或者是两相间具有一定厚度的交界部分。界面不是一个几何面，其性质与相邻两侧体相的性质都不一样，由组成界面的两相的性质决定，变化是连续的。按热力学处理时，应该将这部分视为一个特殊的相，即所谓"界面相"，如图 3-16 中 AA' 与 BB' 之间的部分。界面相很薄，据量子力学估算可知，最多不过几个分子厚。为了处理方便，习惯将界面作为一个虚构的几何面，如图 3-16 的 SS'，并认为这个面的上下与体相 α、β 的性质完全均匀一致。

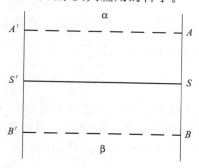

图 3-16　两相之间的界面相示意图

按气、液、固三相的组合方式，可将宏观界面分成如下五种类型：固-气界面、固-液界面、固-固界面、液-气界面、液-液界面。气体和气体可以完全混合，所以以气体之间不存在界面。习惯上将固-气及液-气界面叫作固体及液体的表面。

界面化学所研究的是包括从宏观到微观的相界面。无论是在科学研究中或是在工业应用上，界面现象均有着极其广泛的应用。下面介绍有关界面的一些基本概念和基础理论。

3.8.1　表面能

（1）液体表面分子的特性　在液相内部的分子，周围的其他分子对它的作用力是对称的，分子在液相内部移动无需做功。但是，在液相表面上的分子与周围分子间的作用力是不对称的，液体表面的分子受到向液相内部的拉力，所以表面层的分子比液相内部的分子相对更不稳定，它有向液相内部迁移的趋势，液相表面积有自动缩小的倾向。从能量上看，要将液相内部的分子移到表面，需要对它做功。这就说明，要使体系的表面积增加，必然要增加其能量，所以体系就变得不稳定。为了使体系处于稳定状态，其表面积总是要尽可能取最小值，因此，对一定体积的液滴来说，在不受外力作用的条件下，它的形状总是以球形最稳定。

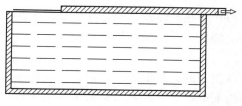

图 3-17　液体表面吉布斯函数实验示意图

（2）表面能的概念　图 3-17 描述这样一个体系：在带有可滑动盖的箱子里充满液体，设箱盖的材料与液体的界面张力为零。如果盖子往右边移动一段距离，使暴露出的液体面积是 dA，则它耗费的功是 σdA（假设没有摩擦阻力）。此功是恒温恒压可逆膨胀功，它等于该过程吉布斯函数的增加。

即：
$$dG_{T,p} = \sigma dA \qquad (3\text{-}21)$$

或者
$$\sigma = \left(\frac{\partial G}{\partial A}\right)_{T,p} \qquad (3\text{-}22)$$

式(3-22) 的物理意义是：对单组分体系来说，在恒压恒温情况下，扩展单位面积所导致体系吉布斯函数的变化等于表面吉布斯函数，简称为表面自由能或表面能 σ，单位是 J/m^2。

由于总表面积吉布函数 G 等于表面吉布斯函数 G^S 乘以表面积 A，故式(3-22) 可以写作：
$$\sigma = \left[\frac{\partial (G^S A)}{\partial A}\right]_{T,p} = G^S + A\left(\frac{\partial G^S}{\partial A}\right)_{T,p} \qquad (3\text{-}23)$$

对于单组分液相来说，表面积吉布斯函数 G^S 与表面积无关，即 $\left(\frac{\partial G^S}{\partial A}\right)_{T,p} = 0$，故式 (3-23) 可表示为：
$$\sigma = G^S = \left(\frac{\partial G}{\partial A}\right)_{T,p} \qquad (3\text{-}24)$$

这就是通常所说的恒温恒压下，表面积吉布斯函数在值上等于表面张力。但是它们的物理意义是不相同的。对固体来说，表面积吉布斯函数与表面张力的数值就不相等，因为许多固体是各向异性的，而且固体结构基元移动困难，当形成一个新的固体表面后往往产生一些应力，这样导致 $\left(\frac{\partial G^S}{\partial A}\right)_{T,p} \neq 0$，表面张力与表面吉布斯函数的关系必须用式 (3-23) 来描述。

3.8.2　表面张力

（1）表面张力的概念　由于体系的能量越低越稳定，故纯液体表面具有自动收缩的趋势。这种趋势可看作为表面分子相互吸引的结果，好像表面是一层受张力的橡胶膜，此张力与平面平行，它的大小反映了表面自动收缩的趋势大小，我们称其为表面张力。

从图 3-18 可以看出液体的表面张力的作用方向，如果用拉力 F 将白金丝提到高度为 h 的过程中，对体系所做的功是 $W = Fh$；由于增加的表面积是 Lh 的两倍，所以体系所增加的能量为是 $2hL\sigma$，存在等式(3-25)，简化后得到式(3-26)。

$$Fh = 2hL\sigma \qquad (3\text{-}25)$$

$$\sigma = \frac{F}{2L} \qquad (3\text{-}26)$$

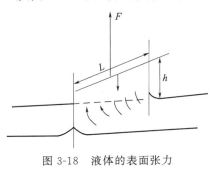

图 3-18　液体的表面张力
作用方向示意图

由式(3-26) 可以看出，σ 体现在作用线的单位长度上液体表面的收缩力，即表面张力，它的单位是 N/m。

表面张力作用在液体表面的边界线上，垂直于边界线，且指向表面的内部；或者是作用在液体表面上的任一条线的两侧，且垂直于该线，沿着液面的平面，指向该线的两侧。

对于液体，可以看到表面自由能与表面张力的量纲相同、数值相等，但它们的物理意义不同。表面自由能表示形成一个单位新表面体系自由能的增加；或表示物质本体相内的分子迁移到表面区，形成一个单位表面所要消耗的可逆功。而表面张力则表示纯粹物质的表面层分子间实际存在的张力，好像表面区是一层被拉紧了的弹性膜，它是通过液体表面上任一单位长度，与液面相切的收缩表面的力。几种常见的液体的表面张力，以及这些液体与水之间的界面张力如表 3-5 所示。

表 3-5　常见液体的表面张力及液体与水之间的界面张力

液体名称	表面张力 γ/(N/m)	界面张力 γ_1 /(N/m)	液体名称	表面张力 γ/(N/m)	界面张力 γ_1 /(N/m)
水	72.75	—	乙醇	22.3	—
苯	28.88	35.0	正丁醇	27.5	8.5
丙三醇	63.4	—	正己烷	18.4	51.1
丙酮	23.7	—	正辛烷	21.8	50.8
四氯化碳	26.8	45.1	汞	485	375

（2）影响表面张力的因素

① 分子结构　如前所述，表面张力是液体分子间引力所引起的，所以它必然与分子的化学结构密切相关，从表 3-5 所列的数据可知，极性化合物和带有三个羟基的丙三醇，其分子间力比苯、己烷等非极性有机物要大，因此其表面张力也就大。在浓度相同时，表面活性剂中非极性成分含量大，其表面活性强。即在同系物中，碳原子数多的表面活性较大。但碳链太长时，则因在水中溶解度太低而无实用价值。

② 接触的气体种类　液体表面张力既然是表面分子受气、液相分子引力作用而产生净拉力的结果，它就与共存的另一气相性质有关。当提到某液体表面张力时，必须指明所接触的气相，通常液体表面张力是指与本身的饱和蒸气相接触或者与空气相接触而言的。

③ 温度　虽然分子间力与温度无严格的比例关系，然而分子的热运动则随温度上升而显著增加，所以把分子从液体内部移至表面克服引力所做功的数值，也会随温度升高而变小。在临界温度以前（距临界温度 30℃ 以内），有明显偏差。

例如苯的表面张力随着温度升高而变小（表 3-6），且在接近临界温度 288.5℃ 时表面张力趋于零，此时气-液界面已消失。

表 3-6　苯的表面张力随温度的变化

温度/℃	表面张力/(mN/m)
20	28.88
61	23.61
91	20.13
120	16.42
150	13.01
180	9.56
280	0.36

一般表面张力与温度的线性经验关系的最简形式如下：

$$\gamma = \gamma_0(1 - bT) \tag{3-27}$$

式中，T 为热力学温度；$-b$ 为温度系数。

此外，还有其他形式的经验关系式：

$$\gamma = \gamma_0 \left(1 - \frac{T}{T_c}\right)^n \tag{3-28}$$

式中，T_c 为液体物质的临界温度；n 为经验常数，对有机液体 n 的平均值为 1.21。当温度为 T_c 时，表面张力趋于零。

④ 压力 从以下热力学公式进行分析：

$$\left(\frac{\partial \gamma}{\partial p}\right)_{A,T} = \left(\frac{\partial V}{\partial A}\right)_{p,T} \tag{3-29}$$

由于表面层物质的密度低于液体体相密度，一般体积变化为正，则等式左边为正，即表面张力随压力增加而增加。

但实际情况则相反，表现为随压力增加而减小。通常某种液体的表面张力是指该液体与含有该液体的蒸气的空气相接触时的值。因为在一定温度下液体的蒸气压是定值，因此只能靠改变气相中空气的压力或加惰性气体等方法来改变气相的压力。气相压力增加，气相中物质在液体中的溶解度增加，并可能产生吸附，会使表面张力下降。压力的影响与气体的溶解和吸附的影响相比，后者更甚。水在 0.098MPa 的压力下表面张力为 72.8mN/m，在 9.8MPa 压力下则为 66.4mN/m。

（3）表面张力的测定方法 液体表面张力的测试方法有很多，根据它们的特点，某些方法较适用于纯液体，某些方法较适用于溶液。适用于纯液体的有毛细管上升法、最大泡压法、圆环法、吊板法、悬滴法、滴重法；适用于溶液的有滴重法、吊板法。

3.8.3 表面活性剂

（1）表面活性剂的概念 凡是在低浓度下吸附于体系的两相界面上，改变界面性质，并显著降低界面能（界面张力）的物质称为表面活性剂。

表面活性剂在溶剂中的浓度较低，极易吸附于界面，从而改变界面的物理性质。吸附在界面上的表面活性剂分子比体相中的表面活性剂分子自由能低，因而表面活性剂在界面的富集是一个自发的过程，并且会导致界面张力的下降。表面活性是对某特定的液体而言的，大多数情况表面活性剂的作用是使水溶液的表面张力降低。

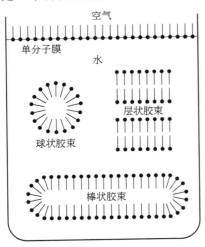

图 3-19 表面活性剂在水溶液中的聚集形式示意图

（2）表面活性剂溶液的基本特性 表面活性剂溶解或分散到水溶液中时，水溶液中的表面活性剂分子的碳氢链等非极性基团有脱离水包围的趋势，并自身靠近、聚集起来，这是由于表面活性剂的疏水作用而导致的。一般表面活性剂分子以两种形态聚集，如图 3-19 所示，一种方式是铺展到水的表面形成单分子膜，另一种方式是在水相内部形成多种形式的胶团。

① 在液面形成单分子膜 将亲水基留在水中而将疏水基伸向空气，这种分散状态可以减小表面活性剂分子之间的相互排斥力。而疏水基与水分子间的斥力相当于使表面的水分子受到一个向外的推力，抵消表面水分子原来受到的向内的拉力，作用效果是水的表面张力降低。在油-水系统中，表面活性剂分子会被吸附在油-水两相的界面上，将极性基团插入水中，非极性部分则插入油中，在界面定向排列，在油-水相之间产生拉力，使油-水的界面张力降低。这就是表面活性剂的发泡、乳化和湿润作用的基本原理，降低液体表面张力或界面张力的性质对表面活性剂的广泛应用有重要影响。

② 形成"胶束" 表面活性剂在水相中形成的胶束可为球形，也可是层状结构，这些胶束都是尽可能地将疏水基藏于内部而将亲水基外露。如水溶液中有不溶于水的油类，则可进入球形胶束中心和层状胶束的夹层内而溶解，这就是表面活性剂的增溶作用。

（3）表面活性剂结构 表面活性剂之所以能在界面上吸附，改变界面性质，降低界面张力，主要是由分子结构所决定的。无论何种表面活性剂，其分子结构均由两部分构成。表面活性剂的一端是碳氢链之类的非极性基团，与水的亲和力极小，常称疏水基；另一端则是磺酸基之类的极性基团，与水有很大的亲和力，故称亲水基。

（4）表面活性剂的分类 表面活性剂的分类方法很多，根据疏水基结构进行分类，分直链、支链、芳香链、含氟长链等；根据亲水基进行分类，分为羧酸盐、硫酸盐、季铵盐、PEO 衍生物、内酯等；按用途分类，可以分为渗透剂、润湿剂、乳化剂、增溶剂、分散剂、絮凝剂、消泡剂、起泡剂等。表面活性剂最有用的化学分类是建立在亲水基性质基础上，亚分类由疏水基团性质定义。四类基本的表面活性剂如下：

① 阴离子型表面活性剂 具有带一个负电荷的亲水基，如高级脂肪酸盐、磺酸盐、硫酸酯盐、磷酸酯盐等；

② 阳离子型表面活性剂 具有带一个正电荷的亲水基，如胺盐型阳离子表面活性剂、季铵盐型阳离子表面活性剂；

③ 两性离子型表面活性剂 分子主链上具有一个负电荷和一个正电荷，如氨基酸型两性表面活性剂、甜菜碱型两性表面活性剂、咪唑啉型两性表面活性剂、氧化胺；

④ 非离子表面活性剂 亲水基没有电荷，但可以从高极性基团获得水溶性，如脂肪酸甘油酯、多元醇型、聚氧乙烯型、聚氧乙烯-聚氧丙烯共聚物等。

（5）表面活性剂的作用 表面活性剂可起洗涤、乳化、发泡、湿润、浸透和分散等多种作用，且表面活性剂用量少，操作方便、无毒、无腐蚀，是较理想的化学用品。主要有以下几种作用：

① 乳化作用 一种液体以微细液滴的形式均匀分散于另一不相混溶的液体中，所形成的分散体系称为乳状液，形成乳状液的过程称为乳化作用。

② 增溶作用 表面活性剂在水溶液中形成胶束后，具有能使不溶或微溶于水的有机化合物的溶解度显著增大的能力。且溶液呈透明状，这种作用称为增溶作用。能产生增溶作用的表面活性剂称为增溶剂。

③ 润湿作用 润湿作用是指固体表面上的一种流体被另一种流体取代的现象，这里讲的流体可以是液体，也可以是气体。润湿一般分为三类：接触润湿，浸入润湿和铺展润湿。无论是何种润湿过程，其实质都是界面性质及界面能量的变化。应用于润湿作用时要求表面活性剂的 HLB 值在 7~12 之间。通过调节表面活性剂用量和品种可以控制液相、固相之间的润湿程度。

④ 分散作用 若微粒固体均匀地分散于液体中，所形成的分散体系称为悬浮液，这种物质的分布过程及功能称为分散作用。表面活性剂之所以能起到分散作用，是因为它有润湿、渗透性能，它在粒子表面定向吸附，改变了粒子的表面性质，因而防止了粒子的聚集。

表面活性剂起作用，并不是因为某一方面的作用，很多情况是多种因素的共同作用。

思 考 题

（1）双基火药的成型与复合火药的成型原理上有什么共同点？

（2）火药物料混合与常规的材料混合有什么不同？

（3）火药制造过程配方中的挥发分是如何控制的？

(4) 火药制造过程溶剂回收的原理是什么？

参 考 文 献

[1] 颜肖慈，罗明道.界面化学 [M].北京：化学工业出版社，2005.
[2] 姜兆华，孙德智，邵光杰.应用表面化学 [M].哈尔滨：哈尔滨工业大学出版社，2009.
[3] 滕欣荣.表面物理化学 [M].北京：化学工业出版社，2009.
[4] 董国君，苏玉，王桂香.表面活性剂化学 [M].北京：北京理工大学出版社，2009.
[5] 金谷.表面活性剂化学 [M].合肥：中国科学技术大学出版社，2008.
[6] 张天胜.表面活性剂应用技术 [M].北京：化学工业出版社，2001.
[7] 邓汉成.火药制造原理 [M].北京：国防工业出版社，2013.
[8] 王槐三，寇晓康.高分子物理教程 [M].北京：科学出版社，2008.
[9] 胡文兵.高分子物理导论 [M].北京：科学出版社，2011.
[10] 应宗荣.高分子材料成型工艺学 [M].北京：高等教育出版社，2010.
[11] 张珩，王存文.制药设备与工艺设计 [M].北京：高等教育出版社，2008.
[12] 王凯，冯连芳.混合设备设计 [M].北京：机械工业出版社，2000.
[13] 泰皮.含能材料 [M].欧育湘，主译.北京：国防工业出版社，2009.
[14] 唐颂超.高分子材料成型加工 [M].北京：中国轻工业出版社，2013.
[15] 沈新元.高分子材料加工原理 [M].3版.北京：中国纺织出版社，2015.
[16] 刘建华.材料成型工艺基础 [M].3版.西安：西安电子科技大学出版社，2016.
[17] 雷文，张曙，陈泳.高分子材料加工工艺学：双语教材 [M].北京：中国林业出版社，2013.
[18] 史玉升，李远才，杨劲松.高分子材料成型工艺 [M].北京：化学工业出版社，2006.

第4章

火药制造工艺

4.1

火药工艺设计

4.1.1　火药成型工艺方法的确定

目前火药的成型工艺方法主要包括挤出法工艺（无溶剂法制造工艺、溶剂法制造工艺）、浇铸法制造工艺（充隙浇铸工艺、配浆浇铸工艺、复合推进剂浇铸工艺）、球形药制造工艺（外溶法工艺、内溶法工艺）等，其他类型的制造工艺方法仅适用于一些特殊的火药品种。

对于尺寸较小的发射药药粒，通常采用溶剂法挤压成型工艺。固体推进剂涉及的材料种类较多，相应的制造工艺也多样化，其中双基固体推进剂及高能改性双基推进剂以无溶剂挤压成型工艺为主，复合推进剂以浇铸工艺为主。采用新型含能黏合剂或添加了大量高敏感性材料的新型推进剂，需要慎重地选择成型工艺方法。球形药成型技术是比较特殊的一类方法，主要的应用是制备燃烧层厚度较小的发射药粒，或者是制备用于浇铸型改性双基推进剂所用的基础能量原料。

溶剂法成型工艺主要应用于含硝化棉的溶塑火药，工艺过程首先是采用溶剂塑化硝化棉，使含硝化棉的物料转变为均匀致密的胶状料，然后采用模具压制成需要的形状，再将物料中的挥发性溶剂驱除而使制品形状固定。该类工艺可用于单基发射药、双基发射药和固体填料较高的三基发射药制备，但由于溶剂驱除过程的限制，只能制造尺寸较小的发射药药粒。

无溶剂法工艺不使用挥发性溶剂，但火药成分中通常含有可以使硝化棉塑化或溶解的含能增塑剂。火药药料经塑化后，在常温下呈现玻璃态或高弹态，再将温度升到接近或达到黏流态的温度，由压伸机或模具压制成需要的药形并回到常温而使制品定型。无溶剂法工艺没有溶剂驱除过程，压伸后的药料随着温度的降低而"硬化"。主要适用于尺寸较大的发射药或直径不超过 300mm 的固体推进剂药柱。

根据以上火药基本成型加工方法介绍可知，确定特定配方的火药采用哪种方法成型，需要考虑多方面的因素，在满足弹道性能指标的前提下，确保制造过程的本质安全也是非常重要的前提。火药成型制备方法的选择应该遵循以下几条基本的原则：

① 成型工艺条件必须保证物料的主体成分处在黏流状态或接近黏流状态；

② 成型过程要在低转速、低剪切力的作用下完成，尤其是含有大量敏感的高能固体填

料的配方体系；

③ 成型过程需确保各组分混合均匀，且需要保证预定合理的固体填料粒度级配；

④ 成型后制品的尺寸可以保持相对稳定，防止在存贮条件下发生形变；

⑤ 成型加工的全过程都便于实现无人化操作或连续化输运。

确定成型工艺方法或工艺技术路线的主要评判依据包括：

（1）主体黏合剂特性对工艺方法提出的要求　通过上一章介绍的不同配方体系中高分子黏合剂性能对成型加工的影响规律可知，火药配方确定后黏合剂的种类和组成就可以限定在较小的范围，选用哪一类黏合剂基本上决定了需要采用的成型工艺方法。比如，选用热固性的黏合剂体系，需要加配套的固化剂才能完成固化成型，主要选择浇铸工艺成型，并借助模具或发动机壳体的形状定型。以硝化棉等热塑性黏合剂为主的配方体系，可以选择无溶剂或溶剂法挤压成型工艺，如果目标制品的尺寸比较小，则可以采用溶剂法成型工艺。改性双基火药也可以选用淤浆浇铸工艺进行成型，用于制造直径超过 300mm 较大尺寸的推进剂药柱。如果采用新型含能黏合剂体系，需要根据其流变性能对固化成型的要求来确定工艺方法。

（2）火药配方组分对工艺安全性的要求　影响工艺安全性的火药组分主要是机械感度较高的含能材料，这些材料多以固体形式存在于目标制品中，比如高氯酸铵作为高能氧化剂添加到双基推进剂中，对双基物料体系的机械感度带来非常大的影响，使得成型过程的本质安全性显著降低，通常只能采用溶剂法挤出成型方法制备尺寸较小的制品，而不能用于大尺寸产品，更不能采用无溶剂法挤压工艺成型。随着武器系统对火药配方能量水平的不断提高，在原有配方体系中增加高能炸药的组分含量，直接影响了生产工艺过程的安全性。只有通过采取各种技术措施降低物料的危险性，才能保证安全生产。

（3）固体填料的含量对工艺的要求　在不同黏合剂体系的火药配方中，当固体填料提高到某一临界值，物料的流变性能将出现一个拐点，可成型性能变差，物料流变性能变差将影响到制品的力学强度，甚至无法满足制品对力学性能的基本要求。采用浇铸成型工艺制备复合推进剂时，固含量通常可以高达 85%～90%，继续提高固含量，也无法保证成型质量。类似地，高能改性双基推进剂中固体含量达到 50% 以上时，流变性能已经很差，对成型工艺的安全性带来巨大的挑战。

（4）工艺方法对力学性能的影响　火药制品的力学性能主要由黏合剂体系的性能决定，但不同的成型方法也会对力学性能产生一定影响。挤压成型工艺得到的火药制品，在轴向和径向拉伸强度有明显的差异，而浇铸成型工艺制备的推进剂不存在各向异性的特征。如果产品在力学性能方面有特殊的要求，需要选择合适的工艺方法，以满足这些方面的要求。

（5）成型方法对火药后加工的影响　发射药药粒对成型尺寸精度和一致性的要求比较高，通常采用精密的成型模具来保证，如采用其他成型工艺则无法满足尺寸精度和生产效率的要求。火箭发动机的结构形式对火药的外形和燃烧面的结构都会提出相应的要求，挤压成型工艺适合制备燃面不变的药形，在挤出成型后通过机械加工方法难以实现非常复杂的装药结构。浇铸工艺则可以直接制备形状较复杂的药型，但由于脱模的限制，一些复杂的内部结构则无能为力。增材制造成型方法的发展为任意形状的复杂结构装药和多材质组合装药的成型制造技术提供了可能。

4.1.2　火药成型工艺流程设计

工艺流程设计，就是如何把原料通过工艺过程和设备，经过物理或化学变化变成需要的目标产品，或者说通过图解的方式体现出如何由原料变成产品的全部过程的设计。工艺流程的设计是一项非常复杂而细致的工作，大多情况都必须经过反复推敲、精心安排、不断修改和完善才能完成。

当火药的成型方法确定之后，就可以制订成型工艺流程，同样地为了满足火药制品综合性能的要求，工艺流程的设计需要考虑如何满足这些性能。无论哪种成型工艺方法，对组分混合的均匀性以及制品密实性、机械性能和尺寸稳定性等方面的要求是一致的。在工艺流程设计时，需要合理地通过各个工序的布局和物流走向，并根据工艺全过程需要选择合适的设备实现物料输送和工序任务，还应该考虑原材料的基本特性，要结合材料的特性设计相应的工艺顺序和流程。

为了满足自动化和无人化操作，设计工艺流程时尽可能实现物料的自动计量和连续输送，在整个成型制造过程中工艺质量都处在可控状态。有关火药工艺流程设计方面的研究报道较少，现有的工艺流程都是经过长期的生产经验得到的，只有经过大量的生产实践检验才是合理和成熟的工艺。因此，只通过配方和物料特点设计的工艺流程不一定能达到预期效果，对于一些新材料和配方需要大量试验才能完成工艺定型。

4.1.2.1　工艺流程设计的任务和成果

（1）工艺流程设计的任务

① 确定流程的组成　从原料到成品、副产品和"三废"处理都要经过若干个工序，确定这些工序的具体内容、顺序并将这些工序相互连接是工艺流程设计的基本内容。

② 确定能源动力及载气等的技术规格和流向　火药加工制造设计的载能介质有水、蒸汽、压缩空气或真空等，在工艺流程设计中，要明确这些介质的种类、规格和流向。

③ 确定生产控制方法　各工序操作在规定的条件下进行，如温度、压力、进料速度等，在流程设计中对需要控制的工艺参数应确定检测点、检测仪表安装位置及其功能。

④ 确定"三废"的治理方法　对全流程中的"三废"要尽可能综合利用，暂时无法回收利用的，则需妥善处理。

⑤ 制定安全技术措施　对生产过程可能存在的安全问题，特别是停电、停气、开车、停车以及检修等过程，应确定预防、预警及应急措施，如报警装置、事故储槽、防爆片、安全阀、泄水装置、水封、放空管、溢流管等措施。

⑥ 绘制工艺流程图。

⑦ 编制工艺操作方法　在设计说明书中阐述从原料到产品的每一个步骤的具体生产方法、工艺操作条件、控制方法、设备名称等。

（2）工艺流程设计的成果　初步设计阶段的工艺流程设计成果是初步设计阶段的带控制点的工艺流程图和工艺操作说明；施工图设计阶段的工艺流程设计成果是施工图阶段的带控制点的工艺流程图及管道仪表流程图（piping and instrument diagram，PID）。两者要求和深度不同，都要作为正式的设计成果编入设计文件中。

工艺流程设计的基本原则包括：

① 保证产品质量符合规定的标准；

② 尽量采用成熟、先进的技术和设备；

③ 尽可能减少能耗；

④ 尽量减少"三废"排放，有完善的"三废"治理措施，以减少或消除对环境的污染，并做好"三废"的回收和综合利用；

⑤ 开车、停车易于控制，生产过程尽量采用机械化和自动化，实现稳产、高效；

⑥ 具有柔性，在不同的条件下能够正常操作；

⑦ 确保安全生产，保证人身和设备的安全。

4.1.2.2 工艺流程设计的基本程序

（1）工程分析及处理 对选定的生产方法的小批量试制或工厂实际生产工艺及操作控制数据进行工程分析，在确定产品方案、设计规模及生产方法的条件下，将生产过程分解成若干个工序，并确定每个基本步骤的操作参数和载能介质的技术规格。

（2）工艺流程框图 工艺流程图的主要任务是定性地表示出原料转变为产品的路线和顺序，以及要采用的各种操作和主要设备。在设计生产工艺流程图时，首先要弄清楚原料变成产品要经过哪些操作单元，其次要研究确定生产线，即生产规模、产品品种、设备能力等因素决定采用一条生产线还是几条生产线进行生产，最后还要考虑采用的操作方式是连续式还是间歇式。总之，在设计生产工艺流程图时，要根据生产要求，从建设投资、生产运行费用、利于安全、方便操作、简化流程、减少"三废"等角度综合考虑，以确定生产的具体步骤，优化单元操作和设备，从而达到技术进步、安全适用、经济合理、"三废"得以治理的预期效果。

（3）方案的比较与选择 在保持原始信息不变的情况下，从成本、能耗、环保、安全及管件设备使用等出发比较不同方案的优劣，确定最优的方案。

（4）设备工艺流程图 确定最优方案后，经过物料和能量的衡算，对整个生产过程中投入和产出的各种物流，以及采用设备的台数、结构和主要尺寸都已明确后，便可正式开始设备工艺流程图的设计。设备工艺流程图是以设备外形、设备名称、设备间的相对位置、物料流向用文字的形式定性表示出由原料到产品的生产过程。

（5）带控制点的工艺流程图 设备工艺流程图绘制后，就可进行车间布置和仪表自控设计。根据车间布置和仪表自控设计结果，绘制带控制点的工艺流程图。带控制点的工艺流程图要比设备工艺流程图更加全面、完整和合理。

工艺流程设计程序可以用图 4-1 表示，由图 4-1 可见流程设计几乎贯穿整个工艺设计过程，由浅入深，逐步完善。这项工作由流程设计者和其他专业设计人员共同完成，最后经工艺流程设计者表述在设计成果中。

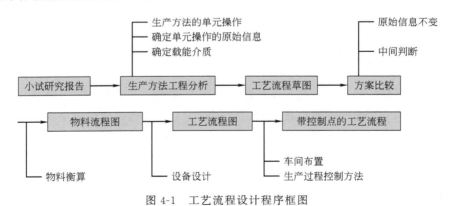

图 4-1 工艺流程设计程序框图

4.1.2.3 火药成型工艺过程设计

下面从常规的火药成型工艺的典型工序出发，探讨进行工艺流程设计需要考虑的一些共性的工艺环节特点，为新配方体系的工艺流程设计提供借鉴和参考。

火药从原材料开始，经过物料混合和塑化后进入成型阶段，有些工艺不需要经过塑化，而是在成型过程中完成固化和定型的。目前主要的火药成型方式是挤压成型、浇铸成型以及介于两者之间或其他一些特殊方法。

典型的发射药通常采用溶剂法加工工艺，以硝化棉为黏合剂的传统单基药、双基药及三基药工艺，都要经过硝化棉的驱水、加溶剂混合塑化、挤出成型和切粒、溶剂驱除等工序，最后完成目标制品的定型。双基发射药由于有硝化甘油的塑化，可以在较高的温度下采用无溶剂法挤压成型制备工艺。

传统的双基推进剂大多是采用无溶剂法挤压成型工艺制造的，自从诺贝尔采用无溶剂法工艺首次制成双基药以来，各国普遍采用的工艺是连续螺压挤出成型工艺，工艺流程和设备基本相同，螺压挤出工艺制备的火药质量均匀、燃烧性能好，通常用来生产直径 300mm 以下的药柱。

球形药工艺是制备小粒发射药所用一类特殊的成型工艺，它是利用剪切力或挤压切割等方法先将药料分散成小的胶团，在含保护胶的水溶液介质中进行成球和溶剂驱除，最后得到近球形或球扁形的颗粒。该工艺的特点是生产周期短，配方调节范围广，可以在成球过程加入各种组分，在成球过程中完成物料的混合、塑化和密实化。

成型方式的选择是由配方体系中的黏合剂种类和固体填料含量所决定的。例如，当复合推进剂配方中端羟基聚丁二烯黏合剂的比例小于10%时，由于物料流变性能的变差用传统的浇铸成型工艺变得很困难，只能选择挤注或模压等方式进行成型和制品尺寸控制。

通常热塑性黏合剂材料都可以选用无溶剂法挤压成型工艺，通过适当升温的方法使物料处于高弹态或黏流态，但对于固体含量较高的配方体系，为了保证工艺安全，可以在工艺过程中使用少量的挥发性溶剂作为钝化介质，但对于尺寸较大的目标制品，挥发性溶剂无法彻底驱除。

（1）原材料的输运方式的设计 火药用原材料种类较多，通常主要考虑主成分的物料输运，加入量较小的辅助组分可以经过计量后加入到容易混合均匀的主成分中一起投入到物料混合工序。从原料的形态来分，可以分为固体粉末、固体颗粒、液体物料和胶状物料等，这些物料均可以采用成熟的工业计量和输送设备进行输送。对于危险性较大的敏感性物料，必须采取严格的安全保障措施，最好将物料处理成本质安全的物理形态进行输送，在混合工序还原成原始的状态。例如，对于硝化甘油等高度敏感的物料，曾经采用惰性溶剂做安全介质，使物料的机械感度降低到安全的范围内，与其他物料混合完成后再将挥发性惰性溶剂回收利用。在双基吸收药制备过程中，硝化甘油的输送是采用喷射泵将水和硝化甘油以乳液的形式进行输送，这样可以大幅度降低危险性。

一些流动性较差的混合物料无法采用管道进行输送，有时采用料斗的形式在不同工序之间运输，这种方式可以实现现场无人化和自动化操作。

对于高危险性固体物料的输送，也可以采用装盘或料斗形式运输，输送过程中需要采取安全保障措施，尤其应考虑可能发生的意外摩擦撞击、不相容材料或金属异物的进入，此外还应考虑全过程防静电措施。

（2）物料混合方式和设备系统的选择 在目标产品的配方和原料确定之后，就可以进行物料的混合方式和设备的设计和选型。同样地，在保证本质安全和较高混合效率的基础上，可以选择经济可靠的混合方式和设备，此处不再赘述。

（3）物料塑化工艺的设计 火药的物料塑化实质上是高分子复合材料的塑化，在物料均匀混合的基础上，物料塑化是保证成型质量的前提条件，但对于不同类型的高分子材料的要求有显著的差异。通常塑化主要是针对热塑性黏合剂体系而言的，无论是惰性黏合剂还是含能黏合剂，只有达到良好的塑化效果才能使制品获得密实、尺寸稳定及力学性能良好的制品。

长期以来，火药塑化质量尚未能建立统一和定量的评判标准和指标，通常是通过工艺条件的优化并结合生产经验达到最佳的塑化效果。由于热塑性高分子材料性能的差异，难以采用统一的工艺过程完成物料的塑化，只能结合材料特点在试验基础上确定合理高效的塑化工艺路线和操作条件。

火药制品的尺寸大小也是塑化工艺选择的重要限定条件，溶剂法塑化工艺只能用于尺寸较小的发射药粒的制备，无溶剂法塑化工艺则有利于较大尺寸推进剂药柱的塑化。大多数情况下，物料的塑化工艺过程与成型过程密不可分，控制良好的塑化效果是成型质量控制的基础。

（4）火药的成型与尺寸精度控制　目标制品尺寸精度的控制对于发射药和推进剂差异很大，不同的工艺方法尺寸精度的控制难度也不同，目前还没有较好的理论模型进行控制，通常只能结合目标药形通过大量的试验来调整，达到尺寸精度控制的目标。发射药粒尺寸测量需要对大量药粒尺寸数据进行统计分析，影响弹道性能的最主要的尺寸参数是平均弧厚。

推进剂药柱的尺寸精度控制和加工方式有关，贴壁浇铸的推进剂药柱外径是有约束的，主要控制燃烧内孔的尺寸精度。对于自由装填的推进剂药柱，通常要进行成型后的二次整形和机械加工，毛坯药柱的尺寸达到工艺要求后才能进行表面包覆等后工序处理。

（5）工艺过程质量控制与监测　目前火药制造过程中，工艺过程质量的控制通常采用采样测试其物理性能和化学组成的方法来实现，采用这些传统的测试方法一般周期较长无法实现在线测试。因此，一些在线检测的方法也得到广泛的重视，近年来近红外光谱等在线或快速的过程检测方法报道较多。

在火药成型制备的不同工序中，所采用的工序质量监测与控制的方法需根据物料的特点来确定。对于复合推进剂，影响过程质量的主要指标参数是物料黏度和混合均匀性，完成浇铸后就无法再进行取样测试，只能固化完成后测试其成品性能。以硝化棉为主体黏合剂的溶剂法或无溶剂法工艺制备发射药及推进剂，工艺环节较多，每一步工艺过程都有相对明确的工序控制指标。比如从硝化棉驱水工序开始，经过压延造粒、塑化等工序后水分的高低是重要的控制指标。

4.2

均质火药的成型工艺

均质火药系指以硝化纤维素为主要黏合剂的一种热塑性火药。此类火药制造需要经过溶剂或辅助溶剂对硝化纤维素进行溶塑，使其具有塑料的特征，在适当条件下，硝化纤维素与溶剂混合形成的溶塑体可以压制成多种几何形体的火药。根据火药组分中所含能量组分的多少，又分为单基火药、双基火药等。

本章主要介绍棉短绒精制、硝化棉、单基发射药、双基火药、复合火药及球形药等典型火药的成型工艺过程。

4.2.1　单基火药的成型工艺

前面章节已经介绍，单基火药主要应用于身管武器，其成型工艺包括硝化棉的制造和硝化棉加助剂后的塑化成型过程。我国制造硝化棉主要采用棉短绒做原料，下面先介绍精制棉的制造。

4.2.1.1 精制棉的制造

（1）棉短绒精制原理　棉短绒精制的主要目的是降低或去除杂质，尽量破坏棉纤维的初生壁，除去非 α-纤维素成分，同时降低其黏度，以符合制备硝化棉的技术要求。精制棉制造方法是通过高温（150～156℃）和高压（4～6atm）下碱液处理完成的。精制棉短绒的过程称为"脱脂"。棉短绒精制时所使用的碱液为 NaOH 稀溶液（4%～5%），它对棉纤维素的伴生物、棉桃皮和棉籽壳有强烈的皂化作用。生成的皂化物容易用水洗去，这种皂化物在脱水中又是高级醇和蜡质等良好的乳化剂，使用 NaOH 又不会增加脱脂棉中的灰分。

为了提高 NaOH 对棉短绒的浸润效果和反应能力，须在碱液中加入少量的松香皂（0.1%～0.2%），其作用是通过乳化方法除掉某些不与碱作用的高级醇、部分蜡质和某些不溶于水的皂化物等。常用的乳化剂为松香与 NaOH 作用生成的松香皂。

（2）精制棉生产工艺　以棉短绒为原料生产精制棉时，因其 α-纤维素含量高、杂质含量少，所以其精制工艺比较简单，质量也容易控制。精制棉工艺中蒸煮方式及蒸煮时间是整个工艺的核心。棉短绒精制工艺流程如图 4-2 所示。

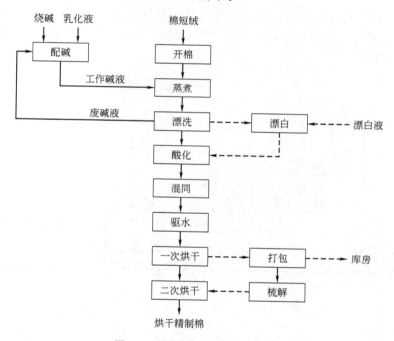

图 4-2　棉短绒精制工艺流程图

棉短绒经开棉机梳解后，用气流输送到蒸煮锅，棉短绒与工作碱液一起在蒸煮锅内进行加压蒸煮完毕后，用热水、冷水进行漂洗，废碱液再送去配制工作碱液。漂洗后的棉料进行酸化和水洗，酸化时所用的酸为硫酸，其浓度约为 2～4g/L，温度为 15～25℃，酸化时间约 30min。酸化后最好用 50～60℃ 的热水洗一次，再用冷水洗至中性，然后混同组成大批。总批精制棉再送去驱水，用上喷式气流进行一次烘干，使精制棉水分降到 10% 以下，再经二次气流烘干使水分降低到 5% 以下，烘干后的精制棉用气流直接输送到硝化机入料口。

蒸煮工段是精制棉生产过程中的重要工序，蒸煮质量的好坏直接影响产品的质量和下道工序的生产。蒸煮液的主要成分为氢氧化钠，蒸煮过程分三个阶段，即升温初期、升温中期、保温期。随着三个阶段碱液的浸透，反应也将加速。碱液首先被纤维吸收，随着浸润作用的继续，纤维中的空气被排出，蒸煮锅内压力迅速增加，因此在升温初期要进行几次放气。放气的目的：一是排除蒸煮锅内多余的空气和不凝气体，避免纤维素剧烈氧化；二是达到饱和蒸汽相对应的温度和压力，在保温期，棉纤维中的杂质大部分已溶解去除，同时纤维的初生壁也受到最大限度的破坏。

如果硝化棉生产工艺采用连续煮洗及生产低黏度精制棉时，除了在蒸煮中降低黏度外，还可采用漂白进一步降低黏度，供特殊用途的精制棉，为了满足硝化棉的白度要求，必须对其进行漂白处理。精制棉成品运往外厂时，经过一次烘干后打包贮存。硝化使用打包的精制棉时，二次烘干前必须先用梳解机梳松，再进入二次烘干管道中。

4.2.1.2　硝化棉制造

早在 1838 年，T.J.佩卢兹首先发现棉花浸于硝酸后可爆炸。1845 年德国化学家 C.F. 舍恩拜因将棉花浸于硝酸和硫酸混合液中，洗掉多余的酸液，发明了硝化棉。1860 年，普鲁士军队的少校 E.邹尔茨用硝化棉制成枪、炮弹的发射药。工业上采用纤维素制备硝化棉的反应式如下：

$$[C_6H_7O_2(OH)_3]_n + x HNO_3 \Longrightarrow (C_6H_7O_2)_n(OH)_{3n-x}(ONO_2)_x + x H_2O$$

典型的硝化棉生产流程如图 4-3 所示。硝化棉生产可分为两个阶段，即精制棉的硝化和硝化棉的安定处理。

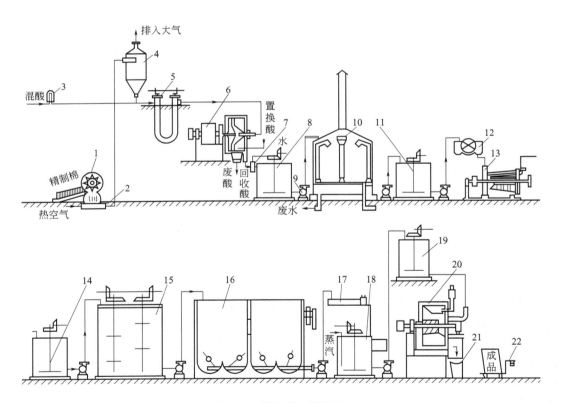

图 4-3　硝化棉生产流程

1—梳解机；2—气流烘干管道；3—管道流量计；4—旋风分离器；5—U 形管硝化机；6—卧式脉动除酸机；
7—水缓冲器；8—水洗机；9—棉浆泵；10—煮洗桶；11—中转槽；12—滤水器；13—锥形细断机；
14—中转槽；15—精洗机；16—混合机；17—除铁除渣器；18—浓缩器；19—高位槽；
20—离心驱水机；21—胶皮袋；22—磅秤

（1）精制棉的硝化　精制棉的硝化是将烘干后的精制棉加入温度低于 35℃ 的硝化混酸中，在硝化机里进行反应而制得硝化棉。

精制棉与硝硫混酸的硝化反应是一个不完全可逆的多相化学反应，反应产物是不均匀的，其过程将放出热量并伴有副反应。硝化混酸的水分是决定硝化能力的主要因素，而硫硝比则是影响硝化反应速度和硝化棉得率的重要原因。其他如硝化系数、硝化温度、硝化时间和搅拌条件等，对硝化过程和硝化棉的物化性质也有一定影响。

硝化棉的含氮量与最终存在于纤维素内部的混酸成分呈现平衡，因此生产上可以用改变混酸组成和硝化条件来制取各种不同性能的硝化棉。对于民用硝化棉，含氮量在 10%～13.5% 范围内，而军品硝化棉的含氮量约为 12.0%～13.5%。

制备典型的硝化棉，混酸中所采用的硫酸与硝酸之比范围为 2.5～3.5，采用硝化剂中水分含量的方法来控制硝化棉的含氮量。表 4-1 为制备典型品号的硝化棉所用硝硫混酸成分。

表 4-1　制备典型品号硝化棉所用的硝硫混酸成分

硝化度 /(mL/g)	含氮量 /%	混酸成分	
		HNO$_3$ 含量/%	水分含量/%
>214.0	>13.37	20～23	8～10
213～214	13.31～13.37	20～22	9～10.5
212～213	13.25～13.31	19～21	10～12
211～212	13.20～13.25	18～21	12～13.5
193～211	12.06～13.19	18～20	16～17.5
188～193	11.75～12.06	18～20	16.5～18
180～188	11.25～11.75	20～24	17.5～19
172～180	10.75～11.25	20～24	18.5～20

硝化系数是指硝化酸与精制棉的质量比。通常生产中硝化系数为 40～65，硝化系数大小主要影响硝化棉的含氮量、均匀性和溶解性能；对生产成本、废酸处理量、硝化设备和配酸设备利用率也会带来影响。

硝化温度制备强棉时一般选 5～15℃，制备弱棉选 30～40℃，硝化时间为 30～40min，离心除酸 10min，浸入式反应时间为 2.5h。混酸倍数通常为 30～40 倍。硝化后用离心机驱出硝化棉中的废酸，并将废酸送回配酸房。硝化棉经过酸水置换和水洗后，送到煮洗工序进行硝化棉安定处理。

常见的硝化工艺有间断硝化法和连续硝化法两种。间断硝化法最早完全是由人工操作的壶式硝化和置换硝化法，后来改为机械离心硝化法，它们的特点是操作简单、设备单一，但硝化质量不均匀、产量低、酸耗大、劳动强度大和操作条件差，已逐步被搅拌硝化法取代。机械搅拌硝化是间断法中较好的一种硝化方法，设备简单、生产效率高、酸耗少和质量均匀，因而在一些产量较小的工厂中仍然采用此种方法生产。

连续硝化法为 U 形管硝化机，有四室或多室 U 形管硝化机和多台搅拌硝化机等，其特点是操作连续、产量大、质量均匀、生产环境获得改善。

典型的硝化装置包括以下几种结构形式：

① 机械搅拌式硝化机（图 4-4）。

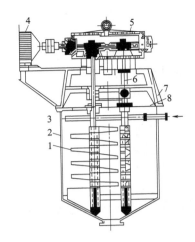

图 4-4　机械搅拌式硝化机结构示意图

1—搅拌桨；2—容器；3—酸喷淋器；4—电机；

5—传动装置；6—搅拌轴；7—搅拌支架；8—釜盖

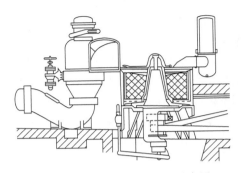

图 4-5　离心式硝化机结构示意图

② 离心式硝化机（图 4-5）。

③ 多室连续硝化机（图 4-6）。

④ U 形管硝化机（图 4-7）。

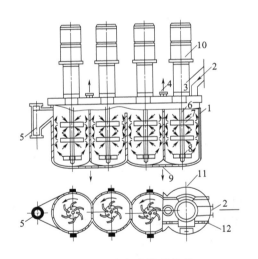

图 4-6　多室连续硝化机

1—出料口；2—排烟口；3—观察口；4—传动装置；

5—进料口；6—搅拌轴；7,8—桨叶；9—出料口；

10—电机；11—支角；12—放空口

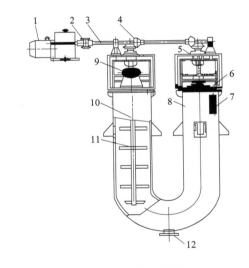

图 4-7　U 形管硝化机

1—电机；2—联轴器；3—传动轴；4—伞齿轮；5—支架；

6—排烟口；7—液位计；8—槽体；9—进料口；

10—搅拌器；11—搅拌叶；12—放空口

离心驱酸是利用离心机驱出硝化棉中大量浓废酸，酸回收率在 90% 以上，配合间断搅拌硝化法的驱酸离心机为上悬式，它由下部出料；配合连续硝化法的驱酸离心机为卧式活塞卸料。

经驱酸后的硝化棉，一般还含有硝化反应后废酸数量的 25%～35%，为此必须迅速地将含酸的硝化棉浸入大量水中，一般控制棉料浓度在 2% 以下，以利于用泵输送到煮洗工序，此时酸的浓度很低，也可避免硝化棉脱硝可能出现的分解。U 形管连续硝化工艺流程如图 4-8 所示。

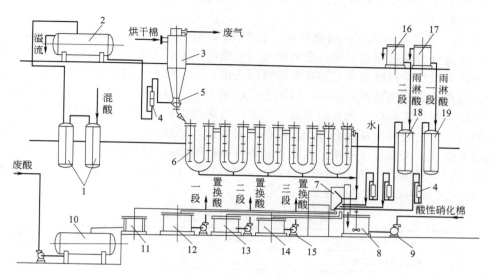

图 4-8　U 形管连续硝化工艺流程

1—混酸调温器；2—混酸高位槽；3—旋风分离器；4—转子流量计；5—喷酸器；6—U 形管硝化机；
7—卧式活塞卸料离心机；8—水洗机；9—棉料泵；10—废酸收集槽；11—废酸过滤器；12——段
置换酸收集槽；13—二段置换酸收集槽；14—三段置换酸收集槽；15—耐酸泵；16—二段雨淋
酸高位槽；17——段雨淋酸高位槽；18—二段雨淋酸冷却器；19——段雨淋酸冷却器

从图 4-8 可以看出，合格的混酸由配酸机经混酸泵送来，经过调温器 1，进入混酸高位槽 2，二次烘干后的精制棉经旋风分离器 3 分离后，落入 U 形管硝化机 6 中，废气从旋风分离器顶部排出，混酸自喷酸器 5 喷入，浸透棉料，混酸流量用转子流量计 4 调节。酸和棉沿 U 形管前进方向借搅拌器的转动向前移动，至最后一组 U 形管排出，一起进入卧式活塞卸料离心机 7 中，先进行驱酸，后进行三段置换回收，前两次雨淋酸分别从第一、二段雨淋酸高位槽 17、16，经雨淋酸冷却器 19、18，再经转子流量计 4 进入离心机中。置换后棉料从出料口用大量水冲到水洗机 8 内，再用棉料泵 9 输送到煮洗工序进行安定处理。

离心机驱出的废酸，经废酸过滤器 11 流入废酸收集槽 12，一段置换酸流入收集槽 12，分别用酸泵送到配酸工序。二段雨淋酸和水置换后的置换酸，分别进入收集槽 13 和 14，然后分别用酸泵 15 送到高位槽 17 和 16 中，以便循环用于置换洗涤。

U 形管连续硝化工艺条件见表 4-2。搅拌的转速为 $100\sim150$ r/min，而最后一根 U 形管为 $80\sim100$ r/min。

表 4-2　U 形管连续硝化工艺条件

项目	混酸成分/%			投料量（以干重计）/(kg/min)	硝化系数	硝化温度/℃	硝化平均停留时间/min
	水分	硝酸	硫酸				
一号强棉	$8\sim13$	$18\sim22$	$65\sim74$	$7\sim10$	$50\sim60$	$20\sim30$	425
二号强棉	$16\sim18$	$18\sim22$	$60\sim66$	$7\sim10$	$50\sim65$	$20\sim30$	425

（2）硝化棉的安定处理　硝化棉经过驱酸和水洗后，仍含有许多残酸及硝化副反应产

物，如纤维素硫酸酯、硝硫混合酯和硝化糖类物质等。

生产中硝化棉的安定处理，主要包括煮洗、细断和精洗。煮洗决定着硝化棉安定处理质量和生产周期的长短。

① 煮洗　煮洗是指在生产硝化棉的工艺中采用先酸煮、后碱煮的化学处理过程。煮洗过程中，对高氮量硝化棉主要除去游离酸和硝化糖，以除酸为主。由于高氮量硝化棉在水中极难溶胀，以至很难把纤维素毛细管中的残酸洗出，因此酸煮、碱煮的时间均较长。低氮量硝化棉主要是除去游离酸和硫酸酯，以除去硫酸酯为主，游离酸较少，容易把它除去，所以煮洗时间短，如果需降低硝化棉的黏度，则煮洗时间将延长。提高煮洗温度和压力，可以缩短煮洗时间，但硝化棉的黏度会降低，脱硝也将加剧，并影响产品得率。当前煮洗生产工艺可分为间断常压煮洗和加压煮洗。煮洗工艺条件根据不同品号的硝化棉而异，同品号的硝化棉依设备、精制棉黏度而定。水棉比约在（13～9）：1。间断常压煮洗主要工艺条件见表 4-3。加压煮洗主要工艺条件见表 4-4。

表 4-3　间断常压煮洗主要工艺条件

品号		B 级棉	C 级棉	D 级棉
酸煮	酸度（以硫酸计）/%	0.2～0.5	0.2～0.5	0.2～0.5
	时间/h	15～20	5～10	10～20
冷水洗时间/h		0.5	0.5	0.5
碱煮	碱度（以 Na_2CO_3 计）/%	0.02～0.06	0.02～0.06	0.003～0.025
	时间/h	20～25	10～15	10～25

表 4-4　加压煮洗主要工艺条件

品号		B 级棉	C 级棉	D 级棉
酸煮	酸度（以硫酸计）/%	0.2～0.5	0.2～0.5	0.2～0.5
	温度/℃	120 以下	120 以下	120 以下
	表压/atm	1	1	1
	时间/h　≤	5	5	5
冷水洗时间/h		0.5	0.5	0.5
碱煮	碱度（以 Na_2CO_3 计）/%	0.02～0.06	0.02～0.06	0.02～0.06
	温度/℃　＜	120	120	120
	表压/atm	1	1	1
	时间/h	7	5	7
冷水洗时间/h		0.5	0.5	0.5

② 细断　细断是指将煮洗后的硝化棉在细断机的机械作用下切断变短和磨碎的过程。细断后的硝化棉比表面增加，毛细管内残酸和其他不安定物易于扩散出来，从而加速硝化棉安定处理进程。常用的间断细断机有郝式细断机；连续细断机有锥形细断机、圆筒式细断机和圆盘磨。锥形细断机由若干台细断机组成，它具有生产能力大、细断质量稳定、效率高、占地面积和劳动强度小等优点，但设备结构复杂、较难维修、电机功率大等。锥形细断机结构如图 4-9 所示。

锥形细断机进行硝化棉细断的工艺流程如图 4-10 所示。

③ 精洗　精洗是硝化棉最后安定处理过程，一般是将细断后的硝化棉在碱性介质中热

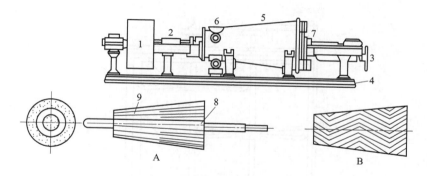

图 4-9 锥形细断机的结构

1—皮带轮；2—轴泵；3—手轮；4—轨道；5—外壳；6—棉浆入口；7—棉浆出口；
8—转子刀片；9—木条；A—锥形转子；B—定子刀片

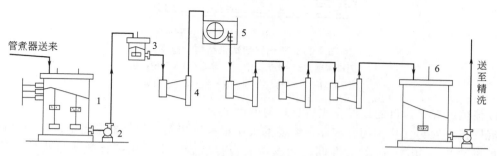

图 4-10 锥形细断机进行硝化棉细断的工艺流程

1—供料浓缩机；2—棉浆泵；3—供料高位槽；4—锥形细断机；5—辊筒浓缩机；6—接料槽

洗和冷洗，中和残酸，除去不安定物质。精洗后的硝化棉是单批（小批）的成品，其质量指标必须全部符合标准，不合格的必须进行返工处理，如安定度、碱度、黏度和灰分不合格时，都要在精洗工序进行返工。安定度不合格的硝化棉，绝对不能转入下一工序。

精洗工艺普遍采用常压精洗，精洗温度 90～98℃。也有用加压精洗的，温度为 110℃ 以上，压力为 0.5atm（表压）左右。

a. 精洗机 典型的精洗机为圆筒形的钢制槽，其直径为 3.5m，高 3m。内装两个平桨搅拌，互成反向转动，转速 18～25r/min。有的容积较小，安有一个平桨搅拌器，其转速提高到 48～52r/min。精洗机顶部的铁盖上有一个孔，用可启闭的盖盖住；另设有棉浆进料管、加水管、加碱液管；底部有出料口，并装有锁闭活门；精洗机侧壁有测温用温度计孔；采用直接蒸汽加热，蒸汽是通过无声喷嘴从槽体下部进入，减少震动和声响；精洗机侧壁装有排废水开关，废水流入硝化棉回收池。精洗机的结构见图 4-11。

b. 精洗工艺条件 硝化棉精洗时的温度、时间和精洗次数，根据品号和质量情况决定。精洗进料后，沉淀 30min 左右，排去废水，调整浓度，开机搅拌，慢慢升温达到规定温度后开始计算时间。停止精洗时，关蒸汽后应开启与蒸汽管相连的自来水，冲洗进汽管以防硝化棉进入蒸汽管中，取样进行全分析。

对于 C 级棉、D 级棉如安定性较好及黏度等各项指标又符合要求，仅须常温换水而不需加热精洗。

c. 混同 硝化棉的混同是指根据对混合硝化棉的硝化度和醇醚溶解度的要求，用 B 级棉和 C 级棉按不同比例混合均匀的过程。

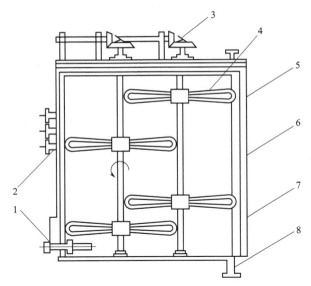

图 4-11　硝化棉精洗机结构示意图

1—无声喷嘴；2—排废水管；3—伞齿轮；4—搅拌翅；

5—槽体；6—保温层；7—放料网；8—出料管

D级棉的混同，目的是混合成质量均匀的大批。

混同机一般为立式圆筒形容器，容积的大小根据生产能力和总批量而定，一般总批硝化棉的批量为 20～30t（干量）。混同机内安装有搅拌装置，多采用搅拌效率较高的螺旋桨式搅拌。螺旋桨式搅拌有立式和卧式两种。

立式搅拌混同机容量较小，以免搅拌轴过长，摆动厉害。混同机装置一般为 20t，槽内装有 4～5 个螺旋桨式搅拌器，转速为 280r/min，棉浆在搅拌器的作用下，上下翻滚达到混合均匀的目的（参见图 4-11）。

卧式搅拌混同机装置为 30t，底部有 4 个与中心线成 28°夹角的螺旋桨搅拌器，其转速为 735r/min，靠机壁处有 4 个带有 7 孔的棉浆导流筒，棉浆在搅拌器的作用下，从混同机中心上升，再从导流筒下降以达到混同的目的。典型的硝化棉混同工房如图 4-12 所示。

图 4-12　硝化棉混同工房

精洗合格的单批硝化棉按总批计量，用棉浆泵输送到混同机中。若浓度较稀，或一次进料过满时，可中途停止进料，澄清 1h 后，排去废水再进料。通常装料后液面距混同机约

0.5m，进料后调整硝化棉浓度为 $10\%\sim20\%$，搅拌 $2\sim4h$，采样进行全分析。若硝化度或溶解度不合格，则需补加 B 级棉或 C 级棉进行调配，直至合格。质量合格后用泵输送去除铁除渣和浓缩脱水。

4.2.1.3 单基发射药的制造

单基发射药是各种轻武器和火炮的发射能源，因此在常规兵器使用中占有极其重要的地位。单基发射药全部工艺过程可分为三个阶段：成型、驱除溶剂和控制挥发分、混同。为了回收加工过程中的溶剂，通常设置溶剂回收系统。工艺原理如图 4-13 所示。

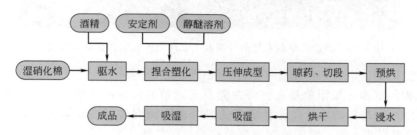

图 4-13 单基发射药制备工艺过程示意图

成型阶段包括硝化棉的驱水、捏合塑化、压伸成型、晾药、切段等工序。为了调整药形尺寸的均匀性，粒状药在切断后应进行筛选，管状药可在浸水前捆把时或在混同前进行选药。驱除溶剂与控制挥发分阶段，包括预烘、浸水、烘干等工序。需要钝感的枪药，在烘干后进行钝感和筛除石墨，然后再进行二次烘干。多气孔发射药在浸水工序降低内挥的同时，浸出其中可溶性盐类。经过上述工艺过程加工的产品，须再经混同，以便进一步调整理化性能和弹道性能的均匀性，包装后进行成品检验和验收工作。

单基发射药的一般工艺流程如图 4-14 所示。图 4-15 为典型的单基发射药外观和孔结构显微观察效果图。

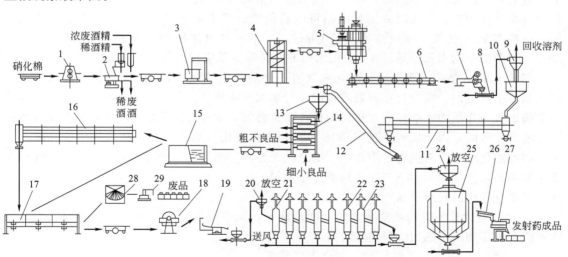

图 4-14 单基发射药生产工艺流程

1—辊压机；2—驱水机；3—缸式胶化机；4—提升机；5—柱塞式压伸机；6—传送带；7—双槽式
切药机；8—风力输送喷射器；9—旋风分离器；10—贮药斗；11—转筒预烘机；12—斗式传送带；
13—暂存斗；14—转筒筛选机；15—浸水池；16—转筒预光机；17—盆式烘干机；18—钝感机；
19—斜面筛药机；20—旋风分离器；21—烘干塔；22—吸湿塔；23—冷却塔；24—分离器；
25—重力式混同器；26—筛粉机；27—称量斗；28—圆斗式混同机；29—磅秤

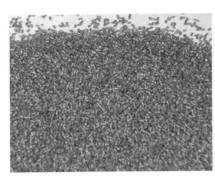

图 4-15　典型的单基发射药外观及 7 孔药表面孔结构显微观察效果

（1）成型阶段

① 硝化棉的驱水　根据单基发射药性能要求配制的混合硝化棉，为了运输和贮存的安全，需含有 24%～32% 的水分。含水量高的混合棉不能直接用混合溶剂处理，否则过量的水破坏了醇醚溶剂的比例，阻碍溶剂溶塑硝化棉，因此塑化前先要驱除硝化棉中的水分，把硝化棉的含水量降到 4% 以下。

完全驱除硝化棉中的水分是没有必要的，也是十分困难的，因为适量的水分可以调整混合溶剂的极性，有利于溶剂对硝化棉的浸润和扩散。

驱除硝化棉的水分，不能采用直接烘干的方法，否则硝化棉容易飞扬，威胁安全生产。目前常应用酒精逐步把混合棉中多余的水置换出来，留在硝化棉中的酒精同适量的乙醚组成混合溶剂，以便对硝化棉进行溶塑，因此混合棉的驱水是为下工序"胶化"作好准备。

驱水方法通常采用离心法，即往装有六袋混合棉的离心机中不断加入酒精，在离心力的作用下，使酒精穿过硝化棉，逐步把硝化棉中的水分置换出来。在驱水过程中先加入稀酒精或浓废酒精，然后再加浓酒精。稀酒精或浓废酒精是利用以前驱水后收集的浓度较高的废酒精，可循环使用它。驱水时先用稀酒精可以避免混合棉中低级硝化物的溶解和混合棉的溶胀，以提高驱水效果。加入浓酒精后 3min，从驱水机里流出的废酒精浓度应为 70%～80%，混合棉平均水量不超过 4%。驱水后的混合棉质量应符合技术要求。

② 药料捏合塑化　驱水后的硝化棉含有一定数量的酒精，再加适量的乙醚即可组成一定比例的混合溶剂。混合棉在醇醚溶剂中经过膨润和溶解后，还不是良好的塑性药料，需要对其施加机械作用力，如捏合、挤压、伸长和折叠等，才能提高它的可塑性能。塑化过程有充分的混合时间，因此发射药的各种附加组分均在塑化时加入。安定剂是先溶于乙醚后加入，因此塑化过程具有使各种附加物与混合棉充分混匀的作用。经过塑化后的硝化棉完全改变了原来的松散状态，为下工序压伸准备好物料。

对塑化药料的质量要求

a. 二苯胺及其他附加物分布均匀，含量准确，从不同部位取出胶化物，测其二苯胺含量应在规定加入量的 ±0.1% 范围内；

b. 溶剂含量适当，塑性均匀，符合压伸要求；

c. 压伸机压出的药条，表面光滑，组织均匀致密，无硬料、白斑等疵病。

塑化工艺有间断和连续两种，一般情况下塑化温度以不高于 25℃ 为宜；塑化时间，缸式塑化机需要 50min，螺旋挤压机制造塑化药时，因其捏合能力强，大约有 15～20min 即可完成塑化。

③ 压伸成型　单基药在压伸中，通过高压强迫流动作用才能使溶剂对硝化棉充分溶解

和膨胀，使药料获得必要的夯实性和流动性，提高硝化棉大分子定向排列程度，挤压成所需要的形状尺寸和具有足够机械强度的药粒或药条。因此，单基药在压伸中有两种作用。

　　a. 使 2 号硝化棉充分溶解，1 号硝化棉充分溶胀，并使溶解的硝化棉渗入到只发生溶胀的硝化棉中，以提高药料的夯实性和流动性。

　　b. 将已溶解、溶胀和塑化的药料挤压成型。

　　单基发射药生产上使用的压伸成型设备有间断液压机和螺旋挤压机两种。

　　间断液压机，如双缸立式水压机结构如图 4-16 所示。

　　间断压伸成型方法，在挤压成型前需要预压，以提高药筒（缸）的装料量，同时排出塑化药中的空气。以装药量 30～40kg 为例：预压压力为 10～15atm，一般装药分为 4～5 次，每装一次预压一次，过滤压力为 200～300atm，成型压力为 320～400atm。预压装料完毕，在压伸留下来的药饼，在饼上沿半径切一个三角口，以排除塑化药中残留的空气和溶剂气体。放上铜胀圈压紧，进行过滤或成型。过滤或成型时，模具上方放一张网孔为 1mm×1mm 的金属网，以除去塑化药的杂质，同时也起到进一步塑化药料的作用。

　　间断压伸成型药模如图 4-17 所示。

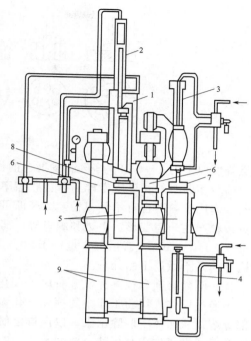

图 4-16　双缸立式水压机
1—主缸；2—副缸；3—预压水缸；
4—退模水缸；5—药缸；6—机柱；
7—预压冲头；8—主缸冲头；
9—脚柱

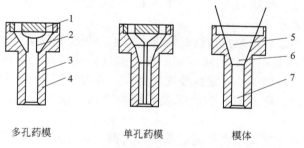

多孔药模　　　　　单孔药模　　　　　模体

图 4-17　间断压伸成型药模
1—针架；2—针；3—模体；4—针套；5—收缩角；6—收缩段；7—成型段

　　药模针架如图 4-18 所示。

　　如果使用连续螺旋压伸机制造塑化药，不需要在压伸时过滤，直接进行预压、成型、接药等操作。成型压力为 260～320atm。

　　④ 切断　切断是指把压伸制得的药条或药带切成规定长度的过程。

　　武器不同，装药量、形状和尺寸也不完全一样，因此切药的长度也各不相同。

　　管状药长度决定于炮弹药筒的尺寸，若药筒较长，管状药可切成药筒长度的 1/2 或 1/4。7 孔粒状药的长度约等于燃烧层厚度的 10～12 倍；单孔小粒药和 5/7 品号以下的其长度约

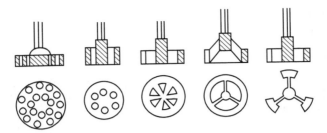

图 4-18　药模针架

为燃烧层厚度的 4～6 倍；多气孔发射药的长度等于其直径的 1～2 倍。

药粒切断时的长度应考虑药条的收缩率，压伸成型的药条经一定时间晾药后，方能进行切药。炮用发射药也有不经或稍经晾药即可进行切断的。为了弹道性能的稳定，切断过程要避免药粒产生压扁变形、毛边和缺口等，药粒端面应平整光滑，为此药条的溶剂含量一般应保持在 30%～40%，若溶剂含量低于 20%，药条严禁切断，以免产生火花而发生事故，因此这种药条不做返工品处理。

（2）驱除溶剂和控制挥发分阶段　硝化棉塑化时加入的醇醚溶剂约为硝化棉的 60%～70%，经过压伸、切药工序中的挥发，药粒在预烘前大约仍含有 30% 的溶剂，因此须把绝大部分溶剂从药体中驱除出来，以保持发射药的密度和能量。由于单基发射药具有吸湿性，在驱溶后还需要使成品保持一定的水分，以便同空气中的水分大体平衡，使各项弹道性能相对稳定，把这些工艺过程称为发射药驱除溶剂和控制挥发分阶段。

生产中要全部除去发射药中的溶剂是困难的，也不需要，而发射药成品中保留少量的溶剂可以调整弹道性能，还具有维持药体组织结构稳定性作用，如果把溶剂全部驱除，药体的机械强度、密度和化学安定性都会降低，因此在单基发射药的技术要求中，规定了内挥必须达到的最低含量。

挥发分的成分不单是乙醇和乙醚溶剂，还包括水分。在驱溶各阶段中测定药柱的外挥，其成分是不同的。例如，预烘后浸水前的火药，测定的外挥成分是醇醚溶剂，而浸水后所测得外挥成分主要是水分。成品的火药，其外挥主要是水分和极小部分的醇醚溶剂，而其内挥主要是醇醚溶剂和少量的水分。

驱溶和控挥的生产过程，包括预烘、筛选、浸水、烘干和吸湿等工艺流程。

① 预烘　预烘是指利用一定的温度和湿度的空气，均匀地把药体中的大部分挥发性溶剂驱出及溶剂回收，而药体保持正常的收缩和密实，其表面不过早地结成硬壳，为浸水进一步驱除溶剂准备好条件，称此工序为单基发射药的预烘。预烘后发射药的外挥通常控制在 9%～15%。

预烘的主要设备分为静置预烘和流动预烘两大类。静置预烘是把药料处于静置状态，隔一定时间翻动一次，或隔一定时间变更抽风或送风方向。静置预烘设备中有预烘柜和移动式预烘桶两种。流动预烘中有预烘塔和预烘转筒两种。药料预烘工艺见表 4-5。流动预烘设备适用于粒状炮药和中型粒状药，不适用管状炮药。

② 筛选　粒状药在切断预烘以后，仍会有尺寸不合格的药粒，如压伸成型时产生的弹簧状药条，切药时产生的尖角、连颗、碎片、毛刺、过长过短药粒，以及预烘时产生的弯曲变形药，这些不合格的药粒会影响密度。

筛选是用筛检的方法，使用一定尺寸的筛网进行机械分级。筛选后的发射药，一般规定过长过短药粒含量不应超过 1%，不规则药粒不超过 4%。过长药粒是指超过规定尺寸上限 1.5 倍的药粒，过短药粒是指短于规定尺寸下限一半的药粒。

表 4-5 药料预烘工艺

结构项目	温度/℃	相对湿度/%	时间/h	外挥/%	
				炮药	枪药
柜式	28～32	70	20～40	8～12	7～10
桶式	28～32～40～60	70	10～20	8～12	7～10
塔式	30～32	65～75	8～10	8～12	7～10
转筒式	32～40～51	70～95	2～6	8～12	7～10

管状药不能使用筛检方法，而是用人工挑选，挑出过长过短及含有白花（斑）、毛刺、偏孔和堵孔的药条。

③ 浸水 发射药在预烘中不能驱除全部残留溶剂，还需要用水作为介质，将预烘后的火药浸泡于水中，利用水与酒精之间可任意比例互溶的特点，使水逐渐扩散到火药中去将酒精和乙醚取代出来。使水分子浸入发射药体内部与溶剂进行扩散，把剩余溶剂的大部分驱出。在发射药预烘以后，应根据"小批组成"方法解决浸水后内挥均匀性问题，以便在同一浸水条件下进行浸泡，得到理化性均匀和弹道性能稳定的成品。

管状炮药在浸水前应先选药和捆药，把有"白花""硬豆"、毛刺、弯曲、堵孔和过长过短的药条挑出，然后将合格的药条捆成六角形的药把，以防浸水过程中药条收缩变形。

目前浸水工艺分为水浸和汽浸两种方式，均可用间断操作或连续操作完成。

炮药浸水的一般工艺条件见表 4-6。

表 4-6 炮药浸水工艺条件 [药水比 21：(1.5～2)]

次数	水温/℃	水含酒精浓度/%		浸水后的处理	浸水时间/h
		浸水前	浸水后		
1	20～25	2～3	5～6	送去蒸馏	24
2	30～35	清水	2～3	作第一次浸水	12
3	40～45	清水	2～3	放出	依内挥含量决定
4	常温	清水	2～3	放出	依内挥含量决定

a. 浸水温度应逐步升高，开始浸水时药中溶剂量较高，浓度差较大，酒精从药中向外扩散快，水温高容易使药体表层结构疏松。随着药内酒精含量减少向外扩散速度缓慢，可逐步升高温度，加快酒精扩散速率。若水温超过 45℃，药体表面变软和过多地浸出二苯胺含量，影响单基药的化学安定性。

b. 开始浸水时，水中可含有少量酒精使药粒表面变软，有利于酒精的扩散。随着药中酒精含量的减少，再用清水，维持一定浓度差，使药中溶剂继续向外扩散。

c. 含酒精的水可以循环使用，以提高酒精浓度，当浓度超过 4% 时，送去蒸馏酒精。但酒精浓度不能大于 12%，避免二苯胺大量溶出。

d. 最后一次使用清水，洗去药体表面的酒精，防止浸水后的药与空气接触时酒精被氧化成醛，影响化学安定性。

④ 烘干 烘干的目的在于排除浸水后药体表面和毛细孔中的水分（约 25%），使其达到规定的含量（0.2%～1.5%）。

用于单基药的烘干设备有盆式干燥机和转筒干燥机等。

烘干的工艺条件随干燥设备和药粒品号而变，一般盆式烘干工艺条件见表 4-7。

表 4-7　盆式烘干工艺条件

项目	枪药	炮药
药层厚度/mm	300～400	200～300
风温/℃	50～65	50～55
风量/(m³/h)	1500～1800	1000～1500
时间/h	18～25	25～100
烘干外挥/%	1.0	1.2

⑤ 吸湿　单基药在烘干过程中要使水分含量达到技术要求的含量是困难的，因此，常把单基药充分地烘干，而后再加湿到规定的指标。

发射药的吸湿是在同一烘干设备中进行，通过送入潮湿的热空气，使药粒表层吸收水分，将其外挥升到规定的技术范围。吸湿完毕后向烘干房送入冷风，以降低药温（药温不得高于室温5℃），并使工房增湿。当药温及工房湿度符合规定后方能出药。吸湿的一般工艺条件见表 4-8。

表 4-8　单基发射药的吸湿工艺条件

项目	枪药	炮药
吸湿温度/℃	35～45	36～42
吸湿相对湿度/%	＞78	＞95
吸湿时间/h	2～3	4～6
外挥/%	1.0～1.2	1.1～1.3

出药前取外挥样，需要钝感的药同时取弹道试射样，对不经钝感的药吸湿完毕，即完成单基发射药挥发分的控制工序。

（3）混同阶段　发射药在成型、驱溶和控挥各阶段，工艺设备与条件都力求使产品质量均匀，但产品仍有一定程度的不均匀性。间断生产工艺较连续生产的不均匀程度更为明显。为了减少产品的不均匀性，需经过混同以调整发射药质量的均匀性，使每个制造总批的理化性能和弹道性能稳定，以便达到规定的技术要求。

发射药总批一般由两个或两个以上的小批组成，有时也将符合产品质量要求的试验样品或其他原因留下来的发射药加入混同。任何化学安定性不合格的小批或试验样品，不允许加入总批混同。混同是火药制造过程中的最后一道工序，工厂和检验部门在总批混同前，根据有关技术资料进行检验和验收，生产部门对准备组批混同的各小批，包括准备加入混同的发射药，均须有完整的理化性能和制造过程的详细技术记录，由生产部门和验收部门共同研究后才能正式进行混同。

管状炮药的混同是把烘干后的按一批的数量平均分为16份，每份装在一个槽内；把一个槽内的药条再平均分为16份，放在另一组16个槽内，混同第一次完毕。再从新的16个槽中，一个一个地全部分散为16份，再组成另一新的16个槽，完成第二次混同。混同三次后，从每槽平均取出一定数量装箱。混同过程同时把不合格的药条选出，作为返工品送去塑化处理。

粒状药的混同主要有排斗式混同器、圆斗式混同器和重力式混同机等。重力式混同机是自动循环连续混同的设备，它有混同机、旋风分离器、喷射器和气流输送管等组成。粒状药连续混同工艺流程见图 4-19。

4.2.1.4　其他类型单基火药的制造

（1）钝感发射药制造　获得渐增性的发射药有两种方法：一是控制药形，将其制成多孔

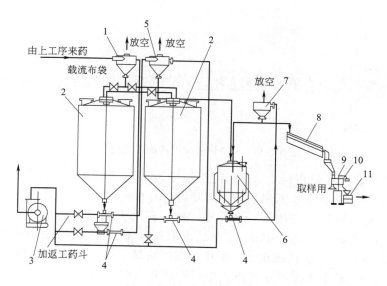

图 4-19　粒状药连续混同工艺流程

1—旋风分离器；2—贮药槽；3—离心高压鼓风机；4—送药喷射器；

5—循环用旋风分离器；6—重力式混同机；7—混同循环用旋风分离器；

8—斜面；9—磅秤；10—称药漏斗；11—药箱

形状，如 7 孔或 14 孔药型，燃面逐渐增加，形成渐增燃烧，要制成肉厚（弧厚）小于 0.3mm 的多孔药是有一定困难的；另一种方法是把发射药表面层渗入一薄层缓燃物质，以减慢燃烧初期的气体生成速率，当缓燃层燃尽时，气体生成速率逐渐增大，则形成渐增性燃烧，所加入的缓燃物质称为钝感剂，而其工艺过程称为钝感处理。

在钝感过程中还需加入一定数量的石墨，以增加发射药粒的导电性、减少药粒间的相互黏结和增加药粒流散性，以利于装弹工艺。由于发射药钝感处理后，改变了发射药的燃烧物性，钝感就成为改善发射药弹道性能的一个重要方法。钝感前后装药量与初速、膛压关系见表 4-9。

表 4-9　钝感前后装药量与初速、膛压关系

钝感	品号	装药量/g	初速 V_0/(m/s)	最高膛压 p_m/atm
前	2/1	1.25	653	2538
后	2/1	1.25	717	2538
前	3/1	2.35	733	2069
后	3/1	2.35	659	1699

经过钝感的发射药膛压、初速如有明显的降低，可以增加装药量来提高初速，而保持最大膛压变化不大。

单基发射药常用的钝感剂是樟脑，当它用作钝感剂时，需溶解于酒精后加入，钝感处理后要将酒精驱除出来，以免因酒精的蒸发影响樟脑在药粒中的分布。

钝感发射药在钝感前的工艺流程与一般发射药相同，即发射药经过成型和驱除溶剂后，再进行钝感处理，此工序是在转鼓式钝感机中完成的。制造钝感发射药的工艺流程见图 4-20。

经过钝感后药温在 40～50℃，超过 50℃ 后对安全不利，酒精挥发快不利于药粒吸收钝感剂。在钝感过程中，樟脑加入量为发射药的 0.9%～1.8%，樟脑与酒精之比为 1：1.4～

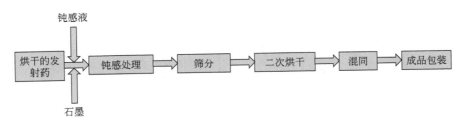

图 4-20　制造钝感发射药的工艺流程

2.2；二苯胺加入量为发射药的 0.2%；钝感液喷射压力为 2.5～3.0atm；工房温度 25～30℃，相对湿度不小于 70%；石墨加入量为发射药的 0.05%～0.1%。

发射药放入钝感机中，先加入一半石墨，然后开动钝感机运转 10min，喷入一半钝感液，继续加入剩余的石墨，运转 30min，第二次喷钝感液，运转 35min 后出料。

没有加石墨就开动钝感机是危险的操作，应严格禁止。值得注意的是不需钝感的发射药，可用石墨光泽，石墨光泽可在钝感机中进行，光泽时间约 5～15min，光泽后须筛去游离的石墨。

（2）多气孔发射药制造　多气孔发射药与一般发射药比较，它具有组织疏松和燃速增加的特点，故又称松质发射药或速燃发射药。多气孔发射药的生产与一般单基发射药生产基本相同，所不同的是在塑化过程中加入水溶性的无机盐，常用硝酸钾。在压制成型后将溶剂驱出并回收，浸泡过程用水把硝酸钾浸出，干燥后药粒就形成了大量细小而均匀的小孔，孔的大小及数量的多少取决于加入硝酸钾的数量与粒度，可以通过硝酸钾加入量来调节发射药燃速，以适应不同武器的弹道性能要求。多气孔单基发射药浸水工艺条件见表 4-10。

表 4-10　多气孔单基发射药浸水工艺条件

浸水次数	温度/℃	时间/h
1	15～20	3
2	20～25	3
3	25～30	2
4	30～35	2
5	35～40	2
6	40～45	2
7	以后均为 40～45	1～2

在多孔药光泽过程中，光泽前外挥不低于 0.7%，石墨加入量为发射药干量的 0.1%～0.2%，滚动时间不少于 30min。典型的多孔单基药粒外观见图 4-21。

4.2.1.5　单基药生产的安全技术

单基药生产中主要不安全因素是硝化棉尘飞扬与醇醚溶剂气体挥发。硝化棉粉尘受到摩擦、撞击极易引起燃烧，与空气还可形成爆炸混合物；溶剂气体，特别是乙醚蒸气不仅闪点低、着火点低，同时，极易与空气形成爆炸混合物。爆炸极限较宽，乙醚蒸气的静电感度为 0.45mJ，乙醇蒸气为 0.65mJ，比其他溶剂蒸气的静电感度高，容易激发着火。

硝化棉受热分解放出 NO_2，它可以加速单基药的分解反应。若热分解反应放出的热量不断积累，使单基药升温，进一步加速分解就可能导致自燃。在生产过程中溶剂回收管道，将许多工序连在一起，若一处着火，可能涉及整个系统和邻近工房的安全，因此在回收管道

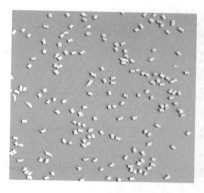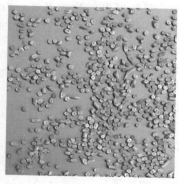

图 4-21　典型的多孔单基药粒外观图

系统配置良好性能的防爆器，防止造成大的燃爆事故。在溶剂混合气体进入抽风机之前应有稀释器，一旦溶剂浓度太大时，可以利用稀释器把浓度降到爆炸极限的 50% 以下。

4.2.2　双基火药的成型工艺

双基火药的制备工艺包括溶剂法工艺和无溶剂法成型工艺，用于发射药颗粒的制备采用两种工艺都可以，而双基固体推进剂主要采用无溶剂法成型工艺，此外还有淤浆浇铸工艺和粒铸工艺。无论哪种工艺路线，首先需要将硝化棉和硝化甘油通过吸收工艺制备成双基吸收药，再进行进一步的成型加工，这样可以最大程度上保证生产过程的安全。

4.2.2.1　双基吸收药的成型工艺

常用的吸收工艺包括间断搅拌吸收和喷射吸收工艺，多采用喷射吸收工艺。

（1）间断搅拌吸收工艺　　间断搅拌吸收是在吸收器里进行的，吸收器是一个夹套圆筒槽，底为半圆形便于出料，圆筒盖上装有伸入筒内的搅拌桨和加料口。间断搅拌吸收工艺流程见图 4-22。

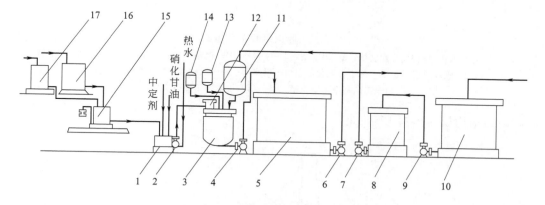

图 4-22　间断搅拌吸收工艺流程

1—混合槽；2—喷射器；3—吸收器；4,6,7,9—泵；5—混同槽；8—棉浆精调机；10—棉浆浓缩机；11—棉浆计量槽；12—凡士林乳化器；13—憎水器；14—乳化器；15—称量槽；16—二硝基甲苯高位槽；17—苯二甲酸二丁酯高位槽

间断吸收工艺过程，首先把调整浓度为 9%～10% 的硝化棉浆，经过计量放入吸收器中，同时进行搅拌。混合液用水喷射器以乳浊液状态送到吸收器上方，通过带有小孔的喷头喷洒在棉浆液面上。凡士林的加入方法，可采用熔化后的凡士林经空气压缩喷入吸收器，也

可用水乳化后加入吸收器里。吸收温度一般控制在 45～50℃，吸收系数为 1：6～7 倍，药料浓度控制在 12％～14％之间。吸收系数的大小，主要影响吸收药料的黏度、质量和效果。

此法吸收的混合液是将多组分称量后，分别加入混合槽里混合均匀，送料是间断的，即吸收一锅配一锅、输送一锅。乳化液配制也是吸收一锅配制一次，加一次。

各组分按顺序加完后，继续搅拌，时间以药料均匀性而定，含硝化甘油量多的停留时间长。吸收完一锅的药料，用泵打入混同槽进行混同、熟化。

混同的目的是将数锅吸收药料，组成一总批，并将它们混同均匀，以减少各次吸收药料之间可能出现的性能差别。

熟化是在混同槽里放置一定时间，以促进溶剂和各组分与硝化棉进一步渗透、扩散和膨润，起到"放熟"的效果。

混同、熟化在同一混同槽中进行，40℃保温，搅拌 18h 以上。

（2）喷射吸收工艺　喷射吸收是将预热的硝化棉浆增压，使棉浆高速运动，通过喷射器喷嘴形成射流，穿过喉管，在吸入管内造成负压，从吸入管把预先配制好的加热混合液（硝化甘油和助溶剂等混合物）吸入喷射器里，与硝化棉按比例混合后喷入混合槽中，其他附加物的乳化液（凡士林，金属氧化物等）用压缩空气喷入混同槽里。由于混合物在吸收喷射器里停留时间很短，只能使溶剂均匀分布在硝化棉的表面上，它是个混合浸润过程，而溶剂的进一步渗透作用将在混同槽内通过机械搅拌完成。

喷射吸收工艺流程如图 4-23 所示。

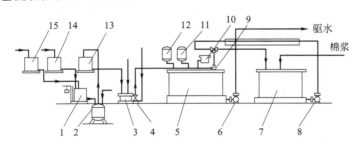

图 4-23　喷射吸收工艺流程

1—称量槽；2—三成分配制槽；3—混合槽；4—喷射器；5—混同槽；6,8—泵；7—棉浆精调机；
9—吸收喷射器；10—凡士林乳化器；11—憎水器；12—乳化器；13—三成分高位槽；
14—二硝基甲苯高位槽；15—苯二甲酸二丁酯高位槽

喷射器结构如图 4-24 所示。

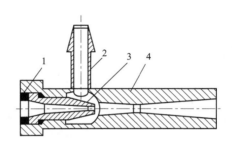

图 4-24　喷射器结构

1—垫圈；2—吸入管；3—喷嘴；4—喷射器主体

喷射吸收工艺条件如表 4-11 所示。

表 4-11　喷射吸收工艺条件

操作项目	温度/℃	压力/10⁵Pa	浓度/%	备注
棉浆喷射	45～50	2.0～3.5	11～13	水温55～60℃
混合液乳化输送	45～50	3.0～4.0		
固体附加物及乳化液输送	依产品定	4.5～5.0		
加料完毕后搅拌	不少于40		不大于17	

乳化液、憎水液及固体悬浮液在吸收一半时间后，用压缩空气喷雾器加入混同槽。

加料顺序一般为硝化棉和硝化甘油（或混合液）加乳化液（先加憎水乳化液、后加其他乳化液）、加凡士林、再加固体附加物乳化液。

4.2.2.2　双基火药的无溶剂法成型工艺

双基火药克服了单基火药能量较低、燃烧层较薄、难于制造大尺寸装药和生产周期长等不足。双基火药可以用调节组分的方法制造双基发射药或双基推进剂，并采用不同成型方法，如碾压工艺、液压机和螺旋压伸机挤压工艺及浇铸工艺等。典型双基发射药药型如图 4-25 所示，典型双基推进剂药柱的横截面形状如图 4-26 所示。

图 4-25　典型双基发射药药型

1—环状药；2—带状药；3—管状药；4—球状药；5—7孔药；6—方片药

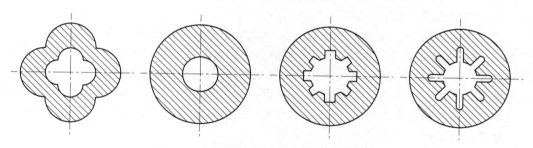

图 4-26　典型双基推进剂药柱的横截面形状

双基火药常用的成型方法与用途见表 4-12。

表 4-12　双基火药常用的成型方法与用途

双基火药品号	成型方法	用途
小粒药	醋酸乙酯溶剂挤压	轻武器、迫击炮
片、环状药	碾压	迫击炮、无后座炮
管状药	水（油）压机、螺旋压伸机挤压	高射炮、后膛炮
推进剂	螺旋压伸机挤压（或浇铸）	战术火箭发动机

压伸法工艺可以连续加工，生产效率高，产品质量均一，但药型较简单、其尺寸不能太大，目前双基推进剂压伸的药柱直径仍小于 500mm。浇铸法制造的药型较复杂，尺寸可大

些，但工艺为间断生产、效率低，因此，双基推进剂仍以压伸工艺为主。双基火药挤压制造方法又分药料连续加工螺旋挤压机压伸成型工艺和药料间断加工液压机压伸成型工艺，无论哪种方法其基本过程是相同的。

（1）连续加工螺旋挤压机压伸成型工艺　螺旋挤压成型为连续加工过程，主机有螺旋驱水机、卧式沟槽连续压延机、螺旋压伸机和自动切药机等，主机之间用螺旋或斗式提升机等输送设备连接。双基药料连续螺旋挤压成型工艺流程如图 4-27 所示。

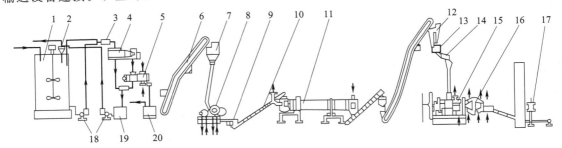

图 4-27　双基药料连续螺旋挤压成型工艺流程

1—药浆槽；2—旋液分离器；3—电磁除铁器；4——次驱水机；5—二次驱水机；6—斗式提升机；
7,12—料斗；8—压延机；9—切割机；10—螺旋式输送器；11—烘干机；13—磁选机；
14—辊筒筛；15—螺旋挤出机；16—模具；17—切药机；18—泵；19—废水槽；20—混料槽

吸收药浆是从吸收工房通过保温管道输入药浆槽，槽内有桨式搅拌机搅拌，以保证药料均匀并防止沉淀。槽内药浆用泵输送，经除铁后连续送往驱水机。

药浆经两次驱水后呈疏松粒状，称为药团。药料按一定数量加到压延机上塑化。经过压延塑化后的药片经过成型环、圆盘刀被加工成具有塑性的圆柱药粒，然后再输送到烘干机。烘干后的药料送往压伸机加料斗，经磁选机和滚筒筛进入压伸机，通过模具被挤压成规定的形状，再由切药机切成规定长度的药柱或药条。

① 吸收药驱水工序　驱水分两次进行。一次驱水把吸收药含水量降到 25％～40％。吸收药进入一次驱水机后，大部分水通过筛网滤掉，脱水后的物料被螺旋翼向前推进，药料在过滤环处受到一定程度的挤压，部分水从过滤环的间隙挤出，药料继续推向机头，再经切刀破碎后转入二次驱水机。由于一次驱水机主要驱除游离水，不需要很高的压力，故无需加热，只要控制药浆温度在 35～45℃ 即可，温度过高会使硝化甘油溶损加大。国外典型的驱水工序生产现场的离心驱水机如图 4-28 所示。

图 4-28　国外典型的吸收药离心驱水机外观

二次驱水是为了进一步减少吸收药的水分，使水含量减到 5%～10%。二次驱水机是由螺杆、花盘、盘刀和壳体组成。壳体下部设有排水格板，壳体靠近机头部位有夹套，可通热水调节温度。螺旋驱水机的结构特点及工作原理是螺杆与机体都是锥形，在机头设有模具式的盘，使药料在驱水机内受到压缩而产生比较强烈的挤压力，为防止药料在机体内旋转打滑，机体内壁刻有纵向导槽，药料顺此导槽在螺杆强力的推动下向前移动，药料中的水分因受此力而流向低压处，即由机头沿导槽向机体后部流动，后部下侧设有排水格板，将挤压出来的水由此排出驱水机。

一次、二次螺旋驱水机排出的废水内，常有约 1% 的吸收药料，这些药料由沉淀槽和曲道器回收。驱水工艺条件见表 4-13。国外典型的间歇驱水机及驱水现场见图 4-29。

表 4-13　驱水工艺条件

项目	药浆温度/℃	水分控制量/%	机体与螺杆缝隙/mm
一次驱水	35～45	25～70	1.2～3.3
二次驱水	40～60	5～10	1.0～1.8

图 4-29　国外典型的间歇式驱水机外观及操作现场

② 压延塑化工序　驱水后的物料，还有少量的水分，由于这部分水是物理结合水，需要通过较高的压力和较高的温度才能驱除，通常在连续双辊沟槽压延机上进行，装置见图 4-30。压延的另一目的是使药料塑化，因为药料中的水分减少后，才能使溶剂与硝化棉之间溶解能力增强，分子间结合力加大，使药料塑化、强度提高。压延的第三个目的，是使

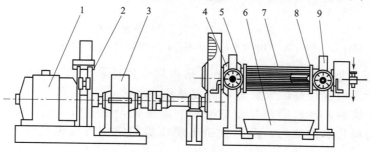

图 4-30　连续双辊沟槽压延机
1—电动机；2—电磁安全刹车装置；3—减速箱；4—调距盘；5—圆盘刀；
6—换料盘；7—辊筒；8—成型环；9—机架

药料混合，以提高各组分的均匀性。

压延机有两个辊筒，相对向内旋转，辊筒间的间隙可调节。辊筒的空腔内可通过85～100℃的热水调节温度，加速药料水分的扩散和蒸发。以 ϕ550mm×1500mm 的压延机为例，工作辊上刻有 120 个 2mm×2.5mm 的 U 形纵向沟槽，空转辊上刻有 V 形沟槽，药料在沟槽压延机上约停留 4～5min，被压延的次数为 45～55 次，辊筒转一周约为 5s，经过压延的进一步驱水，药料含水量降至 1% 左右。其塑化作用是加速溶剂对硝化棉的扩散、膨胀和溶解，此时硝化棉大分子趋于定向排列，组分分布进一步趋于均匀和密实。

压延过程的返工品不得过量，否则对质量和安全都不利。在压延过程中，新的药料不断从压延机中部的布料器加入，压延机辊筒上的药料受辊筒碾压不断向两侧移动，逐步塑化完全。工作辊两端各设有一个带 120 个孔径为 ϕ10mm 的成型环。塑化好的药片被挤向两端，通过成型环挤成药条。成型环的外侧各装有一圆盘刀，把药条切成药粒，刀下装有溜药嘴，使药粒溜往输送螺旋机被传送走。

③ 烘干工序　药料虽经压延获得进一步驱水，药料的毛细管内仍含有 1%～2% 的水分，压延很难除去这部分水。实践证明药料含水量在 0.3%～0.6% 范围才能符合压伸要求。为了解决这个问题可以采取强化压延，但强化压延增加了着火概率，不符合安全规范要求。因此，药料要经过烘干，通常采用滚筒式烘干机进行。滚筒式烘干机结构如图 4-31 所示。滚筒倾斜一定角度，筒内有纵向叶片，滚筒转动时药料被抄起，至滚筒上部落下。热风与药料逆向运动，将药料中的水分带走。烘干的另一目是调节药粒温度，使之满足压伸工序的需要。不同品号的药料，其表观黏度不同，可以通过烘干工艺调整药料的表观黏度，使之与挤出机参数相适应。

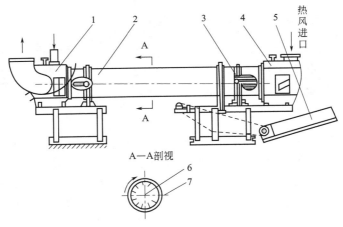

图 4-31　滚筒式烘干机结构示意图

1—进料箱；2—滚筒；3—雨淋喷头；4—卸料箱；5—输送螺旋；6—石棉保温层；7—叶片

④ 螺旋挤压成型工序　螺压成型工艺是将烘干后的药粒通过螺旋压伸机挤压成型。压延药粒进入螺压机前经过烘干处理，温度达到药料的玻璃化温度以上，使药料处于高弹态。进入螺压机后，药料经过强烈的剪切、摩擦使温度上升，药料又从高弹态转变为黏流态。随着药料状态的变化，药料被挤出螺压机的螺旋挤压进入模具内，并在模具内继续流动。

螺旋压伸机结构主要部件有螺杆和机体，机体内镶入铜质衬套，在机头处与模具连接（见图 4-32），典型的固体推进剂螺压成型机及挤出成型生产现场如图 4-33 所示。

双基药生产的螺旋压伸机结构特点：

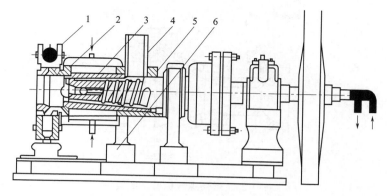

图 4-32　双基药成型用螺压机结构

1—夹具；2—机体；3—钢套（机筒）；4—加料斗；5—螺杆；6—机座

图 4-33　不同直径的双基推进剂螺压挤出成型现场

a. 锥形鱼雷头螺杆为双头螺纹，以利药料均匀及压力平稳；

b. 螺杆的螺旋角从杆的后部到前端由粗变细，螺旋角为 8.5°～13°；

c. 螺槽没有输送段，只有压缩段，给料之后立刻起到压缩作用，其压缩比约为（2.5～3）：1；

d. 机壁铜套内侧开有纵向沟槽，有助于药料沿轴向运动。

箭药螺压机模具结构如图 4-34 所示，炮药螺压机模具结构如图 4-35 所示。

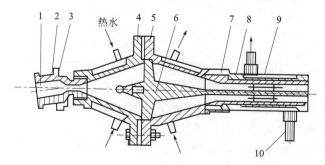

图 4-34　箭药螺压机模具结构

1—进药嘴；2—剪力环；3—卡环；4—前锥；5—后锥；6—针架；

7—成型钢套；8—铜套；9—定位环；10—水嘴

药料进入前锥体后，由于通道扩张，边界处的流速与中心流速很接近，进入后锥体后，

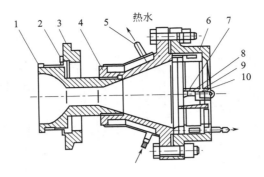

图 4-35 炮药螺压机模具结构

1—进药嘴；2—剪力环；3—卡环；4—前锥体；5—热水嘴；6—模座；

7—成型体；8—针及针架；9—定位环；10—堵头

流道明显加宽，使硝化棉分子受到拉伸而定向排列，混合效果进一步增强。药柱的强度也随之增加，最后从成型体挤出药柱。

以螺杆直径为 180mm 的螺压机工艺为例，螺压工艺条件见表 4-14，螺压工艺温度见表 4-15。

表 4-14 螺压工艺条件

项目	范围
药料温度/℃	65～85
药料水分/%	<0.7
压伸机缝隙/mm	0.3～1.0
螺杆转速/(r/min)	4.5
出料速度/(kg/r)	1.1～1.3

表 4-15 螺压工艺温度

部位	温度/℃
机体	60～80
螺杆	65～85
前后锥	65～85
成型体	65～85
针、针架	60～80

螺压机体、螺杆、模具都用热水保温，生产大型药柱时，其模针及针架也要通热水保温。当螺旋挤压机压出成型药柱后，须趁热将药柱切断，一般采用自动切药机，把压伸出来的药柱或药条，经切药机切成要求的长度。

螺压大型药柱直径超过 60mm 的自动切药机如图 4-36 所示。国外典型的无溶剂法小尺寸双基火药的挤出与切粒机外观如图 4-37 所示。

⑤ 晾药与选药　药柱成型后还需晾药与选药，以满足武器的弹道性能要求。

成型的药柱，其温度仍在 75～85℃，在此温度下药料较软，如果任意放置，冷却后可能弯曲、椭圆变形而不能使用，因此在药柱冷却过程中，应放置在平整地方并做适当的翻动；另外火药导热性差，其热导率仅为 0.0013J/(s・cm・K)，若温度骤然冷却，药体表面

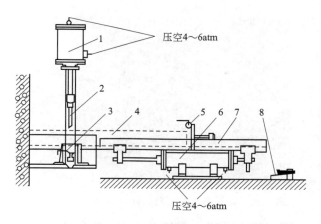

图 4-36　螺压成型系统的自动切药机结构示意图
1—气缸；2—刀片；3—提刀信号；4—药柱；5—切药长度信号；
6—切药气缸；7—溜药槽；8—复位信号

图 4-37　国外典型的无溶剂法小尺寸双基火药的挤出与切粒机外观

将产生应力，使药柱表面形成细小裂纹，所以在晾药过程中要求环境温度为 10～30℃。药柱直径及弧厚不同，冷却至平衡温度的时间也不一样，一般要求见表 4-16。

表 4-16　不同直径药柱的晾药时间

药柱直径/mm	<50	50～100	100～150	150～200	200～250	250～300
晾药时间/h	12	24	36	48	72	96

　　药柱在晾药工房经过一定时间后，进行挑选，药柱不允许有裂纹、气泡、针架痕等疵病；对弹道性能影响不大的疵病，如表面划痕、凹陷、药柱内部的微小气泡、杂质、端面毛刺、崩落、斜切等，要严格按照确定的标准挑选。为防止药柱内部含有较大气孔或异类杂质等，应用超声波探伤仪做药柱内部探伤检验，合格后方可使用。

　　挑选合格的药柱，需要经过进一步后处理，使其完全满足装药要求。国外典型的火药晾药及烘干工房如图 4-38 所示。

　　⑥ 返工品处理　双基炮药和箭药所产生的不良品种类很多，除杂质过多、油污严重、安定性不合格、组分和燃速按技术指标相差太大者，应作为废品处理，其他不良品均可作为返工品，按一定比例加入同牌号已驱水的吸收药料内投入生产。

　　可投入生产使用的返工品种类有压延机上取下的药料、烘干保温回收的药粒、滚筒筛筛

图 4-38　国外典型的火药晾药及烘干工房外景图

下的小药粒，从压伸机内清理下的药头、药圈及药粒，卸模时取出的药块应趁热把大药块用刀切成小块，炮药应切成片，压药以及挑选时不符合技术要求的药柱等。

对大药块或药柱的返工品，常采用两种方法破碎：一种方法是用破碎机把大块破碎成小于 $4cm^3$ 的小块；另一办法是人工破碎，即把大药块或药柱放入热水槽内浸煮 0.5h，待煮软后取出，用铡刀切成厚度不超过 10mm 的薄片。

将所有能作返工品的药粒、片、屑、条装入布袋，在 85℃±10℃ 的热水槽中浸煮软化，取出后在沟槽压延机上制成颗粒，晾后装入袋里备用。

（2）药料间断加工液压机压伸成型工艺　药料的吸收与连续法相同，经一次、二次驱水，药料含水量为 6%～12%，再经卧式沟槽压延机粗压驱水，药料水分一般控制在 2%～5%，再经光辊卧压机反复压延，先薄压再厚压，在高温高压下使药料进一步驱水和塑化，以保证产品质量。把卧式压延机压好的药卷切成两段，再经立式压延机碾压并卷成符合压伸机药缸尺寸和重量要求的药卷，一般药片厚度为 0.9～1.5mm。压好的药片立刻送保温岗位或压伸成型工序。双基药的间断加工成型的工艺流程如图 4-39 所示。

图 4-39　双基药间断加工成型工艺流程

双基药间断法压伸工艺条件见表 4-17。

表 4-17　双基药间断法压伸工艺条件

项目	药缸温度 /℃	压伸压力 $/10^5$Pa	药卷重 /kg	付压时间 /min	压伸时间 /min	切药室温 /℃
条件	75～85	150～400	71～82	>2	9～18	>18

柱塞式挤压机可为立式或卧式。若在挤压前先抽真空至 5mmHg（1mmHg＝133.322Pa）以上再挤压，则产品中的气泡可大为减少。如采用 $\phi380$mm 药缸可压制 $\phi100$mm 左右的药柱。典型的工业用大型缸式油压成型机及小型试验用油压机外观如图 4-40 所示。

这种工艺较简单，但由于只能间断操作，质量均匀性不如连续化的工艺。如对于同一批火药，用柱塞式工艺压力跳动的标准为 4.78%，而用螺旋挤压工艺为 3.81%。这种工艺还可在立式压延后直接切成带状或方片，作为迫击炮发射药。

螺压成型与液压成型相比，螺压便于连续化生产，可制造大尺寸药柱，质量稳定、良品

(a) 大型油压机　　　　　　　　(b) 小型试验用油压机

图 4-40　典型的大型缸式油压机及小型试验用的油压机外观

率高。柱塞式挤压机对药料的适应性较好，适于小尺寸、小批量产品和生产灵活性大等。

4.2.2.3　双基火药的溶剂法挤压成型工艺

双基火药的成型除了无溶剂法工艺外，还有溶剂法挤压成型工艺，该工艺适用于燃烧层厚度较薄的小尺寸药柱的制备，其流程如图 4-41 所示。

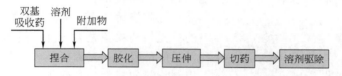

图 4-41　双基药溶剂法挤压成型工艺流程

在捏合工序中加入所需要的组分与挥发性溶剂，如丙酮、醇醚溶剂等。为了安全起见，硝化甘油可溶于溶剂中加入，也可以以吸收药的形式加入。配制的物料经过螺压机或柱塞压机塑化成型，压出的药柱切断后驱除溶剂。

虽然这种工艺也能生产推进剂，但只能压制弧厚很小的药柱，大肉厚的药柱溶剂不易挥发，会使弹道不稳定。但这种工艺可加入水溶性的弹道改良剂，弹道性能比较容易调节。

4.2.2.4　双基火药的浇铸成型工艺

由于采用挤压工艺难于制造构型复杂的大型药柱，并且用于制造某些成分复杂的药柱危险性大，20 世纪 60 年代以来浇铸型双基推进剂工艺得到迅速发展。

显然，浇铸工艺的出现使双基火药的制造避免了受挤压机直径的局限，从而能制造大型、构型和成分复杂的药柱。浇铸工艺比挤压工艺操作简单，可以实现同一药柱内提供两种以上的不同燃速的配方。用浇铸工艺制造出的双基药配方可以扩大硝化甘油和硝化棉的比例范围，从而扩大双基药配方的可调节范围。该工艺对高硝化甘油以及含大量固体填料的配方尤其适用，对双基药直接与发动机壳体黏结的装药来讲也是十分有利的。

双基药挤压成型工艺历史悠久，浇铸工艺也早在 1944 年开始发展，这两种工艺都比较成熟，一般情况下制造出来的药柱质量较均匀，性能再现性好，这两种工艺方法制造出的双基药都具有各自的优点。浇铸工艺还可以细分为适合于双基、改性双基推进剂的充隙浇铸工艺，适合于高能推进剂（如 NEPE、XLDB、CMDB）用的配浆浇铸工艺，以及适用于复合推进剂的浇铸工艺。

（1）充隙浇铸工艺　充隙浇铸工艺也称造粒浇铸工艺，是将双基药中的固体组分事先制成颗粒药或球形药粒，与溶剂硝化甘油等在一定形状的模具中相互接触和溶胀，在一定温度和时间后完成塑化成型。双基药的充隙浇铸成型工艺流程如图 4-42 所示。

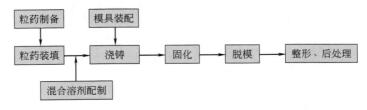

图 4-42　双基药充隙浇铸成型工艺流程

由于硝化棉是疏松的纤维状材料，当它与液体增塑剂和溶剂混合时，因硝化棉溶解速度很快，先接触增塑剂和溶剂的部分立即形成黏度很大的溶胶，这层黏稠的溶胶将阻止溶剂对内部硝化棉的溶解，造成溶解不均匀，无法与其他组分均匀混合。为了使硝化棉与硝化甘油及其他液体增塑剂均匀混合，就要控制其溶解速度。将硝化棉制成颗粒，这些颗粒与增塑剂接触后，能够缓慢而均匀地溶解，使浇铸期间的混合物有合适的黏度，这样就能得到均匀塑化的推进剂药柱。通过机械造粒制成直径和长度约等于 1mm 的柱状药粒，用于充隙浇铸推进剂药柱。配方中所有固相组分，都只能加在柱状药粒中。

图 4-43　固体推进剂充隙浇铸装置

充隙浇铸工艺中物料混合与浇铸是同时进行的。先将药粒预先装在浇铸模具中，再将增塑剂从模具底部吸入，充满模具内的药粒缝隙中。接下来控制物料的温度，含硝化棉的颗粒完全塑化后即可脱模，再经过整形、探伤等后处理过程，制得成品药柱。典型的固体推进剂成型用充隙浇铸装置如图 4-43 所示。

（2）配浆浇铸工艺　配浆浇铸工艺也称淤浆浇铸工艺，由于复合改性双基推进剂的发展，出现了各种能量高、性能优良的交联改性双基推进剂（XLDB）及 NEPE 推进剂等，充隙浇铸工艺已不适用，因而配浆浇铸工艺成了复合改性双基推进剂的主要生产工艺。该工艺是将双基药中的固体组分事先制成球形药粒，与溶剂硝化甘油等均匀混合后浇铸到模具或发动机中，在一定温度和时间后完成塑化成型。

双基药配浆浇铸工艺流程如图 4-44 所示。

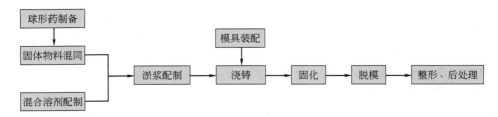

图 4-44　双基药的配浆浇铸工艺流程

① 球形药制备　配浆浇铸用的球形药,粒径可在几微米到几百微米。球形药控制的质量指标包括粒度、圆球率、堆积密度等。为了容易被增塑剂塑化溶解,药粒中含有一定量增塑剂,并含有多种组分。为了获得良好的推进剂药柱性能,也常将若干组分加在球形药粒中。

② 固体物料混同　将推进剂配方中数种固体组分混合在一起,通常包括球形药、铝粉、高氯酸铵、黑索今及催化剂等。混同可用筛分法,通常筛混两三次,筛孔大小应使最大颗粒顺利通过为宜,混同装置应密闭,防止粉尘飞扬。

③ 含预聚体混合溶剂的配制　与充隙浇铸工艺一样,配浆浇铸工艺也需要混合溶剂配制。为改善双基推进剂的力学性能,采取了加入多官能团异氰酸酯交联硝化棉的方法,以及同时加入与硝化棉有很好互溶性的端羟基聚酯预聚体及异氰酸酯的方法。对于 NEPE 推进剂,则采用多官能团异氰酸酯交联聚醚的方法。聚酯预聚体在常温可能是液体或固体,在其加入混合溶剂之前都要加热,并在真空下干燥,然后再加到充分干燥的硝化甘油溶剂中。

④ 淤浆配制　将推进剂配方中的固体物料与混合溶剂均匀混合,配成具有一定流动性的药浆供浇铸工序使用。淤浆配制的主要设备为配浆机,通常选立式混合设备,即捏合机。配浆通常在真空下进行,以保证不混入空气并可除去水分和低沸点物。将药粒和其他固体组分与混合液混成均匀的浆状物称为药浆。配浆设备夹套通水,以调节配浆温度。混合时控制的工艺参数符合要求后,即可进行浇铸。

⑤ 淤浆浇铸　将药浆注入装配好的发动机或模具。浇铸前需将模具按要求进行处理和装配,即可按步骤进行浇铸,浇铸过程需保持一定的真空度,以防止空气进入药浆内,避免药柱内出现气孔。通常采用真空顶部浇铸,配浆锅内药浆靠大气压力压出并通过软管注入发动机中,对于完全铸满的壳体黏结式发动机,要留必要的沸腾高度。

浇铸药浆必须具有一定的流动性,调整固液比是改善药浆流动性的最常用、最方便的方法。固液比是指药浆中固相组分与液相组分的质量比。固液比越大,说明固相含量越高,流动性越差。复合改性双基推进剂的药浆固液比通常控制在 70/30～60/40 范围。调节固体颗粒的粒度分布是调节浆料流动性的又一方法。此外,固体颗粒表面性质也是影响流动性的另一重要因素。

推进剂浆料从搅拌停止到失去流动性这段时间称为药浆的适用期。通常希望适用期长一些,以保证有充足的浇铸时间,一般适用期应大于 4～5h。

配好的药浆在浇铸过程中,尤其是在固化过程中,固体颗粒发生沉降,在药浆表面游离出一部分溶剂的现象称为药浆的沉降。药浆发生沉降会对上、下层推进剂组分的准确性有轻微的影响。更主要的是在加热固化和脱模中存在游离的硝化甘油对安全是不利的。为了防止药浆出现明显的沉降现象,不宜使用大颗粒的固体组分,在溶剂中加入少量爆胶棉可以明显提高介质的黏度,也是防止沉降的有效方法。

⑥ 固化　浇铸后的固液混合物,在加热条件下凝固成固体推进剂的过程称为固化。硝酸酯渗入硝化棉中塑化成固体药柱,无论是配浆浇铸工艺或是充隙浇铸工艺,其固化机理、固化条件和设备基本相同。根据不同的推进剂配方,确定其固化温度和固化时间。

⑦ 脱模、整形及后处理　将固化成形脱模后的推进剂药柱称为毛坯药柱,还需要按图纸要求整形或经车床加工,最终形成包覆前的药柱。

4.2.2.5　其他类型双基火药的成型工艺

(1) 片状药生产　片状药按其不同形状可以分为方片药、带状药和环状药三种类型。这些火药主要用于迫击炮与无后坐力炮。其制造原理与一般双基药相同。这类火药中硝酸甘油含量较高（约40%），不安定因素要比一般双基火药的制造大得多，因此生产中必须特别小心。但是只要操作人员加强责任心，严格工艺操作，积极采取防护措施就能保证生产的正常进行。

片状药选用高能的双迫药，药片一般厚度为0.1～0.3mm，此种发射药可以在点火的瞬间燃完。目前片状药生产多采用间断工艺，其流程见图4-45。

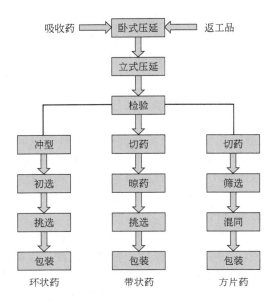

图 4-45 片状双基药的生产工艺流程图

卧式压延机辊筒为光辊筒。立式压延机或称精压机为光辊筒，辊筒表面光洁度需要达到0.32μm，精度为0.01mm范围，下辊筒表面呈弧形，两端直径较中间细0.1mm，辊筒用85～100℃热水加温。

（2）小粒药生产 双基小粒药制造是利用乙酸乙酯强溶剂，溶剂比为1：（1.5～2.0），将吸收棉等置入含水胶化器中完成初步塑化并制成均匀的药团。通过软挤压、切割造粒、溶剂回收而制得药粒。

塑化的药粒定量地加到螺压机中继续塑化，螺杆前部装的带孔模具，模具上放有过滤铜丝网，药料不断从模孔中被挤压出来，并用紧贴模具的旋转刀片将它切割成一定的长度。为了防止切下药粒黏结并驱除药粒内部的水分，一边成型一边向切下的药粒喷明胶和硫酸钠水溶液。其后与单基球形药的后工序相似。

部分小粒药厚度非常小，与片状药没有本质的差异，图4-46为美国海克力斯公司制造的短身管枪所用的小粒药外观。

（3）卷卷式工艺 药料经卧式压延机和立式压延机压延后，在药片间涂以黏结剂，用专门的机器卷成药卷则形成药柱，这种工艺生产大药柱，其尺寸基本上不受限制。典型双基药压延制片卷制的药卷如图4-47所示。

（4）双螺杆螺旋压伸工艺 双螺杆挤压机在塑料工业中普遍适用，其优点包括：混炼效果好，质量均匀；适用范围宽、药料黏度大小均适用；螺杆特性硬，不论制品截面大小，均可在同一压力下生产；生产过程中温升较小，对安全有利。

图 4-46　美国海克力斯公司制造的小粒药的外观

图 4-47　典型的双基药压延制片后卷制的药卷外观

德国诺贝尔炸药公司发展了一种连续自动化双螺杆压伸工艺，其流程为：

该流程造粒、塑化、成型三道工序均使用双螺杆螺压机，结构紧凑、占地面积小。

（5）无辊压工序工艺　双基药生产中压延工序，设备费用高，着火率高。美国马里兰州海军军械站发展了一种无需辊压的新工艺。将药料各组分在惰性介质中混合成药浆，之后将载体分离，将药料干燥固化，最后放入压伸机塑化成型。这种工艺取消了压延工序，安全性得到提高。

（6）超声挤压　美国匹克汀尼兵工厂发表了超声挤压工艺，据报道用 180W 的超声波，可使 N5 火药压伸速率从 15% 提高到 36%，使 XM55 火药的压伸速率从 110% 提高到315%，且超声能并不会引起火药的过度加热。

4.2.2.6　双基药生产的安全技术

双基火药主要是由两种硝酸酯组成，它们的硝基通过另一个氧原子与碳原子结合，主要组分的化学结构是不牢固的。虽然由于吸收、塑化和加入中定剂等附加物，改善了物理结构和增加了安全性，但在常温下仍能缓慢分解，温度高时能自动加速分解。为了避免此种加速分解，药温与药量的限制是非常重要的。试验得知，200g 的双基药在 95℃ 的绝热条件下，225h 左右就能自燃甚至爆炸。双基药的分解速度受压力的影响很大，如在密闭的容器中燃烧后，能迅速转为爆炸。在双基药生产过程中，塑化、成型是在高温高压下进行，现代化的生产多为连续式，一点火星可能烧掉整个生产线。为了减少火灾和炸药损失，必须安装对火焰有灵敏反应的自动雨淋灭火装置，要求每平方米地面最少水量 0.15L/s。

防止生产中硝化甘油的爆炸，在双基药生产中，通常硝化甘油和水形成乳化液，使其感度大大降低，有利于安全生产。若在药料吸收配料时，未经混合乳化，结果出现纯硝化甘油或游离态的硝化甘油，会因摩擦冲击酿成重大事故。由于双基药中含硝化甘油等物质，生产过程能呈气体形式挥发出来，与双基药挤出有关的岗位都应有良好的通风设施。

4.2.3　球形药的成型工艺

4.2.3.1　球形药概述

球形药通常是指以硝化棉为主要成分的外形接近球形的颗粒状发射药，颗粒直径不超过10mm，大多数情况颗粒直径范围为$0.001\sim3.0$mm，主要用于中小口径身管武器的发射药及浇铸型双基推进剂的基础材料。

与其他形状的粒状含能材料制造技术相比，球形药成型技术具有很多独特的优势，主要包括以下几个方面：①采用强溶剂，高分子材料完全塑化，允许使用安定性比较差的硝化棉；②利用液态物质的表面张力成型，而不是采用机械成型方法，简化了工艺过程；③工艺过程中调整和控制药形尺寸较容易，尤其适合小尺寸药粒的制造；④大多数工序是在水中进行，生产过程比较安全；⑤生产设备简单，生产周期短，便于机械化、连续化和自动化；⑥工艺适应性强，工艺设备适用范围广，可生产单基、双基或三基发射药；⑦溶剂回收容易，设备简单，溶剂回收成本低。典型的球形药和球扁药外观如图4-48所示。

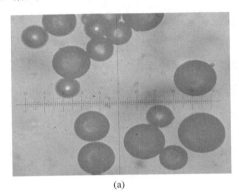
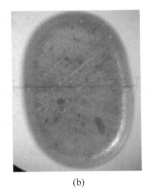

|(a)|(b)|

图 4-48　典型的球形药 （a） 及球扁药 （b） 外观图

球形药是利用界面张力成型，大大简化了发射药的制备工艺过程。球形药制备方法大致可以分为内溶法和外溶法，主要区别是在于溶解硝化棉的方式不同。此外，在球形药基础上，发展了球扁形发射药的两条球扁化工艺路线，其一是碾压球扁化工艺，其二是内溶法直接球扁化工艺。

（1）内溶法工艺　内溶法工艺的原理是将硝化棉或吸收药等原料悬浮在非溶剂的介质中，然后加入溶剂，在加热和搅拌条件下，物料被溶解成具有一定黏度的高分子溶液。通过高速搅拌作用将高分子溶液分散成细小的液滴，液滴与非溶剂介质不相溶，液滴在界面作用力下，表面积有尽量缩小的趋势，以减小表面能。同样体积的物体，表面积以球形为最小，液滴收缩成为近球形。当介质阻力、胶液界面张力、胶液黏度、搅拌转速控制适当时，球粒在介质中运动受力平衡或受力较小，可以保持球粒形而不变形。

成球后，通过采用提高温度、通入空气或抽真空等手段，逐步将液滴内的溶剂驱除出来，硝化棉液滴的黏度也逐步增大，黏度增大到一定程度将不再发生聚集和分散。为了提高球形药的密度，在驱溶前或驱溶过程中在水中可以加入可溶性盐类，由于介质中盐的存在而产生渗透压作用，球粒内的水分通过保护膜层（可看作为半透膜）不断渗透到介质中，这样球粒内水分产生了浓度梯度，球粒内层的水分通过内扩散向表层运动。通过调整脱水剂的用量，控制球粒的渗出水分的速度，可得到不同密度的药粒。

一般内溶法工艺只适合于制备粒度较小的球形颗粒，粒径范围大多在 $10\sim2000\mu m$，该工艺缺点是水和溶剂的用量较大，一般为固体原料药质量的 $5\sim20$ 倍。

（2）外溶法工艺　外溶法工艺是将预先溶解好的漆状火药溶胶或预先胶化并切断的含有溶剂的药粒加入到含有保护胶的水溶液中进行成球，成球过程结束后，后面的过程与内溶法工艺基本相同。外溶法工艺适用于制备粒度相对较大的球形药或球扁药。

典型的外溶法工艺过程为，将硝化棉（或吸收药）在溶剂乙酸乙酯中溶解成黏稠的胶液，直接分散到含有保护胶的水溶液中进行成球，或者通过挤出机的孔板挤出成圆柱形的药条，药条连续地被旋转刀切成长径比为 $1:1$ 的药粒，药粒很软，非常容易变形，切制完成后立即落入水溶液中，加入不断搅拌的含有保护胶、乙酸乙酯和脱水剂（Na_2SO_4）盐溶液中，通过加入附加溶剂和加热使药粒变软，并形成近球形的颗粒，最后蒸出溶剂而得到近球形的药粒。

外溶法工艺所用溶剂少，一般溶剂的用量仅为固体原料质量的 $2\sim5$ 倍，所制得球形药的粒度大小比较均匀。此外，这种方法还可以制备粒径大于 $3mm$ 甚至 $5\sim8mm$ 的大颗粒球形药，这样大的药粒不仅可以应用到中小口径的身管武器上，还可以应用到大口径的身管武器上。

（3）球扁化工艺　球扁药的几何形状接近圆片，性能明显优于具有减面燃烧的球形药。目前，球扁药成型工艺可以分为球形药碾压球扁化和内溶法直接球扁化工艺，国际上主要采用碾压成型工艺。

① 球形药碾压球扁化工艺　碾压成型球扁药技术是将经过严格筛选后的球形药，采用压延机等设备进行压扁而成型的，得到饼状的颗粒，最终产品的厚度偏差主要决定于碾压设备的精度。该工艺原理比较简单，但碾压过程工艺参数的控制非常重要，主要的可控参数包括碾压辊的表面温度和辊间距。如果碾压处理过程辊的表面温度偏高，药粒自身发生分解的风险加大，球形药颗粒的机械感度也比较高；如果碾压温度偏低，尤其是低于药粒的热变形温度时颗粒内部容易产生裂纹，这些裂纹在燃烧时会影响燃气的生成规律，使得药粒的表观燃速提高，并对弹道性能产生负面的作用，大幅度提高膛压。碾压厚度也需要严格控制，如果目标弧厚远小于颗粒的平均直径，需要进行多次碾压，否则颗粒同样会发生严重的变形或破裂。

最重要的碾压成型球扁药种类是双基型球扁药，一般表面还要进一步进行钝感处理，这类药塑性比较大，在稍高于室温的条件下就具备很好的形变能力。

② 内溶法直接球扁化工艺　内溶法直接制备球扁药的工艺原理，是在内溶法工艺的基础上发展而来的，在颗粒成型过程中，通过控制影响成型的一些工艺参数，使具有形变能力的球形液滴，在界面处发生不均匀的受力，在不同的方向出现大小不等的动态力，导致高分子液滴的外形从球形向扁球形或饼状过渡，最后定型时即形成球扁形药粒。

扁球形状的形成与多个工艺参数有关联，通过调节不同的工艺参数都可以得到球扁药。内溶法直接制备球扁药的显著特点是保留了球形药的工艺，仅在工艺控制上做了调整。球扁药工艺技术的关键是掌握、调整好溶剂比，严格控制脱水前溶剂的预蒸出量是控制球扁药形尺寸和厚度均匀性的核心技术。

同普通的球形药一样，一次成型球扁药的外形特征及密度等是由各个工艺参数决定的，药粒的大小主要取决于溶剂比和机械搅拌的强度，球扁药的弧厚和直径之比主要取决于在定型阶段的动态界面张力和高分子溶胶内聚力的大小。

4.2.3.2 典型的球形药工艺

从 1929 年发明以来，尽管球形药发展了很多不同的工艺，但其成型原理基本上是一致的，这些工艺路线可以概括为两大类，即可以分为内溶法和外溶法两类，球扁药的成型工艺可以归到球形药工艺中，主要的特点是增加了药形控制的工艺环节。连续化成型工艺仅是将部分工艺过程采用连续化设备进行处理，可以归到上面的两类工艺中。根据用途和原材料的差异，这些成型工艺可以在局部过程进行调整。球形药成型工艺一般包括物料的溶解、成球、溶剂的驱除、球形颗粒的分离、后处理等步骤，下面介绍这些不同工艺路线的工艺流程。

（1）内溶法成球工艺流程　图 4-49 为典型的内溶法制备球形药的工艺流程图，该流程看起来操作步骤比较多，实际上大部分工艺过程都是在同一个成型反应器内完成的，球形药成品的性能与每个工艺过程都有关联。按工艺操作的时间顺序大致可以细分为 8～10 个工序。

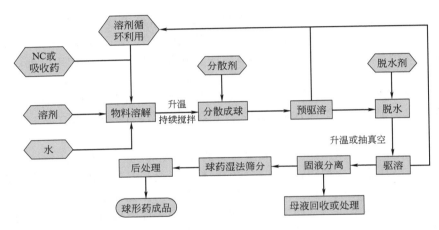

图 4-49　典型的内溶法成球工艺流程

这些工艺过程中，物料溶解、分散成球、预驱溶、脱水、驱溶等工序都是在成球反应器中完成的，且是制造球形药的关键工序。

（2）外溶法成球工艺流程　外溶法成球工艺有两类，第一类工艺与内溶法工艺非常接近，只是高分子物料溶解方式不同，这里称为预溶法成球工艺；第二类工艺是将含硝化棉的高分子物料制备成更黏稠的物料，直接挤出造粒，然后借助于外加的溶剂球形化处理，这种工艺称为挤出法成球工艺。预溶法成球的工艺流程如图 4-50 所示。

从以上的流程图可知，含有硝化棉的有机相高分子溶胶和用于分散高分子溶胶的水溶液是单独准备的，通常是将预先溶解好的高分子溶胶在搅拌状态下逐步加入到水溶液中进行分散成球，成球之后的工艺过程与内溶法工艺几乎没有差别了。

挤出法成球工艺适合于制备粒径较大的球形药，实际上是将传统的挤出法小粒药成型工艺与内溶法成球工艺相结合而开发的，即预先采用溶剂法成型制备带溶剂的粒状药，然后在成球反应器中将粒状药进行密实化和球形化处理。该类成型工艺的工艺流程图如图 4-51 所示。

从图 4-51 的工艺流程图可知，挤出成型的药粒溶剂含量较少，没有足够的形变能力，因此在球形化介质中需要补充少量的溶剂。尽管工艺过程与预溶法成球工艺有些区别，但颗粒的球形化原理是相同的。

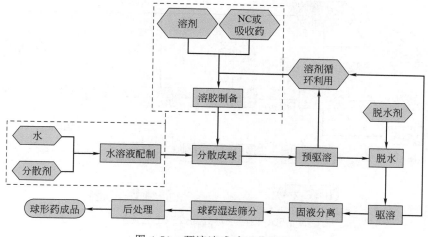

图 4-50　预溶法成球工艺流程

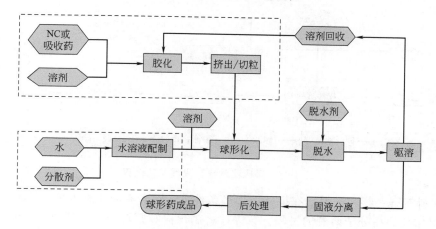

图 4-51　挤出法成球工艺流程

对比分析两种外溶法工艺的特点，可以看出两者的主要区别在于有机溶剂塑化的双基药物料的黏度差别较大，最终得到的球形药粒径大小也有较大的差异。预溶法工艺与内溶法工艺制备的球形药粒度均比较小，一般平均最大粒径不超过 2mm，而挤出法成球工艺可以制备粒径在 2mm 以上，甚至 5mm 以上的药粒。

（3）内溶法球扁药成型工艺流程　如前面成型工艺原理，内溶法直接制备球扁药的工艺流程与内溶法工艺制备球形药的流程相似，只是增加了球扁化控制和弧厚控制环节，如图4-52 所示。

（4）碾压法球扁药成型工艺流程　碾压法制备球扁药的工艺过程，是在球形药工艺路线的基础上增加了碾压球扁化过程，如图 4-53 所示。

4.2.3.3　典型的工序介绍

成球的工艺条件，直接影响成球过程的质量。而成球阶段的质量控制，主要是控制球形药的粒度、圆度、密度以及良品率。粒度是指球的直径尺寸大小，是产品设计尺寸，圆度是指球形规整程度，密度是指颗粒的假密度。影响这些因素的有投料比、温度、搅拌速度和选用的原材料性质等。

下面主要结合内溶法成球工艺对典型的工序进行介绍。

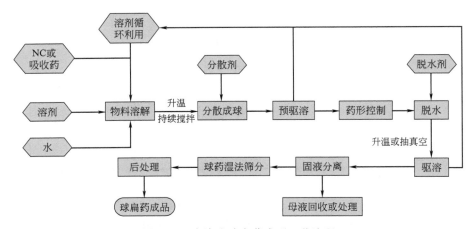

图 4-52　内溶法球扁药成型工艺流程

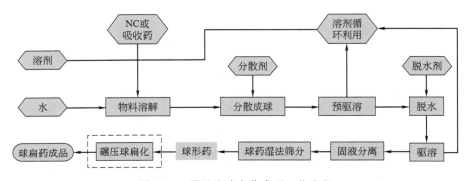

图 4-53　碾压法球扁药成型工艺流程

（1）物料溶解　物料溶解是在搅拌、加热条件下，将含有硝化棉的原料溶解到溶剂中形成具有一定黏度的高分子溶胶的过程。首先，将硝化棉等原料药加入到物料溶解槽或成球反应器中，加入适量溶剂进行物料溶解。在搅拌状态下，原料药在成型设备中被溶剂分散并溶解，形成高分子溶胶。加入溶剂之前，可以先加少量的水进行分散，以防止物料团聚或粘壁。物料的溶解过程也可以先将原料药悬浮于非溶剂介质中，然后加入溶剂，在搅拌、加热条件下，直接得到由非溶剂介质分散的悬浮液。在物料溶解前期，高分子物料在溶剂作用下逐步溶胀和分散，物料的黏度较大，分散比较困难，需要在较低的转速下完成。溶解完成后，高分子溶胶悬浮在大量的分散介质中，料团在搅拌桨叶的剪切作用下打碎成细小的液滴。

温度影响硝化棉的溶解速度及其溶液的黏度。适当提高温度可以加快硝化棉的溶解，降低其溶液的黏度，起到与增大溶剂比同样的效用，有利于减少溶剂的用量。但若在溶解成球工序中的温度过高，则溶剂的挥发损失会较大，不经济。溶解温度根据所用的溶剂种类确定，应不高于溶剂的沸点或混合溶剂的共沸点；采用乙酸乙酯作溶剂时通常温度控制在60～65℃范围。

溶剂可以选乙酸乙酯、乙酸丁酯、丙酮、丁酮、乙醇、甲醇及其混合物，优先选用对原料药具有良好溶解性能的溶剂；物料溶解时间根据原料种类及颗粒大小来确定，在室温或加热条件下溶解时间为 60min 左右。

（2）分散成球　成球过程可以细分为高分子黏胶液的分散、分散小液滴的球形化、球形胶团液滴的稳定等过程。球形药的成型过程也是连续发生的。随着分散相黏度的增大，液滴尺寸的减小和搅拌速度的降低，建立平衡所需的时间增加。对于特定的物料体系，溶解分散足够时间后，液滴不再发生分裂和聚集，此时，球形药的粒径和分布已基本确定。在此之后的驱溶和脱水过程中，温度和驱溶速度等参数仍可能使药粒的形状发生变化，但只是局部状态的微小变化。

分散成球的水溶液可以是含有保护胶的水溶液，还可以是上次药粒成型过程回收的母液，水溶液中加入适量的保护胶对球形液滴进行保护以防止相互聚集。水溶液或母液可以一次性加入，也可以分批加入。保护胶可以在成球过程中直接加到体系中。保护胶的种类可以选用明胶、骨胶、阿拉伯胶等水溶性天然高分子，也可以选用聚乙二醇、聚丙烯酰胺、聚乙烯醇、甲基纤维素等水溶性合成高分子。保护胶用量一般为总用水质量的 $0.05\%\sim2\%$。成球过程所用的时间一般为 $10\sim90min$；体系温度基本同溶解过程保持一致，当采用乙酸乙酯溶剂时保持 $50\sim65℃$，成球过程温度可以缓慢提升，但不应超过所用溶剂的沸点。搅拌速度根据成球装置的体积、搅拌桨叶的形状以及需要的药粒尺寸确定，需要小粒径的成品药粒可以在较高的搅拌速度下进行，反之则需要在较低搅拌速度下进行。

成球过程中，可以再向高分子溶胶中或水溶液中加入表面活性剂，以保证物料分散状态更均匀，得到的球形药也会更细小、更均匀。表面活性剂的加入量根据其种类确定，通常加入量为加入水量的 $0.01\%\sim0.5\%$。

（3）脱水　由于水在乙酸乙酯等溶剂中有一定的溶解度，与溶剂互溶的那部分水会随溶剂进入球中。由于溶剂的沸点低于水的沸点，因此含有水分的球在驱除溶剂后，会在球粒的内部形成疏松的孔结构。采用机械力或加热的方法难以单独驱除球粒中的水分，而利用渗透压原理来驱除水分则是一条较理想的途径。为了提高球形药的密度，在驱溶前往水中加入可溶性盐类，由于渗透压作用，使球内水分渗出。

脱水操作对成品性能的影响很大，但在工艺条件控制上仅仅能够控制脱水剂的种类、浓度、脱水温度、脱水时间和脱水剂加入时机。实际上，脱水的过程可能持续很长时间，在驱溶过程中脱水作用还在发生。有些情况下，脱水不需要单独进行，在溶剂缓慢驱除过程中就可以达到很好的脱水效果。如果取样观察，脱水过程是球粒从不透明向透明状态逐渐转变的过程。在脱水阶段，温度提高，渗透压加大，溶剂扩散系数也较大，有利于提高脱水速度。在脱水阶段要防止溶剂过早蒸发，否则会造成药粒表面过早地收缩硬化，使药粒内水分来不及渗透出来，因此脱水温度通常应低于水和溶剂的共沸点。当脱水剂用量在一定范围内增加时，球形药的真密度也会提高。球形药在驱溶之前进行脱水，药粒密度可随脱水剂的浓度增加而增大，当脱水剂含量达到一定值后，其变化对药粒密度的影响就很小了。

（4）溶剂驱除　根据成型的需要，溶剂的驱除过程可以分几个阶段进行，为了得到粒度均匀和密实的球形药，在脱水剂加入之前可以先驱除部分溶剂，增大球粒的表观黏度，防止球粒变形，也防止由于成球后的颗粒太软而在机械搅拌的作用下重新被打碎。

驱溶的速度将会对粒径产生较大的影响，尤其是驱溶的前期。为了得到密实的球形药粒，驱溶速度必须很平稳，如果驱溶速度控制不当，颗粒不仅密度降低，形状也会变得不规则。当采用乙酸乙酯溶剂时，驱溶一般分三个温度段进行，初驱溶阶段（$64\sim78℃$）时升温快一些；当驱溶温度（$78\sim84℃$）进入溶剂沸点温度范围时，驱溶转入第二个阶段，驱溶速度慢一些；驱溶温度至 $84℃$ 以上时的最后驱溶阶段，升温可以快一些，溶剂含量降至 1% 以下为合格。

溶剂的驱除方式可以在升温条件或抽真空状态下完成，或者同时在升温和抽真空条件下逐步将溶剂蒸馏出来，真空度可根据溶剂的种类确定，驱溶的时间一般控制在 $20\sim240min$。当采用抽真空方式驱溶时，真空度不宜太高，驱溶的温度可以控制在略低于溶剂与水的共沸点水平，如果真空度太高，得到的成品药粒密度偏低。

（5）固液分离　溶剂驱除结束后将得到的球形药粒从成球体系中分离出来，分离得到的球粒在成球反应器中或在专门的水洗机内进行水洗，水洗的目的是除去附着在球粒表面上的保护胶及残留的脱水剂。

（6）筛分及干燥　经过离心或过滤分离即可把形成的球形颗粒与溶液分离，得到的球形药颗粒一般粒径分布比较宽，需要进行筛分，筛选出需要的粒度范围。一般筛选在水介质中进行，采用特制的斜面水筛或转筒筛进行筛选。

将筛分后的固体药粒采用常规的方法进行烘干处理，得到成品药粒。所用的烘干设备最好选用热空气、热水等热源，烘干温度应低于100℃，严禁采用明火和电热管直接加热的烘箱，以确保安全。球粒中的水分含量一般控制在2％以下。烘干设备应该有良好的防静电措施以确保安全。

4.2.3.4　影响成球质量的因素及其规律

（1）溶剂比　所谓溶剂比即溶剂加入量的质量与原料药投料量的质量之比，一般溶剂比为2.5～10。溶剂用量至少要保证硝化棉的完全溶解，溶剂比决定硝化棉溶液的黏度大小，它对球形药的粒度、密度和圆度影响很大。溶剂比大，则溶液黏度小，易分散，形成的球粒的粒度较小，如果控制不好，颗粒密度也将显著减小。溶剂用量减小，胶状液相黏度大，使分散困难，球粒直径增大。

（2）搅拌转速　搅拌器的转速直接影响球形药的粒度大小和外观形态。转速低的，成球的粒度大，甚至不能成球，或者变形球增多。搅拌转速是控制粒度大小的最主要因素。

反应器的搅拌转速在成球过程的各个阶段，对粒度和粒径分布均有一定的影响。在溶解阶段，搅拌速度应达到将物料充分搅拌和分散，不发生沉降和形成堆积。在脱水、驱溶工序中，若搅拌器转速大，则有利于球粒表层水分和溶剂扩散到水中，可提高脱水和驱溶速度。另外，提高转速也是防止药粒相互黏结的有效措施。但驱溶过程的转速太高，可能将球粒打碎，影响其粒径、形状和表面光泽性；如转速太低，则部分粒子之间产生团聚现象。搅拌速度的确定依赖于成型反应器的尺寸和搅拌器形状，通常带折流挡板的反应器需要的搅拌速度较低。

（3）成球温度　成球温度对分散相和连续相的多个物理参数均有影响，因而它是综合性参数。温度升高，两相的黏度将有一定程度下降，界面张力也发生微小的变化。成球温度的选择与溶剂性质也密切相关，当采用乙酸乙酯作溶剂时，成球温度应低于它与水的共沸点70.4℃，防止溶剂回流造成颗粒黏结。试验结果表明，温度对成球阶段的药体直径及其分布的影响较小，但温度对驱溶、脱水等操作将产生较大的影响。温度太低时溶剂的回收速度减慢，温度偏高时则造成溶剂损耗量增加。成球时温度高胶状液黏度低，有利于制成小球，温度相应低一些，对制大球有利一些。控制成球温度，对于稳定球粒的粒度及成品质量有一定影响。

（4）脱水条件　由于成球过程中胶状液的溶剂溶入一定量的水分。成球后如果不除去这些水分，在以后驱溶和烘干过程中，这些水分会形成孔隙，使球粒疏松，因此必须将球粒中的水分除去，达到设计的球粒密度，满足弹道性能的要求。影响球粒密度除原材料、溶剂比、驱溶速度、加入的高能固体颗粒等影响外，最主要因素还是脱水剂的加入量，渗透时间和温度的影响最为关键。

脱水剂的浓度越大，渗透压就越大，脱水速率也越快，在同样的时间和温度下制得的球粒密度也越大。球形药生产中可使用的脱水剂有：硫酸钠、氯化钠、硫酸钾、硝酸钾等，其中以硫酸钠应用最广。脱水剂的用量由实验确定，一般为总用水量的 2%～4%。脱水温度与球粒脱除水分的数量有密切关系。在脱水过程若温度较高，则渗透压就较大，溶剂扩散系数也较大，有利于提高脱水速度。脱水温度通常也应低于溶剂与水的恒沸点，采用乙酸乙酯溶剂时，一般多采用 65℃，最高不超过 69℃。延长脱水时间，脱水较完全，但生产周期长。一般单基球形药脱水时间在 60～120min，而双基球形药仅需要 30min。

球形药的密度大小除了与脱水条件、溶剂比、温度有关之外，还取决于硝化棉本身的黏度，高氮量的硝化棉吸水性小，脱水容易，制得的球形药颗粒的真密度大。

（5）界面张力　除了原材料、溶剂比、水药比、搅拌强度、成球温度和脱水条件等参数的影响，在成球过程中往体系中添加少量的助剂对成品形态也会造成一定的影响。对成球影响较大的助剂主要是表面活性剂，这些助剂的加入会影响物料体系的界面张力，从而对液滴的成型产生影响。

成球过程中，有机相的液滴分散达到稳定状态时，液滴的直径决定于界面张力和剪切力的平衡条件，界面张力对粒径的影响很大。研究界面张力时，由于有机相的动态界面张力难以测定，重点对水相的表面张力进行调整。尽可能降低硝化棉的浓度，使有机相表面张力接近于溶剂的表面张力，于是，只要测出水相的表面张力就可推算两相间的界面张力。为了较大幅度调整界面张力，主要采取加入表面活性剂的方法。表面活性剂的加入量不宜超过其临界胶束浓度（CMC），否则体系在驱溶的后期泡沫量太大，容易发生溢料现象。

4.3
异质火药的成型工艺

4.3.1　黑火药成型工艺

黑火药是一种由硝酸钾、木炭、硫黄组成的混合火药，虽然它具有威力小、有浓烟、燃烧不稳定、机械强度差等缺点，但由于它容易着火，燃烧产物中有大量固体产物，这些灼热的固体质点很容易引燃其他火药，因而广泛用作点火药、传火药、时间药剂和导火索等。

为了保证黑火药的质量及安全性，对组分中的原材料分别提出不同的技术要求。一类 KNO₃ 用于制造延期药，其纯度不低于 99.8%、氯化物不大于 0.03%、水分不大于 0.1%；二类 KNO₃ 用于制造一般黑火药，其纯度不低于 99.0%、氯化物不大于 0.1%、水分不大于 0.1%。硫黄的纯度不低于 99.5%，无硫酸和亚硫酸存在，灰分中无砂粒，砷含量不大于 0.05%，相对密度为 1.99～2.07。木炭是由杨、柳、桦木及其他较软质木材在 300～400℃ 时干馏制得，含碳量为 79%±4%、灰分含量低于 1.5%、水分含量低于 1.0%、着火点为 165～220℃，其颜色为褐色或黑色，不能有超过 15mm 的节子，以及无炭化过度或炭化不足的炭块。

黑火药成型工艺流程如图 4-54 所示。

二元混合系使用分次粉碎二元混合物，采用硫-炭混合或硝酸钾-炭混合方式，为了降低硝酸钾-炭混合物爆炸的危险性，而加入硝酸钾中的木炭量约为 3%。

三元混合系按火药组分配比，在木转鼓或皮革转鼓中用木球混合均匀，同时将各组分进一步粉碎。三元混合是制造黑火药所有工序中最重要的工序，其他各工序的最后成功与否，都决定其混合的均匀程度，混合不好的黑火药在燃烧时分解不完全，其抛射能力降低。由于

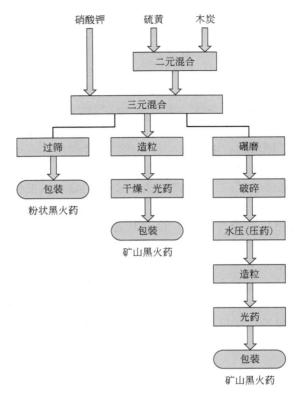

图 4-54　黑火药的成型工艺流程示意图

三元混合物（就是黑药粉）对撞击和摩擦等极敏感，不能在铁制转鼓中加工。近年来出现多室型连续混合机，它提高了生产效率。

碾磨是将混合好的药粉，在加水 4.5％～6.5％ 条件下，在碾盘上滚压，把物料碾碎压实的过程。碾压的药片相对密度为 1.40～1.60。

压药是把三料粉或预先制得一定密度的药片进一步压榨，以保证黑火药成品具有密度均一和良好机械强度的过程。压药方式分为冷压和热压，其方法是把碾压药片破成碎块，用棉布包着夹在两铜板间，加压 60～120atm，可得到相对密度为 1.75～1.95 的药饼。

造粒是把压榨机制出的药饼预先捣碎，然后在造粒机内压碎造粒。造粒机由一对、两对或三对青铜辊和斜面筛组成，此筛安装在每对铜辊的下边，以便筛出制成的药粒与粉末。

光药的目的是磨掉药粒的棱角，并使其圆滑，填塞药粒表面的孔隙，从而降低其吸湿性，增大火药的假密度和密实药粒外壳，以便减少转送和运输时生成粉末。光药是在木制转鼓内完成，为了光药质量与安全，初始光药需喷洒装药量 3％ 的水。

在烘干室内用 50℃ 左右的热风进行烘干。将烘干的药粒放在亚麻或帆布制的袋中，把药袋两端固定在转鼓上，转鼓旋转，药粒在布袋中往复滑动便将药粒表面的药粉磨掉，即净化。然后用筛分机把药粒分成尺寸大小不同的品号，最后进行混同包装。

4.3.2　复合火药成型工艺

随着火箭技术的迅速发展，对推进剂各项性质要求更高，溶塑挤压成型工艺受到压伸机械压力的限制已不能满足大尺寸和复杂几何形状的药柱成型，于是 20 世纪 40 年代发展了浇铸工艺。复合火药是以固体氧化剂为固体填料的高分子复合材料，与普通聚合物材料成型工艺不同之处在于含有爆炸性的物质,因而制造过程中有危险性。

复合火药所采用的浇铸工艺具有以下特点:

① 适合形体复杂、各种尺寸药柱的制造;

② 大型药柱可连续地直接浇铸到发动机壳体中,也可以应用到药块浇铸且无需退模,小尺寸药柱常采用退模工艺;

③ 真空排气,避免药柱内部出现气泡;

④ 制造环境应恒温恒湿,相对湿度应低于60%或更小些;

⑤ 混合均匀的药浆浇铸到模体后,需在适当的温度下保持一定时间,以完成其固化成型;

⑥ 浇铸工艺可间断或连续自动化生产,设备简单、操作方便、工艺过程较安全。

浇铸复合火药的成型工艺流程如图4-55所示。

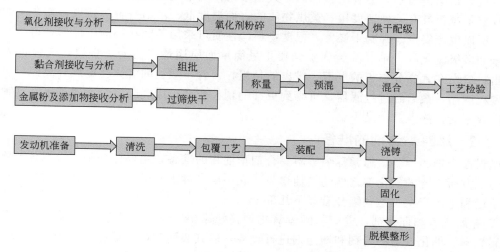

图 4-55　浇铸复合火药的成型工艺流程示意图

从以上流程图可见,复合火药成型工艺包括:原材料准备——燃料黏合剂准备、金属附加物和氧化剂的准备;燃料黏合剂与金属以及附加物的预混;氧化剂的准备——氧化剂的粉碎和烘干;复合火药药料的混合——将已准备好的燃料黏合剂预混物与氧化剂在混合器中混合,使它成为均匀状态的流动性药浆;复合火药药浆的浇铸——将药浆浇入发动机燃烧室或模具中;复合火药药浆固化——在一定条件下,流动性的药浆固化成型;药柱的脱模、包覆、整形、探伤等。

4.3.2.1 氧化剂的准备

大多数复合火药所用的氧化剂为高氯酸铵,它的颗粒度大小、形状、粒度分布和级配,对成型工艺过程的药浆流变性和推进剂的燃烧、物理力学性能都有较大的影响,所以晶体氧化剂生产前必须进行粉碎、过筛、分级、烘干、级配、组批、检验以便符合工艺要求。正确地确定氧化剂的粒度、粒形和粒度分布是氧化剂准备的主要任务。

(1) 氧化剂的粉碎　生产细氧化剂的方法分为粒子粉碎法和直接生产法。粒子粉碎法包括振能磨法、气流粉碎法、锤式磨法、管式磨法和球式磨法。直接生产法包括气相合成、重结晶、喷雾干燥、乳液沉淀法等。

气流粉碎法是常用的方法,对于生产易爆产品,该法具有产品停留时间短、生产效率高和生产安全等优点。常用的气流粉碎机分为环管式、对喷式和扁平式。气流粉碎是被加速的粒子与渗入气流中的粒子之间，以及粒子与器壁之间的相互碰撞，只有高密集的粒子才能保证足够的碰撞率，粒子可达到的最大速度随粒径减小而增大。粉碎强度随外加功率的增加而提高，并达到最大值。粉碎过程中要求压缩空气应除水、除油、除尘，温度为 90℃±2℃ 的热空气，进料压力为 1.5～2.0atm，粉碎压力为 6～7atm。

（2）氧化剂的烘干　由于氧化剂有吸湿性，其微量水分会影响制造复合火药的工艺性能、力学性能和弹道性能，因此，要求氧化剂中的含水量应在 0.05% 以下。氧化剂中水分的去除是采用干燥法。一般，氧化剂中所含的水分有自由水和平衡水两类。与一定的温度和湿度的空气接触时，将排除或吸收水分达到一定平衡值，此值称为"平衡水"。氧化剂中所含水分大于平衡水的部分称为"自由水"，在干燥过程中只能除去自由水。

干燥设备的种类很多，常用的有蒸汽烘箱、真空干燥箱和沸腾干燥器三种类型。

蒸汽烘箱结构简单，但进出料都需要人工参与，烘干效率较低，仅适用于小批量物料烘干。真空干燥箱具有干燥速度快、被烘物质的表面温度低、不易分解等特点，避免了爆燃和爆炸，所以生产安全。沸腾干燥器，根据物料的性质可采用不同结构的干燥器，可分为单级流化床和多级流化床。单级沸腾床干燥器是最简单而应用最广泛的干燥器，气体进入干燥室，出料口设在紧靠分布板的上面，排出的是粗粒，含小颗粒的气体经旋风分离器分离出较细的颗粒产品，最后经过过滤器，可得到更细的颗粒产品，废气经过过滤器排出。这种干燥器生产效率高，缺点是产品质量差。

4.3.2.2　燃料黏合剂的准备

燃料黏合剂的准备，通常称为燃料黏合剂预混物的准备，主要任务是在液态预混物中加入火药配方所包含的氧化剂之外的其他组分，在一定条件下制备出均匀的浆料物，以保证火药的质量和生产安全。这些组分有如下几部分。

① 金属燃料和催化剂：它们与固体氧化剂接触摩擦时，易发生燃烧和爆炸。为此，先将金属燃料、催化剂与黏合剂和增塑剂进行预混，使其表面包覆一层黏合剂和增塑剂，保证了与氧化剂混合时的安全。

② 有些组分的直接接触，易发生化学反应，从而影响到火药的质量和生产安全。为此，先将其中的一些组分进行预混，使其表面包覆一层黏合剂和增塑剂，避免这些组分混合时与其他敏感组分直接接触。

③ 有些反应活性较低的组分，需在预混过程中来增加它的反应周期，以利于以后的固化成型。

预混可以消除与氧化剂捏合时的危险性，并缩短混合时间。经预混后，金属粉外表面涂上一层液体燃料，起润滑作用，使混合更安全。燃料体系预混前各种原料都经过分析检验合格后方能使用。黏合剂检验合格者按单批分别进行小型试验，测定推进剂力学性能、燃速和密度，当符合要求后在组批槽中组批，一般搅拌 2h、停止 15min、再搅拌 1h 即完成。金属粉、燃料催化剂等在投料前需用筛子过筛，除去杂质，在 95℃ 条件下烘干 6h。其他附加物投料前同样应检验合格、烘干、过筛等。

在进行预混前要严格避免热源和阳光以防止过早聚合。如配方中使用苯乙烯作稀释剂时，生产前需在减压条件下蒸馏，除去阻聚剂。工艺条件为真空度不大于 0.2atm，加热温度为 70℃ 条件下蒸馏。蒸馏的苯乙烯也应避免阳光照射、远离热源、贮存期不超过一个月，以便防止聚合。

预混的全过程是在搅拌下进行的，燃料预混体系可以容纳处理多种不同的成分，这些成分可以是液态，也可以是固态。可将所有的固体物质和液体物质分别混合，然后再全部混合。对于不互溶的液体应注意要使体系成为高度分散体，混合时还应按规定的温度进行。混合的方式有连续预混、间断机械预混和直接在混合机里预混等三种工艺方法。燃料预混是指除氧化剂和固化剂组分之外的黏合剂和其他附加组分，按一定顺序进行预先混合，使其含量少的附加组分均匀地分散在黏合剂中的过程。预混通常在卧式混合机中进行，各组分称量要准确并记录清楚，不得出现较多的原料损失。预混温度、搅拌时间与速度，应根据原料性质而定。预混完毕的物料送到混合工序。

如果是小批生产，预混可在混合机中进行。预烘、过筛、称量、预混等都是手工操作。

4.3.2.3　药料混合

复合推进剂是各组分的机械混合物，固化前它是具有一定流动性的药浆。这种药浆的流变性，是影响浇铸后药柱成型质量的重要工艺控制参数。它取决于混合期间混合机的混合强度、抽空除气的效率、各组分加料顺序以及混合机的大小等。

复合火药药浆是高浓度悬浮体，制造过程属危险操作。生产这样的药浆需要大功率的捏合机进行混合。通常捏合机内的药浆呈层流状态。有时根据需要，使其迅速混合均匀采用湍流混合。由于固体原料与液体原料的密度相差很大，因此混合时应防止分层和固体颗粒下沉，在复合推进剂设计时其组分比例应考虑药浆的黏度。混合时应严格控制温度，因为温度对药浆的黏度影响很大，温度低黏度大，混合效果不好。但温度太高会引起燃烧和爆炸。

混合工序是将计量准确的氧化剂和固化剂加入混合机中，与燃料预混液充分搅拌均匀制成浇铸药浆的过程。混合过程同样要严格控制温度、湿度、加料顺序与速度、搅拌速度与时间，以保证混合药浆的质量。混合一般在 35～40℃下进行。氧化剂加入方法是将盛有 AP 的加料器置于混合机上方，在混合机运行情况下，采用振动的方式将其加入混合机中。氧化剂与流体经过充分混合后，加入剩余的组分，继续搅拌，直至成为均匀的具有流动性的药浆。

混合机是保证推进剂药浆混合质量的关键设备，常用的混合机有卧式双桨叶混合机（图 4-56）、立式混合机（图 4-57）和立式螺旋形混合机（图 4-58）。

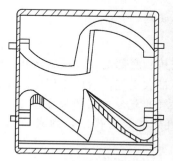

图 4-56　典型的卧式双桨叶混合机内部结构和样机外观图

卧式混合机容积为 0.2～1500L 或更大，通常有密封盖，可以减压操作并进行除气。可以有效地混合高黏度药浆，但在混料时药浆可能浸入轴瓦而引起燃烧或爆炸，同时出料不方便，因而应用受到限制。立式混合机优点是桨叶的轴在混合机上部，不与药浆接触，使用安全，生产效率高。混合前后须认真清理混合机，擦净残药，擦拭压盖、盘根、轴瓦，整理台面和地面散落残药，检查电器和机器运转是否正常等。采用卧式混合机混合时，操作顺序为药料正转混合，反转混合，停车，清理粘壁料和测温，加入固化剂等，再混合为 1.5～2h。

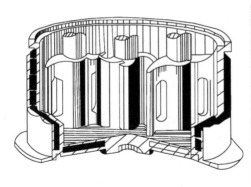

图 4-57　典型的立式混合机内部结构和 300L 样机外观图

图 4-58　典型的立式螺旋形混合机外观图

药料混合过程存在着许多不安全因素，如混合机清理不干净、存有积药、桨叶与器壁间隙太小、药料太干无润滑性、混入金属杂质、轴瓦过热、工具撞击等，都可能引起燃烧或爆炸。远距离、隔离控制的工作人员必须严格遵守操作规程。

4.3.2.4　浇铸

　　复合火药药柱浇铸有多种方式，包括真空浇铸、底部浇铸、插管浇铸、离心浇铸、连续浇铸、药块浇铸等。真空浇铸法在浇铸药浆时不带入空气，所以是广泛应用的浇铸方法。

　　（1）真空浇铸法　在真空条件下，将未经除气的复合火药药浆经过花盘分散成细条后浇入火箭发动机中。在浇铸过程中混在药浆中的气体能及时排出，制成的药柱中的气体量最少。真空浇铸装置见图 4-59。

　　复合火药的药浆流变性对药柱质量影响很大，因为药浆通过花盘流进发动机壳体的驱动力是依靠药浆的重量和真空造成的负压，因此，对于黏度很高的药浆采用真空浇铸技术较困难。在浇铸时应注意控制其真空度。浇铸的推动力主要依靠真空度的大小。真空条件又是排除药浆内部混入气体的主要手段。由于药浆的黏度大，混入的气体难靠空气和药浆的密度差自行排出，要想排出混入药浆中的气体，只有借助真空。在浇铸时把药浆制成细药条，以达到排除气体的最佳效果。同时也要注意，在高真空度下复合火药中含量少但作用大的易挥发组分会有损失，因而影响复合火药的性能。

　　浇铸速度对复合火药的质量影响很大，浇铸速度快对生产率的提高有利，但速度太快使混入药浆中的空气来不及排除。要根据不同的发动机，经实验得到适当的浇铸速度。浇铸温度也是在浇铸过程中要特别控制的问题，药浆黏度与温度有关，它的黏度与浇铸速度有关，所以应严格控制浇铸温度。通常，浇铸温度为 50℃ 左右。铸满药浆后，关闭入料阀门，再抽真空 15min 以保持药柱内不再有气泡存在。之后，缓缓放气至常压，将发动机称好质量送往固化工序。

（2）底部浇铸法　底部浇铸是将药浆从底部压入发动机或模筒内，浇铸前，先除气并达到工艺要求。浇铸时，通常用一根软管或导管，把浇铸缸和发动机或模筒连起来，将药浆从底部压入。底部浇铸比从顶部进料的真空浇铸和插管浇铸的浇铸质量好，特别对保证小直径发动机贴壁浇铸的质量控制等更有利。底部浇铸系统的结构示意图如图 4-60 所示。

（3）插管浇铸法　插管浇铸必须在浇铸前将混合时进入药浆中的空气除去，可用氮气或空气作为驱动气体。用压力推动药浆通过管路进入发动机壳体。在浇铸过程中，随着药面的上升，调节器自动控制向上提高插管，保证浇铸顺利进行，同时防止插管被埋在发动机的药浆中。该方法可能增加药柱中的气孔，但设备简单、价格便宜。插管浇铸技术已经广泛应用到各个尺寸的固体推进剂成型。气压插管浇铸系统的结构示意图如图 4-61 所示。

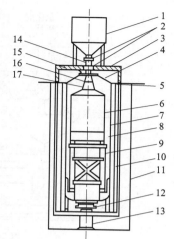

图 4-59　真空浇铸

1—浇铸漏斗；2—蝶阀；3—漏斗
支承和固化炉盖；4—真空罐半球体；
5—分散锥；6—发动机壳体；7—真空
罐；8,9—发动机支架；10—炉壁；
11—坑壁；12—真空罐下封头；
13—升降机；14—进料斗；
15—观察孔；16—花盘；
17—沸腾圈

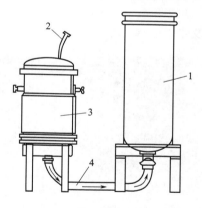

图 4-60　底部浇铸

1—发动机壳体；2—压缩空气或氮气管；
3—药浆压力罐；4—药浆导管

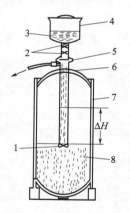

图 4-61　气压插管浇铸

1—浇铸插管；2—阀门；3,8—药浆；4—料斗；
5—分布板；6—闭气部件；7—发动机壳体

（4）离心浇铸　离心浇铸是用压力把药浆送入旋转的待浇铸的发动机或模筒中心部位，离心力将重的药浆推向发动机或模筒内壁，并同时挤出混入的空气，从而达到对药浆除气的目的。

（5）连续浇铸法　典型的连续浇铸的混合系统工艺流程示意图如图 4-62 所示。

未固化的药浆流变性能是影响浇铸工艺的重要因素，浇铸时，一方面要求药浆中悬浮的固体颗粒在固化前不发生明显的沉降；另一方面还要求药浆具有足够的流动性，以便使夹杂的气泡易于逸出。输送、混合和浇铸药浆时会受到剪切力的作用，黏度会发生变化，特别是

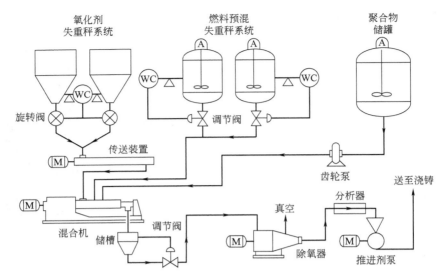

图 4-62　连续浇铸的混合系统工艺流程示意图

M—马达；WC—计量槽；A—搅拌器

加入大量固体后，黏度与温度、压力等变化规律应从理论和实践上加以总结概括。从未固化药浆的流动性来看，体系是复杂的，因为不同形状的颗粒、不同大小的颗粒、不同化学组成、界面效应、絮凝作用和化学反应等因素是多方面的。测定药浆流动性的数据可为生产复合火药提供可靠的依据，测定药浆的黏度可用旋转式黏度计和毛细管黏度计。为了改善药浆的流动性，常常加入少量的表面活性剂以增进界面效应来达到改善复合药浆料浇铸时的流动性。

大型复合推进剂混合机及浇铸系统如图 4-63 及图 4-64 所示。

图 4-63　大型复合推进剂混合机

图 4-64　大型复合推进剂浇铸系统

4.3.2.5　固化

固化有化学固化和物理固化之分，化学固化是通过交联过程，物理固化是经溶解塑化由流动态转变为固态的过程。黏合剂体系不同，固化剂也不同，固化反应机理也不同，固化工艺条件如固化温度和固化时间也不同。

复合火药固化工艺有两种方式：

① 药浆浇铸完毕后，通过一定温度热循环。

② 将盛满药浆的模具或发动机燃烧室放在保温箱中，保温箱以循环热水进行保温。

药柱固化时主要工艺条件是温度和时间。固化温度可高可低，温度愈高固化速度愈快，固化时间愈短。但是，高温固化危险性加大，而且还会因药柱和燃烧室壁的热膨胀系数不同而引起热应力加大。因此，室温固化最为理想。室温固化可简化生产过程，室温固化的关键是寻找低温固化剂。

固化时升温速度不能过快，一般为 $4 \sim 5$℃/h，应随时注意固化时热量的聚集，应控制药柱中药柱中心温度比四周不能过热，否则会发生热爆炸。药柱达到固化温度后，要适当降温，一般控制在 2℃/h。因为快速降温会引起药柱表面迅速收缩，使药柱表面产生裂纹而影响其力学性能。判断复合火药是否达到最佳性能时的固化点，要根据测定固化药柱的最佳性能的起始点而定。主要是测定力学性能，如抗拉强度、抗压强度、延伸率和硬度等最佳值。

浇铸工艺制造复合火药药柱的最大优点是可制出大型壳体黏结型药柱。但是，当药柱的直径很大时，装药量达到 700t，如浇铸速度为 4.5t/h，则约需要 160h。这么长的浇铸时间会使药浆在浇铸过程中黏度变大、流动性变坏而影响药柱质量。

固化的工艺条件主要是依靠固化温度和固化时间，两者既独立又有一定的关系。

（1）固化温度 固化反应速度与固化温度有关，通常，温度每增加 10℃，固化反应速度增加一倍。固化温度高，所需固化时间短。显然，温度对生产有利。但是，温度太高会使药柱受到热应力，易产生脱黏。大多数复合火药的固化反应是放热反应，当生成的热量大于固化装置的散热时，则其热量逐渐积累使复合火药的温度升高，达到一定温度时就发生燃烧或爆炸事故。复合火药的热膨胀系数约是发动机壳体膨胀系数的 10 倍。当冷却降温达到室温时，易使复合火药与包覆层、包覆层与绝热层、绝热层与发动机壳体之间产生脱开现象。固化温度愈高，发动机尺寸愈大，愈易产生脱开现象。根据实验，采用较低的固化温度可避免脱黏现象。要特别注意，应严格控制固化温度，如果固化温度控制不严格，则反应历程不一样，产生的热量也不一样，这样就影响了产品质量。

（2）固化时间 达到相同的力学性能，在较低温度下固化则需要更长的时间，而在较高的温度固化则需要较短的时间。

4.3.2.6 脱模、整形和探伤

（1）脱模 对与发动机燃烧室壁紧密黏结的固化成型的药柱来讲，只需脱去模芯，露出药柱的燃烧面，即完成脱模。对非壳体浇铸药柱来讲，脱模是将固化成型的药柱借外力脱去模芯和模具。经脱模后，便得到一定形状和尺寸的完整药柱。脱模芯和模具的操作均为危险操作，一般是用气动油压千斤顶将模芯和药柱脱出。如果是大型药柱，可用吊车将模芯脱出。

（2）整形 整形是指对药柱端面进行形状修整，脱模后的端面凹凸不平，为得到设计的药柱尺寸、质量和初始燃面，需要将端面用机械加工的方法，加工成符合图纸要求的表面。整形要在立式或卧式整形机上进行，对小尺寸药柱，常采用普通车床进行整形。

（3）探伤 探伤是检查药柱内部是否有足以影响药柱物理化学性能的内伤。探伤是为了确保固体火箭发动机发射的安全性和可靠性，这是对已包覆好的药柱或已装填好的火箭发动机的最后一次全面检查，探伤是无损检测。药柱内部和药柱与包覆层之间存在异质或大气孔时会影响复合火药的燃烧性能和力学性能，一般情况，直径为 300mm 左右的药柱内部不允许有 5mm 的气孔存在。

用于药柱无损探伤的方法有射线法、超声波法，以及微波检查法等。一般情况下是用射线探伤法检查药柱内部气孔缺陷，用超声波探伤法检查衬里与药柱脱黏和发动机壁和绝热层的脱黏，微波技术用于大型药柱探伤的补充。

① 射线探伤原理　射线对不同材料的透过程度不同，射线通过材料的吸收取决于材料的厚度、种类及辐射能量。药柱被探伤时，药柱的一面置射线源，另一面置指示器或 X 射线软片。射线源发出的射线通过药柱时，有缺陷处和无缺陷处有不同的吸收，落在指示器上的强度也不同，通过药柱无缺陷处的射线要比有缺陷处的射线弱。缺陷呈阴影透射到指示器上，记录在照相软片上的缺陷经过定影成像。射线探伤的灵敏度是指能显示出的最小缺陷程度。射线探伤法对存在宽度很小的裂缝的药柱难以显示，如怀疑药柱存在小裂缝而又无显示时，则需要采用其他探伤方法做补充检查。

② 超声波探伤原理　超声波能在许多固体物质内传播，传播的距离决定于超声波的波长、能量和药柱的性质。当药柱有缺陷时声波就从缺陷处反射，利用灵敏度较高的仪器来接收遇到缺陷反射回来的声波，或者在药柱后面垂直于波的传播方向上放置声波接收器，这就可以确定药柱内有无缺陷及缺陷的尺寸和位置。超声波探伤是在纯机油、柴油等接触剂中进行的，也就是说，药柱浸在接触剂中进行探伤。超声波探伤法可以用来检查药柱内部缺陷，也可以用来检查药柱与包覆层、燃烧室壁与隔热层的脱黏。

③ 微波探伤法原理　微波可贯穿 165cm 的药柱，检查出 30～40cm 深的小气泡、90～120cm 深处的大气泡。微波是频率为 $1～1\times10^6$ MHz、波长为 30～0.3mm 的电磁波。探伤时就是利用信号源发出的信号和受到缺陷衰减的信号差别程度，这种相对衰减作为探伤标准。微波探伤只需 0.01～0.1s，但是微波探伤不能完全代替射线和超声波探伤，它可以作为辅助之用。

4.4
推进剂的表面包覆

在进行装药设计时，为了满足一定的推力变化规律，对部分燃面予以控制而进行包覆，使被包覆的表面不参与燃烧。例如对管状装药两端的包覆可以得到恒面燃烧，外表面包覆可以得到增面燃烧等。

包覆层是固体火箭发动机装药的组成部分。带包覆层的装药通常分为自由装填式和壳体黏结式两种类型。自由装填式一般是经压伸成型或浇铸成型方法制成推进剂药柱，再对药柱进行包覆。也可先做好包覆层，然后把药浆浇铸到壳体中。壳体黏结式装药主要用于浇铸推进剂装药。在发动机内壁涂覆一层隔热材料，称为绝热层。绝热层上面再涂一层包覆层，将药料浇铸到火箭发动机内。有时绝热层和包覆层之间还有黏结性能好的中间过渡层。

4.4.1　绝热包覆层的作用

固体推进剂绝热包覆层主要作用包括：

（1）控制装药燃烧面的变化规律，使之满足内弹道性能要求　由于燃烧面的变化直接影响发动机的压强和推力的变化，除了正确选择装药的几何形状之外，可以通过包覆对部分燃面进行控制。

（2）防止高温燃气对燃烧室壁的热效应　为了防止对火箭发动机的烧蚀，发动机燃烧室壳体的封头及筒体需用绝热层来保护，使推进剂燃烧时燃气不接触发动机壳体。推进剂燃气温度高达 3000K 以上，发动机工作时间较长，包覆层必须在整个装药燃烧期间起到保护作用。

（3）缓冲推进剂与壳体之间的应力，防止外力对推进剂药柱的破坏　火箭发动机装药的结构完整性和推进剂性能的重现性是火箭发动机正常工作的前提。包覆层可以起到缓冲药柱固化降温时黏结面上产生的应力，以及运输等过程中的冲击、振动产生的应力，以减少脱黏的可能性。

4.4.2　对固体推进剂装药包覆层的要求

火箭发动机对固体推进剂包覆层的基本要求包括：

① 包覆层应具备良好的耐烧蚀性能。包覆层绝热性能好，热导率尽可能低，热容量大，本身不易燃烧或烧蚀率很低，能承受药柱燃烧时所产生的机械力和热负载。

② 包覆层与推进剂应具备良好的相容性。包覆层材料与药柱中各种组分相容性好，包括物理相容性和化学相容性。

③ 包覆层要有良好的力学性能。包覆层应具有较高的延伸率和拉伸强度，能防止在应力作用下开裂损伤。可选用塑料、橡胶或推进剂的机械试验方法测定包覆层的力学性能。

④ 包覆层与推进剂应有良好的黏结性能。黏结性能好，能同时与推进剂和发动机牢固黏结，兼起绝热层与包覆层的作用，以经受高压燃气冲刷、防止燃气向黏结面渗透、防止燃面突然增大的必要条件。

⑤ 包覆层材料应有良好的抗老化性能。一般推进剂使用寿命都在 15 年以上，要提高装药的长储性能必须选择抗老化性能好的包覆材料。采用加速老化试验和过载试验来评估包覆装药的老化性能。

⑥ 包覆层材料的弹性和膨胀系数与药柱的弹性和膨胀系数尽量接近。

⑦ 包覆层的工艺性能好，易于加工。包覆工艺应尽量简单，选择容易控制质量的包覆工艺是包覆层大批量生产的前提，易于机械化和自动化的包覆工艺有利于包覆层质量的稳定。

此外，微烟或少烟推进剂装药还要求包覆层燃烧时产生的烟雾少，包覆层的材料价廉、无毒。

4.4.3　包覆材料

包覆层的配方一般由基体材料、增强剂、耐烧蚀填料、阻燃剂及其他功能填料组成。基体材料即黏结剂，通常采用高分子材料。用于绝热包覆层的品种很多，此处仅介绍一些有代表性的材料。

（1）热塑性聚合物

① 硝化棉　硝化棉虽然是易燃物，但是在加入大量耐热填料后仍可作为绝热包覆层材料，如 D 级硝化棉，加入石棉等耐热填料，磷酸三甲酚等增塑剂及安定剂，用捏合机混匀后在压延机上热压成片。该包覆剂膨胀系数与双基药柱基本一致，但耐寒性和塑性较差。硝化棉可作为能燃尽而不留残渣的绝热包覆层材料。

② 醋酸纤维素　醋酸纤维素是最早的双基推进剂包覆材料，由于硝化甘油容易发生迁移，影响装药的使用寿命。通过增加阻挡层的方法可以防止硝化甘油的迁移。

③ 乙基纤维素　这种包覆剂主要由乙基纤维素和增塑剂组成，膨胀系数与双基推进剂相近，机械强度较高，化学稳定性和耐寒性良好，可燃性低，烧蚀率约为 0.3mm/s，主要采用"热熔黏结法"包覆，即包覆剂加热到热化温度以上，再包覆在装药的表面。可挤塑包覆，也可制成乙基纤维素漆涂在药柱表面，还可以制备包覆带用于缠绕包覆。

④ 聚乙烯　聚乙烯具有热塑性，可用作双基推进剂的包覆材料，使用时，加入一些耐热或阻燃填料以提高其阻燃性能。

⑤ 聚甲基丙烯酸甲酯（PMMA） 聚甲基丙烯酸甲酯常用于双基推进剂表面包覆。

（2）热固性聚合物

① 不饱和聚酯树脂 不饱和聚酯树脂包覆剂是以不饱和聚酯为主体，加入引发剂、促进剂、改性剂和填料等配成无溶剂型包覆剂，是双基和改性双基推进剂理想的包覆层材料。

② 酚醛树脂 酚醛树脂是以酚类与醛类为原料，经过缩聚反应而生成。通常用于配制黏合剂的酚醛树脂是苯酚与甲醛缩聚而制得的可溶性树脂。该类材料不仅适用于双基推进剂，还适用于复合推进剂装药。

③ 以环氧树脂聚硫橡胶包覆剂 该类包覆剂主要由聚硫橡胶加少量的环氧树脂及配套的固化剂和引发剂组成，固化之前呈液态，可用"喷涂法"或"浇铸法"进行包覆。环氧树脂也可以单独作为黏合剂用于包覆材料。

④ 聚乙烯醇缩醛 聚乙烯醇缩醛包括聚乙烯醇缩甲醛和聚乙烯醇缩丁醛等高分子化合物，具有强度高、耐热性好、耐溶剂性好等优点，广泛用作绝热包覆层的黏结层，既适用于自由装填式装药，又适用于壳体黏结装药。

⑤ 四氢呋喃聚醚树脂 它是由环氧丙烷、甘油、四氢呋喃在三氟化硼催化下合成的，可用来包覆聚氨酯型推进剂药柱，采用"喷涂法"包覆。

（3）聚合物弹性体

① 端羧基聚丁二烯 以端羧基聚丁二烯为黏合剂的绝热包覆层称为丁羧绝热包覆层，采用环氧固化体系，力学性能和黏结性能良好。

② 端羟基聚丁二烯 端羟基聚丁二烯绝热包覆层广泛应用在复合推进剂药柱上，也可以作为改性双基推进剂装药的包覆层。

③ 聚硫橡胶 聚硫橡胶有良好的力学性能与黏结性能，成型工艺简单，加工性能良好，聚合收缩率低，工艺成熟。

④ 三元乙丙橡胶片及定丁腈软片 由三元乙丙橡胶或丁腈橡胶加填料组成，通常采用"黏结法"进行包覆。

除了上述包覆材料，还发展了很多高分子材料相互改性的新品种，如环氧树脂和聚丁二烯-丙烯酸共聚物等。

4.4.4 包覆工艺

造成装药脱黏的原因很多，如包覆材料的黏结性能差、固化温度不够、环境温度的影响、工艺方法等。包覆的工艺方法很多，使用较多的有挤塑包覆法、缠绕包覆法、软片黏结法、涂刷法、刮板法、离心法、喷涂法和浇铸法等。

（1）挤塑包覆法 通过挤压机和模具将加热至黏流态的包覆剂挤塑到药柱表面。主要的材料包括乙基纤维素，包覆剂主要成分包括乙基纤维素、邻苯二甲酸二丁酯和二苯胺。

（2）缠绕包覆法 包覆过程是先在带状包覆层上浸涂黏合剂，再缠绕在药柱表面。包覆剂组分可用乙基纤维素、邻苯二甲酸二丁酯和二叔辛基二苯醚等。

典型的缠绕包覆生产现场如图 4-65 所示。

（3）软片黏结法 将包覆材料预先制成一定厚度的软片，然后根据需要裁成适当形状，利用将黏结用胶液刷在装药和软片上，然后粘在包覆表面上，这种方法一般用在装药的侧面包覆和端面包覆。黏结是否牢固与装药和软片表面的清洁程度有关，该方法多用于自由装填装药的包覆。

（4）刷涂法 将包覆剂制成糊状，在没有加入固化剂前刷到装药的表面，再进行固化。这种方法工序较少，但要求操作人员比较熟练。如果装药表面清理不好，容易造成料浆与装

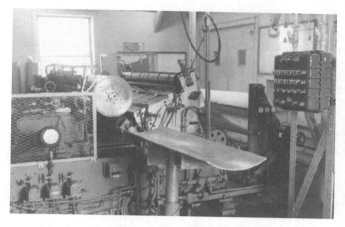

图 4-65 典型的固体推进剂缠绕包覆系统生产现场

药表面黏合不牢而导致脱黏。

（5）刮板法 将半流动性的料浆倾入燃烧室壳体中，然后用半圆形的刮板来回推刮，使浆料均匀覆在壳体内壁上，再进行固化。这种方法简单，但厚度不均匀，对直径小而长的发动机装药采用贴片法比较困难时，可以采用刮板法。

（6）离心法 将比较稀的料浆倾入燃烧室内，缓慢转动，人工使料浆覆盖在燃烧室内表面后，装在离心机上以较高的速度旋转，同时加热和排除挥发性气体，待包覆层半固化后，再浇铸推进剂。这种方法包覆层厚度比较均匀，内部质量好，与推进剂黏结良好，特别适合于直径小、长度较长的发动机装药。

（7）喷涂法 将稀的料浆通过高压空气喷头，喷到发动机壳体内表面，发动机壳体旋转运动，喷头做往复运动。一边喷涂一边加温预固化，喷涂完成后进一步固化，固化完毕后再浇铸推进剂。这种方法包覆层厚度均匀、质量高，与推进剂粘接良好，不易脱黏，适用于大型固体火箭发动机。

（8）浇铸法 根据药柱外形尺寸及包覆层厚度要求，制作好包覆模具，将药柱移入模具后，在药柱表面和模具内壁之间浇铸较稀的料浆，待溶剂挥发、包覆层固化后，将包覆后的药柱从模具中取出。这种包覆工艺简单，不易脱黏，主要应用于装药的外圆柱面包覆。

总之，包覆工艺将直接影响装药的包覆质量，应尽可能采用先进的技术。

思 考 题

（1）火药成型制造的主要目的是什么？

（2）火药成型制造过程中产品的尺寸精度控制有哪些方法？

（3）影响球形药成型质量的主要因素有哪些？影响规律如何？

（4）保证火药成型工艺安全性的主要技术措施有哪些？

参 考 文 献

[1] 张柏生 . 球形药和小粒药制造中脱水剂控制药体密度的作用 [R]. 南京：华东工学院，1964.

[2] 任玉立，陈少镇 . 火药化学与工艺学 [M]. 北京：国防工业出版社，1981.

[3] 厉宝官，白文英，王继勋 . 硝化棉化学工艺学 [M]. 北京：国防工业出版社，1981.

[4] 梁慧嫦 . 火药化学工艺学 [M]. 北京：科学教育出版社，1961.

[5] 李葆春，王克秀 . 固体推进剂性能 [M]. 西安：西北工业大学出版社，1990.

[6] 张续柱 . 双基火药 [M]. 西安：北京理工大学出版社，1994.

第5章
火药能量特性的理论计算

火药的能量性质常用火药能量特性参数表示，这些特性参数是火药设计的基本指标，也是评价火药做功能力的重要参数。对于枪炮发射药来说，通常以爆热、爆温、比容、火药力等参数表征其能量性质。对于固体火箭推进剂则以燃烧温度、燃气平均分子量、比冲、特征速度等参数表征其能量性质。本章将分别介绍火药能量特性参数的基本概念、能量特性参数的计算方法。

5.1
火药能量特性参数的基本概念

5.1.1 爆热

火药的爆热系指火药爆发反应过程的热效应，热效应的数量与爆发条件有关，如定容还是定压，燃烧产物中的水为气态还是液态等。

（1）定容爆热 定容爆热系指 1kg 火药在 298K 时，在惰性气体或真空条件下定容绝热燃烧，燃烧产物升到最高温度 $T_V(\text{K})$，然后将燃烧产物从 $T_V(\text{K})$ 降回到 298K 并假设没有二次反应和凝结所放出的热量，称为火药的定容爆热 $Q_{V(\text{g})}$，单位为 kJ/kg。它实际是火药燃气系统内能的降低值，其表达式为

$$Q_{V(\text{g})} = \int_{298}^{T_V} nC_V \mathrm{d}T = n\,\overline{C}_V(T_V - 298) = -\Delta U \qquad (5\text{-}1)$$

式中 n——1kg 火药燃烧气体产物的总物质的量，mol；

C_V——燃气定容摩尔热容（也称比热容），J/(mol·K)；

$\overline{C}_V$——在 298~T_V 温度范围内，燃气的平均定容热容。

在量热仪中测定的火药爆热是水为液态的定容爆热 $Q_{V(\text{l})}$。由于水的冷凝热为 41.5362kJ/mol，可以得到以下关系式：

$$Q_{V(\text{l})} = Q_{V(\text{g})} + 41.5362 n_{\text{H}_2\text{O}} \qquad (5\text{-}2)$$

式中，$n_{\text{H}_2\text{O}}$ 为 1kg 火药燃烧产物中所含水的物质的量，mol。

（2）定压爆热 定压爆热的定义与定容爆热相似，其差别只是在定压条件下燃烧，它是火药燃气系统热焓的降低值，其表达式为

$$Q_{p(\text{g})} = \int_{298}^{T_p} nC_p \mathrm{d}T = n\,\overline{C}_p(T_p - 298) = -\Delta H \qquad (5\text{-}3)$$

由热力学可知，在定压反应时热焓变化与内能变化之间存在着下列关系

$$\Delta H = \Delta U + p \Delta V \tag{5-4}$$

式中，$\Delta V = V_{产物} - V_{火药}$。

1kg 火药的体积相对于燃气体积来说可以略去不计。把火药的燃气视为理想气体，根据理想气体状态方程，将式(5-4) 可改写为

$$Q_{V(g)} = Q_p + nRT_{298} \tag{5-5}$$

$$Q_{V(l)} = Q_p + nRT_{298} + 41.5362n_{H_2O} \tag{5-6}$$

式中，R 为气体常数。

由式(5-6) 看出，定容爆热不仅可以直接测定，还可以先通过理论计算得到定压爆热，然后推算出定容爆热。为了提高火药的爆热和燃烧稳定性，在火药组分中常加入金属粉或金属化合物。在武器发射过程中火药的燃烧产物大多为气态，如 CO_2、CO、H_2O、H_2、N_2、HCl、$AlCl_3$，$Al(OH)_3$、AlO_2、Al_2O、Li 等，也有液态物质，如 Al、Ti、Si 等，固态物质，如 MgO、Al_2O_3 等。火药燃烧时的热效应总是比量热仪中测定的低些，标准状态的火药爆热计算值又较实测值高。

火药的爆热大小取决于火药各组分氧化元素的多少，对于仅以氧为氧化元素的火药或组分，常用氧平衡来描述其缺氧或富氧情况。所谓氧平衡系指火药和火药组分中的含氧量与所含可燃元素完全氧化所需氧量的差值比。其计算以 1kg 物质为基准，并以百分数表示氧平衡，若火药或组分中所含的氧量能够完全氧化所含的可燃元素，且无剩余的氧，则称为零氧平衡，如果所含的氧量大于所需的氧量，则称为正氧平衡，反之称为负氧平衡。

例如 1kg 火药的假定化学式为 $C_{25.52}H_{33.13}O_{33.08}N_{9.34}$，含氧量为 $33.08 \times 16 = 529.28(g)$；C、H 元素完全氧化所需的氧量为 $25.52 \times 32 + 33.13/2 \times 16 = 1081.68(g)$。计算该火药的氧平衡

$$氧平衡 = \frac{[\sum N_i V_i]_o - [\sum N_i V_i]_f}{1000} \times 100\% = -55.24\%$$

该火药的氧平衡为 -55.24%，即 1kg 火药完全燃烧尚缺氧 552.4g。

火药组分的氧平衡具有加和性，由火药组分的百分含量和氧平衡值可计算出火药的氧平衡。以典型双基火药为例，计算氧平衡过程与结果如表 5-1 所示，氧平衡计算结果为 -55.304%。

表 5-1　某双基火药氧平衡计算结果

配方组分	组分含量 g_i/%	$g_i \times$ 组分氧平衡值/%
NC(N=12.0%)	56	−21.560
NG	25	+0.875
DNT	9	−10.278
DBP	6	−13.470
Ⅱ号中定剂	3	−7.401
凡士林	1	−3.470
总计	100	−55.304

火药中常见组分的氧平衡列于表 5-2 和表 5-3。

表 5-2 火药中常用物质的氧平衡值

物质名称	分子式	分子量	氧平衡值/%
铝	Al	27	−89.0
铍	Be	9	−177.5
碳	C	12	−266.7
硫	S	32	−100.0
硝酸铵	NH_4NO_3	80	+20.0
硝酸钾	KNO_3	101	+39.6
高氯酸铵	NH_4ClO_4	117.5	+34.0
高氯酸钾	$KClO_4$	138.5	+46.2
黑索今	$C_3H_6N_6O_6$	222	−21.6
奥克托今	$C_4H_8N_8O_8$	296	−21.6
硝基胍	$CH_4O_2N_4$	104	−30.8
硝化甘油	$C_3H_5N_3O_9$	227	+3.5
六硝基六氮杂异伍兹烷	$C_6H_6N_{12}O_{12}$	438.28	−10.95
硝化二乙二醇	$C_4H_8N_2O_7$	196	−40.8
硝化二乙醇胺	$C_4H_8O_8N_4$	240	−26.7
二硝基甲苯	$C_7H_6O_4N_2$	182	−114.2
三硝基甲苯	$C_7H_5O_6N_3$	227	−74.0
Ⅰ号中定剂	$C_{17}H_{20}ON_2$	268	−256.7
Ⅱ号中定剂	$C_{15}H_{16}ON_2$	240	−246.7
苯二甲酸二丁酯	$C_{16}H_{22}O_4$	278	−224.5
甘油三醋酸酯	$C_9H_{14}O_6$	218	−134.5
凡士林主要成分	$C_{13}H_{38}$	254	−347.0
樟脑	$C_{10}H_{16}O$	152	−284.2

表 5-3 不同含氮量硝化棉的氧平衡值

含氮量/%	氧平衡值/%	含氮量/%	氧平衡值/%
11.5	−41.8	12.6	−34.5
11.7	−40.5	12.8	−33.2
12.0	−38.5	13.1	−31.2
12.3	−36.5	13.4	−29.2
12.4	−35.8	13.5	−28.5
12.5	−35.2		

5.1.2 爆温

火药爆温系指火药在 298K 温度下定容或定压绝热燃烧时，燃烧产物达到的最高温度，称为火药的定容爆温 T_V 或定压爆温 T_p，单位为 K，表达式为

$$T_V = \frac{Q_{V(g)}}{\sum n_i \overline{C}_{V,i}} + 298 \qquad (5-7)$$

$$T_p = \frac{Q_{p(g)}}{\sum n_i \overline{C}_{p,i}} + 298 \qquad (5-8)$$

或
$$T_V = \frac{(U_{T_V})_{产物} - (U_{298})_{产物}}{\overline{C}_V} + 298 \qquad (5\text{-}9)$$

$$T_p = \frac{(H_{T_p})_{产物} - (H_{298})_{产物}}{\overline{C}_p} + 298 \qquad (5\text{-}10)$$

式中　$C_{V,i}$，$\overline{C}_{p,i}$——第 i 种燃气平均摩尔热容；

　　　　$\overline{C}_V$、$\overline{C}_p$——1kg 火药燃气的平均热容。

式(5-7)～式(5-10) 描述了火药燃烧温度与物系反应前后热效应或热焓（或内能）之间的关系，为热化学计算火药爆温的理论基础。

爆温计算方法有两种：一是二项式平均定容热容法，二是经验法。

（1）二项式平均定容热容法计算定容爆温

在温度为 0～4000K 范围内，燃烧气体的平均定容热容 $\overline{C}_V$ 可用下列二项式计算

$$
\left.
\begin{array}{l}
CO_2: \overline{C}_V = 41.6015 + 22.3760 \times 10^{-4}t \\
H_2O: \overline{C}_V = 28.4219 + 35.4343 \times 10^{-4}t \\
CO: \overline{C}_V = 23.3425 + 10.0834 \times 10^{-4}t \\
H_2: \overline{C}_V = 20.1167 + 15.7862 \times 10^{-4}t \\
N_2: \overline{C}_V = 22.8279 + 10.6106 \times 10^{-4}t
\end{array}
\right\} \qquad (5\text{-}11)
$$

把二项式归纳为

$$\sum_{i=1}^{n} n_i \overline{C}_{V,i} = \sum n_i a_i + \left(\sum n_i b_i\right)t = A + Bt \qquad (5\text{-}12)$$

将式(5-12) 代入式(5-7) 得

$$t = \frac{1000 Q_{V(g)}}{\sum n_i \overline{C}_{V,i}} = \frac{1000 Q_{V(g)}}{A + Bt}$$

移项后　　　　　　$$Bt^2 + At - 1000 Q_{V(g)} = 0$$

解一元二次方程得

$$t = \frac{-A + \sqrt{A^2 + 4000 Q_{V(g)}B}}{2B} \qquad (℃) \qquad (5\text{-}13)$$

所以　　　　　　　　$$T_V = t + 298K$$

（2）经验法计算爆温

① 用于单基火药爆温计算的经验公式为
$$T_V = 0.693 Q_{V(l)} + 273 \qquad (5\text{-}14)$$

② 用于一般双基火药爆温计算的经验公式为
$$T_V = 0.502 Q_{V(l)} + 970 \qquad (5\text{-}15)$$

③ 用于爆热 $Q_{V(l)} = 3473 \sim 5586 kJ/kg$ 之间的双基火药
$$T_V = 0.632 Q_{V(l)} + 560 \qquad (5\text{-}16)$$
$$T_p = 0.602 Q_{V(l)} + 120 \qquad (5\text{-}17)$$

火药在火炮膛内的燃烧温度近似于 $T_V(K)$，在火箭发动机内其燃烧温度近似于 $T_p(K)$〔或写成 $T_c(K)$〕。当火药燃烧产物的体积（比容）一定时，爆温愈高，火药的做功能力也愈大，而同时对炮膛或发动机喷管的烧蚀也愈严重。

5.1.3　比容

火药比容系指 1kg 火药燃烧后生成的气体产物在标准状态下（1atm、273.15K）所占体

积（水为气态），称为火药的比容 W_1，单位为 L/kg。根据阿伏伽德罗定律可求得火药比容，其表达式为

$$W_1 = n_g V_0 \quad (\text{L/kg}) \tag{5-18}$$

式中　V_0——理想气体标准摩尔体积（$=RT_0/p_0=22.41\text{L/mol}$）。

由式(5-18)可以看出，火药燃烧气态产物的物质的量愈多或平均分子量愈小时，火药的比容愈大，因此 1kg 火药的比容与其燃气平均分子量成反比，即

$$W_1 = \frac{1}{M_{(g)}} \times 22.41 \tag{5-19}$$

发射药的化学组分主要是 C、H、O、N 元素组成，而且在高压定容条件下燃烧，燃烧产物不考虑离解，影响火药燃烧产物平衡组分的化学反应，只受水煤气平衡反应控制，而水煤气可逆平衡移动时并不发生气体物质的量的变化，故火药的比容仅取决于火药的组成，即

$$W_1 = 22.41 \times \left(K_C + \frac{K_H}{2} + \frac{K_N}{2} \right) \tag{5-20}$$

式中　K_C，K_H，K_N——1kg 火药组分中的 C、H、N 元素物质的量。

在不考虑离解的条件下，火药燃烧产物中分子量最小的是 H_2，最大的是 CO_2，由此可见，火药组分中氢含量增加，比容 W_1 增大；氧含量增加，燃烧产物中 CO_2、H_2O 的物质的量多，CO 和 H_2 含量减少，致使爆热提高而比容下降。

对推进剂来说，火药的爆温高，发动机工作压力低，燃烧产物的平衡组分受燃烧压力的影响很大。在推进剂能量特性参数计算时，通常考虑燃烧产物的离解，推进剂的比容成为一个可变特征量。因此，火箭推进剂能量特性参数中一般不用"比容"这一术语，而用不同燃烧条件下气态产物的平均分子量来表征推进剂的成气性。如果火药组分中加入金属物质，其燃烧产物的平均分子量增大。在火药配方设计时，火药组分应尽可能选择元素原子量小、不生成凝聚态产物的物质。

5.1.4　火药力和余容

（1）火药力　1kg 火药在定容绝热条件下燃烧，使燃烧产物的温度达到 T_v K 时压力和容积的乘积值称为定容火药力，以 f_v 表示，单位为 N·m/kg，虽然把它叫做火药"力"，实质上不是力，而是表征火药的做功能力，其表达式为

$$f_v = n_g R T_v \tag{5-21}$$

若将火药燃气视为理想气体，根据标准状态方程

$$p_0 V_0 = RT_0 \tag{5-22}$$

导出

$$R = \frac{p_0 V_0}{T_0} \tag{5-23}$$

把式(5-23)代入式(5-21)得

$$f_v = \frac{p_0 V_0}{T_0} n_g T_v = \frac{p_0 W_1}{273} T_v \tag{5-24}$$

式中　p_0——标准大气压，$1.01325 \times 10^5 \text{Pa}$；

　　　R——燃气摩尔常数，8.3144J/(mol·K)；

　　　V_0——理想气体标准摩尔体积，$22.41 \times 10^{-3}\text{m}^3/\text{mol}$。

$1/273$ 项为温度升高 1K 时，气体的膨胀系数，$W_1/273$ 为温度升高 1K 时，1kg 火药燃烧气体 W_1 膨胀的体积，$p_0 W_1/273$ 项表示在一个大气压 p_0 条件下，温度升高 1K 时，1kg

火药燃烧气体膨胀时所做的功。火药定容火药力 f_V 可以理解为火药燃烧后的气体生成物在一个大气压力下温度由 273K 升至定容爆温 T_V K 时膨胀所做的功。同理，定压火药力 f_p 的表达式为

$$f_p = n_g R T_p \quad (\text{N} \cdot \text{m/kg}) \tag{5-25}$$

式(5-25) 也称作火药力换算值。

由式(5-21)、式(5-25) 可得到定压火药力 f_p 与定容火药力 f_V 的换算关系式为

$$f_p = \frac{f_V T_p}{T_V} \tag{5-26}$$

将 $k = T_V/T_p$ 式定义为爆温比，即

$$f_p = \frac{f_V}{k} \tag{5-27}$$

在推导上式时，曾假设定容燃烧和定压燃烧所生成的燃气物质的量相等，即仅在 C、H、O、N 系统火药水煤气平衡为唯一控制反应的因素情况下才是正确的，所以定压火药力 f_p 公式仅适用于均质火药，不能随便推广，这也是定压火药力不能作为火箭推进剂的通用能量特性参数的原因。

火药力 f_V 是内弹道学的重要特性参量，火药力的大小与爆温、比容的乘积有关，只有在爆温和比容同时都很高的情况下，才能获得较高的火药力，孤立地用爆温或用比容来衡量火药能量大小是不全面的。

（2）余容　火药的余容系指 1kg 火药燃气分子本身不可压缩的体积，常以 b 表示，单位为 L/kg。火药在定容绝热条件下燃烧，燃气具有高温高压的性质，状态函数压力 p、温度 T 和体积 V 之间的关系不符合理想气体状态方程，只能用实际气体状态方程的范德华方程表示

$$\left(p + \frac{a}{W_1^2}\right)(W_1 - b) = n_g R T \tag{5-28}$$

式中，a/W_1^2 项表示分子间引力的一个修正量，由于火药燃气的温度很高，即使气体密度很大，其分子间的引力相对而言还是很小的，式中的 a/W_1^2 项可略去不计；式中的 b 项就是考虑火药余容的一个参量，它约等于气体分子体积的 4 倍，在高压下必须给予考虑。如压力为最大压力 p_m，T 为定容爆温，式(5-28) 可以改写成

$$p_m(W_1 - b) = n_g R T_V \tag{5-29}$$

若密闭爆发器的容积为 V_0，装入的火药质量为 W_p kg，在火药燃尽后，1kg 火药燃气体积为

$$W_1 = \frac{V_0}{W_p} = \frac{1}{\frac{W_p}{V_0}} \tag{5-30}$$

把 W_p/V_0 定义为火药装填密度 Δ，式(5-30) 改写为

$$W_1 = \frac{1}{\Delta} \tag{5-31}$$

将式(5-31) 代入式(5-29) 并整理得

$$p_m = \frac{\Delta n_g R T_V}{1 - \Delta b} = \frac{\Delta f_V}{1 - \Delta b} \tag{5-32}$$

该式表明，在火药性质一定条件下，p_m 不仅随 Δ 的增大而增大，而且比 Δ 增大的还要快些。利用式(5-32) 只需知道装填密度 Δ，则可推算出最大压力 p_m，或者从给定的 p_m 算

出 Δ。除此之外，更重要的是应用此公式，通过实验方法可以测出火药力 f_V 和火药余容 b。典型发射药的火药力和余容的范围见表 5-4。

表 5-4　典型发射药的 f_V 和 b 的范围

火药种类	$f_V/(\text{kJ/kg})$	b
单基药	850～1000	0.90～1.10
双基药	850～1150	0.85～1.05
三基药	1000～1130	0.85～1.10
黑火药	280～300	0.50

余容的计算还可由燃烧气体产物的每一组分的 b 值之和得出，即

$$b = \frac{\sum n_i b_i}{1000} \tag{5-33}$$

式中　n_i——1kg 火药燃烧产物中第 i 种组分的物质的量；

　　　b_i——火药燃烧产物第 i 种组分的范德华常数 b 值。

b_i 值与组分分子体积和温度有关，表 5-5 列出适用于高温气体的 b_i 值。

表 5-5　高温气体的 b_i 值

气体		CO_2	CO	H_2O	H_2	N_2
b_i	(L/mol)	0.063	0.033	0.010	0.014	0.034
	(cm^3/mol)	63.0	33.0	10.0	14.0	34.0

实测的火药气体余容，约为 1L/kg，其变化很小，所以在一般计算中可以近似地取余容值为比容值的千分之一，即

$$b = 0.001 \times W_1 \tag{5-34}$$

5.1.5　比冲

比冲系指推进剂在火箭发动机中燃烧时所产生的推力与推进剂燃烧的质量流率之比，以 I_{sp} 表示，单位为 N·s/kg，表达式为

$$I_{sp} = \frac{F}{\dot{m}} \tag{5-35}$$

式(5-35) 为一瞬间比冲，如果推进剂在燃烧期间，F 和 $\dot{m}$ 是变化的，其比冲 I_{sp} 将不同于式(5-35)。推进剂比冲又可定义为在火箭发动机中单位质量推进剂燃烧时所产生的冲量，其表达式为

$$I_{sp} = \frac{1}{W_p} \int_0^{t_b} F \, \mathrm{d}t = \frac{I}{W_p} \tag{5-36}$$

式中　F——发动机推力，N；

　　　I——发动机推力总冲，N·s；

　　　W_p——推进剂总质量，kg；

　　　t_b——推进剂燃烧时间，s。

可以通过热化学计算得到推进剂的理论比冲值，也可通过发动机测得到推进剂的实际比冲值。在计算理论比冲时，燃烧室内的燃气温度和产物组成容易确定，而喷管出口截面处的燃气温度和产物组成的确定则较为困难。因为推进剂燃烧产物在喷管中流动时会发生降温和

降压，降温有利于燃气在高温时离解的产物发生复合反应及能够凝聚的产物发生相变而放热，降压有利于高温燃气的离解反应。由于燃烧产物在喷管中流动时间极短（一般不大于1ms），又缺乏复合反应速度及相变速度的动力学数据。为了近似处理，通常采用产物的平衡流动过程和冻结流动过程这两种极端情况。

（1）冻结比冲　冻结流动系指推进剂燃烧产物在喷管中流动膨胀过程，假定其组分保持燃烧室中的平衡组分不变，即相当于燃气组分化学反应动力学速度为零的极端条件，如同组分冻结了一样，故称为冻结流动。按照冻结流动的条件计算的比冲，称为推进剂的冻结比冲，其计算公式如式（5-37）

$$I_{sp} = \sqrt{2\frac{k}{k-1}nRT_c\left[1-\left(\frac{p_e}{p_c}\right)^{\frac{k-1}{k}}\right]} \quad (N \cdot s/kg) \tag{5-37}$$

式中　k——推进剂燃气平均比热比（$=C_p/C_V$）；

　　　n——1kg 推进剂燃气的总物质的量；

　　　R——摩尔气体常数；

　　　T_c——燃气温度（$=T_p$）；

　　　p_e——喷管出口截面处的压力；

　　　p_c——燃烧室压力。

（2）平衡比冲　平衡流动系指推进剂燃烧产物在喷管中流动膨胀过程，燃烧产物在任何断面均处于化学平衡、热平衡和速度平衡状态，即相当于燃气组分化学反应动力学速度为无穷大的极端条件的流动称为平衡流动，按照燃烧产物平衡流动条件计算的比冲，称为推进剂的平衡比冲，其计算式为式（5-38）

$$I_{sp} = \sqrt{2(H_c - H_e)} \quad (N \cdot s/kg) \tag{5-38}$$

式中，H_c 和 H_e 分别为燃烧产物在燃烧室内和喷管出口截面处的热焓。

若假设燃烧产物组分不变时，式（5-38）也用于冻结比冲计算。用该式计算平衡比冲及冻结比冲的区别在于求喷管排出物的热焓 H_e 时，采用什么样的燃气组分，若喷管出口处燃烧产物为 T_e、p_e 时的平衡组分，则所求的比冲为平衡比冲；若喷管出口处燃烧组分为燃烧室 T_c、p_c 时的平衡组分，则所求比冲为冻结比冲。

平衡比冲较冻结比冲计算值要稍大些，如典型的含铝复合推进剂平衡比冲为 2452N·s/kg左右，其平衡比冲较冻结比冲约大 1%～3%。引起比冲差值的原因是由于气态铝原子和氧化铝与氧的再化合并凝聚成三氧化二铝所造成的，而对不含铝粉的推进剂平衡比冲与冻结比冲的差值较小，往往可以忽略。

在实际情况下，计算推进剂比冲采用哪一种计算方法应视具体条件。一般的双基推进剂燃烧温度较低、燃烧室压力较高、燃气产物离解较少而且不含凝聚相产物时，其平衡比冲与冻结比冲计算差值很小，所以常采用较简单的冻结流动条件计算理论比冲；含铝推进剂的燃烧温度较高，燃烧室压力较低、燃气离解较多情况下，这类推进剂常采用平衡流动条件计算理论比冲。

推进剂燃烧产物的真实流动情况是介于平衡流动和冻结流动两种极端条件之间，所以推进剂的真实比冲也介于平衡比冲与冻结比冲之间。

（3）标准理论比冲　推进剂比冲值主要取决于推进剂本身的性质和发动机的结构性能。通常把根据热力学性质计算的推进剂比冲称为理论比冲，在计算推进剂比冲过程中，不同的计算者可能选择不同的 p_c、p_e、ε 和 a 等条件，在实际应用中规定计算的标准条件，见表 5-6。根据这些标准条件计算出来的理论比冲，称为推进剂的标准理论比冲，以 I_{sp} 表示。

表 5-6　理论比冲计算的标准条件

条件	双基推进剂	复合推进剂
p_c/MPa	10	7
p_a/MPa	1	1
ε	$p_e = p_a$	$p_e = p_a$
a	0°	0°

表中　p_c——燃烧室压力，MPa；

　　　p_e——喷口截面压力，MPa；

　　　p_a——环境压力，0.1013MPa；

　　　ε——喷口截面膨胀比（$= p_a / p_e$）；

　　　a——喷管出口扩张半角，(°)。

（4）密度比冲　推进剂比冲与其密度的乘积称为推进剂密度比冲，以 I_ρ 表示，单位为 N·s/m³，表达式为

$$I_\rho = I_{sp}\rho \tag{5-39}$$

式中　I_{sp}——推进剂比冲，N·s/kg；

　　　ρ——推进剂密度，kg/m³。

式（5-39）能够较全面地评价推进剂能量特性与发动机中推进剂装填量的关系，它是比较推进剂能量特性的一个综合参量。

固体推进剂在实际应用中是预先装填在火箭发动机的燃烧室里，推进剂密度大小直接影响到发动机的体积、重量、总冲和火箭的最大射程。由此可见，当燃烧室容积及装填系数一定时，推进剂燃烧产生的总冲不仅与其比冲有关，而且还与推进剂密度有关。

5.1.6　特征速度

推进剂特征速度系指发动机喷管喉部面积和燃烧室压力的乘积与喷管每秒质量流量之比，因它具有速度量纲，故称为推进剂特征速度，以 C^* 表示，单位为 m/s，表达式为

$$C^* = 0.10197 \frac{A_t p_c}{\dot{m}} \tag{5-40}$$

式中　p_c——燃烧室压力，Pa；

　0.10197——系数；

　　　A_t——喷管喉部面积，m²；

　　　$\dot{m}$——质量流率，kg/s。

在火箭发动机设计中，常将特征速度作为推进剂能量特征的一个重要参数。

由式（5-40）可知，当发动机的喉部面积 A_t 和燃烧室压力 p_c 一定时，若用较小的质量流率获得较高的特征速度 C^* 值，它取决于推进剂在燃烧室中的燃烧温度、燃气平均分子量和燃气的比热比。大多数推进剂的比热比 k 约为 1.10～1.30，所以比热比的变化对 C^* 影响较小，C^* 又与喷管中气流的膨胀过程无关，而仅仅取决于燃烧室内燃烧产物的特性。

假设燃气为理想气体，它在喷管中的流动为等熵（绝热可逆）过程，就可以推导出 C^* 的表达式。已知质量流率 $\dot{m}$ 为

$$\dot{m} = \rho_t V_t A_t = \rho_t a_t A_t = \rho_c a_c \frac{a_t}{a_c} \frac{\rho_t}{\rho_c} A_t \tag{5-41}$$

式中，ρ_t、V_t、a_t、A_t 分别表示喷管喉部截面处的气流密度、速度、声速和截面积；下标"c"表示喷管入口处的气流参量，"t"为喉部截面处的参数。

根据超声速气体动力学原理，已知

$$\left.\begin{array}{c} \dfrac{a_t}{a_c}=\left(\dfrac{2}{k+1}\right)^{\frac{1}{2}} \\[3mm] \dfrac{\rho_t}{\rho_c}=\left(\dfrac{2}{k+1}\right)^{\frac{1}{k-1}} \end{array}\right\} \tag{5-42}$$

式(5-42)代入式(5-41)得

$$\dot{m}=p_c a_c \left(\frac{2}{k+1}\right)^{\frac{k+1}{2(k-1)}} A_t \tag{5-43}$$

在绝热流动过程中声速表达式为

$$a_c=\sqrt{knRT_c} \tag{5-44}$$

由气体状态方程知道气流密度为

$$\rho_c=\frac{p_c}{nRT_c} \tag{5-45}$$

把式(5-44)、式(5-45)代入式(5-43)得

$$\dot{m}=\frac{p_c A_t}{\sqrt{nRT_c}}\sqrt{k\left(\frac{2}{k+1}\right)^{\frac{k+1}{k-1}}} \tag{5-46}$$

再将式(5-46)代入式(5-40)得

$$C^*=\frac{\sqrt{nRT_c}}{\sqrt{k\left(\dfrac{2}{k+1}\right)^{\frac{k+1}{k-1}}}} \tag{5-47}$$

令

$$\Gamma=\sqrt{k\left(\frac{2}{k+1}\right)^{\frac{k+1}{k-1}}} \tag{5-48}$$

则式(5-47)可改写为

$$C^*=\frac{\sqrt{nRT_c}}{\Gamma} \tag{5-49}$$

式中　T_c——火药燃烧温度，K；

　　　k——火药燃气绝热指数（燃气比热比）；

　　　R——气体常数；

　　　n——1kg 燃气物质的量。

Γ 值只是燃气比热比的函数，其值见表 5-7。

式(5-49)呈现出推进剂比热比对 C^* 影响不大，而 T_c 和 $\overline{M}$ 值变化却对 C^* 影响较大，所以 C^* 主要取决于 $\sqrt{T_c/\overline{M}}$ 的大小，而推进剂的 T_p 愈高，$\overline{M}$ 愈小，其特征速度 C^* 值也愈大。

C^* 与比冲不同，C^* 值只反映燃烧室内的状况，只涉及推进剂本身能量特性和燃烧室条件；C^* 值的大小仅决定于火药燃烧过程所放出的能量，而与喷管中进行的过程无关。因此，使用特征速度作为推进剂能量特性的评定标准比较直接和方便。

表 5-7 不同 k 值时的 Γ 值

k	Γ	k	Γ
1.14	0.6366	1.23	0.6543
1.15	0.6386	1.24	0.6562
1.16	0.6407	1.25	0.6581
1.17	0.6426	1.26	0.6599
1.18	0.6446	1.27	0.6618
1.19	0.6466	1.28	0.6636
1.20	0.6485	1.29	0.6655
1.21	0.6505	1.30	0.6674
1.22	0.6524	1.31	0.6691

式(5-47)、式(5-49) 所计算的特征速度值为冻结的 C^* 值。固体推进剂的特征速度值为 $1200\sim1800\text{m/s}$，而某些复合推进剂的 C^* 值还可能更高些。

5.2
火药能量特性参数的理论计算

火药化学潜能转换为燃气动能是经过燃烧和膨胀两个非常复杂的过程，在火药能量参数理论计算时，为了简化计算方法，人们通常进行某些必要的假设。发射药的能量特性参数理论计算时常采用"基本法""内能法"和"简化法"。推进剂的能量特性参数理论计算中常采用"平衡常数法"或"最小自由能法"。不论哪种计算方法，都需要根据火药的组分及含量，求出 1kg 火药的假定化学式、火药的初始生成热（或初始热焓），再求出燃烧产物的平衡组分，根据其燃烧产物的温度和压力条件，计算出燃烧产物组分的内能或热焓以及燃烧产物的熵值，在此基础上进行能量特性参数的理论计算。

5.2.1 火药的假定化学式

火药的假定化学式系指 1kg 火药所含各化学元素及其物质的量的化学表达式，如

$$C_{K_C}H_{K_H}O_{K_O}N_{K_N}\cdots \tag{5-50}$$

式中，下标 K_C、K_H、K_O、K_N…分别表示 1kg 火药组分中碳、氢、氧、氮…元素的物质的量，显然

$$K_C M_C + K_H M_H + K_O M_O + K_N M_N + \cdots = 1000$$

式中，M_C、M_H、M_O、M_N…分别表示 C、H、O、N…原子量。如果略去火药配方中一些含量较少的附加组分不计，则发射药和双基推进剂的千克假定化学式为

$$C_{K_C}H_{K_H}O_{K_O}N_{K_N}$$

复合推进剂及复合改性双基推进剂的化学式可表示为

$$C_{K_C}H_{K_H}O_{K_O}N_{K_N}Cl_{K_{Cl}}$$

或

$$C_{K_C}H_{K_H}O_{K_O}N_{K_N}Cl_{K_{Cl}}Al_{K_{Al}}$$

求出 1kg 火药假定化学式的目的在于讨论火药燃烧反应产物组分。1kg 火药假定化学式的计算方法，如下所述。

① 首先把火药配方中各组分的化学式写成用字母和数字表示的化学通式，如硝化甘油

的分子式

$$C_3H_5(ONO_2)_3$$

按 C、H、O、N…习惯顺序排列为 $C_3H_5O_9N_3$

为了计算方便，将其他各组分也写成通用化学式

$$C_cH_hO_oN_n$$

式中，C、H、O、N 为火药配方中所含各组分的化学元素；c、h、o、n 为相应一分子中各元素的原子个数。

② 计算火药配方中所含各组分的 1kg 化学通式。

各组分的 1kg 化学式。由已知 1mol 分子式求出该组分所含各元素的物质的量。

$$\left. \begin{array}{l} C=\dfrac{c}{M_i}\times 1000 \\[2mm] H=\dfrac{h}{M_i}\times 1000 \\[2mm] O=\dfrac{o}{M_i}\times 1000 \\[2mm] N=\dfrac{n}{M_i}\times 1000 \end{array} \right\} \tag{5-51}$$

式中，M_i 为配方中第 i 种组分的分子量，求出的 C、H、O、N…为 1kg 某组分所含的元素物质的量，其化学通式为 $C_cH_hO_oN_n\cdots$。

含氮量 $[w(N)/\%]$ 不同的硝化棉，其化学式中的各元素组成也不同。设 1kg 硝化棉化学式为

$$C_cH_hO_oN_n=[C_6H_7O_2(OH)_x(ONO_2)_{3-x}]_y$$

求解：

$$\left. \begin{array}{l} C=6y \\ H=(7+x)y \\ O=(11-2x)y \\ N=(3-x)y \end{array} \right\} \tag{5-52}$$

已知 1kg 硝化棉中氮的元素物质的量为：

$$N=\frac{w(N)}{14.0067}\times 10=0.7139w(N)=0.7139N'$$

式中，$N'=w(N)$。

代入式(5-52) 的 $N=(3-x)y$ 中得

$$3y-xy=0.7139N' \tag{5-53}$$

由于求的是 1kg 硝化棉的各元素物质的量，所以

$$12.011\times 6y+1.0079\times(7+x)y+15.999\times(11-2x)y+14.0067\times(3-x)y=1000$$

整理后得

$$297.1304y-44.9968xy=1000 \tag{5-54}$$

解式(5-53)、式(5-54) 联立方程，得

$$\left. \begin{array}{l} y=6.1679-0.1982N' \\ xy=18.5051-1.3088N' \end{array} \right\} \tag{5-55}$$

把式(5-55) 代入式(5-54)，则求出 1kg 不同含氮量硝化棉的各元素数，即

$$\left.\begin{array}{l} C = 37.0074 - 1.1892N' \\ H = 61.6804 - 2.6962N' \\ O = 30.8367 + 0.4374N' \\ N = 0.7139N' \end{array}\right\} \tag{5-56}$$

根据式(5-56)即可计算出不同含氮量 1kg 硝化棉的各元素物质的量。

③ 1kg 火药假定化学式的计算。

在求得火药配方中各组分 1kg 假定化学式后，把它们乘以各自的质量分数（g_i），则求出不同组分的相同元素物质的量之和，即得 1kg 火药假定化学式的各元素的物质的量，计算式如下：

$$\left.\begin{array}{l} K_C = \sum_{i=1}^{n} g_i C_i \\[2mm] K_H = \sum_{i=1}^{n} g_i H_i \\[2mm] K_O = \sum_{i=1}^{n} g_i O_i \\[2mm] K_N = \sum_{i=1}^{n} g_i N_i \\[2mm] \vdots \end{array}\right\} \tag{5-57}$$

式中　　　　　　　g_i——火药中第 i 种组分的质量分数；

C_i，H_i，O_i，N_i…——1kg 第 i 种组分的各元素物质的量；

n——火药由 n 种组分组成。

所以，1kg 火药的假定化学式为

$$C_{K_C} H_{K_H} O_{K_O} N_{K_N} \cdots$$

5.2.2　火药燃烧产物的平衡组分

上面介绍了如何计算 1kg 火药的假定化学式，接下来讨论根据假定化学式如何分析和计算火药燃烧反应产物的平衡组分，这是火药能量特性参数计算的关键步骤。

5.2.2.1　燃烧产物平衡组分的分析

火药燃烧的平衡组分主要决定两个方面的因素，一是火药配方所含的组分及其元素物质的量；二是火药燃烧反应的温度与压力。

火药燃烧反应如果在高温高压下进行，燃烧生成物就不需考虑离解反应；如果在高温低压下进行，燃烧生成物就需要考虑离解反应。

由 C、H、O、N 四种元素组成的火药，其基本燃烧产物有 CO_2、CO、H_2O、H_2 和 N_2 等，反应方程式为

$$C_{K_C} H_{K_H} O_{K_O} N_{K_N} \longrightarrow n_{CO_2} + n_{CO} + n_{H_2O} + n_{H_2} + n_{N_2}$$

由 C、H、O、N、Cl、Al 等多种元素组成的复合火药，其燃烧反应产物的基本方程式为

$$C_{K_C} H_{K_H} N_{K_N} Cl_{K_{Cl}} Al_{K_{Al}} \longrightarrow n_{CO_2} + n_{CO} + n_{H_2O} + n_{H_2} + n_{N_2} + n_{HCl} + n_{Al_2O_3(C)}$$

由燃烧反应方程式不难看出，火药本身含氧量多的放出的热量高，生成物中的 CO_2、H_2O 则多，其 CO、H_2 量就少，燃气平均分子量大。反之，如果火药本身氧含量少，则燃烧更不完，生成物中的 CO 和 H_2 就较多，平均分子量小，还可能有一部分碳及碳氢物生成。

在化学反应中，物质内的原子进行重新组成而生成新的分子，但其原子数既不能增加也不能减少，即反应前后各元素的原子总数保持不变，把它称为化学反应的质量守恒定律。根据质量守恒定律，火药燃烧反应前后各元素的原子数应保持不变，也就是 1kg 火药的假定化学式中各元素的物质的量 K_C、K_H、K_O、K_N、K_{Cl}、K_{Al}…等于燃烧各种产物所含相应元素的物质的量之和，而燃烧产物的质量之和仍然等于 1kg。由燃烧反应得出 CHON 系和CHONClAl 系两个方程组，即

$$\left.\begin{array}{l} K_C = n_{CO_2} + n_{CO} \\ K_H = 2n_{H_2O} + 2n_{H_2} \\ K_O = 2n_{CO_2} + n_{CO} + n_{H_2O} \\ K_N = 2n_{N_2} \end{array}\right\} \tag{5-58}$$

$$\left.\begin{array}{l} K_C = n_{CO_2} + n_{CO} \\ K_H = 2n_{H_2O} + 2n_{H_2} + n_{HCl} \\ K_O = 2n_{CO_2} + n_{CO} + n_{H_2O} + 3n_{Al_2O_3(C)} \\ K_N = 2n_{N_2} \\ K_{Cl} = n_{HCl} \\ K_{Al} = 2n_{Al_2O_3(C)} \end{array}\right\} \tag{5-59}$$

从上述两个方程组可以看出，火药燃烧产物中总含有 CO_2、CO、H_2O、H_2 等组分。燃烧产物间存在着水煤气平衡反应

$$CO + H_2O \xrightleftharpoons{K_W} CO_2 + H_2 ; \quad \Delta H_{298}^{\ominus} = -41.163 kJ/mol$$

$$K_W = \frac{n_{CO_2} n_{H_2}}{n_{CO} n_{H_2O}} \tag{5-60}$$

水煤气平衡常数 K_W 是随温度变化而变化与压力无关的函数。

火药在密闭（如枪炮膛内）或半密闭（如发动机内）容器中进行燃烧反应，其燃烧产物除存在着上述最重要的水煤气平衡反应之外，在高温低压条件下还可能存在着离解平衡反应。

所谓离解反应系指在一定的温度、压力条件下，由原子数目较多的分子分解为原子数较少的或单个原子的反应。离解反应为吸热反应，它把燃烧反应放出的一部分热量又转化为离解产物的化学潜能，从而降低了火药燃烧的热效应。

5.2.2.2　燃烧产物平衡组分的计算

这里先介绍发射药燃烧产物的平衡组分计算，因为发射药燃烧产物的组分只有气态，不考虑组分的离解，所以组分比较容易确定；然后介绍固体火箭推进剂燃烧产物的平衡组分计算，由于推进剂的燃气温度高（约为 3000～3600K）、燃烧压力低（一般为 7～10MPa），特殊发动机燃烧室的压力可能高些或低些，所以在计算推进剂的燃烧产物平衡组分时常考虑离解反应。

下面仅介绍燃烧产物不考虑离解的平衡组分计算。

1kg 发射药的假定化学式为

$$C_{K_C} H_{K_H} O_{K_O} N_{K_N}$$

一般情况下发射药为负氧平衡，其燃烧产物有 CO_2、CO、H_2O、H_2、N_2 五种主要组分，水煤气反应为唯一的产物间的平衡反应。

火药的燃烧反应式可写成

$$C_{K_C} H_{K_H} O_{K_O} N_{K_N} \longrightarrow n_{CO_2} + n_{CO} + n_{H_2O} + n_{H_2} + n_{N_2}$$

由质量守恒、水煤气平衡式，已知

$$\left. \begin{aligned} K_C &= n_{CO_2} + n_{CO} \\ K_H &= 2n_{H_2O} + 2n_{H_2} \\ K_O &= n_{H_2O} + 2n_{CO_2} + n_{CO} \\ K_N &= 2n_{N_2} \\ K_w &= \frac{n_{H_2O} n_{CO}}{n_{CO_2} n_{H_2}} \end{aligned} \right\} \tag{5-61}$$

上式为五个未知数的五个联立方程组，n_{N_2} 可直接写出，则余下四个未知数的四个方程组很容易地转换成二次方程。K_C、K_H、K_O、K_N 为已知数，当燃烧温度确定之后，K_w 可查表或按照拟合的公式计算得到。将上式改写成

$$\left. \begin{aligned} n_{CO} &= K_C - n_{CO_2} \\ n_{H_2O} &= K_O - 2n_{CO_2} - n_{CO} = K_O - K_C - n_{CO_2} \\ n_{H_2} &= \frac{1}{2}(K_H - 2n_{H_2O}) = \frac{K_H}{2} - (K_O - K_C - n_{CO_2}) \end{aligned} \right\} \tag{5-62}$$

把式(5-62)代入水煤气平衡式(5-60) 解出 n_{CO_2}。

$$K_w = \frac{n_{H_2O} n_{CO}}{n_{CO_2} n_{H_2}} = \frac{(K_O - K_C - n_{CO_2})(K_C - n_{CO_2})}{\left(\dfrac{K_H}{2} - K_O + K_C + n_{CO_2}\right) n_{CO_2}} \tag{5-63}$$

整理后得

$$(K_w - 1)n_{CO_2}^2 + \left[K_w\left(\frac{K_H}{2} + K_C - K_O\right) + K_O\right] n_{CO_2} + K_C(K_C - K_O) = 0 \tag{5-64}$$

令

$$A = K_w - 1; \quad B = K_w\left(\frac{K_H}{2} + K_C - K_O\right) + K_O; \tag{5-65}$$

$$C = K_C(K_C - K_O) = -(K_O - K_C)K_C$$

所以

$$n_{CO_2} = \frac{-B + \sqrt{B^2 - 4AC}}{2A} \tag{5-66}$$

式(5-65) 代入式(5-66) 得

$$\left. \begin{aligned} n_{CO} &= K_C - n_{CO_2} \\ n_{H_2O} &= K_O - K_C - n_{CO_2} \\ n_{H_2} &= \frac{K_H}{2} - n_{H_2O} \\ n_{N_2} &= \frac{K_N}{2} \end{aligned} \right\} \tag{5-67}$$

式(5-66)~式(5-67) 方程组为计算 1kg 发射药燃烧产物不发生离解反应的平衡组分。

将 1500~4000K 范围内的水煤气平衡常数进行非线性拟合,拟合曲线如图 5-1 所示,得到的关系式见式(5-68)。

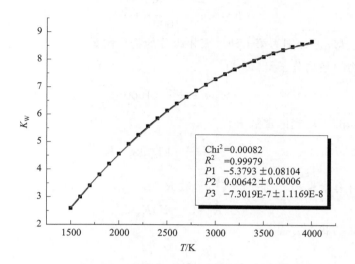

图 5-1　温度与水煤气平衡常数的关系曲线

$$K_W = -5.3793 + 0.00642T - 7.3019 \times 10^{-7} T^2 \tag{5-68}$$

下面举例说明典型火药配方燃烧产物的平衡组成计算。

【例 5-1】　已知双基发射药 1kg 假定化学式为 $C_{24.861} H_{32.274} O_{33.475} N_{9.537}$,试求燃烧产物的平衡组分。

解　已知 $K_C = 24.861$,$K_H = 32.274$,$K_O = 33.475$,$K_N = 9.537$,假设该火药爆温 T_V 为 2600K,查表或直接利用式(5-68) 计算得 $K_W = 6.398$,代入式(5-66) 和式(5-67) 得

$$n_{CO_2} = \frac{-81.6072 + \sqrt{6659.7351 + 4623.9841}}{2 \times 5.398} = 2.2803$$

$$n_{CO} = K_C - n_{CO_2} = 24.861 - 2.2803 = 22.5807$$

$$n_{H_2O} = K_O - K_C - n_{CO_2} = 33.475 - 24.861 - 2.2803 = 6.3337$$

$$n_{H_2} = \frac{K_H}{2} - n_{H_2O} = \frac{32.274}{2} - 6.3337 = 9.8033$$

$$n_{N_2} = \frac{K_N}{2} = \frac{9.537}{2} = 4.769$$

验算

$$44 \times 2.2803 + 28 \times 22.5807 + 18 \times 6.3337 + 2 \times 9.8033 + 28 \times 4.769 = 999.74$$

与 1000 相差很小,计算无误。

5.2.2.3　燃烧产物含有凝聚物的其他参数计算

在推进剂燃烧产物平衡组分中,除主要是燃气产物外,往往含有凝聚态物质 (如 Al_2O_3 等),因此产生了一些新的参数及计算方法。当求得 T_c、T_e 之后,则同样解出 $\sum n_{c,i}$ 和 $\sum n_{e,i}$,以及两个不同状态下的凝聚相产物的质量分数 E、气相产物的平均分子量 $\overline{M_g}$、气相产物的平均气体常数 R_g 及燃烧产物(含凝聚相)的平均气体常数 $\overline{R}$。

（1）凝聚相产物的质量分数 E　设 1kg 燃烧产物中有 n 种组成，其中 m 种气体，（$n-m$）种凝聚物，则凝聚态产物质量分数为

$$E=\frac{\sum_{i=m+1}^{n} n_{i(\text{C})} M_{i(\text{C})}}{1000} \tag{5-69}$$

式中，$n_{i(\text{C})}$、$M_{i(\text{C})}$ 分别为第 i 种凝聚相组分的物质的量和分子量。

（2）气相产物的平均分子量 $\overline{M_\text{g}}$ 为

$$\overline{M}_\text{g}=\frac{1-E}{n_\text{g}}\times 1000 \tag{5-70}$$

（3）气相产物的平均气体常数 R_g 为

$$R_\text{g}=\frac{8.3144}{\overline{M}_\text{g}}\quad \text{kJ/(kg·K)} \tag{5-71}$$

燃烧产物（含有凝聚相）的平均气体常数 $\overline{R}$ 为

$$\overline{R}=(1-E)R_\text{g} \tag{5-72}$$

根据气相产物的状态方程

$$p=\rho_\text{g}R_\text{g}T \tag{5-73}$$

忽略凝聚相粒子所占的容积，则气相产物的密度 ρ_g 为

$$\rho_\text{g}=\frac{1-E}{W}=\overline{\rho}(1-E_\text{C}) \tag{5-74}$$

式中，W 为 1kg 燃烧产物所占有的容积，即燃烧产物的比容；$\overline{\rho}$ 为气相产物的平均密度。把式（5-74）代入式（5-73）得

$$p=\overline{\rho}(1-E_\text{C})R_\text{g}T \tag{5-75}$$

即

$$\overline{R}=(1-E_\text{C})R_\text{g}$$

则

$$p=\overline{\rho}\ \overline{R}T \tag{5-76}$$

式（5-76）称为燃烧产物（含有凝聚相）的状态方程。根据燃烧产物在喷管中的具体位置，可在上述各参量右下角写入下标，如下标为 c 则表示燃烧室里燃烧产物的参数，下标为 e 则表示喷管出口截面燃烧产物的参数，如 $p_\text{c}=\overline{\rho}_\text{c}\overline{R}_\text{c}T_\text{c}$ 表示在燃烧室里的状态参数；$p_\text{e}=\overline{\rho}_\text{e}\overline{R}_\text{e}T_\text{e}$ 表示喷管出口处的状态参数。

5.2.3　火药系统的热力学参数

求解 1kg 火药的假定化学式及燃烧产物的平衡组分，目的是计算火药能量特性参数，因此仅知道化学反应的反应物和生成物是不够的，还需要火药燃烧反应前后热效应或燃烧反应产物状态变化的热效应，相关的热效应是利用火药系统的热力学参数来完成计算的。火药系统的热力参数包括火药本身的热力参数，以及火药燃烧产物状态下的热力学参数，具体内容是火药本身的生成热、热焓和内能；燃烧产物的热焓、内能、熵、热容和比热比。

5.2.3.1　火药的生成热、热焓和内能

火药经过燃烧反应将其蕴藏的化学能转变为燃烧产物的热能，其热力学参数发生了一系

列变化。所谓化学能系指组成某一体系的几种物质间发生化学反应，同时所能释放或吸收的那部分热量，则称为化学能。如 H_2 和 $0.5O_2$ 混合反应生成 $H_2O(g)$，同时放出 $241.8268kJ/mol$ 的热量，其化学能减少；N_2 和 O_2 混合反应生成 NO 同时要吸收热量，其化学能增加。所以几种化学物质组成的化合物，除了系统的内能、压力势能以外，还有化学能。在化合物生成反应中，一般用标准生成热进行计算。

化合物的标准生成热系指在一个大气压和 298K（25℃）温度下，由处于最稳定相态的单质生成 1mol 化合物时的热效应，吸热为正，放热为负，用符号 $\Delta H_{f,298}^{\ominus}$ 表示，下标 f 代表化合物是由单质生成的，单位为 J/mol。而单质系指由相同元素构成的物质，如气态的 O_2、H_2、N_2、F_2、Cl_2 及固态的石墨（C）和金属 Al、Be 等。单质的标准生成热等于零。

根据热焓与内能的关系式

$$H = U + pV$$

对于凝聚态物质与气体相比，凝聚态的体积 $V \approx 0$ 可略去不计，所以凝聚态物质的内能可近似地等于它的热焓

$$H \approx U$$

如果物质的量不是以 1mol 为基准，而是以 1g 或 1kg 为基准，则上述热力学函数相应地称为比生成热、比热焓和比内能，并以 $\Delta h_{f,298}^{\ominus}$、$h$、$u$ 表示。由于火药的假定化学式以 1kg 为基准，其比生成热、比热焓、比内能与其生成热、热焓、内能是一致的，所以使用时可以不加区别。

已经知道，火药是由多种组分组成的，如果略去火药各组分在混合成型过程中的热效应不计，利用化学热力学基本原理，火药的生成热应等于各组分比生成热乘以各组分在火药中所占质量分数的加和，即

$$(\Delta H_{f,298}^{\ominus})_p = \sum_{i=1}^{n} g_i (\Delta h_{f,298}^{\ominus}) \tag{5-77}$$

或

$$(\Delta H_{f,298}^{\ominus})_p = \sum_{i=1}^{n} g_i \left(\frac{1000}{M_i} \Delta H_{f,298}^{\ominus} \right)_i$$

式中　$(\Delta H_{f,298}^{\ominus})_p$ ——火药标准生成热，kJ/kg；

　　　$(\Delta H_{f,298}^{\ominus})_i$ ——火药中第 i 种组分的比生成热，kJ/kg；

　　　g_i ——火药中第 i 种组分的质量分数；

　　　n ——火药由 n 种组分组成；

　　　M_i ——火药中第 i 种组分的分子量；

　　　$\Delta H_{f,298}^{\ominus}$ ——第 i 种组分摩尔标准生成热，kJ/mol。

知道火药生成热以后，就可以利用下列关系式，求出火药的热焓和内能。

$$\left.\begin{aligned} (\Delta H_{f,298}^{\ominus})_p &= (H_{298}^{\ominus})_p \approx (U_{298}^{\ominus})_p \\ (H_T^{\ominus})_p &= (\Delta H_{f,298}^{\ominus})_p + \int_{298}^{T} C_p \, dT \\ (\Delta H_T^{\ominus})_p &\approx (U_T^{\ominus})_p \end{aligned}\right\} \tag{5-78}$$

式中　$(H_{298}^{\ominus})_p$，$(U_{298}^{\ominus})_p$ ——火药的标准热焓和标准内能，kJ/kg；

　　　$(H_T^{\ominus})_p$，$(U_T^{\ominus})_p$ ——温度为 T 时的火药热焓和内能，kJ/kg。

虽然火药的生成热、热焓、内能各自的物理意义不同，但可以把二者在数值上看作是一

致的，利用式(5-77)、式(5-57) 两个关系式，便可以由火药组分的热力学数据计算出火药的生成热、热焓和内能。

用内能状态函数来度量定容过程的热效应，用热焓状态函数来度量定压过程的热效应。因此，火药的定容爆热常用内能变化求得，而定压爆热常用热焓变化求得。

【例 5-2】 计算某双基火药的标准生成热、热焓和内能值。

解 查得各组分的生成热 $\Delta h_{f,298}^{\ominus}$，然后利用式(5-77) 计算，结果列于表 5-8。

表 5-8　火药标准生成热的计算结果

i	组分	$g_i/\%$	$(\Delta h_{f,298}^{\ominus})_i/(kJ/kg)$	$g_i(\Delta h_{f,298}^{\ominus})_i/(kJ/kg)$
1	硝化棉(N=12%)	56	-2753.07	-1541.72
2	硝化甘油	25	-1639.79	-409.95
3	二硝基甲苯	9	315.18	28.37
4	苯二甲酸二丁酯	6	-2980.01	-178.80
5	Ⅱ号中定剂	3	-254.22	-7.63
6	凡士林	1	-1997.44	-19.97
	总和	100		-2129.70

该火药的标准生成热、热焓和内能的关系如下：

$$(\Delta H_{f,298}^{\ominus})_p = (H_{298}^{\ominus})_p \approx (U_{298}^{\ominus})_p$$

因此

$$(\Delta H_{f,298}^{\ominus})_p = -2129.70 kJ/kg$$

【例 5-3】 计算某复合推进剂的标准生成热、热焓和内能值。

解 查表得各组分的生成热，然后利用式 (5-77) 计算，其计算过程和结果列表 5-9，该推进剂的标准生成热、热焓和内能值为

$$(\Delta H_{f,298}^{\ominus})_p = (H_{298}^{\ominus})_p = (U_{298}^{\ominus})_p = -2216.53 kJ/kg$$

表 5-9　某复合推进剂生成热计算结果

i	组分	$g_i/\%$	$(\Delta h_{f,298}^{\ominus})_i/(kJ/kg)$	$g_i(\Delta h_{f,298}^{\ominus})_i/(kJ/kg)$
1	聚醚	12.0	-3764.09	-451.69
2	甲苯二异氰酸酯	3.0	-985.71	-29.57
3	一缩二乙二醇	0.6	-5874.55	-35.25
4	高氯酸铵	65.0	-2471.95	-1606.77
5	癸二酸二辛酯	3.0	-3108.50	-93.26
6	铝粉	16.4	0	0.00
	总计	100		-2216.53

5.2.3.2　燃烧产物的热焓、内能、熵、热容和比热比

火药的燃烧产物是多种组分的混合物，其中主要是气态，也有凝聚态物质。

（1）热焓　1kg 火药的燃烧产物，在温度 T 时其热焓等于各燃烧产物热焓之总和。表达式为

$$H_T = H_{T,c} + H_{T,g} = \sum_{i=1}^{m} n_i H_{T,m,i} \tag{5-79}$$

式中　H_T——表示 $T(K)$ 时 1kg 火药燃烧产物的热焓，kJ/kg；

$H_{T,m,i}$——T（K）时第 i 种燃烧产物的摩尔热焓，kJ/mol；

$H_{T,c}$——T（K）时 1kg 火药燃烧产物中所含凝聚相产物的热焓，kJ/kg；

$H_{T,g}$——T（K）时 1kg 火药燃烧产物中所含气相产物的热焓，kJ/kg；

m——燃烧产物的组成数；

n_i——第 i 种燃烧产物的物质的量。

各种燃烧产物的热焓与温度间的关系，可查表得到。

若进行火药爆热计算，还须知道燃烧产物的标准生成热，常见火药燃烧产物的标准生成热（即标准热焓）数据列于表 5-10。

表 5-10　常见火药燃烧产物的标准生成热

物质名称	状态	$\Delta H_{f,298}^{\ominus}/(\text{kJ/mol})$
CO_2	气	−393.5127
CO	气	−110.5233
H_2O	气	−241.8264
HCl	气	−92.3116
H_2O	液	−285.8400
Al_2O_3	晶体	−1675.2736

如果知道 n_i，查得火药组分的生成热并从表 5-10 查得燃烧产物的生成热，就可应用爆热计算式

$$Q_p = -\Delta H = -\left[\sum n_i \Delta H_{T,m,i} - \sum_{i=1}^{m} g_i (\Delta h_{f,298}^{\ominus})_i \right]$$

求出火药定压爆热值。

（2）内能　根据热力学公式可知，1mol 理想气体的热焓与内能的关系式为

$$H = U + pV = U + RT \tag{5-80}$$

所以 1kg 火药燃烧气态产物的内能为

$$U_{T,g} = H_{T,g} - \sum_{i=1}^{m} n_{g,i} RT \tag{5-81}$$

燃烧产物中若含有凝聚态物质，其所占体积（$V_c \approx 0$）可略去不计，表达式为

$$U_{T,c} = H_{T,c} \tag{5-82}$$

因此，1kg 火药的燃烧产物在温度 T K 时的总内能为

$$U_T = U_{T,g} + H_{T,c} = H_T - \sum_{i=0}^{m} n_{g,i} RT \tag{5-83}$$

式中　　U_T——在 T（K）时，1kg 火药燃烧产物的内能，kJ/kg；

$U_{T,g}$，$U_{T,c}$——T（K）时火药燃烧产物的气态产物或凝聚态产物的总内能，kJ/kg。

（3）熵　燃烧产物在发动机喷管中流动膨胀过程，把一部分热能转变为动能，这样在能量守恒方程中就增加了一个未知的产物流动速度，因此，通常把燃烧产物在喷管中的膨胀流动过程近似地认为是一个绝热可逆的等熵过程，也就是燃烧产物在喷管中各个地方的熵都相等，即 $S_c = S_e$，以便用等熵膨胀方程来求解喷管出口的温度 T_e（K），所以在喷管流动计算中，必须求解燃烧产物的熵。

化学物质的熵取决于它的分子结构及所处的温度和压力状态。当一种物质所处的温度和压力一定时，它的熵值也一定。标准摩尔熵以 $S_{T,m}$ 表示，其单位为 J/(mol·K)。

推进剂燃烧产物通常由气态和凝聚态组分组成，气态产物的熵与压力有关，而凝聚态组

分的熵基本与压力无关。因此，1kg 火药燃烧所生成气态产物的熵为

$$S_{T,\mathrm{g}} = \sum_{i=1}^{m} n_{\mathrm{g},i} S_{T,\mathrm{m},i} = \sum_{i=1}^{m} n_{\mathrm{g},i} S_{T,\mathrm{m},i} - R n_{\mathrm{g}} \ln p - R \sum_{i=1}^{m} n_{\mathrm{g},i} \ln \frac{n_{\mathrm{g},i}}{n_{\mathrm{g}}} \qquad (5\text{-}84)$$

同样，燃烧产物中凝聚态组分的分压可略去不计，其熵为

$$S_{T,\mathrm{c}} = \sum_{i=m+1}^{n} n_{\mathrm{c},i} S_{T,\mathrm{m},i} \qquad (5\text{-}85)$$

所以 1kg 燃烧产物在温度 T 和压力 p 时的总熵为

$$S_T = S_{T,\mathrm{g}} + S_{T,\mathrm{c}} = \sum_{i=1}^{n} n_i S_{T,\mathrm{m},i} - R n_{\mathrm{g}} \ln p - R \sum_{i=1}^{m} n_{\mathrm{g},i} \ln \frac{n_{\mathrm{g},i}}{n_{\mathrm{g}}} \qquad (5\text{-}86)$$

式中　S_T——在 T 和 p 大气压时 1kg 火药燃烧产物总熵。$J/(kg \cdot K)$；

　　$S_{T,\mathrm{m},i}$——T 时第 i 种燃烧产物的标准熵，$J/(mol \cdot K)$；

　　n_{g}——气态产物总物质的量 $\left(= \sum_{i=1}^{n} n_{\mathrm{g},i}\right)$；

　　$n_{\mathrm{g},i}$——第 i 种气体物质的量；

　　T——温度，K；

　　p——总压力，atm；

　　R——摩尔气体常数，$8.3144 J/(mol \cdot K)$；

　　$n_{\mathrm{c},i}$——第 i 种凝聚物物质的量。

【例 5-4】 计算双基推进剂燃烧平衡组分的总焓和熵。

解　已知在 $p=70\mathrm{atm}$，温度 $T=3300\mathrm{K}$ 时的平衡组分。

① 求燃烧产物的总焓　燃烧产物的总焓应用式(5-79)进行计算，计算过程与结果列于表 5-11。

$$H_T = \sum_{i=1}^{m} n_i H_{T,\mathrm{m},i}$$

表 5-11　3300K 时燃烧产物的总焓（$p=70\mathrm{atm}$）

i	组分	$n_i/(\mathrm{mol/kg})$	$H_{\mathrm{m},i}/(\mathrm{kJ/mol})$	$n_i H_{\mathrm{m},i}/(\mathrm{kJ/kg})$
1	CO_2	3.331	−222.00	−739.48
2	CO	10.175	−5.83	−59.32
3	H_2O	9.315	−97.96	−912.50
4	H_2	3.369	99.96	336.77
5	N_2	13.437	103.82	1395.03
6	H	0.532	280.38	149.16
7	OH	0.573	139.60	79.99
8	NO	0.138	196.63	27.13
9	O	0.049	312.05	15.29
10	O_2	0.050	110.17	5.51
	总计	40.969		297.58

所求气体燃烧产物的总焓为

$$H_T = \sum_{i=1}^{m} n_i H_{\mathrm{m},i} = 297.58 \mathrm{kJ/kg}$$

② 求燃烧产物的总熵　燃烧产物的总熵应用式(5-84)

$$S_T = \sum_{i=1}^{n} n_{g,i} S_{T,m,i} - R \sum n_i \ln \frac{n_i}{n_g} - R n_g \ln p$$

其计算过程和结果列表 5-12。

$$S_T = 11215.22 + 8.3144 \times 65.93 - 40.969 \times 8.3144 \times \ln 70 = 10316.21 [J/(kg \cdot K)]$$

（4）热容 如果火药燃烧产物之间不发生化学变化，其定压热容表达式为

$$C_p = \sum_{i=1}^{n} n_i C_{p,m,i} \tag{5-87}$$

表 5-12 3300K 时燃烧产物的总熵

i	组分	n_i	$S_{m,i}$	$n_i S_{m,i}$	$n_i \ln \frac{n_i}{n_g}$
1	CO_2	3.331	339.987	1132.50	8.3812
2	CO	10.175	277.07	2819.19	14.2394
3	H_2O	9.315	291.90	2719.05	13.8585
4	H_2	3.369	181.25	610.63	8.8343
5	N_2	13.437	270.31	3632.16	−15.0679
6	H	0.532	164.58	87.56	−2.3145
7	OH	0.573	260.24	149.12	−2.4503
8	NO	0.138	291.64	40.25	−0.7866
9	O	0.049	211.60	10.37	−0.3300
10	O_2	0.050	288.24	14.41	−0.3358
总计		40.969		11215.22	24.03

1mol 理想气体的定压热容与定容热容之间关系式为

$$C_{V,m} = C_{p,m} - R \tag{5-88}$$

凝聚态物质的摩尔热容为

$$C_{V,m} = C_{p,m} \tag{5-89}$$

所以 1kg 火药燃烧产物的定容热容为

$$C_V = C_p - n_g R \tag{5-90}$$

常用燃烧产物各组分的摩尔定压热容，可由热力学手册查到。

（5）比热比 比热比是一个与火药燃烧产物的组成和温度有关的热力学函数。在火箭发动机喷管中，火药燃烧产物等熵膨胀流动时，若是不发生化学变化的理想气体混合物，其比热比就等于绝热指数，或称等熵指数。当气体混合物各组分发生化学变化时，其比热比大于绝热指数，因此在应用时要考虑各组分间是否发生化学变化。习惯上以 k 表示比热比。

1kg 火药燃烧产物比热比的表达式为

$$k = \frac{C_p}{C_V} = \frac{C_p}{C_p - n_g R} \tag{5-91}$$

由于

$$C_V = C_p - n_g R$$
$$C_p = C_V + n_g R$$

或

$$k = 1 + \frac{n_g R}{C_V} \tag{5-92}$$

对于理想气体，摩尔热容 $C_{V,m}$ 与其分子运动的自由度有关，即

$$C_{V,m} = \frac{i}{2}R \tag{5-93}$$

式中 i 为分子运动的自由度，分子运动的自由度与分子构成的原子数目有关，分子中原子数目越多，则自由度越大，$C_{V,m}$ 也就越大，而 k 值越小。反之，气体分子的结构越简单，其 k 值越大。对武器而言，火药燃气的 k 值越大，其能量利用率也就越高。

比热比在火药技术中得到广泛的应用，但其数值又是比较混乱的一个参数。有的直接取燃烧产物在 $298 \sim T_c$（或 $0 \sim T_V$）的平均 k 值；有的取燃烧产物在喷管入口温度 T_c 和喷管中的平均等熵指数。为了简化，常用不同温度下的平均比热比，下面介绍 k 值的几种计算方法。

① 半径验比热比　在发射药中所使用的 k 为平均比热比，其温度范围在 $298K \sim T_V$。当不知火药燃气组成情况时，可根据火药爆热 $Q_{V(l)}$ 公式，求出半经验比热比。

已知

$$Q_{V(l)} = \overline{C}_V(T_V - 298) + 41.5362 n_{H_2O}$$
$$C_V = C_p - nR$$

把上式整理为

$$\overline{C}_V T_V = Q_{V(l)} - 41.5326 n_{H_2O} + 298 \overline{C}_V \tag{5-94}$$

$$nR = \overline{C}_p - \overline{C}_V \tag{5-95}$$

式(5-94)、式(5-95) 代入火药力表达式

$$f_V = nRT_V = (\overline{C}_p - \overline{C}_V)T_V = (K-1)\overline{C}_V T_V$$

$$= (K-1)Q_{V(l)} - 41.5326 \times n_{H_2O} + 298 \overline{C}_V \tag{5-96}$$

对于大多数双基药的 $41.5326 n_{H_2O}$ 与 $298 \overline{C}_V$ 两项在数值上十分接近，因此火药力表达式可写成近似公式

$$f_V = (k-1)Q_{V(l)} \tag{5-97}$$

式中　n——1kg 燃气物质的量；

　　　k——1kg 火药燃气在 $298K \sim T_V$ 之间的平均比热比；

　　　R——气体常数。

k 值可用下面的经验方法进行估算。

当 $Q_{V(l)} < 4184kJ/kg$ 时，可首先由下列公式求出函数 $F(k)$

$$F(k) = 2.180 - 0.0313 \times 10^{-3} Q_{V(l)} \tag{5-98}$$

然后根据下列公式求出 k 值，或直接查表 5-13。

$$F(k) = \left(\frac{2}{k+1}\right)^{\frac{1}{k-1}} \sqrt{\frac{2k}{k+1}} \tag{5-99}$$

表 5-13　k 与 $F(k)$ 的关系

$F(k)$	2.031	2.036	2.042	2.048	2.053	2.060	2.066	2.072	2.078	2.084	2.091
k	1.20	1.21	1.22	1.23	1.24	1.25	1.26	1.27	1.28	1.29	1.30

在较大爆热范围内，k 值还可参考表 5-14 进行估算。

表 5-14　$Q_{V(\mathrm{I})}$ 与 k 的关系

$Q_{V(\mathrm{I})}$ /(kJ/kg)	3556	3766	3975	4184	4393	4602	4812	5021	5230	5439	5648
k	1.261	1.260	1.259	1.256	1.251	1.244	1.236	1.227	1.219	1.214	1.210

在双基推进剂简化法计算比冲时，所使用的平均比热比值 k 仍可应用查表得到。

根据现有双基推进剂燃烧产物在喷管中的平均等熵指数约为 $1.20 \sim 1.30$，所以计算双基推进剂理论比冲时，对冻结比冲计算过程把比热比 k 取作 1.20；在平衡比冲计算过程把比热比 k 取作 1.25。

② 燃气在燃烧室的平均比热比　假设燃烧产物在喷管膨胀流动过程中，其组分为不发生化学变化的理想气体，k 值也不随温度、压力变化而变化，它相似于燃烧产物冻结流动的平均比热比。这样处理的比热比就等于等熵指数。

已知某一温度下的燃烧产物定压热容表达式为

$$C_p = \sum_{i=1}^{m} n_i C_{p,\mathrm{m},i}$$

在燃烧室内燃气温度 T_c 附近取 T_{c_1} 和 T_{c_2}，应用上式求出相应温度下的定压比热 C_{p,c_1} 和 C_{p,c_2}，然后用内插法求出燃烧温度 T_c 时的定压热容 $C_{p,c}$，其公式为

$$C_{p,c} = C_{p,c_1} + \frac{T_c - T_{c_1}}{T_{c_2} - T_{c_1}} (C_{p,c_2} - C_{p,c_1}) \tag{5-100}$$

求出 C_p 值后，就可利用式(5-91)求得比热比 k

$$k = \frac{C_p}{C_V} = \frac{C_p}{C_p - n_g R}$$

式中　C_p——1kg 燃烧产物的定压热容，J/(kg·K)；

$C_{p,\mathrm{m},i}$——第 i 种燃烧产物的摩尔定压热容，J/(mol·K)；

n_i——第 i 种燃烧产物的物质的量；

$C_{p,c}$——T_c(K) 时 1kg 燃烧产物的定压热容，J/(kg·K)；

n_g——气态燃烧产物总物质的量；

R——气体常数，8.3144J/(mol·K)。

③ 燃烧产物在燃烧室和喷喉之间的平均比热比　燃烧产物在喷管里的膨胀流动过程，其温度、压力、组分都在发生变化，而 K 值也在发生变化。为了求解燃烧产物的平均比热比，将燃烧产物在喷管中膨胀流动过程分为两个区间：第一区间为喷管入口截面至喉部截面，这区间燃气流速较低（为亚声速），假设燃烧产物间的化学反应来得及平衡，即视为平衡流动；第二区间为喷管喉部截面至喷管出口截面，此区间燃烧产物的流速高（为超声速），其温度、压力都有较大的降低，假设产物间的化学反应来不及平衡，即视为冻结流动。在这样假设条件下计算燃烧产物从燃烧室至喷喉之间的平均比热比。

燃烧产物为理想气体，T_c、H_c 和 T_t、H_t 分别表示喷管入口和喷喉截面处的温度及总热焓，则有下面的关系式

$$\left. \begin{array}{r} \overline{C_p} = \dfrac{H_c - H_t}{T_c - T_t} \\[2mm] T_t = \dfrac{2}{k+1} T_c \\[2mm] k = \dfrac{C_p}{C_p - n_g R} \end{array} \right\} \tag{5-101}$$

式中 $\overline{C_p}$——燃气在燃烧室和喷喉之间的平均热容，J/(kg·K)；

  k——燃气在燃烧室和喷喉之间的平均比热比（或平均等熵指数）；

  H_c——燃烧室中 1kg 燃烧产物的总热焓；

  H_t——喷喉截面处 1kg 燃烧产物的总热焓。

可以这样求解方程组（5-101），先假设一个温度 T_t，可根据推进剂燃烧产物的经验 k 值，使之满足 $2/(k+1)T_c$，然后求出 $\overline{C_p}$ 和 k 值，并用求得的 k 值来检验假设 T_t 的正确性，再决定是否需要重新假设新 T_t，这样求得的平均 k 值比 T_c 的燃烧产物比热比较为精确。

④ 燃烧产物（含有凝聚相）在喷管中的平均比热比（或称等熵膨胀指数） 实际上，火药燃烧产物的等熵膨胀指数在喷管各个截面上是不同的，这对许多计算极不方便。在工程中通常采用平均等熵膨胀指数，并认为它在整个喷管中是不变的。平均等熵指数并不是喷管进口和出口处等熵膨胀指数的平均值，而是认为燃烧产物从燃烧室压力 p_c 膨胀到喷管出口处压力 p_e 过程中，满足假定的等熵膨胀方程，即

$$pW^k=常数 \quad 或 \quad S_c=S_e$$

对喷管进口与出口处则有

$$p_c W_c^k = p_e W_e^k \tag{5-102}$$

把含有凝聚相的燃烧产物视作具有平均气体常数 $\overline{R}$ 和平均比热比 k 的理想气体，则适用于理想气体状态方程。

含有凝聚相燃烧产物的状态方程式为

$$W=\frac{\overline{R}T}{p} \tag{5-103}$$

把式（5-103）代入式（5-102）得

$$p_c\left(\frac{\overline{R_c}T_c}{P_c}\right)^k = p_e\left(\frac{\overline{R_e}T_e}{P_e}\right)^k$$

或

$$\frac{p_e}{p_c}=\left(\frac{\overline{R_c}T_c p_e}{\overline{R_e}T_e p_c}\right)^k \tag{5-104}$$

把式（5-104）取对数，整理后得平均等熵指数，即

$$k=\frac{\lg\frac{p_e}{p_c}}{\lg\left(\frac{p_e}{p_c}\frac{\overline{R_c}T_c}{\overline{R_e}T_e}\right)} \tag{5-105}$$

式中 k——平均等熵膨胀指数，在此等于平均比热比；

  W——1kg 燃烧产物的比容，L/kg；

  $\overline{R}$——燃烧产物（含有凝聚相）的平均气体常数 $\left(=\dfrac{8.3144}{\overline{M_g}}\right)$。

式中下标代表喷管位置。

5.2.4 火药能量特性参数的计算

5.2.4.1 基本法

基本法的实质是热焓法。基本法计算火药能量特性参数的步骤为：

　　a. 计算 1kg 火药假定化学式和初始生成热（或初始热焓）；

　　b. 计算燃烧产物的平衡组分；

　　c. 计算燃烧产物的生成热及火药爆热；

　　d. 用平均热容法计算爆温；

　　e. 计算火药比容；

　　f. 计算火药力和余容。

【例 5-5】 用基本法计算例 5-2 双基火药的能量特性参数。

（1）计算 1kg 发射药的假定化学式和生成热　已知该发射药 1kg 假定化学式为

$$C_{25.52}H_{33.13}O_{33.08}N_{9.34}$$

$$K_C = 25.52；\quad K_H = 33.13；\quad K_O = 33.08；\quad K_N = 9.34$$

由例 5-2 已知该火药生成热为

$$(\Delta H_{f,298}^{\ominus})_p = \sum_{i=1}^{m} g_i (\Delta h_{f,298}^{\ominus})_i = -2129.70 \text{kJ/kg}$$

求出燃烧产物的标准生成热和火药的定压、定容爆热，由表 5-14 查出燃烧组分的标准生成热，经计算得。

燃烧产物总的标准生成热为

$$\sum_{i=1}^{m} n_i (\Delta H_{f,298})_i = 3.78 \times (-393.51) + 21.74 \times (-110.52) + 3.78 \times (-241.83)$$

$$= -4804.29 (\text{kJ/kg})$$

定压、定容爆热为

$$Q_p = -\Delta H = -[\sum n_i (\Delta H_{f,298}^{\ominus})_i - \sum g_i (\Delta h_{298}^{\ominus})_i]$$

$$Q_p = 4804.29 - 2129.70 = 2674.59 (\text{kJ/kg})$$

$$Q_V = Q_p + n_g RT$$

$$= 2674.63 + 46.78 \times 8.3144 \times 298 \times 10^{-3} = 2790.54 (\text{kJ/kg})$$

（2）计算燃烧产物的平衡组分　火药燃烧产物的平衡组分是燃烧温度、压力、燃气浓度有关的函数，假设不考虑燃烧产物组分的离解反应，就只需应用水煤气反应的平衡常数 K 求出燃烧产物的平衡组分。如果确定了近似爆温，通过近似爆温可查得 K_W，由此看出，计算火药燃烧产物平衡组分的关键是如何确定近似爆温。

确定火药近似爆温的方法有：

① 假定近似爆温　首先指定一个近似爆温 $T_{V,1}(\text{K})$，查表或计算得 $K_{w,1}$，通过 $K_{w,1}$ 求解该爆温 $T_{V,1}(\text{K})$ 时的近似平衡组分，再由 $T_{V,1}(\text{K})$ 时的近似平衡组分求解新的近似爆温 $T_{V,2}(\text{K})$，通过 $K_{w,2}$ 求出新的近似平衡组分，经过反复迭代直至相邻两个近似爆温差小于 50K 为止，即 $|T_{i+1} - T_i| < 50$。求得的 $T_{i+1}(\text{K})$ 则为火药爆温，与其相应的近似平衡组分，即为火药燃烧产物的平衡组分。

② 用简化法确定近似爆温　首先求出火药爆热，通过爆热与爆温的经验公式求出近似爆温，由该近似爆温查表或计算得 K_w，再应用 K_w 计算燃烧产物的平衡组分。

③ 直接写出燃烧方程式确定近似爆温　其具体步骤为

a. 首先将 1kg 火药假定化学式写成一氧化碳、氢气、氮气和原子氧的平衡方程式，即

$$C_{K_C}H_{K_H}O_{K_O}N_{K_N} \longrightarrow K_C CO + \frac{K_H}{2}H_2 + \frac{K_N}{2}N_2 + (K_O - K_C)O$$

再把多余氧的一半与一氧化碳反应生成二氧化碳，把另一半与氢反应生成水，其平衡方

程式为

$$C_{K_C}H_{K_H}O_{K_O}N_{K_N} \longrightarrow K_C CO + \frac{K_H}{2}H_2 + \frac{K_N}{2}N_2 + (K_O - K_C)O$$

$$\longrightarrow \frac{K_O - K_C}{2}CO_2 + \left(K_C - \frac{K_O - K_C}{2}\right)CO$$

$$+ \frac{K_O - K_C}{2}H_2O + \left(\frac{K_H}{2} - \frac{K_O - K_C}{2}\right)H_2 + \frac{K_N}{2}N_2$$

b. 近似爆温的计算，根据直接写出的燃烧反应生成物，按已知公式求出燃烧生成物的生成热、定压爆热及定容爆热，再应用平均热容法计算出近似爆温。

c. 燃烧产物平衡组分的计算，由求出的近似爆温查表或计算得到 K_w 之后，应用 K_w 解出新的燃烧产物各组分，即为所求燃烧产物的平衡组分。

下面用直接写出燃烧反应方程的方法计算例 5-2 双基火药的燃烧产物平衡组分。

a. 由 1kg 火药假定化学式直接写出燃烧反应式

$$C_{25.52}H_{33.13}O_{33.08}N_{9.34} \longrightarrow \frac{K_O - K_C}{2}CO_2 + \left(K_C - \frac{K_O - K_C}{2}\right)CO$$

$$+ \frac{K_O - K_C}{2}H_2O + \frac{K_H - K_O + K_C}{2}H_2 + \frac{K_N}{2}N_2$$

代入元素物质的量得到

$$C_{25.52}H_{33.13}O_{33.08}N_{9.34} \longrightarrow 3.78CO_2 + 21.74CO + 3.78H_2O + 12.785H_2 + 4.67N_2$$

b. 近似爆温的计算，根据写出的燃烧反应式求出燃烧产物的标准生成热、定压爆热、定容爆热及平均热容法计算出近似爆温。

近似爆温为

用平均热容法计算，已知式(5-11)、式(5-12) 应用 $\sum n_i \overline{C}_{V,i} = A + Bt$ 得出

$$A = \sum n_i a_i = 1136.13$$

$$B = \sum n_i b_i = 0.069$$

把 A、B 代入表达式(5-13) 得

$$t = \frac{-A + \sqrt{A^2 + 4000 Q_{V(g)} B}}{2B} = 2171K$$

所以

$$T_V = t + 298K = 2469K$$

c. 燃烧产物平衡组分的计算，根据近似爆温 $T_V = 2468K$ 的范围，选取 $T_1 = 2400K$，得 $K_w = 5.854$；$T_2 = 2500K$，得 $K_w = 6.135$；用插值法得 $T_V = 2468K$ 时的 $K_w = 6.0452$；求出燃烧产物的各平衡组分 n_i，即

$$n_{CO_2} =$$

$$\frac{-\left[K_w\left(\frac{K_H}{2}K_C - K_O\right) + K_O\right]}{2(K_w - 1)} + \frac{\sqrt{\left[K_w\left(\frac{K_H}{2}K_C - K_O\right) + K_O\right]^2 + 4(K_w - 1)(K_O - K_C)K_C}}{2(K_w - 1)}$$

$$K_w\left(\frac{K_H}{2}K_C - K_O\right) + K_O = 6.0452\left(\frac{33.13}{2} + 25.52 - 33.08\right) + 33.08 = 87.5170$$

$$\left[K_w\left(\frac{K_H}{2}K_C - K_O\right) + K_O\right]^2 = 7659.2298$$

$$4(K_W-1)(K_O-K_C)K_C=4\times(6.0452-1)(33.08-25.52)\times25.52=3893.5060$$
$$2(K_W-1)=2\times(6.0452-1)=2\times5.0452=10.0904$$

所以

$$n_{CO_2}=1.9788$$
$$n_{H_2O}=K_O-K_C-n_{CO_2}=33.08-25.52-1.9788=5.5812$$
$$n_{CO}=K_C-n_{CO_2}=25.52-1.9788=23.5412$$
$$n_{H_2}=\frac{K_H}{2}-n_{H_2O}=\frac{33.13}{2}-5.5812=10.9838$$
$$n_{N_2}=\frac{K_N}{2}=\frac{9.34}{2}=4.67$$
$$n=\sum n_i=1.9788+5.5812+23.5412+10.9838+4.67$$
$$=46.7550$$

其燃烧反应方程式为

$$C_{25.52}H_{33.13}O_{33.08}N_{9.34}\longrightarrow 1.9788CO_2+23.5412CO+5.5812H_2O+$$
$$10.9838H_2+4.67N_2$$

（3）计算火药燃烧产物的生成热和爆热　按求得的火药燃烧反应方程式计算爆热，即

$$Q_p=2600.57kJ/kg$$
$$Q_{V(l)}=Q_p+nRT+41.54n_{H_2O}=2948.05kJ/kg$$

（4）计算火药爆温　用平均热容二项式得

$$A=1118.11$$
$$B=0.703$$
$$t=\frac{-A+\sqrt{A^2+4000BQ_{V(g)}}}{2B}=2141.45℃$$

所以

$$T_V=t+298=2141.45+298=2439.45(K)$$

与 2468K 相差约 28K。若两次相差小于 50K，不再计算。（3）、（4）项计算的爆热、爆温即为最后结果。如果两次计算的温度相差大于 50K，则用第二次求得的爆温为近似爆温重新计算，直至符合要求为止。

（5）计算比容

$$W_1=22.41\times n=22.41\times46.755=1048.0(L/kg)$$

（6）计算火药力和余容　由式（5-21）和式（5-24）知火药力表达式，将求得的 T_V，W_1 值代入得

$$f_V=nRT_V=\frac{p_0}{273}W_1T_V$$

所以

$$f_V=\frac{1013.25}{273}\times1048\times2439.45=948.87\times10^4(N\cdot dm/kg)$$

把所求得燃烧产物的各组分物质的量及表 5-5 中相应的 b_i 值代入得

$$a=\frac{\sum n_i b_i}{1000}=1.27L/kg$$

5.2.4.2　内能法

内能法计算火药能量特性参数的步骤为

a. 计算 1kg 火药的假定化学式（与基本法一样）和初始内能（即初始生成热）；

b. 假设一个爆温，计算该温度下火药燃烧产物的平衡组分；

c. 计算燃烧产物的内能；

d. 比较火药内能的大小，重新假设一个爆温，用内插法求出爆温（即内能法计算爆温）和燃烧产物的平衡组分；

e. 计算燃烧产物的生成热和火药爆热；

f. 计算火药比容、火药力和余容。

【例 5-6】　用内能法计算某双基发射药的能量特性参数。

解

（1）计算 1kg 发射药的假定化学式和初始内能　已知该发射药 1kg 假定化学式为

$$C_{25.52} H_{33.13} O_{33.08} N_{9.34}$$
$$K_C = 25.52；\quad K_O = 33.08$$
$$K_H = 33.13；\quad K_N = 9.34$$

已知该火药的标准生成热为 $-2129.66kJ/kg$，所以该火药初始内能为

$$(U_{298}^{\ominus})_p = (H_{298}^{\ominus})_p = \sum g_i (h_{f,298}^{\ominus}) = -2129.66kJ/kg$$

（2）计算发射药爆温和燃烧产物的平衡组分　根据在爆温时燃烧产物的总内能等于火药初始内能的原理，即

$$\sum n_i U_{T,i} = (U_{298}^{\ominus})_p$$

若为定容绝热燃烧，且不考虑产物的离解，则有 CO_2、CO、H_2O、H_2、N_2 五种组分。计算时采用迭代法，其过程如下。

第一，先设一个温度 $T_{V,1} = 2400K$，求该温度下燃烧产物的平衡组分。由热力学数据表查得温度为 2400K 时，水煤气的平衡常数 $K_W = 5.854$，使用公式为

$$n_{CO_2} = \frac{-\left[K_W\left(\frac{K_H}{2}K_C - K_O\right) + K_O\right]}{2(K_W - 1)} + \frac{\sqrt{\left[K_W\left(\frac{K_H}{2}K_C - K_O\right) + K_O\right]^2 + 4(K_W - 1)(K_O - K_C)K_C}}{2(K_W - 1)}$$

$$n_{CO} = K_C - n_{CO_2}$$
$$n_{H_2O} = K_O - K_C - n_{CO_2}$$
$$n_{H_2} = \frac{K_H}{2} - n_{H_2O}$$
$$n_{N_2} = \frac{K_N}{2}$$

把求得的 1kg 火药组分元素物质的量 K_C、K_H、K_O、K_N 值代入上式得出 $T_{V,1} = 2400K$ 时的平衡组分为

$$n_{CO_2} = 2.018；\quad n_{CO} = 23.502$$
$$n_{H_2O} = 5.542；\quad n_{H_2} = 11.023$$
$$n_{N_2} = 4.670$$

检查质量平衡

$$K_C = n_{CO_2} = 2.018 + 23.502 = 25.52$$

$$K_H = 2n_{H_2O} + 2n_{H_2} = 2 \times 5.542 + 2 \times 11.023 = 33.13$$

$$K_O = 2n_{CO_2} + n_{CO} + n_{H_2O} = 2 \times 2.018 + 23.502 + 5.542 = 33.08$$

$$K_N = 2n_{N_2} = 2 \times 4.670 = 9.34$$

检查化学平衡：

$$K_W = \frac{n_{CO} n_{H_2O}}{n_{CO_2} n_{H_2}} = \frac{23.502 \times 5.542}{2.018 \times 11.023} = 5.855$$

计算无误。

计算 2400K 时火药燃烧产物的总内能。已知 1kg 火药燃烧产物在温度 T K 时的总热焓和总内能公式为

$$H_T = \sum_{i=1}^{n} n_i H_{T,i}$$

$$U_T = H_T - \sum n_{g,i} RT$$

把查得的热力学数据列成表 5-15 代入上式所得结果见表 5-15。

表 5-15　2400K 时火药燃烧产物的总热焓

产物组成	n_i/mol	$H_{T,i}$/(kJ/mol)	$n_i H_{T,i}$/(kJ/kg)
CO_2	2.018	−277.74	−560.48
CO	23.502	−39.19	−921.04
H_2O	5.542	−148.00	−820.22
H_2	11.023	66.93	737.77
N_2	4.670	70.63	329.84
总计	46.755		−1234.13

所以

$$(U_{2400})_{产物} = (H_{2400})_{产物} - \sum n_i RT_V$$

$$= -1234.13 - (46.755 \times 8.3144 \times 2400 \times 10^{-3})$$

$$= -2167.10 (kJ/kg)$$

用求得的燃烧组分的总内能与火药初始内能进行比较。

$$(U_{2400})_{产物} = -2167.10 kJ/kg < (U_{298}^{\ominus})_p = -2129.70 kJ/kg$$

发现该假设温度 $T_{V,1}$ 小于爆温真值，因此需要重新假设一个较高的温度 $T_{V,2}$，并需要重新进行计算。

第二，设 $T_{V,2} = 2500K$，求出 $T_{V,2}$ K 时燃烧产物的平衡组分。计算过程和计算 $T_{V,1}$（K）燃烧产物的平衡组分完全相同。查出 $T_{V,2}$ K 时 $K_W = 6.135$，再将 K_C、K_H、K_O、K_N 值代入公式，则可求出该发射药燃烧产物的平衡组分，为

$$n_{CO_2} = 1.96; \quad n_{CO} = 23.56; \quad n_{H_2O} = 5.60; \quad n_{H_2} = 10.97; \quad n_{N_2} = 4.67$$

计算 $T_{V,2} = 2500K$ 时，燃烧产物的总内能，与 2400K 时计算燃烧产物总内能方法相同，计算结果见表 5-16，所以

$$(U_{2500})_{产物} = -1047.27 - (46.76 \times 8.3144 \times 2500 \times 10^{-3}) = -2019.2 (kJ/kg)$$

把求得的燃烧产物的总内能再与火药的初始内能进行比较

表 5-16 2500K 时火药燃烧产物的总热焓

产物组成	n_i/mol	$H_{T,i}$/(kJ/mol)	$n_i H_{T,i}$/(kJ/kg)
CO_2	1.96	−271.61	−532.36
CO	23.56	−35.51	−836.62
H_2O	5.60	−142.61	−798.62
H_2	10.97	70.50	773.39
N_2	4.67	74.29	346.93
总计	46.76		−1047.27

$$(U_{2500})_{产物} = -2019.2kJ/kg > (U_{298}^{\ominus}) = -2129.66kJ/kg$$

发现火药爆温的真值应该在 2400~2500K 之间。

第三，内插法计算爆温和燃烧产物的平衡组分

$$T_V = T_{V,1} + \frac{100\left[(U_{298}^{\ominus})_p - (U_{2400})_{产物}\right]}{(U_{2500})_{产物} - (U_{2400})_{产物}}$$

$$= 2400 + \frac{100 \times (-2129.66 + 2167.10)}{-2019.2 + 2167.10}$$

$$= 2400 + 25.31$$

$$= 2425.31(K)$$

内插 $T_V = 2425K$ 时燃烧产物的平衡组分

$$n_{CO_2} = 2.018 - \frac{2.018 - 1.96}{100} \times 25 = 2.004$$

$$n_{CO} = 25.52 - 2.004 = 23.516$$

$$n_{H_2O} = 33.08 - 2.004 - 25.52 = 5.556$$

$$n_{H_2} = \frac{33.13}{2} - 5.556 = 11.009$$

$$n_{N_2} = 4.670$$

$$n = \sum n_i = 2.004 + 23.516 + 5.556 + 11.009 + 4.670$$

$$= 46.755$$

（3）计算火药爆热 把求得的燃烧产物的平衡组分及相应的生成热值代入爆热公式，得

$$Q_p = (\Delta H_{f,298}^{\ominus})_p - \sum n_i (\Delta H_{f,298}^{\ominus})_i$$

$$= 2.004 \times 393.51 + 23.516 \times 110.52 + 5.556 \times 241.83 - 2129.70$$

$$= 4730.86 - 2129.70$$

$$= 2601.16(kJ/kg)$$

$$Q_{V(g)} = Q_p + nRT$$

$$= 2601.16 + 46.755 \times 8.3144 \times 298 \times 10^{-3}$$

$$= 2717.00(kJ/kg)$$

$$Q_{V(l)} = Q_{V(g)} + 41.54 n_{H_2O}$$

$$= 2948.13(kJ/kg)$$

（4）计算比容

$$W_1 = \sum n_i \times 22.41 = 46.76 \times 22.41 = 1047.9(L/kg)$$

（5）计算火药力和余容

$$f_V = \frac{p_0 W_1 T_V}{273} = 943.16 \times 10^3 \, \text{N} \cdot \text{m/kg} (96.2 \times 10^4 \, \text{kg} \cdot \text{dm/kg})$$

$$b = \frac{\sum n_i b_i}{1000}$$

$$= (2.004 \times 63 + 23.516 \times 33 + 5.556 \times 10 + 11.009 \times 14 + 4.670 \times 34) \times 10^{-3} \, \text{L/kg}$$

$$= 1.27 \, \text{L/kg}$$

5.2.4.3 最小自由能法

（1）基本原理　该体系由 l 种化学元素，m 种组元组成。体系的自由能 G 为：

$$G = \sum_{i=1}^{m} G_i \tag{5-106}$$

又

$$G_i = n_i \left[(\Delta_f G_m^{\ominus})_i + RT \ln \frac{n_i p}{(\sum_i n_i) p^{\ominus}} \right] \tag{5-107}$$

$$\frac{(\Delta_f G_m^{\ominus})_i}{RT} = \frac{1}{R} \left[\frac{(\Delta_f H_m^{\ominus})_i}{T} - (S_{m,T}^{\ominus})_i \right] \tag{5-108}$$

故

$$\frac{G_i}{RT} = n_i \left\{ \frac{1}{R} \left[\frac{(\Delta_f H_m^{\ominus})_i}{T} - (S_{m,T}^{\ominus})_i \right] + \ln p + \ln n_i - \ln (\sum_i n_i) - \ln p^{\ominus} \right\} \tag{5-109}$$

取函数 $E = \dfrac{G}{RT}$ 则

$$E = \sum_{i=1}^{m} n_i \left\{ \frac{1}{R} \left[\frac{(\Delta_f H_m^{\ominus})_i}{T} - (S_{m,T}^{\ominus})_i \right] + \ln p + \ln n_i - \ln (\sum_i n_i) - \ln p^{\ominus} \right\} \tag{5-110}$$

此时 n_i 需满足以下条件：

$$\left. \begin{array}{l} n_i \geqslant 0 \qquad (i = 1, \cdots, m) \\ \sum_{i=1}^{m} a_{ij} n_i = (n_E)_j \qquad (j = 1, \cdots, l) \end{array} \right\} \tag{5-111}$$

最小自由能法就是求出满足式（5-111）条件下的一组值，使体系自由能最小。这是一个多元函数的条件极值问题，用拉格朗日乘数法则可解决。

拉格朗日乘数法则简述如下：

对 m 元函数 $f(n_1, n_2, \cdots, n_m)$ 在 $l(l < m)$ 个附加条件

$$\left. \begin{array}{l} \varphi_1(n_1, n_2, \cdots, n_m) = 0 \\ \varphi_2(n_1, n_2, \cdots, n_m) = 0 \\ \cdots\cdots\cdots\cdots\cdots \\ \varphi_l(n_1, n_2, \cdots, n_m) = 0 \end{array} \right\} \tag{5-112}$$

将常数 1、λ_1、λ_2、$\cdots$、λ_l 顺次乘以 f、φ_1、φ_2、$\cdots$、φ_l 并把结果加起来得

$$L(n_1, n_2, \cdots, n_m) = f + \lambda_1 \varphi_1 + \lambda_2 \varphi_2 + \cdots + \lambda_l \varphi_l + \cdots\cdots \tag{5-113}$$

则其极值必要条件为

$$
\left.
\begin{aligned}
\frac{\partial L}{\partial n_1} &= \frac{\partial f}{\partial n_1} + \lambda_1 \frac{\partial \varphi_1}{\partial n_1} + \lambda_2 \frac{\partial \varphi_2}{\partial n_1} + \cdots + \lambda_l \frac{\partial \varphi_l}{\partial n_1} = 0 \\
\frac{\partial L}{\partial n_2} &= \frac{\partial f}{\partial n_2} + \lambda_1 \frac{\partial \varphi_1}{\partial n_2} + \lambda_2 \frac{\partial \varphi_2}{\partial n_2} + \cdots + \lambda_l \frac{\partial \varphi_l}{\partial n_2} = 0 \\
&\cdots\cdots\cdots\cdots\cdots\cdots\cdots\cdots\cdots\cdots\cdots\cdots\cdots \\
\frac{\partial L}{\partial n_m} &= \frac{\partial f}{\partial n_m} + \lambda_1 \frac{\partial \varphi_1}{\partial n_m} + \lambda_2 \frac{\partial \varphi_2}{\partial n_m} + \cdots + \lambda_l \frac{\partial \varphi_l}{\partial n_m} = 0
\end{aligned}
\right\}
\tag{5-114}
$$

联立式(5-112)、式(5-114)之（$m+l$）个方程即可解出 $n_1, n_2, \cdots, n_m$ 及 $\lambda_1, \lambda_2, \cdots, \lambda_l$。

（2）基本假设

进行计算时，做如下具体假设：

a. 连续方程、能量方程、动量方程都是一维的；

b. 燃烧室内气流速度为零；

c. 绝热燃烧；

d. 膨胀过程为等熵膨胀；

e. 燃气为理想气体；

f. 气相与凝聚相之间的温度和速度无滞后现象；

g. 对平衡流性能，膨胀过程产物组成瞬时达到平衡；

h. 对冻结流性能，膨胀过程燃烧产物组成保持不变。

（3）推进剂化学式及焓等的计算

反应物的物质的量

$$
(n_c)_i = \frac{W_i}{M_i} \qquad i = 1, \cdots, N_R
\tag{5-115}
$$

N_R 为反应物数目。

$$
M_i = \sum_{j=1} a_{ij} A_j
\tag{5-116}
$$

第 j 种元素的物质的量

$$
(n_E)_j = \sum_{i=1}^{N_R} a_{ij} (n_c)_i \qquad j = 1, \cdots, l
\tag{5-117}
$$

焓的表达式

$$
H_p = \sum_{i=1}^{N_R} \frac{(\Delta_f H_m^\ominus)_i (n_c)_i}{RT}
\tag{5-118}
$$

内能的表达式

$$
U_p = \sum_{i=1}^{N_R} \frac{(\Delta_f U_m^\ominus)_i (n_c)_i}{RT}
\tag{5-119}
$$

密度的表达式

$$
\rho = \frac{1}{\displaystyle\sum_{i=1}^{N_R} \frac{W_i}{\rho_i}}
\tag{5-120}
$$

比定压热容的表达式

$$
C_p = \sum_{i=1}^{N_R} (n_c)_i (C_{p,m}^\ominus)_i
\tag{5-121}
$$

（4）平衡组成的计算　函数 G 在 Y_i ［Y_i 为 n_i 的初估值，Y_i 满足式（5-111）］的泰勒级数展开式（略去高次项）

$$G(n_i) \approx G(Y_i) + \sum_i^m \frac{\partial G}{\partial Y_i} \Delta Y_i + \frac{1}{2} \sum_i^m \sum_k^m \left(\frac{\partial^2 G}{\partial Y_i \partial Y_k} \Delta Y_i \Delta Y_k \right) \qquad (5-122)$$

式中 $\dfrac{\partial G}{\partial Y_i}$、$\dfrac{\partial^2 G}{\partial Y_i \partial Y_k}$ 通过对式（5-110）微分得到：

$$\frac{\partial G}{\partial Y_i} = G_i + \ln \frac{Y_i}{Y} \qquad (5-123)$$

$$\frac{\partial^2 G}{\partial Y_i \partial Y_k} = \frac{1}{Y_i} - \frac{1}{Y} \qquad (若\ i = k) \qquad (5-124)$$

$$\frac{\partial^2 G}{\partial Y_i \partial Y_k} = \frac{1}{-Y} \qquad (若\ i \neq k) \qquad (5-125)$$

$$Y = \sum_i^m Y_i \qquad (5-126)$$

令

$$\varphi_i = \sum_i^m a_{ij} n_i - (n_E)_j$$

$$L = G(n_i) + \sum_j^l \lambda_j \varphi_j$$

为使自由能最小，令 $\dfrac{\partial L}{\partial n_i} = 0$，经化简整理可得到

$$n_i = -Y_i \left(C_i + \ln \frac{Y_i}{Y} \right) + \frac{Y_i}{Y} \sum n_i + \sum_j \lambda_j a_{ij} Y_i \qquad (5-127)$$

$$\Gamma_i = Y_i \left(C_i + \ln \frac{Y_i}{Y} \right) \qquad (5-128)$$

$$\sum_i \Gamma_i = \sum_j \lambda_j (n_E)_j \qquad (5-129)$$

$$\sum_j^l \left(\sum_i^m a_{ij} a_{if} Y_i \right) \lambda_j + (n_E)_f \left(\frac{\sum n_i}{Y} - 1 \right) = \sum_i^m a_{if} \Gamma_i \qquad (5-130)$$

f 是替代 j 的下标，计算中若 n_i 出现负值，则需进行修正：

设 Y_i 为一组初始假设值，

$$\Delta Y_i = n_i - Y_i \qquad (5-131)$$

修正后

$$n_i = Y_i + \varphi_i \Delta Y_i \qquad (5-132)$$

$$\varphi = \min(\varphi_i) \qquad (5-133)$$

$$\varphi_i = \frac{-a Y_i}{n_i - Y_i} \qquad (5-134)$$

a 为经验值，取 $0.9 \sim 0.95$。利用上式一直修正，直到所求的 n_i 均为正值为止。

（5）迭代循环

a. 估算出一组平衡组分初始值 Y_i，Y_i 须满足式（5-111），且 $\Delta Y_i = n_i - Y_i$ 较小，由 Y_i 求出式（5-128）之 Γ_i 及式（5-130）中的有关系数；

b. 由式（5-129）、式（5-130）联立求出 λ_j 和 $\left(\dfrac{\sum n_i}{Y} - 1 \right)$，从 $\left(\dfrac{\sum n_i}{Y} - 1 \right)$ 求出 $\sum_i n_i$；

c. 根据 λ_i 和 $\sum_i n_i$ 值，由式（5-127）求出诸 n_i 值；

d. 如 n_i 中有负值出现，应用式（5-132）对所有 n_i 进行修正，直到 n_i 均为正值；

e. 将求得之 n_i 作为下一轮迭代计算之初值 Y_i，重复执行 a、b、c、d，直到诸值满足与上一次计算值之差的绝对值不大于 10^{-7}。

（6）体系中含凝聚相时的处理

① 自由能方程　设体系中有 l 种化学元素，m 种气相组元，p 种凝聚相组元，n_i 为第 i 种组元的物质的量，则有：

$$G = \sum_{i=1}^{m} G_i^g + \sum_{h=1}^{p} G_h^c \tag{5-135}$$

令

$$C_i^g = \left(\frac{\Delta_f G_m^\ominus}{RT}\right)_i^g + \ln p - \ln p^\ominus \tag{5-136}$$

$$C_h^c = \left(\frac{\Delta_f G_m^\ominus}{RT}\right)_h^c \tag{5-137}$$

其中

$$\left(\frac{\Delta_f G_m^\ominus}{RT}\right)_i^g = \frac{1}{R}\left[\frac{(\Delta_f H_m^\ominus)_i^g}{T} - (S_{m,T}^\ominus)_i^g\right] \tag{5-138}$$

$$\left(\frac{\Delta_f G_m^\ominus}{RT}\right)_h^c = \frac{1}{R}\left[\frac{(\Delta_f H_m^\ominus)_h^c}{T} - (S_{m,T}^\ominus)_h^c\right] \tag{5-139}$$

② 质量守恒方程

$$(n_E)_j = \sum_{i=1}^{m} a_{ij} n_i^g + \sum_{h=1}^{p} d_{hj} n_h^c \tag{5-140}$$

假设一组产物组成

$$y^g(y_1^g, y_2^g, \cdots, y_m^g); \quad y_i^g > 0$$

$$y^c(y_1^c, y_2^c, \cdots, y_p^c); \quad y_h^c > 0$$

$G(n)$ 在 $n=y$ 处的泰勒展开式（略去高次项）为：

$$G(n) \approx E(n) = G(y) + \sum_{i=1}^{m}(C_i^g - \ln y_i^g)\Delta_i^g + \sum_{h=1}^{p} C_h^c \Delta_h^c + \frac{1}{2}\sum_{i=1}^{m}\left(\frac{\Delta_i^g}{y_i^g} - \frac{\overline{\Delta^g}}{\overline{y^g}}\right)\Delta_i^g \tag{5-141}$$

其中

$$\left.\begin{array}{l}\Delta_i^g = n_i^g - y_i^g \\[4pt] \Delta_h^c = n_h^c - y_h^c \\[4pt] \overline{\Delta_i^g} = \overline{n_i^g} - \overline{y_i^g} \\[4pt] \overline{y^g} = \sum_{i=1}^{m} y_i^g\end{array}\right\} \tag{5-142}$$

③ 线性代数方程组

$$G(n) \approx E(n) = G(y) + \sum_{j=1}^{l}\lambda_j\left[(n_E)_j - \sum_{i} a_{ij} n_i^g - \sum_{h=1}^{p} d_{hj} n_h^c\right] \tag{5-143}$$

$$\frac{\partial G(n)}{\partial n_h^c} = C_h^c - \sum_{j=1}^{l}\lambda_j d_{hj} = 0 \tag{5-144}$$

$$n_i^g = -G_i^g(y^g) + y_i^g \frac{\overline{n^g}}{\overline{y^g}} + \sum_{j=1}^{l}(\lambda_j a_{ij}) y_i^g \tag{5-145}$$

令

$$\left. \begin{array}{l} r_{jk}=r_{kj}=\sum_{i=1}^{m}(a_{ij}a_{ik})y_{i}^{g} \\[3mm] a_{j}=\sum_{i=1}^{m}a_{ij}y_{i}^{g} \\[3mm] \beta=\dfrac{\overline{n}}{\overline{y}} \end{array} \right\} \tag{5-146}$$

$$\sum_{j=1}^{l}\lambda_{j}a_{j}=\sum_{i=1}^{m}G_{i}^{g}(y^{g}) \tag{5-147}$$

$$\sum_{j=1,k=1}^{l}\lambda_{j}r_{jk}+\sum_{h=1}^{m}d_{hj}n_{h}^{c}+a_{j}\beta=(n_{E})_{j}+\sum_{i=1}^{m}a_{ij}G_{i}^{g}(y^{g}) \tag{5-148}$$

式(5-148)展开与式(5-147)、式(5-144)构成 $(l+p+1)$ 个线性方程组，即可解出 $\lambda_1,\lambda_2,\cdots,\lambda_l$, $n_1^c,n_2^c,\cdots,n_p^c$ 及 β，由式(5-145)可求出 $n_1^g,n_2^g,\cdots,n_m^g$。上边的方程组可表示为：

$$\begin{bmatrix} r_{11} & r_{12} & \cdots & r_{1l} & a_1 & d_{11} & d_{12} & \cdots & d_{p1} \\ r_{21} & r_{22} & \cdots & r_{2l} & a_2 & d_{21} & d_{22} & \cdots & d_{p2} \\ \cdots & \cdots & \cdots & \cdots & \cdots & \cdots & \cdots & \cdots \\ r_{l1} & r_{l2} & \cdots & r_{ll} & a_l & d_{l1} & d_{l2} & \cdots & d_{pl} \\ a_1 & a_2 & \cdots & a_l & 0 & 0 & 0 & \cdots & 0 \\ d_{11} & d_{12} & \cdots & d_{1l} & 0 & 0 & 0 & \cdots & 0 \\ d_{21} & d_{22} & \cdots & d_{2l} & 0 & 0 & 0 & \cdots & 0 \\ \cdots & \cdots & \cdots & \cdots & \cdots & \cdots & \cdots & \cdots \\ d_{p1} & d_{p2} & \cdots & d_{pl} & 0 & 0 & 0 & \cdots & 0 \end{bmatrix} \begin{bmatrix} \lambda_1 \\ \lambda_2 \\ \cdots \\ \lambda_l \\ \beta \\ n_1^c \\ n_2^c \\ \cdots \\ n_p^c \end{bmatrix} = \begin{bmatrix} (n_E)_1-\sum_{i=1}^{m}a_{i1}G_i^g(y) \\ (n_E)_2-\sum_{i=1}^{m}a_{i2}G_i^g(y) \\ \cdots \\ (n_E)_l-\sum_{i=1}^{m}a_{il}G_i^g(y) \\ \sum_{i=1}^{m}G_i^g(y) \\ C_1^c \\ C_2^c \\ \cdots \\ C_p^c \end{bmatrix} \tag{5-149}$$

若 n_h^c, n_i^g 全为正，则重复计算，若有负值则需要修正，方法同前，迭代计算直到两次差的绝对值不大于 10^{-7}。

(7) 最小自由能法的计算过程

① 化学式及焓等参数值的计算，由上述方法求得。

② 推进剂燃烧特性参数的计算。

③ 燃烧室内燃烧产物参数计算

a. 计算假设温度下的化学平衡组成。

b. 利用不同温度下的温度系数 $a_1\sim a_7$，由式(5-151)、式(5-152)计算各种产物的总焓、总熵，再由式(5-153)、式(5-155)求出整个体系的总焓、总熵。

$$(C_{p,m,T}^{\ominus})_i=(a_{1i}+a_{2i}T+a_{3i}T^2+a_{4i}T^3+a_{5i}T^4)R \tag{5-150}$$

$$(H_{m,T}^{\ominus})_i=\left(a_{1i}+\frac{a_{2i}}{2}T+\frac{a_{3i}}{3}T^2+\frac{a_{4i}}{4}T^3+\frac{a_{5i}}{5}T^4+\frac{a_{6i}}{6}T^5\right)RT \tag{5-151}$$

$$(S_{m,T}^{\ominus})_i = \left(a_{1i}\ln T + a_{2i}T + \frac{a_{3i}}{2}T^2 + \frac{a_{4i}}{3}T^3 + \frac{a_{5i}}{4}T^4 + a_{7i} \right)R \tag{5-152}$$

$$H_c = \sum_{i=1} n_i (H_{m,T}^{\ominus})_i \tag{5-153}$$

$$(S_{m,T})_i = \begin{cases} (S_{m,T}^{\ominus})_i - R\ln\dfrac{n_i}{\sum\limits_i n_i} - R\ln\dfrac{p}{p^{\ominus}} & \text{对于气相} \\[4mm] (S_{m,T}^{\ominus})_i & \text{对于凝聚相} \end{cases} \tag{5-154}$$

$$S_c = \sum_{i=1} n_i (S_{m,T})_i \tag{5-155}$$

c. 由插值法求出温度 T_c

$$T_c = T_c^{(x)} + \frac{H_c^{(x)} - H_p}{H_c^{(x)} - H_c^{(x+1)}} [T_c^{(x+1)} - T_c^{(x)}] \tag{5-156}$$

d. $\overline{M}_r$、k 的计算

$$\overline{M}_r = \frac{\sum\limits_{i=1} (M_r)_i n_i}{\sum\limits_{i=1} n_i} \tag{5-157}$$

$$k = \frac{1}{1 - \dfrac{C_p}{R}} \tag{5-158}$$

e. 计算燃烧产物组成及其他热力学参数。

（8）喷管出口处燃烧产物各参数的计算

a. 求出体系的总熵 S_e。

b. 由插值法求出喷管出口处的温度 T_e

$$T_e = T_e^{(x)} + \frac{S_e - S_e^{(x)}}{S_e^{(x+1)} - S_e^{(x)}} [T_e^{(x+1)} - T_e^{(x)}] \tag{5-159}$$

c. 计算喷管出口处产物组成及其他热力学参数。

（9）发射药燃烧计算

a. 按照前面的方法计算假设温度下的化学平衡组成。

b. 利用不同温度下的温度系数 $a_1 \sim a_7$，由式（5-151）计算各种产物的总焓，由式（5-153）求出整个体系的总焓，再由式（5-160），求出体系的总内能

$$U_c = H_c - \sum_{i=1} n_i^g RT \tag{5-160}$$

c. 由插值法求出温度 T_V

$$T_V = T_V^{(x)} + \frac{U_c^{(x)} - U_p}{U_c^{(x)} - U_c^{(x+1)}} [T_V^{(x+1)} - T_V^{(x)}] \tag{5-161}$$

d. 计算燃烧产物组成及其他热力学参数。

（10）推进剂能量特性参数计算

a. 理论比冲

$$I_{sp} = \sqrt{2g(H_c - H_e)} \tag{5-162}$$

b. 真空比冲

$$I_{sc} = I_{sp} + p_e A_e / m \tag{5-163}$$

c. 密度比冲

$$I_\rho = I_{sp}\rho \tag{5-164}$$

d. 特征速度

$$C^* = \frac{\sqrt{\dfrac{R}{M_r}T_c}}{\Gamma} \tag{5-165}$$

$$\Gamma = \sqrt{k}\left(\frac{2}{k+1}\right)^{\frac{(k+1)}{2(k-1)}} \tag{5-166}$$

e. 推力系数

$$C_F = \frac{I_{sp}}{C^*} \tag{5-167}$$

(11) 发射药性能参数计算

a. 爆热

$$Q_p(g) = H_p - \sum_i n_i (\Delta_j H_m^\ominus)_i \tag{5-168}$$

$$Q_V(g) = Q_p(g) + 2.477\sum_i n_i \tag{5-169}$$

$$Q_V(l) = Q_V(g) + 41.54 n_{H_2O} + 2.477\sum_i n_i \tag{5-170}$$

b. 比容

$$V_L = \left(\sum_i n_i^g\right) \times 22.41 \times 10^{-3} \tag{5-171}$$

c. 火药力

$$f_V = \frac{p^\ominus V_L T_V}{298.15} = 339.84572 V_L T_V \tag{5-172}$$

5.2.4.4 简化法

简化法又称经验法，常用它估算均质火药的能量特性参数，它与基本法和内能法计算火药能量特性参数相比较，其误差不超过 1%，且方法简单。简化法计算省去了许多繁杂的求解，如火药的假定化学式、假定爆温、燃烧产物的平衡组分及其总热焓或总内能，火药初始热焓或初焓内能等。但是由于计算机程序的大量应用，简化法计算能量特性参数的作用在降低。

简化法计算公式为

$$Q_{V(l)} = \sum_{i=1}^n g_i \beta_i \tag{5-173}$$

$$W_1 = \sum_{i=1}^n g_i \omega_i \tag{5-174}$$

采用经验公式(5-7) 计算爆温
对于单基药

$$T_V = 0.7 Q_{V(l)} + 273$$

对于一般双基药

$$T_V = 0.5 Q_{V(l)} + 970$$

对于爆热 $Q_{V(l)} = 3500 \sim 5600 kJ/kg$ 的双基药

$$T_V = 0.63Q_{V(1)} + 560$$

$$T_p = 0.6Q_{V(1)} + 120$$

$$fv = \frac{p_0}{273}W_1 T_V$$

$$b = 0.001W_1$$

式中　β_i——火药第 i 种组分含量变化 1% 引起火药爆热的变化值，称爆热系数，kJ/kg；

　　　ω_i——火药第 i 种组分含量变化 1% 引起火药比容的变化值，称比容系数，L/kg；

　　　g_i——火药中第 i 种组分的质量分数，%。

常用火药组分的实测 β_i 值见表 5-17。

表 5-17　常用火药组分的实测 β_i 值

物质	$\beta_i/(kJ/kg)$	物质	$\beta_i/(kJ/kg)$
硝化棉	$5.44N' - 28$	二苯胺	-85.77
硝化甘油	71.13	2-硝基二苯胺	-50.21
硝化乙二醇	72.38	凡士林	-135.98
硝化二乙二醇	23.51	石墨、炭黑	-125.52
二硝基甲苯	0	乙醇	-73.22
黑索今	55.65	乙醚	-93.72
三硝基甲苯	23.10	丙酮	-85.77
硝基胍	27.60	水	0
苯二甲酸二丁酯	-85.77	硝酸钾	37.66
苯二甲酸二乙酯	-66.94	苯二甲酸铅	-29.29
苯甲酸二辛酯	-83.86	氧化镁	0
I 号中定剂	-94.14	氧化铜	0
II 号中定剂	-92.05	碳酸钙	0
二苯胺	-121.34	樟脑	-117.15

简化计算方法有三个基本假设条件，其一，假定火药燃烧产物仅取决于水煤气平衡，即燃烧产物不含离解组分和自由氧及游离碳；其二，水为液态时水煤气反应的热效应为零，即爆热、比容不受燃烧产物平衡组分变化的影响；其三，各组分组成火药时没有化学反应和热效应。基于上述假设，火药的生成热、假定化学式中各元素的原子具有加和性，从而可推断出火药的爆热和比容也具有加和性，爆热系数 β 和比容系数 ω 可以通过理论计算求得，而爆热系数 β 也可由实验测出。

简化法计算火药能量特性参数的步骤为

a. 用爆热系数计算火药爆热；

b. 用比容系数计算火药比容；

c. 用经验公式计算火药爆温；

d. 计算火药力和余容。

【例 5-7】　简化法计算例 5-2 中双基发射药的能量特性参数。

解　（1）计算爆热和比容　按式（5-173）、式（5-174）

$$Q_{V(1)} = \sum_{i=1}^{n} g_i \beta_i$$

$$W_1 = \sum_{i=1}^{n} g_i \omega_i$$

计算过程及结果列于表 5-18。

表 5-18　简化法计算过程与结果

组分	$g_i/\%$	$\beta_i/(kJ/kg)$	$g_i\beta_i/(kJ/kg)$	$\omega_i/(L/kg)$	$g_i\omega_i/(L/kg)$
NC(12.0%)	56	37.24	2085.44	9.34	523.04
NG	25	71.13	1778.25	6.91	172.75
DNT	9	0	0	13.54	121.86
DBP	6	−85.77	−514.62	21.74	130.44
中定剂	3	−92.05	−276.15	22.38	67.14
凡士林	1	−135.98	135.98	32.58	32.58
总计	100		2936.94		1047.81

所以

$$Q_{V(1)} = 2936.94 kJ/kg$$

$$W_1 = 1047.81 L/kg$$

（2）计算爆温　将爆热值代入爆温经验公式得

$$T_V = 0.5Q_{V(1)} + 970 = 0.5 \times 2936.94 + 970$$

$$= 2438.47(K)$$

（3）计算火药力和余容　将所求爆热和比容值代入公式得

$$fv = \frac{p_0}{273}W_1 T_V = \frac{101.325}{273} \times 1047.81 \times 2438.47$$

$$= 948.32 \times 10^3 (N \cdot m/kg)$$

$$b = 0.001W_1 = 1.05 L/kg$$

表 5-19 列出该双基发射药能量特性参数不同方法的计算结果。

表 5-19　该双基发射药能量特性参数三种方法计算结果

计算方法	$Q_{V(1)}/(kJ/kg)$	$W_1/(L/kg)$	T_V/K	$fv/(10^3 N \cdot m/kg)$	$b/(L/kg)$
基本法	2948	1048.0	2440.0	949	1.27
内能法	2948	1047.9	2425.0	943	1.27
简化法	2937	1047.8	2438.5	948	1.05

为了对各类发射药能量特性参数范围的了解，现列表 5-20 作为参考。

表 5-20　各类发射药能量特性参数范围

火药	$Q_{V(1)}/(kJ/kg)$	$W_1/(L/kg)$	T_V/K	$fv/(10^3 N \cdot m/kg)$
单基火药	2930～3800	900～1000	2450～2900	910～970
双基火药	3200～5020	840～1000	2550～3700	930～1000
黑火药	2930～3138	250～370	2400～2500	200～320

思　考　题

（1）火药能量特性参数主要包括哪些？

（2）提高火药能量水平的技术途径有哪些？

（3）火药的千克假定化学式如何计算确定？

（4）火药燃烧产物中的气体平衡组成是如何计算确定的？

参 考 文 献

［1］ 张柏生．球形药和小粒药制造中脱水剂控制药体密度的作用 ［R］．南京：华东工学院，1964．

［2］ 任玉立，陈少镇．火药化学与工艺学 ［M］．北京：国防工业出版社，1981．

［3］ 厉宝官，白文英，王继勋．硝化棉化学工艺学 ［M］．北京：国防工业出版社，1981．

［4］ 梁慧嫱．火药化学工艺学 ［M］．北京：科学教育出版社，1961．

［5］ 国防科学技术工业委员会．推进剂能量特性热力学计算方法：GJB/Z 84—96 ［S］．北京：国防科技工业委军标出版发行部，1997．

［6］ 国防科学技术工业委员会．火箭推进剂术语：GJB 2257—94 ［S］．北京：国防科技工业委军标出版发行部，1994．

第6章
火药的性能与设计

    我国是世界上最早研究与应用火药燃烧规律的国家，早在宋朝就发明了利用能够规律燃烧的黑火药助推飞行的火箭。1880 年，法国科学家维也里系统研究了火药燃烧问题，他发现压实的黑火药药粒能够规律地燃烧，这一发现为火药用于现代武器奠定了基础。维也里在大量实验基础上得到的火药燃速经验公式，至今仍在火炮和火箭内弹道学中应用。近几十年来，火箭和火炮技术的发展对火药燃烧提出了许多理论和实际问题，燃烧问题是现代武器技术发展的关键技术之一。无论是用于火箭还是火炮，研究火药的燃烧性质主要解决两个问题：其一是火药在武器中能够稳定而有规律地燃烧；其二是火药的燃速应系列化设计，以便满足不同武器的多种要求。

    本章主要介绍火药的主要性能以及根据火药产品要求所开展的相关性能设计方法和基本设计原则。

6.1
火药的燃烧性质

    火药的燃烧是能量释放的一种重要形式，燃烧过程通常分为点火、传火和燃烧三个连续阶段。点火是指在外界热冲量作用下火药表面局部被点燃，同时进行传火和燃烧。传火是指火药的燃烧火焰沿药体整个表面的传播过程。火药的燃烧是指火药组分进行剧烈氧化时放出光和热，同时生成大量气体燃烧产物的化学反应过程。

    由于火药的燃烧反应受到火药性质、温度和压力等因素的影响，火药的燃烧又分为稳定燃烧和不稳定燃烧。火药的稳定燃烧是指在特定的温度和压力下，火药的燃烧速度不随时间变化且化学能完全释放的燃烧过程。火药的不稳定燃烧是指在特定的温度和压力下，火药的燃烧速度随时间变化且化学潜能释放不完全，或药室压力发生反常变化的燃烧过程。典型火药及炸药药柱的燃烧现象如图 6-1 所示。

6.1.1 火药装药的点火

    任何武器的发射之始总有一个点火过程，其过程可简化为：点火剂完全燃烧并成功地点燃药体的局部表面，这时药室压力急剧上升；火药表面局部燃烧的火焰沿整个药体表面迅速传播，与此同时压力继续上升，压力上升速度与火焰传播速度、火药燃速和药室结构状态有关；当药室内压力稳定到某一数值后，火药的燃烧达到稳定状态。火药点火期间，药室的压

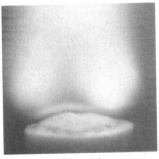  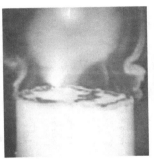

(a) RDX 药柱　　　　　　　(b) JA2 火药　　　　　　　(c) M43 火药

图 6-1　典型火药及炸药药柱的燃烧现象

力从初始值增大到稳定工作压力前，其压力-时间曲线可能是单调而有规律的变化，也可能产生压力峰，而后进入有规律的变化阶段。不难看出，火药燃烧过程的压力-时间曲线的变化形状是由点火状态、火药性质和装药结构等条件决定的。

6.1.1.1　点火药

火药的点火能源通常分为化学能源、电能源及激光源等，化学能源点火是利用点火药燃烧产物的高温气体和凝聚态粒子与火药表面进行热交换而点燃火药；电能源点火是利用电火花或通电的灼热金属丝局部点燃火药表面或药体；激光源点火是利用激光器产生的高功率激光束产生的高温非接触式点燃火药。

通常点火药是指化学能源点火。点火药的作用是给火药表面提供足够的高温热源，以保障火药点火和持续的稳定燃烧。作为点火药的重要条件是火焰温度应大于 3000K，燃速高、燃烧临界压力低、燃烧产物应含有大量凝聚态粒子。

点火药可分为黑火药型、烟火剂型、黑火药/烟火剂混合型以及洁净燃烧型点火剂。烟火剂型和黑火药/烟火剂混合型的点火药配方较多，这里仅将几种典型高能点火药配方列于表 6-1中。

表 6-1　几种典型的高能点火药配方（质量份）

组分	序号							
	1	2	3	4	5	6	7	8
Al 粉	34	—	—	—	—	—	—	—
Mg 粉	—	50	30	5	60	26	50	—
氢化锆	—	—	—	—	—	—	—	75
高氯酸钾	66	—	60	60	—	6	—	20
聚四氟乙烯	—	50	10	—	40	17	40	—
聚乙烯	—	—	—	35	—	—	—	—
树脂酸钙	—	—	—	—	—	—	—	5
黑火药	—	—	—	—	—	51	10	—

高能点火药固体组分的粒度范围通常为 $80\sim120\mu m$，要求水分小于 2%。在实际使用时点火药可以做成粉末状或颗粒状，也可以把点火药压制在模具内或直接浇铸在点火发动机中。

6.1.1.2　点火药量计算

点火药量是指点燃火药装药初始燃烧表面并获得良好弹道性能所需要的点火药质量。

　　武器发射时影响火药点火过程的因素是多方面的，它与点火药的性质、药量、位置及火药的性质、表面状态、装药结构、初始温度和燃烧室结构等有关。实验证明，火药点燃后并不能在所有情况下都能持续地传播下去，有时火药的表面层烧完之后就熄灭，其原因是点火压力低于火药稳定燃烧的临界压力（critical pressure），或未建立起相应的燃烧加热层。建立良好加热层有三种情况：

　　其一，当点火热源温度与火药燃烧温度相当时，点火热源和火药的火焰温度对火药的热作用相似，在这种情况下，火药点燃后能够稳定地燃烧下去。

　　其二，当点火热源温度低于火药燃烧温度时，火药表面达到发火点的时间较长，其加热层厚度可能增加，如果药室散热小，火药也会逐渐达到稳定燃烧状态。

　　其三，当点火热源温度高于火药燃烧温度时，火药的加热层厚度减小，火药的燃烧可能逐渐达到稳定状态；如果散热大，当点火药燃完后，可能产生火药不稳定燃烧现象。

　　火药达到稳定燃烧状态的重要条件是点火热源需要与火药燃烧温度相似，以便建立起良好的加热层。为了建立火药稳定燃烧的加热层，就必须有适当的点火药量和热量作用时间。点火药量是根据火药装药初始燃烧面积进行计算的。假设没有热损失，那么火药装药所需之热量应等于点火药燃烧所放出的热量，其表达式为

$$qS_0 = W_i Q_{V(1)} \tag{6-1}$$

　　在考虑热损失情况下，把式（6-1）修正为

$$qS_0(1+K) = \psi Q_{V(1)} W_i \tag{6-2}$$

　　所以

$$W_i = \frac{qS_0}{\psi Q_{V(1)}}(1+K) \tag{6-3}$$

式中　W_i——点火药质量，g；

　　　　q——点燃每平方厘米火药燃面所需的热量，J/cm^2；

　　　　S_0——装药初始燃烧总表面积，cm^2；

　　　$Q_{V(1)}$——点火药爆热，J/g；

　　　　ψ——热损失系数；

　　　　K——经验常数。

　　对炮用装药，取 $\psi = 1$；$q = 1.5 J/cm^2$。

　　对火箭发动机装药，取 $\psi = 1$；$q = 5 J/cm^2$。

　　此外，还可采用下列经验公式计算火箭发动机装药的点火药量

$$W_i = 16\sqrt{\frac{A_t S_0}{\Delta}} \tag{6-4}$$

　　或

$$W_i = (36 \sim 50)\sqrt{\frac{A_t S_0 D_c}{\Delta L_c}} \tag{6-5}$$

式中　W_i——点火药质量，g；

　　　　S_0——主装药初始燃烧面积，dm^2；

　　　　A_t——喷管喉部面积，dm^2；

　　　　D_c——燃烧室的内径，dm；

　　　　L_c——燃烧室的长度，dm；

△——发动机装填密度，kg/L。

在实际使用中，点火药量的确定是以计算质量为基础，通过一系列高低温点火反复试验，最后才能得出满足弹道要求的一个适当的用药量。为保障火药装药瞬时全面点火，点火药量的确定是十分重要的，若点火药量不足会造成点火延迟，严重的可能出现熄火；若点火药量过大会造成点火高压，可能撞碎药粒使发动机产生较高的初始压力峰。

在点火过程出现的点火压力峰，通常用峰值比表示，峰值比是指点火压力峰与燃烧室的平衡压力之比。在火箭发动机设计中，为了增加点火的可靠性，往往保留一定的点火压力峰。因此，在内弹道中提出极限点火压力的要求：对于火箭发动机点火压力既要大于推进剂的临界压力，又要与燃烧室平衡压力相近似；对于火炮的点火压力，一般为10～12MPa。

在战术火箭发动机中，双基推进剂所用的点火黑药用量的经验数据见表 6-2。

表 6-2　双基推进剂装药的点火黑药用量经验值

型号装药	点火药量/%
野战火箭装药	1.0～1.5
大型助推器装药	0.35～0.40
中型火箭装药	0.40～0.5
有包覆的装药	外加 0.1

6.1.2　火药的加热层着火理论

加热层着火理论认为要使火药点燃后能继续燃烧，不但需要火药表面达到发火温度，还要建立起稳定的加热层。火药的稳定燃烧实际上是以它的自身燃烧产物连续强制点燃的过程。该理论建议以火药稳定燃烧时加热层中所释放的热量作为火药着火的判据。

假定燃烧稳定且为一维（沿试样轴向）传播过程，传热方式只考虑热传导方式，无固相反应，无热损失。在药体中取微单元厚度 dx，考虑热平衡时有：

$$\lambda \frac{d^2 T}{dx^2} = C_p \rho r \frac{dT}{dx} \tag{6-6}$$

取积分边界

$$x = -\infty \qquad T = T_0 \qquad \frac{dT}{dx} = 0$$

$$x = x \qquad T = T \qquad \frac{dT}{dx} = \frac{dT}{dx}$$

$$\int_0^{\frac{dT}{dx}} d\frac{dT}{dx} = \frac{C_p \rho r}{\lambda} = \int_{T_0}^T dT \tag{6-7}$$

$$\frac{dT}{dx} = \frac{C_p \rho r}{\lambda}(T - T_0) = \frac{r}{\alpha}(T - T_0) \tag{6-8}$$

$$\frac{dT}{T - T_0} = \frac{C_p \rho r}{\lambda} dx = \frac{r}{\alpha} dx \tag{6-9}$$

式中，$\alpha = \dfrac{\lambda}{C_p \rho}$ 为导温系数。

$$\int_{T_s}^T \frac{d(T - T_0)}{T - T_0} = \int_0^x \frac{r}{\alpha} dx \tag{6-10}$$

$$T = T_0 + (T_s - T_0) e^{\frac{rx}{\alpha}} \qquad (x < 0)$$

上式即为加热层内的温度分布方式，可见随着 x 的增大 T 逐渐升高。单位面积加热层的热量

$$q_2 = \int_{-\infty}^{0} C_p \rho (T - T_0) \mathrm{d}x \tag{6-11}$$

$$= \int_{-\infty}^{0} C_p \rho (T - T_0) \, \mathrm{e}^{\frac{r_z}{a}} \mathrm{d}x = \frac{\lambda}{r}(T - T_0)$$

由此可见火药着火所需能量与火药性质（λ、r、T_0）有关，也与外界条件（T_0）有关，热导率大较难点燃，燃速大、初温高较易点燃。

满足火药表面持续燃烧的基本条件为：①外界热源温度高于火药发火点；②外界热源与药体接触时间大于点燃火药的时间。

6.1.3　火药气体状态方程

气体状态方程是联系气体压力、温度与比容之间关系的方程，它是研究火药燃烧对外做功的基础。

6.1.3.1　克劳休斯状态方程

火药燃烧产生的高温高压气体不同于理想气体，必须用真实气体状态方程来描述，常见的是范德瓦耳斯（van der Waals）方程，其表达形式为：

$$\left(p + \frac{a}{W^2}\right)(W - \alpha) = RT \tag{6-12}$$

式中　a——反应分子间吸引力；

　　　α——余容，考虑气体分子斥力作用范围的一个修正量；

　　　R——气体常数，1kg 火药气体在 1atm 下温度升高 1K 对外膨胀所做的功。

由于火药气体的温度很高，分子间的引力相对较小，所以式中 $\frac{a}{W^2}$ 项可以略去，火药气体状态方程可简化为：

$$p(W - \alpha) = RT \tag{6-13}$$

此式即称为克劳休斯（Clausius）状态方程，对于 $p > 600\mathrm{MPa}$ 的火药气体用这个方程来描述，误差不明显；当 $p < 600\mathrm{MPa}$ 时，常将 α 看作常数。

6.1.3.2　密闭爆发器中定容燃烧的火药气体状态方程

为了研究火药燃烧的规律性及表征火药性质的某些弹道特征量，常用密闭爆发器进行实验研究。在密闭爆发器的定容条件下，火药气体没有对外做功，如果忽略热量散失，燃烧温度 T 应该是火药的爆温 T_1。对特定性质的火药来说，T_1 是一个常量。

设密闭容器容积为 W_0，其中装有密度为 δ 的火药 $w(\mathrm{kg})$。如果在某一瞬间火药燃烧的质量为 w_{yr}，则该瞬时火药气体的比容（单位质量燃烧产生的气体体积）应为：

$$W = \frac{W_0 - \dfrac{w - w_{\mathrm{yr}}}{\delta}}{w_{\mathrm{yr}}} \tag{6-14}$$

令　$\dfrac{w_{\mathrm{yr}}}{w} = \psi$

ψ 表示已燃火药的百分比，即某一时刻已燃火药质量除以火药总质量。显然，燃烧开始时 $\psi = 0$，燃烧结束时 $\psi = 1$，ψ 的变化范围为 $0 \leqslant \psi \leqslant 1$，则比容为：

$$W = \frac{W_0 - \frac{w}{\delta}(1-\psi)}{w\psi} \tag{6-15}$$

将 $T = T_1$ 和上式代入克劳修斯方程整理后得到

$$p_\psi = \frac{w\psi RT}{W_0 - \frac{w}{\delta}(1-\psi) - \alpha w\psi} = \frac{w\psi RT}{W_\psi} \tag{6-16}$$

式中：
$$W_\psi = W_0 - \frac{w}{\delta}(1-\psi) - \alpha w\psi$$

W_ψ 称为药室的自由容积，在火药整个燃烧过程中药室自由容积也不断变化，当 $\psi = 0$ 时，$W_\psi = W_0 - w/\delta$；当 $\psi = 1$ 时，$W_\psi = W_0 - \alpha w$。

在内弹道学中，习惯采用两个物理量，装填密度和火药力：

装填密度 Δ，单位为 kg/m^3。

$$\Delta = \frac{w}{W_0} \tag{6-17}$$

火药力 f，单位为 kJ/kg。

$$f = RT_1 \tag{6-18}$$

则式(6-16) 改写为

$$p_\psi = \frac{f\Delta\psi}{\left(1-\frac{\Delta}{\delta}\right) - \left(\alpha - \frac{1}{\delta}\right)\Delta\psi} \tag{6-19}$$

这就是常用的定容密闭容器中的火药气体状态方程。

当火药燃烧结束时，$\psi = 1$，密闭容器中的压力达到最大值，上式变为：

$$p_m = \frac{f\Delta}{1-\alpha\Delta} \tag{6-20}$$

这就是著名的诺贝尔公式，它表明火药性质一定时，p_m 不仅随装填密度 Δ 增大而增大，而且比 Δ 增大得还要快。根据式(6-20)，可以通过定容燃烧实验测试不同装填密度下的最高压力值，推算后得到所测火药样品的火药力 f 和余容 α。

6.1.3.3 在身管武器的射击情况下火药气体状态方程

在身管武器射击过程中，由于弹丸向前运动弹后空间不断增加，膛内压力不仅是时间的函数，而且是弹后空间的函数，如果假定弹后空间火药气体处于平衡状态，则可利用定容状态方程建立变容情况下的状态方程。

设枪炮的膛内横截面积为 S，在药室中装入 $w(kg)$ 火药，如果火药燃烧到 ψ 瞬时，质量为 m 的弹丸向前移动了距离 l，使弹后空间增加了体积 Sl，此时弹丸后部的自由容积为：

$$W_0 - \frac{w}{\delta}(1-\psi) - \alpha w\psi + Sl = W_\psi + Sl \tag{6-21}$$

由于火药气体膨胀做功，因而气体温度由 T_1 降到 T，此时，射击条件下火药气体的状态方程应该是：

$$p(W_\psi + Sl) = w\psi RT \tag{6-22}$$

设

$$l_\psi = \frac{W_\psi}{S} = \frac{W_0}{S}\left[\left(1-\frac{\Delta}{\delta}\right) - \left(\alpha - \frac{1}{\delta}\right)\Delta\psi\right]$$

药室的实际长度为 l_0，如果以炮膛横截面积为底做成与药室容积相等的圆柱体，则圆柱

体的长度为 $p(l_0+l_\psi)$，称为药室容积缩径长，又称为药室自由容积缩径长。

此时，射击条件下的状态方程的最后形式是

$$p(l_0+l_\psi)=w\psi RT \tag{6-23}$$

式中：

$$l_\psi=l_0\left[\left(1-\frac{\Delta}{\delta}\right)-\left(\alpha-\frac{1}{\delta}\right)\Delta\psi\right]$$

6.1.4 火药的燃烧规律

由于火药颗粒或药柱结构比较致密，在高压下处在已燃高温气体环境中，药体的燃烧过程是呈平行层由表面向里燃烧的，这一现象被大量实践所证实，从炮膛里抛出来未燃完的残存药粒，除了尺寸变化以外，它们的形状和燃烧前的形状相似；火药在密闭爆发器的燃烧，当装填密度一定时，其燃烧时间与药粒的厚度成正比。显然，如果火药严格按照上述规律燃烧，就必须具备如下三个条件：

第一，在开始点火时，所有火药表面同时全面着火并在相同条件下燃烧；

第二，火药各点的化学性质和物理性质相同，即药粒燃烧表面各点的燃速相同；

第三，在装药中所有药粒的形状和尺寸都严格一致。

（1）火药气体生成速率　火药在燃烧过程中是按照平行层燃烧规律逐层进行的，在这种情况下，人们就可以用单一药粒的几何形状变化来表示整个颗粒堆砌装药所有药粒的燃烧规律，从而找到一种简洁描述火药燃烧规律的途径。此外，通过这一定律还可以说明火药一系列几何因素对气体生成规律的影响，以及预示药粒形状和尺寸对气体压力增长的影响，从而进行合理的弹道设计。因此，几何燃烧定律一直是内弹道学中的一个基本定律。

根据几何燃烧定律，可得火药气体生成速率

$$\psi=\frac{w_{yr}}{w}=\frac{n\delta\Lambda}{n\delta\Lambda_1}=\frac{\Lambda}{\Lambda_1} \tag{6-24}$$

对时间求导，即得

$$\frac{\partial\psi}{\partial t}=\frac{1}{\Lambda_1}\frac{d\Lambda}{dt} \tag{6-25}$$

设单位药粒的起始表面积为 S_1，起始厚度为 $2e_1$，在火药全面同时点火经过时间 t 以后，火药烧掉的体积为 Λ，Λ_1 为药粒的原体积，正在燃烧的表面积为 S，又经过时间 dt 以后，药粒按几何燃烧定律又烧去的厚度为 de，此时

$$d\Lambda=Sde \tag{6-26}$$

则火药单位药粒体积的变化率为

$$\frac{\partial\Lambda}{\partial t}=S\frac{de}{dt} \tag{6-27}$$

用 u 表示 de/dt，则为火药燃烧的线速度，即单位时间内沿垂直药粒表面燃去的药粒厚度。由于 ψ 是一个相对量，所以对其他表示药形尺寸的量也用相对量表示，以 $Z=e/e_1$ 代表相对厚度，以表示相对表面积，则有

$$\frac{\partial\psi}{\partial t}=\frac{1}{\Lambda_1}\frac{d\Lambda}{dt}=\frac{S_1e_1}{\Lambda_1}\sigma\frac{dZ}{dt} \tag{6-28}$$

令 $\chi=\frac{S_1e_1}{\Lambda_1}$，它是仅取决于火药形状和尺寸的常量，故称为火药的形状特征量。

$$\frac{\partial\psi}{\partial t}=\chi\sigma\frac{dZ}{dt} \tag{6-29}$$

上式是火药气体生成速率的表达式，它说明对一定形状和尺寸的火药，气体生成速率的变化规律仅仅取决于火药的燃烧表面和火药燃烧速度的变化规律。可以通过控制燃烧表面和燃烧速度来控制火药气体生成速率，达到控制内弹道规律的目的。

（2）形状函数　对于一定形状的火药，已燃相对厚度 Z，相对燃烧面 σ 和相对已燃体积 ψ 之间必然存在着一定的函数关系，如果以相对已燃厚度 Z 为自变量，则 $\sigma = f_1(Z)$，$\psi = f_2(Z)$，即称 f_1 和 f_2 为形状函数，制式火药的形状基本上可以分为两类：一类是各表面垂直相交的，另一类可以用简单几何平面旋转而成，它们的形状函数均有共同的规律性。

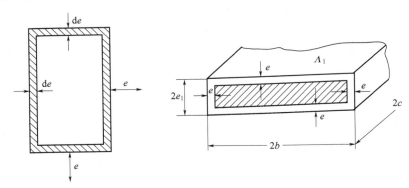

图 6-2　火药单位药粒体积的变化示意图

① 形状函数的建立　设带状火药的长度为 $2c$、宽度为 $2b$、厚度为 $2e_1$，起始燃烧面积为 S_1，某瞬间已燃去厚度 e，此时燃烧表面积为 S，如图 6-2 所示，这时相对燃烧表面积 σ 为

$$\sigma = \frac{S}{S_1} = 1 - \frac{2(e_1+b+c)e}{ce_1+cb+be_1} + \frac{3e^2}{ce_1+cb+be_1} \tag{6-30}$$

令　$\alpha = \dfrac{e_1}{b}$，$\beta = \dfrac{e_1}{c}$，$Z = \dfrac{e}{e_1}$

则上式可写成

$$\sigma = \frac{S}{S_1} = 1 - \frac{2(\alpha+\beta+\alpha\beta)}{1+\alpha+\beta}Z + 3\frac{\alpha\beta}{1+\alpha+\beta}Z^2 \tag{6-31}$$

再令 $\mu = \dfrac{\alpha+\beta+\alpha\beta}{1+\alpha+\beta}$，$\lambda = \dfrac{\alpha\beta}{1+\alpha+\beta}$，$Z = \dfrac{e}{e_1}$

$$\sigma = 1 - 2\mu Z + 3\lambda Z^2 \tag{6-32}$$

上式是一个无量纲表达式，其中 μ、λ 和 χ 一样，只是与火药形状尺寸有关的常量。

将火药的线性尺寸代入 $\chi = \dfrac{S_1 e_1}{\Lambda_1}$ 中可得

$$\chi = 1 + \alpha + \beta \tag{6-33}$$

将式（6-33）代入式（6-32）积分，得到

$$\psi = \int_0^z \sigma \mathrm{d}Z = \chi(1 + \lambda Z + \mu Z^2) \tag{6-34}$$

表 6-3 列出了各种简单形状火药的形状特征量。

② 形状函数的二次式　上面建立的形状函数都是三项式，为了运用方便，可以简化为二项式，用形状特征量 χ_1 和 λ_1 表示的二项式来代替三项式，见式（6-35）和式（6-36）。

$$\psi = \chi_1 Z(1 + \lambda_1 Z) \tag{6-35}$$

表 6-3　各种简单形状火药的形状特征量

形状	火药尺寸	比值	χ	λ	μ	σ
管状	$2b=\infty$	$\alpha=0$	$1+\beta$	$-\dfrac{\beta}{1+\beta}$	0	$\dfrac{1-\beta}{1+\beta}$
带状	$2e_1<2b<2c$	$1>\alpha>\beta$	$1+\alpha+\beta$	$\dfrac{\alpha+\beta+\beta^2}{1+\alpha+\beta}$	$\dfrac{\alpha\beta}{1+\alpha+\beta}$	$\dfrac{(1-\beta)(1+\beta)}{1+\alpha+\beta}$
方片状	$2e_1<2b=2c$	$1>\alpha=\beta$	$1+2\beta$	$\dfrac{2\beta+\beta^2}{1+\alpha+\beta}$	$\dfrac{\beta^2}{1+\alpha+\beta}$	$\dfrac{(1-\beta)^2}{1+\alpha+\beta}$
方棍	$2e_1=2b<2c$	$1=\alpha>\beta$	$2+\beta$	$\dfrac{1+2\beta}{1+\alpha+\beta}$	$\dfrac{\beta}{2+\beta}$	0
立方体和球体	$2e_1=2b=2c=R$	$1=\alpha=\beta$	3	-1	$\dfrac{1}{3}$	0

$$\sigma = 1 + 2\lambda_1 Z \tag{6-36}$$

经过结合不同燃烧时刻的 Z 值求解，可以将上式的 Z 值消去，可得到 σ 和 ψ 的直接关系式：

$$\sigma = \sqrt{1 + 4\frac{\lambda_1}{\chi_1}\psi} \tag{6-37}$$

6.1.5　火药的燃烧速度

既然火药燃烧反应是能量释放的一种重要形式，武器又依赖于火药的能量做功，单位时间内火药释放出能量多少取决于火药燃烧速度和燃烧表面积的大小。火药的燃速决定了药柱提供的燃气流量、工作条件和发动机的推力。不同类型的武器需要不同燃速的火药，因此燃烧速度就成为火药燃烧过程的基本性能参数。火药初始燃烧表面的大小是火药装药设计的内容，这里不做讨论。

6.1.5.1　燃烧速度的表征

火药的燃烧速度一般分为线性燃速和质量燃速。

（1）线性燃速　是指假设火药按平行层燃烧，在单位时间内燃烧表面层沿着法线方向内推进的厚度，简称火药燃速，其表达式为

$$r = \frac{de}{dt} \tag{6-38}$$

式中　r——火药燃烧速度，mm/s；

　　　e——燃烧掉的火药厚度，mm；

　　　t——火药燃烧时间，s。

（2）质量燃速　是指单位时间内火药单位燃烧表面积所烧掉的质量，或者说单位时间内，单位燃烧表面所生成燃烧产物的质量，其表达式为

$$m = \rho r S_0 \tag{6-39}$$

根据定义，此处 $S_0 = 1\text{cm}^2$，所以

$$\dot{m} = \rho r \tag{6-40}$$

式中　$\dot{m}$——火药质量燃速，g/(s·cm²)；

ρ——火药密度，g/cm^3；

r——火药燃烧速度，cm/s；

S_0——火药初始燃烧面积，cm^2；

m——单位时间内火药燃烧产物的生成量，g/s。

从式（6-39）可以看出，由于火药的相对密度固定，S_0取决于装药设计，需要讨论的只有火药的线性燃速。

6.1.5.2 影响火药燃速的因素

火药的燃烧速度是火药燃烧性质的重要特性参数。火药的燃烧速度是与火药性质、燃烧压力和初始温度等有关的函数。在函数关系中，火药性质是决定燃速的基本变量，而燃烧压力和初温是火药燃烧反应的外界条件。研究火药燃速与其他变量间的关系，对火药设计与应用是非常重要的。

（1）燃速与压力的关系　实践证明当火药性质和装药初温一定时，火药的燃速只是压力的函数，即 $r=f(p)$。

把燃速与压力的关系称为燃速压力定律，其表达式为

$$r=a+bp^n \tag{6-41}$$

式中　　p——火药燃烧压力，atm 或 kPa；

a,b 和 n——与火药性质、压力和初温有关的常数。

M. 萨默菲尔德（Summerfield）提出含高氯酸铵复合火药燃速与压力的关系式

$$\frac{1}{r}=\frac{a}{p}+\frac{b}{p^{1/3}} \tag{6-42}$$

实际使用中，火箭发动机的工作压力为 5～200atm，一般采用

$$r=bp^n \tag{6-43}$$

此式适用于双基推进剂火箭发动机内的弹道计算，对复合推进剂计算不够精确，由于该表达式比较简单，仍被广泛采用。对于工作压力 200～500atm 范围，可采用

$$r=a+bp^n \tag{6-44}$$

对工作压力为 1～5atm，可采用

$$r=bp^n$$

或

$$r=a+bp^n \tag{6-45}$$

对工作压力为 2000～4000atm 的枪炮发射药，一般采用 $a=0$ 和 $n=1$ 的表达式

$$r=bp \tag{6-46}$$

通常称为正比燃速定律，在火炮内弹道学中，习惯写成

$$u=u_1 p \tag{6-47}$$

式中　　u——火药燃速，mm/s；

u_1——燃速系数，$mm/(s\cdot MPa)$；

p——压力，MPa。

火药燃速压力指数 n 是指当温度一定时火药燃速受压力变化影响的敏感程度。燃速压力指数（pressure exponent）与火药本身性质及燃速催化剂有关，对于一种火药来说，燃速压力指数 n 又与燃烧压力有关。n 是衡量推进剂燃烧稳定性的重要指标之一，其值一般在 0～1 之间，在某些压力区间内 n 近似等于零的推进剂称为平台推进剂。

对式（6-43）取对数得

$$\ln r = \ln b + n \ln p \qquad (6-48)$$

式中，$\ln b$ 是与推进剂性质和初温有关的常数，式(6-48)呈直线关系，其斜率就是燃速压力指数 n，所以 n 又可定义为

$$n = \frac{d\ln r}{d\ln p} \qquad (6-49)$$

若不含催化剂时，双基火药的 n 值大约在 $0.5 \sim 1$ 之间，复合火药的 n 值一般在 $0.2 \sim 0.5$ 之间。典型双基火药在不同压力下的燃速和局部区域的燃速压力指数如图 6-3 所示。

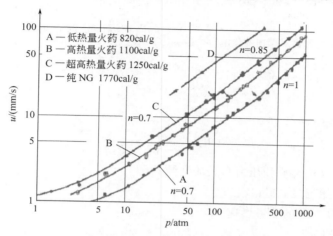

图 6-3　典型双基火药在不同压力下的燃速和局部区域的燃速压力指数

某些典型火药的燃烧性能见表 6-4。

表 6-4　典型火药的燃烧性能

项目	含量/%	$r(p_c=70.3\text{atm})/(\text{mm/s})$	$n(p_c=56.3 \sim 70.3\text{atm})$
NC/NG	0.0	11.43	0.3
AP/PVC	0.0	11.18	0.38
AP/PS	0.0	8.89	0.43
AP/PS/Al	2.0	7.87	0.33
AP/PU/Al	7.0	8.00	0.21
	15.0	6.99	0.15
	20.0	7.87	0.32
AP/CTPB/Al	10.0	7.62	0.26
	16.0	8.64	0.30
	17.0	11.29	0.40
AP/NC-NG/AP	20.0	19.81	0.40
AP-HMX/NC-NG/Al	19.8	13.97	0.49

（2）燃速与初温的关系　一般火药的燃速随初温的升高而增大，随初温的降低而减小。同一个季节不同纬度地区的温差较大，设计火药装药时希望初温对燃速的影响越小越好，按照武器的弹道要求，其温度对燃速的影响应小于 $1\%/℃$。

武器在实际使用时，装药随环境的温度而变化。火药使用温度一般规定为 $-50 \sim 50℃$，而飞机上使用的弹箭装药则确定低温为 $-50℃$ 以下，舰艇上使用的弹箭装药对低温要求小

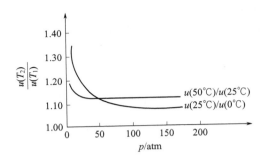

图 6-4　双基火药初温对燃速的影响

些，而对高温要求大些。典型火药燃速与初温的关系如图 6-4 所示。

由图 6-4 看出，燃速压力指数低的火药，初温对燃速的影响也小些。火药种类不同，其燃速受压力和温度的影响程度也不同。

在火药装药和燃烧压力不变的条件下，火药的燃速与温度的关系为

$$r = r_0(p) f(T) \tag{6-50}$$

当初温一定时，燃速与压力的关系式为

$$r_0(p) = bp^n$$

已知

$$f(T) = e^{v(T-T_0)} \tag{6-51}$$

或

$$f(T) = \frac{a}{a - (T - T_0)} \tag{6-52}$$

式中　a，v——与火药性质和压力有关的常数；

　　　　T_0——初始温度，℃；

　　$r_0(p)$——对应 T_0 的参考燃速。

对式(6-50) 取对数

$$\ln r = \ln r_0(p) + \ln f(T) = \ln r_0(p) + v(T - T_0)$$

整理后得

$$v = \frac{\ln \dfrac{r}{r_0(p)}}{T - T_0} \quad (\%/℃) \tag{6-53}$$

式中，v 为特定压力 p 下的燃速温度系数。

火药的燃速温度系数是指在火药装药和压力不变的条件下，火药初温变化 1℃引起燃速变化的平均百分数，以 v 表示，单位为 $\%/℃$。

在扩大装药初温范围时，v 不是常数，通常随温度 T 的升高而增加。

几种常见火药的燃速温度系数为 $0.2\% \sim 0.5\%/℃$，见表 6-5。

表 6-5　几种常见火药的燃速温度系数（$p_c = 70$atm）

火药类型	燃速温度系数/(%/℃)
双石-2	0.25(-40～+50℃)
双铅-2	0.23(-40～+60℃)
双镁-2	0.247(-40～+60℃)
PS 推进剂	0.23(-50～+50℃)

在火药燃烧过程中，如果压力和初温一定，影响火药燃烧速度的最基本因素是火药的组分性质及火药的物理结构性质。

（3）火药组分对燃速的影响

① 单基火药　在单基火药组分中增加硝化棉的含量或含氮量都能提高其燃速。如硝化棉含氮量增加 1%，其燃速提高 28.5%，其表达式为

$$\frac{\Delta r}{r}=0.285\Delta N \tag{6-54}$$

挥发分增加 1%，其燃速减少 12%，其表达式为

$$\frac{\Delta r}{r}=0.12\Delta H \tag{6-55}$$

式中　ΔN——硝化棉含氮量增加的百分数；

　　　ΔH——单基药中挥发分增加的百分数。

② 双基火药　在双基火药中增加硝化甘油含量或提高硝化棉含氮量，其爆热增大，燃速提高。增加惰性附加物，其爆热减小，燃速降低。

从实践中总结出双基发射药的燃速系数与爆热的关系式为

$$b=[0.1Q_{V(l)}-20]\times 10^{-5}\quad\left(\frac{cm}{s}\bigg/\frac{kg}{cm^{2}}\right) \tag{6-56}$$

低温时双基火药的燃速在很大程度上取决于火药燃烧表面的放热情况，当固相反应容易放热时，在低压下火药能够燃烧，且燃速较快，如含大量的中定剂或二苯胺等速燃物时，火药在低温低压下容易点燃和燃烧。反之，火药中含苯二甲酸二丁酯时，它在燃烧反应时为吸热物质，所以使火药的燃速降低，在低温低压下不易点燃和燃烧。

③ 复合火药　复合火药较均质火药组分多，组分对燃速的影响更复杂，此处主要讨论复合火药组分中的氧化剂、黏合剂、金属粉和催化剂等对燃速的影响。

a. 氧化剂对燃速的影响　在火箭发动机正常工作的压力范围内，复合推进剂的氧化剂含量为负氧平衡时，其燃速随氧化剂含量增加而增大。氧化剂粒度级配对燃速影响也较大，当粒径小的氧化剂颗粒比例增加时，燃速提高，典型含 AP 的高燃速复合推进剂在 15MPa 下测试的燃速规律如图 6-5 所示。

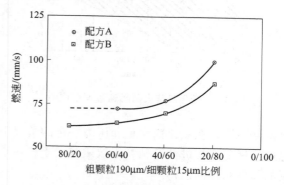

图 6-5　氧化剂粒度对燃速的影响

氧化剂粒度对燃速的影响：高氯酸铵的粒度对火药燃速产生明显的影响，通常使用的高氯酸铵颗粒度为 $5\sim 250\mu m$，粒径 $5\mu m$ 以下的颗粒为超细粒度。高氯酸铵的粒度愈小则比表面愈大，有利于火药凝聚相放热分解反应。高氯酸铵粒度变化对燃速的影响见表 6-6。

表 6-6　高氯酸铵粒度变化对燃速的影响（$p=90atm$）

AP 含量 /%	AP 粒度/μm	CTPB /%	二茂铁 /%	铬酸铜 /%	氧化铁 /%	炭黑 /%	氟化锂 /%	铝粉 /%	燃速 /(mm/s)
76	5	24	—	—	—	—	—	—	26.4
76	100	24	—	—	—	—	—	—	8.5
76	200	24	—	—	—	—	—	—	8.6
75.5	100	24	0.5	—	—	—	—	—	10.2
75.3	100	23.7	—	1.0	—	—	—	—	10.5
74.9	100	23.6	—	1.0	—	0.5	—	—	11.1
76	100	23.5	—	—	0.5	—	—	—	10.4
76	100	23.5	—	—	—	—	—	—	9.6

AP 含量 /%	AP 粒度/μm	CTPB /%	二茂铁 /%	铬酸铜 /%	氧化铁 /%	炭黑 /%	氟化锂 /%	铝粉 /%	燃速 /(mm/s)
76	5/200	24	—	—	—	—	0.5	—	10.1
69.2	5/200	21.8	—	—	—	—	—	9	7.7
62	5/200	19.5	0.5	—	—	—	—	18	9.1

从表中数据可以看出，细粒度的高氯酸铵能有效地提高火药燃速，但粒径大于 $100\mu m$ 时，高氯酸铵的粒度大小对燃速的影响变得很小。

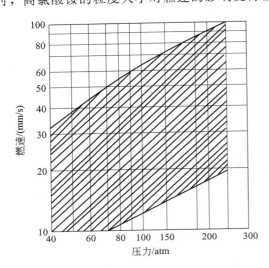

图 6-6　复合双基火药燃速可调范围

高氯酸铵粒度变化对复合双基火药燃速可调范围如图 6-6 所示，其配方为：AP 20.0%；NC-NG 48.9%；Al 18.0%；PU 13.1%。在 102atm 压力条件下，其燃速可由 12.5mm/s 提高到 61mm/s。

为了调节推进剂的燃速范围，在火药设计和研制中常将不同粒度的氧化剂进行级配。试验证明，高固体含量的推进剂，如果细粒度的氧化剂比例太大会使药浆黏度增加，导致浇铸成型困难或无法浇铸，同时也增加了混合过程的危险性。

b. 黏合剂性质对燃速的影响

黏合剂是推进剂的基本组分，黏合剂性质对推进剂燃速也将产生显著影响。典型黏合剂的热分解温度见表 6-7，由于黏合剂热分解温度不同，在氧化剂含量和压力一定的情况下，聚硫橡胶推进剂燃速高于聚氨酯推进剂的燃速，聚氨酯推进剂又稍高于端羧基聚丁二烯推进剂的燃速。试验表明燃速随黏合剂热解温度的降低而提高。

表 6-7　典型黏合剂的热分解温度

名称	起始分解温度/℃	剧烈分解温度/℃
PS	202	367
PU	342	367
PBAA	342	452
CTPB	342	457

c. 金属粉含量对燃速的影响

复合推进剂中常加入一定量的金属粉以提高能量和改善燃烧性能，金属粉含量对聚氯乙烯推进剂燃速的影响见表 6-8。

d. 催化剂对燃速的影响　推进剂中加入少量（0.25%～5%）燃速催化剂，就能有效提高（或降低）推进剂的燃速并改善燃烧性能。催化剂对推进剂燃速的影响程度与催化剂性质、粒度、用量以及在药料中的分布均匀状态有关。催化剂对燃速影响的实验结果见表 6-9 和表 6-10。

表 6-8　金属粉含量对聚氯乙烯推进剂燃速的影响

AP/%	PVC/%	癸二酸二丁酯/%	Mg/%	Al/%	燃速/(mm/s)
75.0	12.50	12.50	—	—	11.4
75.0	11.25	11.25	2.5	—	14.1
75.0	10.00	10.00	5.0	—	15.6
75.0	11.25	11.25	—	2.5	12.7
75.0	10.00	10.00	—	5.0	13.6
67.0	11.30	11.30	10.4	—	14.2
69.2	11.60	11.60	—	7.5	13.7

表 6-9　双基推进剂中典型催化剂对燃速的影响

催化剂	燃速 r/(mm/s)			压力指数 n
	$p_c=50\text{atm}$	$p_c=70\text{atm}$	$p_c=90\text{atm}$	
双基药	7.66	9.89	12.06	0.77
双基药＋鞣酸铅 2%	10.41	12.21	14.05	0.50
双基药＋炭黑 0.4%	8.30	10.86	12.99	0.76
双基药＋鞣酸铅 1.6%＋炭黑 0.4%	18.93	20.75	22.24	0.31

表 6-10　双基推进剂中催化剂品种和用量对燃速的影响

组分	配方	
	I	II
NC(13.5%)	51.18	40.54
NG	35.26	27.93
乙基中定剂	1.05	0.83
氧化铅	1.75	1.39
炭黑	2.01	1.59
二硝基乙腈钠	8.75	—
二硝基乙腈钾	—	27.72
燃速/(mm/s)	81	43.2

（4）燃速与火药物理结构的关系

影响火药燃速的因素是多方面的，除火药组分的化学性质影响外，还有火药物理结构等方面的影响，如成型工艺方法和条件控制、原材料质量和嵌入金属丝等。

① 成型工艺的影响　同一种火药的成型工艺方法不同，燃速也有所不同。压伸成型与浇铸成型的双基火药，其燃速有明显差异。即使是同一种成型方法，由于工艺条件不同，燃速也会有所差别，如压伸的双基火药，其宏观组织结构大体是均匀的，但微观组织结构却是各向异性，平行于压伸方向的燃速较垂直压伸方向的燃速要大一些，最高可差 10%，螺压成型的火药燃速较液压成型的燃速大些。

浇铸成型工艺的药料混合均匀程度对推进剂燃速也有影响。

② 原材料质量的影响　为了保障火药性能的稳定，应对原材料的规格有明确指标要求，否则会对燃速造成不良影响，如采用不同制造方法和产地的氧化镁制备的火药产品燃速有一定差异。

③ 嵌入金属丝的影响　推进剂药柱里嵌入单根或多根金属丝，可以大幅度提高推进剂的燃速。药柱轴向嵌入长金属丝常用于端面燃烧的装药，混乱地加入短金属纤维或金属箔可用于任何形状的药柱。推进剂里嵌入金属丝可以提高火药燃烧表面的热量向药柱内部传导的

能力，从而提高了金属丝周围的火药温度，导致燃速的提高和燃烧面增大。嵌入长金属丝的火药具有装填密度大、轴向抗拉强度好，消除侵蚀燃烧现象等特点。嵌入火药里的金属丝应具有导热性好、熔点高等物理特性，具备条件的金属丝有铜、银、铝、镁、铅、钨、铂和钢等材料，如火药的基础燃速为 12.7mm/s，若将直径 0.127mm 的金属丝轴向嵌入端面燃烧的药柱里，不同金属丝对推进剂药柱燃速的影响见表 6-11。

表 6-11　不同金属丝对推进剂药柱燃速的影响

材料	650℃时热扩散系数/(cm²/s)	熔点/℃	燃速/(mm/s)
银	1.23	960	67.3
铜	0.90	1083	58.9
钨	0.67	3370	46.2
铂	0.35	1755	37.1
铅	0.94	660	29.5
钢	0.064	约 1460	20.3

　　实验证明，在长金属丝外面涂上不同热导率和热解速度的高分子材料涂层后，可以改变嵌入金属丝火药的燃速。用石墨纤维代替金属纤维也有良好的效果，一般石墨纤维直径为 4～10μm，长度为 6.35～19.05mm，它在火药中的加入量约为 0.5%～6.0%。

　　综上所述，影响火药燃速的因素很多，燃速相距范围最大可达数百倍。在实际应用中，不同用途对推进剂燃速的要求各不相同，如助推器和反坦克武器要求高燃速，主发动机要求中等燃速，气体发生器要求低燃速。为了使用方便，可把燃速范围划分为高、中、低燃速的火药，大致区分如下：

　　高燃速火药　25.4～254mm/s；

　　中等燃速火药　5～25.4mm/s；

　　低燃速火药　5mm/s 以下。

　　调节火药燃速的主要方法包括：火药中加入燃速催化剂；改变火药的爆热值；改变氧化剂含量、粒度大小和粒度级配；药柱内部嵌入金属丝等。这些化学或物理方法，对调节火药燃速都有一定作用，但改变的幅度有限。

6.1.5.3　燃速的测定方法

　　火药的燃速是通过实验测定的，测试方法一般有三种：恒压弹法、火箭发动机法和密闭爆发器法。

　　(1) 恒压弹法　恒压弹法可以准确测定某一恒定压力和温度下的燃速，主要用于研制固体推进剂的配方和工艺质量指标的控制。这种方法的主要优点是试样尺寸小、操作简单、试验成本低，但没有考虑气流速度对燃速造成的影响。一般采用直径 5mm 圆柱形药条或 5mm×5mm 的方形药条，有些情况采用直径 16mm 的药柱进行测试。按记录方式的不同又分为靶线法、转鼓照相法、声发射法和光电转换法。

　　靶线法是恒压弹法中的一种主要的燃速测试方法。因采用靶线记录燃烧一定长度药条所需的时间，故称为靶线法。典型的实验装置如图 6-7 所示。

　　试样为 φ5mm×140mm 或 5mm×5mm×140mm 的药条，记录的有效长度为 100mm，药条侧面用阻燃剂或包覆剂进行包覆，使药条从端面开始燃烧。为了使药柱保持稳定的平行层燃烧，点火后有一段 20mm 长的稳定燃烧段。靶线采用易熔金属丝，一般采用 0.5A 或 1A 的保险丝。当燃烧室充入一定压力的氮气，并使保温槽维持在预定温度，开始点火，烧

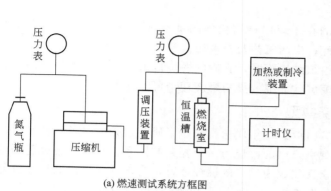 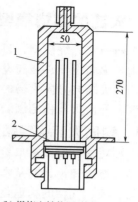

(a) 燃速测试系统方框图　　　　　　　(b) 燃烧室结构图(单位：mm)
1—燃烧室；2—燃烧室底盖

图 6-7　靶线法测定燃速装置示意图

断第一靶线时计时器开始记录时间，第二靶线烧断时计时器停止工作。记录药条燃烧长度 L 所需的时间，按式(6-57) 进行燃速计算。

$$u = L/t \tag{6-57}$$

式中　u——在规定压力和初温下的燃速，mm/s；

　　　L——被测药条的长度，mm；

　　　t——燃烧 L 长药条所记录的时间，s。

（2）火箭发动机法　火箭发动机法适用于研究固体推进剂配方的调节、配方定型和推进剂产品的交验，一般不用于单独测定燃速，而是结合测定固体推进剂的比冲、特征速度、发动机的总冲量和 $p\text{-}t$ 曲线来进行，从 $p\text{-}t$ 曲线和装药尺寸来推算出燃速。该测试方法的优点是在固体推进剂实际使用条件下测得的燃速，反映了气流速度对燃速的影响，更符合实际，为发动机装药设计提供了可靠的数据，主要缺点是只能测定平均燃速，并且实验成本较高，试验次数受到限制。为了节省实验次数，一般研究发动机装药的燃速与恒压弹法燃速间的修正系数，以求降低成本。发动机法又有静止实验台法和弹道摆法。

（3）密闭爆发器法　密闭爆发器法适用于发射药燃速的测定。通常不单独用密闭爆发器来测定燃速，而是结合发射药的内弹道性能来测定，为发射药定型、装药设计和产品验收提供实验数据。火药在密闭爆发器中的燃烧过程中，压力随时间是变化的，燃速也随之变化。随压力范围的不同，燃速与压力的变化规律也是不同的。在低压下，燃速与压力呈指数关系，而在 $200\sim400\text{MPa}$ 的高压下，燃速与压力呈正比的关系。枪炮膛内的压力一般在$200\sim400\text{MPa}$ 的范围内，所以可以按式(6-58) 所列的正比式燃速公式推算燃速。

$$u = u_1 p \tag{6-58}$$

式中　u_1——燃速系数，mm/(s·MPa)；

　　　p——压力，MPa。

密闭爆发器测定燃速的原理是利用下面的内弹道学公式来推算

$$u = e_1/I_k \tag{6-59}$$

式中　e_1——火药燃烧层厚度，mm；

　　　I_k——压力全冲量，MPa·s。

当推算出 u_1 后，就可以利用式(6-58) 计算出任意压力（指枪炮膛压）下的燃速。由于枪炮发射药的尺寸较小，所测的压力全冲量是许多药粒燃烧的综合结果。求出的燃速是药粒的统计平均结果。

6.1.6 火药的燃烧模型

讨论火药稳定燃烧模型，目的在于应用物理化学的基本理论揭示燃烧过程的本质和现象，以便指导火药设计、装药设计、生产工艺及技术规范等。

由于均质火药与异质火药的组织结构不同，它们的燃烧机理也不同，可分为均质火药稳定燃烧模型和异质火药稳定燃烧模型。详细的火药燃烧理论可参阅专著。

6.1.6.1 均质火药稳定燃烧模型

均质火药稳定燃烧模型早在 20 世纪 40 年代初就开始了研究，并提出了各种假说，比较完善的是多区燃烧理论，其基本观点是火药燃烧为一个复杂的体系，它由固态火药开始，经过一系列固、液、气相的物理化学变化成为最终的燃烧产物，为连续而稳定的传播过程。均质火药在低压下的实际火焰结构见图 6-8(a)。均质火药燃烧模型示意图如图 6-8 所示（b），以火药燃烧面为坐标的原点，通过燃烧使分解产物逐步发生反应，药体会从右往左的方向退缩，一直达到最终产物，其燃烧温度为 T_V 或 T_p K。

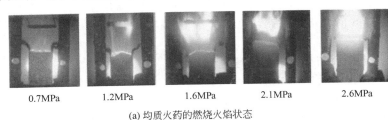

| 0.7MPa | 1.2MPa | 1.6MPa | 2.1MPa | 2.6MPa |

(a) 均质火药的燃烧火焰状态

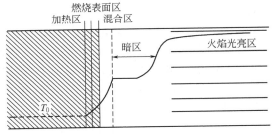

(b) 均质火药的燃烧模型

图 6-8　均质火药的火焰状态和燃烧模型

火药的燃烧分为两大部分，即药体和燃烧火焰。把药体表面燃烧区分为固相加热区和凝聚相反应区，把燃烧火焰部分分为暗区和火焰光亮（反应）区，进一步把暗区划分为混合相区（或汽化区）和暗区。

（1）固相加热区　固相加热区（或预热区）为燃烧表面的药体薄层，厚度与燃烧压力有关，见表 6-12。

表 6-12　固相加热区厚度与燃烧压力的关系

压力	atm	1	100	1000
	MPa	0.1	10.1	101.3
厚度/mm		0.2	0.01	0.001

此区在热作用下，温度从 T_0 逐渐升高到 $80\sim90℃$，加热层内出现药体软化及部分组分的熔化等物理变化，但没有明显的化学反应。加热层是火药分解的准备阶段，它吸收积聚着

一定的热量，也是火药稳定燃烧的基础。

（2）凝聚相反应区　凝聚相反应区是指从燃烧表面至邻近的加热层界面的区域，该区呈现蜂窝状结构，又称为泡沫区。此区除进一步软化、熔化外，还产生蒸发、热分解反应，在凹陷部位大都充满着液态和气态物质，并发现在燃烧表面有炭存在。凝聚相区的化学变化主要是硝化棉热裂解和硝酸酯基分解，在接近燃烧表面处还可能发生分解产物间的化学反应。其反应式为包括：

$$R—ONO_2 \longrightarrow NO_2 + R'—CHO \qquad 吸热反应 \qquad (6-60)$$

或

$$\left. \begin{array}{l} NO_2 + CH_2O \longrightarrow NO + H_2O + CO \\ 2NO_2 + CH_2O \longrightarrow 2NO + H_2O + CO_2 \end{array} \right\} \quad 放热反应 \qquad (6-61)$$

在正常情况下化学反应的放热量大于分解物的吸热量，放出的热量约占火药总放热量的10%。燃烧表面的温度 T_0 可以达到 $300℃$，并随着燃烧压力的提高而有所增加。凝聚相反应区的厚度与燃烧压力的关系见表 6-13，表中所列数据是根据中止燃烧后对药柱表面进行切片测定的结果。

表 6-13　凝聚相反应区厚度与燃烧压力的关系

压力	atm	60	75	110	140	210
	MPa	6.08	7.60	11.15	14.19	21.28
厚度/mm		0.13	0.105	0.09	0.075	0.06

在燃烧过程中药柱的任一断面上，即加热层与凝聚相区范围内，其能量状态平衡方程式见式（6-62），此基本方程的物理意义是火药在单位时间内由热传导所获得的热量与凝聚相化学反应热效应之和等于火药在同一时间质量流出的热焓变化率。

$$\frac{\partial}{\partial x}\left(\lambda \frac{\partial T}{\partial x} \right) + u q_x = \rho r \frac{\partial}{\partial x}(C_p T) \qquad (6-62)$$

式中　x——燃烧表面附近的距离；

　　　λ——热导率；

　　　C_p——比定压热容；

　　　u——固相化学反应速度；

　　　r——火药燃速；

　　　ρ——火药密度；

　　　q_x——x 断面上单位质量物质的反应热。

方程式（6-62）的第一项表示由热传导传入药柱单位体积的热焓变化率；第二项表示化学反应放热的变化率；第三项表示因质量流出所引起的质量热焓变化率。

如果把式（6-62）确定在固相中的热力平衡时，C_p 和 λ 为常数，可将式（6-62）改写成

$$\lambda \frac{\partial^2 T}{\partial x^2} - \dot{m} C_p \frac{\partial T}{\partial x} + u q_x = 0 \qquad (6-63)$$

式中　$\dot{m}$——火药质量燃速。

化学反应放热又与温度有关，故使方程式的求解变得很困难，然而这一反应放热过程的活化能很大，所以 $u q_x$ 的影响与邻近混合相区较高的温度相比，其影响很小，因此可以假设在燃烧的表面区内忽略凝聚相的反应热效应，使 $u q_x \cong 0$，而维持稳定燃烧所需的热量来自混合区向表面区的传热。把基本方程式（6-63）改写成

$$\lambda \frac{\partial^2 T}{\partial x^2} = \dot{m} C_p \frac{\partial T}{\partial x} \tag{6-64}$$

式中，$\dot{m}$、λ、C_p 均为常数，则可将式(6-64) 改写成

$$d\left(\frac{dT}{dx}\right) = \frac{\dot{m} C_p}{\lambda} dT \tag{6-65}$$

对式(6-65) 一次积分得

$$\frac{dT}{dx} = \frac{\dot{m} C_p}{\lambda}(T - T_0) \tag{6-66}$$

移项得

$$\frac{dT}{T - T_0} = \frac{\dot{m} C_p}{\lambda} dx \tag{6-67}$$

对式(6-67) 积分得

$$\int_T^{T_0} \frac{1}{T - T_0} dT = \frac{\dot{m} C_p}{\lambda} \int_{-x}^0 dx$$

$$\ln \frac{T - T_0}{T_s - T_0} = -\frac{\dot{m} C_p}{\lambda} x \tag{6-68}$$

或

$$T - T_0 = (T_s - T_0) e^{-\frac{\dot{m} C_p}{\lambda} x} \tag{6-69}$$

式中　T_0——火药的初温，K；

　　　T_s——火药燃烧的表面温度，K；

　　　$\dot{m}$——火药稳定燃烧的质量燃速。

由于 $\lambda/(\rho C_p) = \alpha$ 为火药热扩散系数，代入式(6-69) 得

$$T - T_0 = (T_s - T_0) e^{-\frac{r}{\alpha} x} \tag{6-70}$$

式(6-70) 就是火药稳定燃烧时固相表面区的温度分布公式。

应用式(6-70)，可以推导出点燃火药单位面积所需的极限热量，其表达式为

$$q = \frac{\lambda}{r}(T_s - T_0) \tag{6-71}$$

利用式(6-71) 还可以作出燃烧过程中药体内部的温度分布图。

设某一制式双基火药基础性能参数为

$\rho = 1.6 \text{kg/L}$；

$C_p = 1.4644 \text{J/(g·K)}$；

$\lambda = 2.092 \times 10^{-3} \text{J/(cm·s·K)}$；

$T_0 = 25℃$；

$T_s = 300℃$。

通过计算可以得出不同燃速的固相表面区的 T 和 x 关系，见图 6-9。

通过计算，双基火药的燃烧表面温度为 330℃±45℃，单基火药为 252℃±48℃。

由图 6-9 可知，火药燃烧过程的表面区是很薄的一层。火药燃速愈低，药体厚度愈大些，固相反应起的作用就大。它说明火药燃烧的压力越低，固相反应的作用愈重要。

实际工作中对火药表面温度的测量和计算时发现，含催化剂双基火药燃烧表面的温度比不含催化剂双基火药燃烧表面的温度高，但是这两种火药在燃烧表面上释放的热量却基本相

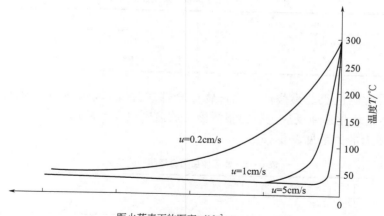

图 6-9　固相表面反应区温度分布曲线

等。这就说明了催化剂虽然改变了凝聚相的反应历程，但是不影响它的总放热量，并认为在低压下火药的燃速主要取决于燃烧表面上的化学反应；而在高压下，混合相区的温度梯度增大，火药燃速主要取决于混合相区对燃烧表面的传热。还从气相火焰的结构中发现，含催化剂的双基火药从燃烧表面向气相区发射出的许多微粒与催化剂的性质有关，即含不同催化剂的火药发射出的微粒子性质不同，因此得出催化剂的催化作用首先在燃烧表面及凝聚相反应区的结论。

（3）混合相区　当火药分解的气体产物从凝聚相反应区中逸出时，发出一种嘶嘶的响声，从而又把混合相区叫作嘶嘶区。在分解气体逸出过程中，将不可避免地从凝聚相带出一些固态或液态微粒，它们在该区中将继续熔化、蒸发、分解，因此又把混合相区称为汽化区。本区有物理变化，但主要还是化学反应，其化学反应分为异相反应和均相反应。

异相化学反应主要是 NO_2 与固、液相微粒的反应，如

$$NO_2 + R—CHO \longrightarrow NO + C\text{-}H\text{-}O \text{组分}$$

$$\begin{bmatrix} HCHO \\ CH_3CHO \\ HCOOH \end{bmatrix} \qquad \begin{bmatrix} CO、CO_2 \\ CH_4、H_2O \\ H_2\cdots \end{bmatrix}$$

均相化学反应，如

$$NO_2 + H_2 \longrightarrow NO + H_2O$$
$$NO_2 + CO \longrightarrow NO + CO_2$$

以及微量化学反应，如

$$NO + CO \longrightarrow \frac{1}{2}NO + CO_2$$

在正常情况下，此区的凝聚态物质已经完全汽化。这些化学反应都是放热反应，构成混合相区较大的温度梯度。本区温度可以达到 $700 \sim 1000$℃，反应放出的热量约占火药总放热量的 40％。混合相区厚度与燃烧压力的关系见表 6-14。

混合相区的反应生成物主要是 NO、H_2 和 CO，当压力很低时，火药的燃烧可能在混合相区中结束。

表 6-14　混合相区厚度与燃烧压力的关系

压力/atm	厚度/mm
10	0.02
100	0.002

（4）暗区　在暗区火药燃烧的中间产物已全部成为气态，因为本区温度不够高，所以NO与其他气体的氧化还原反应进行得很缓慢，放热也很少，形成不发光的较厚的暗区。暗区厚度与燃烧压力的关系见表 6-15。

表 6-15　暗区厚度与燃烧压力的关系

压力/atm	8	35	100	3000
厚度/mm	20	1	0.2	0.002

一般情况下，维持暗区化学反应所需要的热量来源于高温的火焰区，其反应速度取决于温度、压力和有无燃烧催化剂。如果燃烧压力很低，暗区厚度增大，其散热量也相应增多，导致该区温度下降，燃烧反应会在本区结束。当燃烧压力足够高时，化学反应速度加快，暗区厚度减小，从高温火焰区传入的热量增多，可能使化学反应进入火焰光亮区。

在火药加入燃速催化剂时，可使 NO 还原为 N_2 的反应速度加快，同时也使暗区的厚度变薄。降低火药完全燃烧的临界压力，有利于化学反应的继续进行。催化剂对火药燃烧的暗区厚度和临界压力的影响，见表 6-16 和表 6-17。

表 6-16　催化剂对火药燃烧暗区厚度的影响

燃烧压力/atm	8	10	15	20	25	30	40
未加催化剂暗区厚/mm	20	12	7	4	2.5	1.5	0.7
加入1%PbO暗区厚/mm	5	4	3	2	1.5	1.3	0.7

表 6-17　催化剂对火药燃烧临界压力的影响

催化剂含量1%	无催化剂	碳酸钙	氧化镁	氧化铅	铅
临界压力/atm	96	82	74	60	80

从表 6-16 可以看出，随着燃烧压力提高燃烧催化剂对暗区厚度的影响逐步减小；从表6-17 的结果可以看出，几种催化剂对临界压力降低有一定效果。

（5）火焰反应区　火焰反应区即燃气发光部分，它是燃烧反应的最后阶段。由于该区燃烧反应剧烈，并放出最后的全部热量（约 50%），达到燃烧的最高温度 T_V/K（或 T_p/K）。火焰区剧烈氧化还原反应式为

$$2NO+CO+2H_2 \longrightarrow N_2+CO_2+H_2O+H_2$$

同样燃烧压力愈高，火焰反应区至燃烧表面的距离愈近。

对上述讨论还应指出：

① 真实的燃烧过程中各反应区不能截然分开，它们之间是互相渗透的；

② 初始温度、压力和组分等直接影响着火药燃烧各阶段的反应程度；

③ 燃烧过程的各反应阶段的厚度、燃烧产物、温度都可用现代仪器测出结果；

④ 多阶段燃烧模型以气相反应为主。

到目前为止，火药燃烧过程的一些现象还不能圆满解释，有待进一步完善。

6.1.6.2 高氯酸铵复合火药稳定燃烧模型

高氯酸铵复合火药是多组分混合体，每一个组分的热分解性质都会影响整个火药的燃烧过程。目前对高氯酸铵热分解性质有了比较统一的认识。黏合剂的性质、含量和类型对火药燃烧特性也有一定的影响。含铝粉的火药，通常认为铝在燃烧表面熔化，一般不能在燃烧表面或燃烧表面附近的气相中点火，而是在较远处的火焰区燃烧。因此铝粉的存在基本上不影响火药燃烧模型，而影响火药的燃烧效率，所以在讨论复合火药稳定燃烧模型时，忽略了铝粉的影响。典型的复合火药结构如图 6-10 所示。

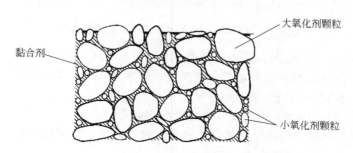

图 6-10　复合火药的结构示意图

由于氧化剂和黏合剂的热分解温度及分解速度的不同，而产生两者表面平均温度的差异，这就是构成复合火药燃烧的两温区概念的基础。在火药燃烧过程中，分解速度较慢的组分就会凸出在分解速度较快组分的燃烧表面上，分解慢的组分又处于温度较高的区域，而使其分解速度加快；分解快的组分凹陷在处于温度稍低的区域，而使其分解速度缓慢下来，因此火药组分的分解速度趋于稳定的近似平行层燃烧。

自 20 世纪 50 年代以来，许多学者在实验的基础上对复合火药燃烧提出了许多模型，归纳起来大致分为两类：一类是气相型稳定燃烧模型；另一类是凝聚相型稳定燃烧模型。

（1）气相型稳定燃烧模型　气相型稳定燃烧模型认为维持火药燃烧所需要的热量全部由燃烧表面附近的气相放热化学反应供给。

在人们对高氯酸铵及其复合推进剂大量实验和理论研究的基础上，M. 萨默菲尔德于 1956 年提出，又于 1969 年做了某些补充修改的粒状扩散模型和燃速理论表达式。它具有气相型稳定燃烧模型的代表性。

① 粒状扩散火焰模型的基本假设

a. 由于黏合剂和氧化剂在汽化之前均不熔化，因此火药燃烧表面是干燥的，黏合剂热裂解和氧化剂升华、分解为蒸气，而且直接从固体中逸出，并忽略在固相中发生的化学反应；

b. 黏合剂和氧化剂的蒸气以一定质量气粒形式逸出后燃烧，气粒通过火焰区逐渐消失，其消失速度受扩散混合速度和化学反应速度所控制，同时以相应的速度放出燃烧热，所以称这种类型的火焰为"粒状扩散火焰"；

c. 火焰放出的热量，一部分以热传导的方式传给裸露的药体表面，使燃烧持续进行，它忽略辐射传热；

d. 燃烧火焰是一维的，而且火焰不接触药体燃烧表面；

e. 火焰厚度受压力影响，高压时 $NH_3/HClO_4$ 的火焰区厚度很薄，可以忽略，低压时其火焰区厚度不能忽略。

根据这些假设，M. 萨默菲尔德把高氯酸铵复合火药的燃烧过程分为三个阶段，如

图 6-11 所示。

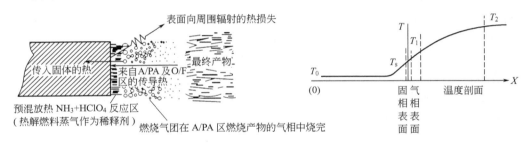

图 6-11　高氯酸铵复合火药粒状扩散火焰模型

从图 6-11 中看出，在火药表面上进行固相变为气相的放热分解反应；燃烧表面附近的气相进行着 $NH_3/HClO_4$ 预混合的放热化学反应，热解燃料气体作为稀释剂；黏合剂热解气体与氧化剂分解气体产物进行着放热化学反应。

图中　A/PA——$NH_3/HClO_4$ 预混合放热化学反应的简称；

　　　O/F——为燃料"气粒"和氧化剂分解物扩散混合反应的简称；

　　　T_0——火药初始温度，K；

　　　T_s——火药表面温度，K；

　　　T_1——放热的 A/PA 阶段的火焰温度，K；

　　　T_2——燃烧产物的最终温度，K。

燃烧过程的三阶段具体内容为：

第一阶段，热分解区，该区域的热量由气相的 A/PA 和 O/F 区通过热传导传来，传来的热量一部分传给药柱，使药柱内部的温度升高，一部分消耗于黏合剂热裂解和氧化剂分解成 NH_3 与 $HClO_4$ 蒸气，以及由热辐射造成的损失。

第二阶段，A/PA 预混合放热化学反应区，NH_3 与 $HClO_4$ 在气相中进行热化学反应而形成预混火焰，此反应发生在厚度很薄的预混合的气相中，而不是发生在固相表面。黏合剂的蒸气此时为 NH_3 和 $HClO_4$ 预混合气体的稀释剂，而不参加氧化剂的化学反应。预混合火焰的放热反应速度主要受 NH_3 和 $HClO_4$ 二级化学反应速度控制。

第三阶段，O/F 气相反应区，A/PA 反应产物和燃料分解产物在进入该反应区之前是未混合的反应物，O/F 的放热化学反应是一种扩散混合的化学反应，构成扩散火焰。在形成扩散火焰的过程中，热裂解燃料气粒周围被氧化剂 A/PA 的反应产物包围，从分解吸热的区域向 O/F 区域不断逸出，该阶段的化学反应速度与压力成正比，而扩散混合速度与压力成反比。当化学反应速度大于扩散混合速度时，该区则受扩散混合速度控制。

在上述三个阶段的反应中，黏合剂热解气体与氧化剂分解气体间的扩散混合和化学反应是整个火药燃烧过程的控制步骤。

② 燃速理论表达式　根据上述模型，由能量守恒得出燃烧过程的基本方程式

$$\dot{m}[C_s(T_s-T_0)-Q_s]=\lambda_g\frac{T_2-T_s}{L} \tag{6-72}$$

式中　$\dot{m}$——火药质量燃速；

　　　C_s——火药的比热（氧化剂和黏合剂的比热平均值）；

　　　T_s——燃烧表面温度，K；

　　　T_0——火药初始温度，K；

　　　T_2——燃烧产物的最终温度，K；

λ_{g}——由火焰到燃烧表面的气体平均热传导系数；

L——火焰厚度；

Q_{s}——火药汽化所放出的净热量，kJ/kg。

Q_{s} 对黏合剂可能是负值，对氧化剂高氯酸铵则为 $+1071\mathrm{kJ/kg}$，而两者的平均值至少是 $+418.4\mathrm{kJ/kg}$，虽然 Q_{s} 较 $C_{\mathrm{s}}(T_{\mathrm{s}}-T_0)$ 项小，但不能忽略。

方程式(6-72)中，两个主要未知量是 L 和 $\dot{m}$。在求解 L 时采用低压和高压的两种极端情况处理。在低压下，气相分子的扩散速度比氧化作用的化学反应速度大得多，因此火药的燃速由化学反应速度控制；在高压下，气相化学反应速度比扩散速度快得多，因此燃速由气相扩散速度控制。

在低压情况下，预混火焰可以简单地看作速度为 V 的一种气流，其表达式为

$$V=\frac{\dot{m}}{\rho_{\mathrm{g}}} \tag{6-73}$$

式中　$\dot{m}$——低压下质量燃速，$\mathrm{g/(cm^2 \cdot s)}$；

ρ_{g}——低压下气流密度，kg/L。

设整个化学反应时间为 t_{ch}，则低压下火焰厚度为

$$L_1=Vt_{\mathrm{ch}}=\frac{\dot{m}}{\rho_{\mathrm{g}}}t_{\mathrm{ch}} \tag{6-74}$$

若低压下的平均反应速度以 $(\mathrm{d}\epsilon/\mathrm{d}t)_{\mathrm{av}}$ 表示，式中 ϵ 为单位时间内已反应的气体体积分数，则上述公式可以写成

$$L_1=\frac{\dot{m}_1}{\rho_{\mathrm{g}}}\frac{1}{(\mathrm{d}\epsilon/\mathrm{d}t)_{\mathrm{av}}} \tag{6-75}$$

假设此化学反应为二级反应，根据反应的反应速度公式和阿伦尼乌斯公式的关系式为

$$\left(\frac{\mathrm{d}\epsilon}{\mathrm{d}t}\right)_{\mathrm{av}}=K(1-\epsilon)^2 \tag{6-76}$$

$$K=A\,\mathrm{e}^{-\frac{E}{RT}} \tag{6-77}$$

整理后得

$$L_1=\frac{\dot{m}_1}{\rho_{\mathrm{g}}}\frac{1}{K(1-\epsilon)^2} \tag{6-78}$$

如果把反应速度由体积变化百分数改用单位体积内质量变化百分数来表示，则需乘以气体的密度 ρ_{g}，其表达式为

$$L_1=\frac{\dot{m}_1}{\rho_{\mathrm{g}}}\frac{1}{\rho_{\mathrm{g}}K(1-\epsilon)^2} \tag{6-79}$$

因为低压下反应速度很小，ϵ 可以忽略不计，上式则为

$$L_1=\frac{\dot{m}_1}{\rho_{\mathrm{g}}^2 K} \tag{6-80}$$

把式(6-80)代入基本方程式(6-72)得

$$\dot{m}_1=\rho_{\mathrm{g}}\left[\frac{\lambda(T_2-T_{\mathrm{s}})A\,\mathrm{e}^{-\frac{E}{RT}}}{C_{\mathrm{s}}(T_{\mathrm{s}}-T_0)-Q_{\mathrm{s}}}\right]^{\frac{1}{2}} \tag{6-81}$$

或

$$r = \left[\frac{\lambda (T_2 - T_s) A \mathrm{e}^{-\frac{E}{RT}}}{C_s (T_s - T_0) - Q_s} \right]^{\frac{1}{2}} \tag{6-82}$$

再把式（6-82）代入式（6-78）整理得

$$L_1 = \frac{1}{\rho_g} \left\{ \frac{\lambda (T_2 - T_s)}{[C_s (T_s - T_0) - Q_s] A \mathrm{e}^{-\frac{E}{RT}}} \right\}^{\frac{1}{2}} \tag{6-83}$$

在高压情况下，根据前面的假设，火药燃烧表面产生质量为 μ、直径为 d 的气粒，而且这些气粒的质量与压力无关，表达式为

$$\mu \cong \rho d^3 = \frac{p}{RT} d^3 \tag{6-84}$$

由于高压下的气粒存在时间取决于气体向周围火焰的扩散速度，以 D 表示燃气分子的扩散系数，则有

$$\tau \cong \frac{d^2}{D} \tag{6-85}$$

式中，τ 为分子的扩散时间。火焰厚度为 L_2，可由下式求出：

$$L_2 = \frac{\dot{m}_2}{\rho} \tau = \frac{\dot{m}_2}{\rho} \frac{d^2}{D} = \frac{1}{D} \left(\frac{\mu RT}{P} \right)^{\frac{2}{3}} = \frac{\dot{m}_2}{\rho^{\frac{5}{3}}} \frac{\mu^{\frac{2}{3}}}{D} \tag{6-86}$$

式中　$\dot{m}_2$——高压下火药质量燃速。

把式（6-86）代入方程式（6-81），则得高压下的质量燃速 $\dot{m}_2$，

$$\dot{m}_2 = \frac{\rho^{\frac{5}{3}}}{\mu^{\frac{1}{3}}} \left[\frac{\lambda D (T_2 - T_s)}{C_s (T_s - T_0) - Q_s} \right]^{\frac{1}{2}} \tag{6-87}$$

或

$$\dot{m}_2 = \frac{\rho}{\mu^{\frac{1}{3}} \rho^{\frac{1}{5}}} \left[\frac{\lambda D (T_2 - T_s)}{C_s (T_s - T_0) - Q_s} \right]^{\frac{1}{2}} \tag{6-88}$$

把 $\dot{m}_2$ 式代入式（6-86）得

$$L_2 = \frac{\mu^{\frac{1}{3}}}{\rho^{\frac{5}{6}}} \left\{ \frac{\lambda (T_2 - T_0)}{D_s [(T_s - T_0) - Q_s]} \right\}^{\frac{1}{2}} \tag{6-89}$$

上面已求得在高、低压下两种极端情况的火焰厚度 L_1 和 L_2。但是对中等压力情况下的火焰厚度与压力有关，在这种情况下的火焰厚度一部分是由化学反应速度控制的 L_1，而另一部分是由扩散混合速度控制的 L_2，因此得出中等压力下的火焰厚度 L 为

$$L = L_1 + L_2 \tag{6-90}$$

为了推导过程的简化，令 $G = C_s (T_s - T_0)$。整理后公式前项分子和分母同乘以燃烧时的压力 p，把后项分子和分母同乘以 $p^{\frac{1}{3}} p^{\frac{1}{2}}$，$p_1$ 为大气压力，因此得

$$\frac{1}{r} = \frac{p}{p} \left[\frac{G}{\lambda (T_2 - T_s) K} \right]^{\frac{1}{2}} + \frac{p^{\frac{1}{3}} p_1^{\frac{1}{2}} \mu^{\frac{1}{3}} \rho^{\frac{1}{6}}}{p^{\frac{1}{3}} p_1^{\frac{1}{2}}} \left[\frac{G}{\lambda (T_2 - T_s) D} \right]^{\frac{1}{2}} \tag{6-91}$$

利用理想气体状态方程及 $\rho_s \cong \rho_g$，则得

$$p \overline{V} = rT$$

$$p = \frac{RT}{\overline{V}} = \frac{RT}{M} \rho \tag{6-92}$$

式中，M 为气体摩尔质量；R 为气体常数。

把式(6-92)代入式(6-91)

$$\frac{1}{r} = \frac{1}{p}\frac{RT\rho}{M}\left[\frac{G}{\lambda(T_2-T_s)K}\right]^{\frac{1}{2}} + \left(\frac{\mu}{p}\right)^{\frac{1}{3}}\rho\frac{1}{p^{\frac{1}{2}}}\left(\frac{RT}{M}\right)^{\frac{5}{6}}\left[\frac{G}{\lambda(T_2-T_s)Dp_1}\right]^{\frac{1}{2}} \quad (6\text{-}93)$$

令

$$a = \frac{RT\rho}{M}\left\{\frac{C_s[(T_s-T_0)-Q_s]}{\lambda(T_2-T_s)Ae^{-\frac{E}{RT}}}\right\}^{\frac{1}{2}}$$

$$b = \mu^{\frac{1}{3}}\rho\frac{1}{p^{\frac{1}{2}}}\left(\frac{RT}{M}\right)^{\frac{5}{6}}\left\{\frac{C_s[(T_s-T_0)-Q_s]}{\lambda(T_2-T_s)Dp_1}\right\}^{\frac{1}{2}}$$

所以

$$\frac{1}{r} = \frac{a}{p} + \frac{b}{p^{\frac{1}{3}}} \quad (6\text{-}94)$$

此方程式即为萨默菲尔德燃速理论方程式。a 称为反应时间参数，它反比于二级反应速度；b 称为扩散时间参数，它与气粒质量 μ 有关。

方程式(6-94)适用的压力范围为

中等压力（1～100atm） $\qquad \frac{1}{r} = \frac{a}{p} + \frac{b}{p^{\frac{1}{3}}}$

高压（>100atm） $\qquad \frac{1}{r} = \frac{1}{p^{\frac{1}{3}}}$

低压（<1atm） $\qquad \frac{1}{r} = \frac{a}{p}$

将方程式(6-94)可改写成

$$\frac{p}{r} = a + bp^{\frac{2}{3}} \quad (6\text{-}95)$$

通过燃速和压力 p 的实验值，按 $p/r\text{-}p^{\frac{2}{3}}$ 作图得一直线，在 p/r 轴上的截距为反应时间参数 a，直线的斜率为 b。

萨默菲尔德燃速方程对高氯酸铵复合火药压力范围为 1～100atm 时，它与实验结果相当符合，并能解释影响燃速的许多因素。从 a、b 两个参数表达式中看出，当装药初温 T_0 增加时，则 a、b 减少，燃速 r 增大；氧化剂颗粒尺寸大小对燃速的影响，可以由热解气粒尺寸 μ 通过参数 b 来体现。由参数 b 的表达式看出，当 μ 增大，b 值增大，而燃速 r 减小。催化剂对燃速的影响，如亚铬酸铜会对高氯酸铵的热分解产生催化作用，使火药燃烧表面 T_0 降低，参数 a、b 值减小的结果是燃速提高。

粒状扩散火焰模型还能解释一些其他现象，其理论燃速表达式已被广大学者接受。但是一些实验发现高氯酸铵复合火药的燃烧表面并非是干燥的，而存在高氯酸铵和黏合剂的熔化液，所以萨默菲尔德理论模型仍需进一步研究。

（2）凝聚相型稳定燃烧模型　凝聚相型稳定燃烧模型认为气相放热反应发生在离燃烧表面一定距离的气相区，燃烧表面层的凝聚相分解反应所需的热量，一部分由气相反应供给，一部分由凝聚相本身放热反应供给或者全部由凝聚相放热反应供给。凝聚相稳定燃烧模型发展的比较晚些，模型也更加符合实际，但是在理论或实验上仍不如气相型稳定燃烧模型成熟。

多火焰燃烧模型是一种有代表性的凝聚相稳定燃烧模型。该模型是建立在应用现代仪器实验基础上，并采用数学统计方法，由 M. W. Beckstead 于 1970 年提出。多火焰燃烧模型的基本特点包括：

① 复合火药燃烧表面向药体内部进行传热，使其氧化剂和黏合剂预热。

② 火药表面层上进行着氧化剂和黏合剂吸热的初始分解，而这些产物仍然被吸附在燃烧表面上，并进行着凝聚相放热反应，两者为净放热过程。

③ 这些分解产物由燃烧表面进入气相，在气相中扩散混合并进行化学反应。

④ 气相反应速度与压力有关，压力越高，化学反应速度越快，反应完成的时间越短；在低压下或氧化剂粒子较小时，氧化剂与黏合剂的分解产物在气相反应之前就已完全混合，火药以预混火焰方式燃烧；在高压下或氧化剂粒子较大时，由于反应时间短，在气相反应之前仅有一部分氧化剂的分解产物混合，火药以扩散火焰方式燃烧。

根据上述特点，M. W. Beckstead 提出单个氧化剂晶粒周围的火焰区由三种火焰构成，如图 6-12 所示。

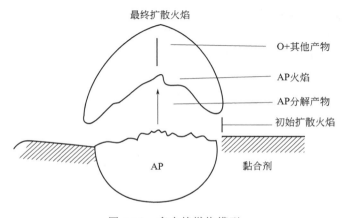

图 6-12　多火焰燃烧模型

① 初始扩散火焰　它是氧化剂分解产物与黏合剂热解产物之间的化学反应火焰，其反应可以认为

$$\underset{\text{（燃料热解产物）}}{CH_2 、 CH_4 、 C \ 等} + \underset{\text{（AP 热解产物）}}{HClO_4} \longrightarrow \quad 燃烧产物$$

② 高氯酸铵火焰　它是氧化剂热分解产物 NH_3 和 $HClO_4$ 之间的化学反应火焰，为预混火焰，其反应式可认为

$$NH_3 + HClO_4 \longrightarrow 惰性产物 + 氧化物$$

③ 最终扩散火焰　它是富氧气体和富燃气体产物之间的二次扩散火焰，其反应与初始扩散火焰中发生的反应相同。

多火焰燃烧模型的主要结论是：

① 复合火药的高氯酸铵晶粒上方的火焰结构是复杂的，不可忽略扩散火焰的影响；

② 在所有压力下，复合火药燃烧表面上的黏合剂处于熔化状态，在很高的压力下，黏合剂熔化液会进入凹在表面下的高氯酸铵晶粒上，可能阻止氧化剂分解使燃烧中止，此压力称为高爆燃压力限；

③ 在所有压力下，复合火药燃烧表层上的氧化剂晶粒表面有一薄层熔化液，在其熔化层内进行着凝聚相化学反应；

④ 火药整个燃烧过程受氧化剂分解反应速度控制。

多火焰燃烧模型较以前所有的模型完善，其突出点是考虑了燃烧表面的微观结构和凝聚相放热反应的重要性，但也有它的不足之处，如理论燃速仍然采用一维模型，导出的燃速公式同样只能用作定性计算等。

1970 年以后有的学者提出高氯酸铵的爆燃模型，指出了气相反应与凝聚相反应的相对重要性，并强调凝聚相反应在高氯酸铵复合火药燃烧中起主导作用，如在 20～100atm 下燃烧时凝聚相反应放出的热量约为火药总热量的 70%。

6.1.7 火药的不稳定燃烧

火药在枪炮膛内或发动机燃烧室的燃烧过程中，应该把贮存的化学能全都释放出来，而其燃速不随时间而变化，但是在某些情况下火药并不都是稳定燃烧，而是存在不稳定燃烧现象。

实验证明，在某些条件下，火药的燃烧可能出现压力的振荡或突升、无焰燃烧或断续燃烧等，把这些现象统称为火药的不稳定燃烧。究其原因可能起源于火药燃烧本身，或起源于燃烧室内声波的相互作用，因此可把不稳定燃烧分为两类：一类是由声振作用引起燃烧室压力的波动，导致火药燃速的不规则变化，如振荡燃烧等，把它称作声振不稳定燃烧；另一类是燃烧反应不完全，火药贮存的能量没有全部释放出来，或因点火及发动机装药条件不良引起的，如产生断续（喘气）燃烧等，把这种燃烧称作非声振不稳定燃烧。

6.1.7.1 声振不稳定燃烧

长期以来把充满发动机的火药燃气与燃烧室内腔视作一个可以产生声振的系统，把声振燃烧认为是火药燃烧压力与燃烧室声振压力相互作用的结果。因火药燃烧表面偶然引起小的介质扰动，使燃烧室局部压力可能产生振荡，其振荡频率范围为 $1～5×10^5$ Hz，振频的高低视不稳定燃烧类型而定。

（1）低频振荡　频率大约小于 500Hz，振幅大小一般在 0～50% 的平衡压力范围变化，它很少会严重到使发动机损坏的程度，但是它将引起推力的很大变化，从而使很多类型的火箭不能成功地完成任务。低频振荡燃烧的频率范围又相当于很多火箭系统的自然频率，可能因激发而引起局部振荡，严重时它会损坏整个机械系统。但是在空间应用中，又要利用低压燃烧室的优越性，而在低压下又容易产生低频振荡，因此研究这个问题就显得很重要。不过低频振幅的声振燃烧对某些发动机可能影响不大，有时是可以允许的。

（2）高频振荡　在发动机中其声频有可能同其他不稳定频率重合，使燃烧压力出现反常的突升，压力峰值往往高于燃烧室正常压力的一倍或更多些，这种声振不稳定燃烧，也常称为"二次压力峰"或共振燃烧。共振燃烧的直接原因是压力振荡使火药燃速增加，燃气生成量增大，导致燃烧压力突升。显然，因药柱破裂或气孔使火药燃烧面扩大引起的压力升高不在声振之列，属非声振不稳定燃烧。

高频声振往往有下列一些特点：①在低压下燃烧比较容易出现；②有时压力上升得比较突然，压力逐渐升高的过程不明显；③压力上升后，经过一段时间往往可以下降，下降后的压力重新稳定在正常压力附近；④难以得到重复性实验。

一般把固体火箭发动机看成一个声振荡器，这种声振荡器的能源是在火药燃烧表面由化学反应放热、燃烧产物流动等而转换为声能的。其振型可分为径向振荡、切向振荡和轴向振荡等，任何声振不稳定燃烧的形成和发展都取决于发动机内声能的增益和损失两者平衡关系，如果声振的声能增益速率大于声能损失速率，振荡就可能逐渐发展，振幅则不断放大。

由微弱的扰动发展到振幅较大的压力变化，这种压力变化又引起火药燃烧的不稳定，最后导致燃烧压力的突升。如果声振的声能增益小于声能损失速率，振幅就不会放大，也不会出现声振的不稳定燃烧。

抑制声振不稳定性的主要途径是增大阻尼作用来减小声波反射，常见的方法有把细而长的发动机改为短而粗的、加长喷管的收敛段，并把它作成凸形、消除燃烧室装药的后端空间，在燃烧室内壁覆上涂层、火药中嵌入金属丝、药柱上钻径向孔或火药组分中加入金属粉、金属氧化物及各种盐类物质等，这些都是抑制声能增益的有效措施。

6.1.7.2 非声振不稳定燃烧

常把非声振引起的不稳定燃烧称为不完全燃烧，这里把不是因声振作用所引起的燃速不规则变化的燃烧，统称为非声振不稳定燃烧。非声振不稳定燃烧的特征是燃烧化学反应不能最终完成，出现断续燃烧或熄灭。

（1）断续燃烧　断续燃烧是发动机实验中最早观察到的不稳定燃烧形式之一，又称"喘气"燃烧。出现断续燃烧的主要原因是发动机装药设计和点火设计不良，火药未能建立起所需的加热层，在火药被点燃时压力上升，由于燃烧表面传热减少，使火药加热层变薄，当加热层烧完后，燃烧室压力降低，火药熄灭；这时火药的燃烧表面仍保持着较高的温度。燃烧室壁也可能传来部分热量，火药燃面温度重新升高，固相反应加速达到自行点燃；当火药表面层又被烧掉后，压力可能又下降，如此反复若干次，"喘气"次数将随燃烧压力的升高而减少。这种现象主要发生在燃烧室压力低于 35atm 的燃烧，它不是某一类型火药所特有的。在双基、复合双基、聚氨酯复合火药发动机实验中都曾出现过断续燃烧。

（2）不完全燃烧　单基或双基火药出现不完全燃烧是氧化氮未全部还原成 N_2，在低温低压下氧化还原的放热反应进行得很缓慢，甚至不发生化学反应；燃烧产物中的 NO 愈多，火药爆热也就愈小。

为了使火药完全燃烧，必须保证火药燃烧时的压力大于某个最小的压力，把该最小压力称为火药完全燃烧的临界压力。

临界压力的大小是由火药性质决定的，普通双基推进剂的临界压力为 40～60atm，复合推进剂的临界压力为 10～20atm（20℃），特殊的复合推进剂临界压力可能还要低些。表 6-18、表 6-19 列出了火药性质对临界压力的影响。

表 6-18　双基火药爆热对临界压力的影响

爆热/(kJ/kg)	临界压力/atm
5146.3	20
4853.4	25
4184.0	30
3640.1	40

表 6-19　催化剂种类对"H"型双基火药临界压力的影响

催化剂种类	临界压力/atm
碳酸钙	96
铅	82
氧化镁	74
氧化铅	60
苯二甲酸铅	55

某些火药稳定燃烧的爆热和临界压力，见表 6-20 和表 6-21。

表 6-20　典型双基火药的临界压力（$T_0 = 20℃$）

火药名称	双石-2	双芳镁-1	双铅-1	双钴-1	171-25
初温/℃	20	20	−50	−40	−40
临界压力/atm	55.6	47	44	40	40
爆热/(kJ/kg)	3598.2	3681.9	3573.1	3606.6	5160.5

表 6-21　典型复合火药的临界压力（$T_0 = 20℃$）

火药名称	PS(乙基)	PS(丁基)	醇醛树脂	HTPB
临界压力/atm	<10	<10	<13	<10
爆热/(kJ/kg)	5021～5523	4812～5439	5188～5272	5523～6569

火药的临界压力与发动机装药的通气参量大小有关，一般情况下通气参量小，稳定燃烧临界压力也低些，见表 6-22。

表 6-22　"H"型双基火药临界压力与通气参量的关系

通气参量	175	145	120	70	40
临界压力/atm	64	62	54	58	48

由上述各表中可以看出，火药的临界压力受其爆热、催化剂和发动机通气参量的影响。爆热高，临界压力低，火药组分中加入催化剂可降低临界压力，对相同组成的火药还会受到工作条件和发动机结构的影响。因此，在武器中为保证火药的稳定燃烧，使其具有良好的弹道特性，在设计火箭发动机装药时，必须使火药燃烧压力在临界压力以上，从而使火药燃烧反应完全。在新火药研制时，要考虑降低火药燃烧的临界压力，又能满足发动机工作状态的稳定性。

6.1.7.3　火药的反常燃烧

反常燃烧主要指在武器射击过程中因药柱破裂、多气孔等原因，引起火药燃烧面突然增大的压力反常。

（1）身管武器的压力反常　在加农炮和迫击炮射击时，曾出现过膛压反常升高，结果造成膛胀、膛炸、身管和炮闩及迫击炮弹尾管破坏等现象，长药室加农炮的装药放置不均匀也能造成点火压力波，使压力-时间曲线出现阶梯，导致弹丸初速跳动，这些压力反常是由多方面原因引起的，如：

a. 低温下火药变脆，在点火药气体冲击下火药破碎，其燃烧面突增，膛内产生反常高压；

b. 有理论认为在低温下火药点火药量不足的情况下，火药发生嘶嘶的无焰燃烧，燃烧反应停留在中间阶段，这些燃烧反应的中间产物积累到一定程度，就可能发生爆炸而导致膛压直线上升；

c. 当火药药粒较小而装填密度又比较大时，点火后不能均匀地全面点燃装药，同时因点火燃气通道小，在点火燃气压缩下，使火药变成一个相当紧密的整体，该装药整体及被压缩成凸形的紧塞具一起撞击弹底，使弹丸内炸药受到强烈撞击，若撞击力超过炸药起爆的临界压力时，则引起炸药爆炸；

d. 火药尺寸不合理，如管状或粒状药孔太小，燃烧时孔内气体不能及时排出而胀破药粒（管），导致燃烧面增大发生高压膛胀；

e. 药室长径比过大易产生压力波而造成压力反常。

（2）发动机燃烧室的压力反常 固体推进剂药柱的结构状态一般是密实的，燃速压力指数 n 应小于 1，燃速受压力的影响较发射药小，在正常条件下发动机不易发生爆炸，但是如果推进剂结构疏松、多气孔、药体裂纹严重及破碎，或者以上情况同时出现时，火药的燃烧面迅速扩大，燃气深入药体内部排除困难，引起压力反常突升，火药又随压力突升而燃速突增，最终可能导致爆炸。因此，对固体推进剂而言保持其结构完整性是防止武器压力反常的重要条件。

6.2
火药的力学性能

火药的力学性能是指火药受到各种载荷作用时，其本身所具有抵抗形变和破坏行为的能力。火药从生产到发射燃烧完为止，它经受着一系列力的作用，如固化时升温和降温以及环境温度变化所受到的热应力、自重、运输过程的振动撞击，发射时点火气体的冲击力、高温燃气的压力、弹体飞行的惯性力和高速旋转的离心力等。为了保持火药几何形状不发生严重的形变和破裂，这就要求火药在使用的温度范围内应具有良好的力学性能。

火药装药在不同的武器中，其受力情况也不一样，对火药力学性能要求也有区别。下面就火药力学性能的基本概念、火药装药受力分析、力学性能试验及影响火药力学性能的因素等内容进行讨论。

6.2.1 火药的主要力学性能参数

6.2.1.1 火药装药的受力分析

（1）火炮装药 火炮装药受力比较简单，单粒发射药在火炮射击时所受到的力主要是高压燃气的压力和点火时火药气体的冲击力。尤其是在较低温度时，点火比较困难，点火的不同时性比较严重，受到点火气体的冲击力也就比较大。对于粒状药，药粒之间、药粒与药筒壁之间受到冲击力时会发生碰撞。由于这些力的作用，当装药没有足够强度和抗形变能力时，则会发生过度变形甚至破裂。在膛内燃烧时，装药一旦破裂，燃面剧增导致膛压升高，弹道出现反常现象，还可能导致膛炸事故。

（2）自由装填的火箭发动机装药 对于自由装填的火箭发动机装药，以管形装药为例，受力情况如下：

① 装药 两端燃烧室内压力差所引起的应力，其大小与燃烧室压力大小、燃气速率以及装药尺寸等有关：

$$\sigma_1 = \Delta p S_T / F_g \tag{6-96}$$

式中 σ_1——轴向压应力；

Δp——压力差；

S_T——装药的端面积；

F_g——挡药板的支撑面积。

② 发动机工作时惯性力所引起的应力 火箭发动机在整个飞行主动段过程中始终存在着加速度，所以装药的惯性力也始终存在，并以作用在后挡药板上的惯性力为最大，故相应产生的压应力为

$$\sigma_2 = nW_p/F_g \tag{6-97}$$

式中　n——过载系数；

　　　W_p——药柱质量。

③ 燃烧室压力对装药产生的应力　它与燃烧室压力大小及装药尺寸有关。假定一种内外表面同时燃烧的药柱，其内表面所受的压力为 $p_内$，外表面所受的压力为 $p_外$，将装药当成厚壁圆筒处理，则根据弹性力学理论可知，此时装药所受力以切向应力为最大且发生在装药的内表面，其值为：

$$\sigma_t = \frac{p_内(b^2 + a^2) - 2p_外 b^2}{b^2 - a^2} \tag{6-98}$$

式中　b——药柱外半径；

　　　a——药柱内半径。

当内外压力平衡时，且等于燃烧室的平衡压力 p_c，则得

$$\sigma_t = p_c \tag{6-99}$$

高速旋转的火箭发动机装药，还受惯性离心力的作用。

$$F_c = W_p \omega^2 r/g \tag{6-100}$$

式中　F_c——离心力；

　　　W_p——装药质量；

　　　ω——装药旋转的角速度；

　　　r——装药偏离旋转中心的距离。

除了以上几种作用力外，装药还受到点火气体的冲击力、燃气对装药侧表面的摩擦力以及装药自重在后挡板上的压力等作用。

（3）壳体黏结的火箭发动机装药

① 温度载荷　温度载荷主要是指推进剂固化收缩及冷却过程所受的应力。推进剂药柱在固化期间，其体积发生收缩。如聚丁二烯推进剂体积收缩率一般为 0.002，而浇铸双基推进剂则高达 0.005。由于壳体与药柱黏结，收缩受到壳体的约束，会在药柱内引起应力和应变。推进剂药柱固化后，当它由固化温度冷却到环境温度时，由于壳体与推进剂热膨胀系数的差异，药柱的冷却收缩受到壳体的约束，从而在药柱内也会引起相当大的热应力和热应变。特别是在药柱内表面产生很大的拉伸应变，而在药柱与壳体的黏结面上产生很大的拉伸应力。前者会使药柱内表面发生裂纹，后者会引起药柱与壳体黏结面的脱黏。

推进剂固化引起的应力和应变无法直接计算，通常以一个等效温度降低来考虑。将已固化的发动机慢慢升温到固化温度以上时，测量药柱内孔尺寸随温度升高的变化，当其内孔尺寸恰好等于模芯尺寸时的温度被定义为"零应力-应变温度"，并以 T_1 表示。通常聚丁二烯推进剂的 T_1 比其固化温度约高 8.3℃，而双基推进剂比其固化温度约高 12.2℃。

温度载荷所引起的热应力和热应变与温度降有关，也与推进剂的膨胀系数有关。显然，自 T_1 一直降到最低温度时，所产生的热应力和热应变最大。双基药的热膨胀系数通常比复合火药的大，因而其热应力和应变也较大。

在生产、贮存、运输和机载飞行时环境温度的变化，也会在药柱内引起热应力和热应变。导弹高速飞行时表面的气动加热使壳体温度上升，也会在药柱内产生热应力和热应变。

② 贮存重力载荷和飞行加速度载荷　固体推进剂药柱在贮存和发射过程中，会产生轴向或径向加速度载荷。固体火箭发动机垂直贮存时，推进剂药柱受到自身重力作用，使药柱下沉变形，并与加速度载荷作用下的药柱下沉形变相叠加，使通气截面积变小，压力峰加剧。下沉特性由推进剂的蠕变特性所控制，并与发动机直径的平方成正比。

$$W(t)=rngb^2 P_{\mathrm{w}}^* /E(t) \tag{6-101}$$

$$u(t)=\rho ngb^2 P_{\mathrm{u}}^* /E(t) \tag{6-102}$$

式中 $W(t)$——轴向变形；

        $u(t)$——径向变形；

        ρ——推进剂密度；

        n——过载系数；

        g——重力加速度；

        b——药柱外半径；

        $E(t)$——药柱松弛模量；

  P_{u}^* 和 P_{w}^*——决定于药柱端部固定形式和药柱几何尺寸的常数。

轴向加速度还在推进剂与发动机壳体之间的黏结面上产生较大的剪切力

$$\bar{\tau}=nW_{\mathrm{p}}/A \tag{6-103}$$

式中 $\bar{\tau}$——平均剪切力；

        W_{p}——药柱质量；

        A——药柱与壳体的黏结面积。

③ 点火时的压力载荷   发动机点火时，药柱将承受燃气压力的作用，并且直到发动机熄火才停止负载的作用。在点火时数毫秒的瞬间内压力突然上升到约 7MPa，在药柱内以很高的速度产生径向压缩应变和轴向拉伸应变。最大应力和应变发生在内孔周边和点火的瞬间。

④ 动态载荷   在汽车和火车运输过程中，有频率为 5～300Hz 的振动载荷，机载时可能有 5～2500Hz 的振动载荷，也可能受到 5～30g 的撞击载荷。它们可能使药的内表面发生裂纹和脱黏，甚至由于振动的机械能被推进剂吸收而变为热能，使局部温度达到点燃温度而自燃。勤务处理时，不慎落地引起的撞击载荷也会造成药柱的破坏。

6.2.1.2   武器对火药力学性能的要求

火炮装药由于瞬时发射药粒受力时间短，一般认为受力比较简单，主要是高压燃气的压缩力和点火气体的冲击力，要求装药有比较高的强度和模量。目前制式单基火药和双基火药在一般情况下其力学性能均能满足要求。对于新的高膛压火炮装药，低温时火药强度往往不能满足要求。研制新火药时，必须考虑其机械强度。

固体推进剂的受力，实际上是多种载荷的联合作用。不同类型的火箭装药的受力情况差别较大，所以对火药力学性能的要求也是多方面的。如对火药的抗拉强度、抗压强度、抗冲击强度、弹性模量、延伸率等都有一定的要求，而且不同的火箭装药，要求的重点也不一样。

自由装填的发动机药柱的强度问题通常较小。由于在这种情况下，药柱所承受的主要是发射时的加速度过载和燃气压力，这些载荷所产生的应力通常是不大的；另外也由于自由装填发动机通常采用有较高抗压强度的双基药。但是，当推进剂模量太低时，药柱在高温也会发生较大的变形，使通气面积减小，尤其对于高装填系数的发动机会引起过高的初始压力峰；推进剂强度太低时，甚至点火压力冲击也会使药柱破裂。因此，自由装填式发动机要求推进剂具有较大的强度和模量，并且低温时不呈脆性，玻璃化温度较高。一般小型发动机采用自由装填式双基火药其强度是足够的。

壳体黏结式的大型发动机通常有较严重的药柱强度问题，特别是内孔形状较复杂的药柱更是如此。因此，对所用推进剂的力学性能提出了极为严格的要求。根据上述固体推进剂中主要载荷的作用情况，对壳体黏结式大型推进剂药柱的力学性能的基本要求包括：

① 要有比较大的延伸率 ε_m，即使在最低使用温度下（如 $-50\,^{\circ}\!C$），其 ε_m 值最好大于 30%。

② 为了保证在低温下有足够的延伸率，其玻璃化温度要尽可能低（低于 $-50\,^{\circ}\!C$）。

③ 与自由装填式推进剂药柱相比，这种药柱的抗拉强度 σ_m 可以低一些。$\sigma_m > 1\mathrm{MPa}$ 即可以保证在起飞时过载所引起的剪应力作用下，不至于使直径达 1.5m 的药柱与发动机壳体发生脱黏。在一般情况下，σ_m 满足要求之后，模量也能满足要求，可以保证在贮存期不致因重力而产生过大的下沉。

6.2.1.3　火药力学性能的特点

众所周知，在普通材料力学中，一种像低碳钢之类的金属材料，在拉伸试验时其应力-应变关系服从虎克定律，其表达式为

$$\sigma = E\varepsilon \tag{6-104}$$

式中　σ——单位横截面积所受的力，kPa；

ε——单位长度变化延伸率，%；

E——杨氏模量或称弹性模量。

金属材料的应力-应变关系如图 6-13 所示。

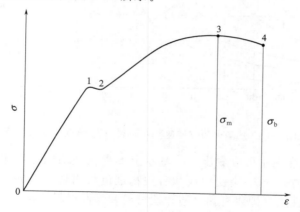

图 6-13　金属材料 σ-ε 关系

从图 6-13 普弹形变中可以看到这类金属材料在单向拉伸时的一些共同特点：

① 存在一个服从虎克定律的直线段（0—1）。在此直线段内，其形变的发生和恢复是瞬时的，不滞后于作用力所作用的时间。

② 在正常使用的温度范围内，改变作用力速率和试验温度时，对拉伸曲线的形状和物理量（E、σ 和 ε）没有影响，即拉伸特性与作用力速率和温度无关。

由于火药的黏合剂是大分子聚合物，它类似于塑料和橡胶制品，其单向拉伸试验结果如图 6-14～图 6-16 所示。

图中拉伸强度是指在拉伸试验时，试件承受的最大拉伸应力，称为最大拉伸强度 σ_m 或称为屈服拉伸强度；断裂拉伸强度 σ_b 是指试件在断裂瞬间发生的最大应力，称为断裂时拉伸强度。

屈服点是指应力-应变曲线上的应变增加，而应力不变的第一个点。拉伸速率是指单位时间（min 或 s）内试件被拉伸的长度（m 或 cm）。

最大延伸率 ε_m、断裂延伸率 ε_b 为 σ_e 和 σ_b 所对应的形变率。

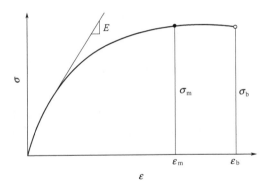

图 6-14 复合火药的 σ-ε 关系

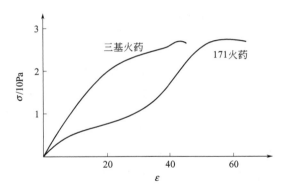

图 6-15 典型双基、三基火药的 σ-ε 关系

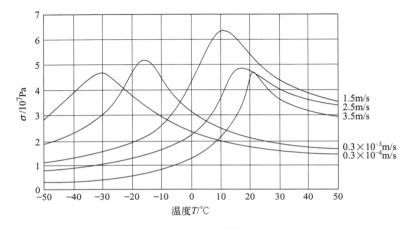

图 6-16 三基火药拉伸速率对断裂强度-温度曲线的影响

从火药各应力-应变图中可以看出：①基本上不存在服从虎克定律的直线段；②当改变试验温度和拉伸速率时，应力-应变曲线和有关物理量将出现明显的变化；③表明火药的力学性能具有黏弹材料性质，即兼有黏（塑）性材料和弹性材料的特性。

6.2.2 影响火药力学性能的主要因素

影响火药力学性能的主要因素包括火药的基本组分性质、含量，以及药体结构状态和生产情况等。

6.2.2.1 双基火药

双基火药的力学性能主要取决于硝化棉和硝化甘油的相对含量，试验结果表明，硝化棉含量高，火药的抗压强度高、延伸率低、模量大和脆折点提高。提高硝化棉的含氮量一般能增加双基火药的强度，但是增加硝化棉的含量或者提高硝化棉的含氮量，在火药生产过程中可能引起吸收溶剂、膨润和溶解性能的不良而影响胶化质量，从而使火药的强度有所下降，如表 6-23 所示。

表 6-23 胶化质量对抗压强度的影响（+50℃）

NC 含量/%	含氮量/%	溶剂比(NC/NG)	σ_m/kPa(kgf/cm²)
50.9	13.0	0.78	5066.3(50)
50.9	12.6	0.77	6687.5(66)

温度对双基火药的力学性能有较大的影响，如表 6-24 所示。

表 6-24　温度对双基火药力学性能的影响

温度/℃	σ_m/kPa	E/%
71	3384	60
25	13476	40
−50	32728	1.5

双基火药在常温下力学性能较好，而低温下的力学性能较差，其玻璃化转变温度 T_g 约为 20～30℃，软化点 T_f 约为 100℃。双基火药中增加增塑剂含量可以使 T_g 和 T_f 同时降低。

为了改善双基火药的力学性能，可在火药组分中加入交联剂或其他能够提高 T_f、降低 T_g 的物质。

双基火药药柱具有各向异性的特点，如表 6-25 列出典型双基火药在不同温度下的抗拉和抗压强度。

表 6-25　典型双基火药（双石-2）的机械强度

温度/℃	取样方向	抗压强度/MPa	抗拉强度/MPa
+40	轴向	16.719	12.767
	径向	16.417	7.498
+20	轴向	36.071	22.292
	径向	37.186	13.577
−50	轴向	97.069	65.051
	径向	124.325	24.557

从表中数据可以看出，沿轴向抗拉强度大于径向抗拉强度。其原因是在压伸过程中硝化棉大分子沿压伸方向取向，使硝化棉大分子沿轴向有序排列的结果。另外，火药结构的密实性、均匀性、表面状态、药柱缺陷等对其力学性能也有不同程度的影响。

6.2.2.2　复合火药

复合火药是多组分和多相态体系，从主要成分上看是两相结构，一相是黏合剂组成的连续相，另一相是无机氧化剂和金属粉的分散相，它们以一定的颗粒尺寸分散在连续相中。因此黏合剂性质对火药力学性能有着决定性的作用，而分散相的体积分数、颗粒大小级配以及两相之间的相互作用情况，对火药的力学性能也将产生重要的影响。

（1）黏合剂的影响　高聚物材料的力学行为，实质是黏合剂大分子在外力作用下从一种运动状态过渡到另一种运动状态的过程。高聚物分子链的柔顺性与其结构因素有着密切关系，如大分子链单元结构的组成、链的长短、分子间的作用力大小，取代基团的极性、分子链内双键含量等都会影响大分子的柔顺性。虽然大分子的柔顺性并不完全代表高聚物材料的力学性能，但它却是影响推进剂力学性能的重要因素。高聚物的分子链越柔顺，其玻璃化转变温度越低，延伸率越高。表 6-26 列出了常用黏合剂的玻璃化温度。

表 6-26　常用黏合剂的玻璃化温度

材料	硝化棉	聚甲醛	聚氯乙烯	聚硫树脂	聚醚型聚氨酯	聚丁二烯/丙烯腈	顺式聚丁二烯
T_g/℃	173～176	−85	81	−51	−45.6	−56.7	−108

由表 6-26 看出，顺式聚丁二烯的玻璃化温度 T_g 很低，因此以端羧基丁二烯和端羟基丁

二烯为黏合剂的火药，其力学性能优良。硝化棉结构单元复杂，带有极大的硝酸酯基团、大分子活动困难，T_g 高，所以单基、双基火药力学性能差。聚硫橡胶预聚体中加入环氧树脂共聚，环氧树脂大分子进入聚硫橡胶大分子中，使其柔顺性降低，提高了抗拉强度和黏结性能及玻璃化温度。

试验证明，黏合剂的分子量增大和分子量分布变窄是提高复合火药制品稳定性的重要因素，分子量增大，链节和交联点增多，相对地提高了制品抵抗形变的能力；分子量分布变窄的制品抗拉模量和延伸率明显提高，所以在复合火药的研制中，必须把黏合剂预聚体的分子量作为控制产品质量的一个重要技术措施，如采用两种不同分子量的端羧基聚丁二烯制造推进剂时，其力学试验结果如表 6-27 所示。

表 6-27　端羧基聚丁二烯分子量与火药力学性能的关系（$R=0.74\text{m/min}$）

CTPB 含量/%		力学性能（25℃）			
高分子量(13200)	低分子量	σ_m/kPa	$\varepsilon_m/\%$	$\varepsilon_b/\%$	E/kPa
0	100	659	27	32	3638
25	75	770	38	45	3151
50	50	780	38	49	3171
75	25	800	41	50	3607
100	0	841	37	41	4843

注：$R=0.74\text{m/min}$，指力学强度测试时采用的加载速率。

（2）增塑剂的影响　在火药组分中加入增塑剂，一般情况下可以增大火药的延伸率，同时降低火药的抗拉强度。在使用增塑剂时，应用玻璃化转变温度低的增塑剂，因为增塑剂的玻璃化温度越低，可以使火药的玻璃化温度 T_g 降低得更明显。这种降低 T_g 的效应，可以用下面关系式表示

$$\frac{1}{T_g}=\frac{m_1}{T_{g1}}+\frac{m_2}{T_{g2}} \tag{6-105}$$

式中　T_g——混合系统的玻璃化转变温度，℃；

$\quad\quad T_{g1}$——黏合剂的玻璃化温度，℃；

$\quad\quad T_{g2}$——增塑剂的玻璃化温度，℃；

$\quad\quad m_1$——黏合剂的质量分数，%；

$\quad\quad m_2$——增塑剂的质量分数，%。

（3）固体颗粒的影响　复合火药中的含有大量的固体颗粒组分，如无机氧化剂、金属粉和金属盐氧化剂等，这些固体颗粒的加入，它提高了火药的抗拉强度，降低了延伸率。一般认为硬质填料的补强作用是由于分担负荷的结果，如复合火药在承受拉伸或压缩负荷时，内部将同时产生应力，这种应力是由黏合剂和固体填料共同承担的，因此有

$$\sigma_{总}=\sigma_c+\sigma_m \tag{6-106}$$

式中　σ_c——$\sigma_c=E_c\varepsilon_c$；

$\quad\quad \sigma_m$——$\sigma_m=E_m\varepsilon_m$。

由于 $E_c\gg E_m$，所以 $\sigma_c>\sigma_m$。

σ_c 为填料应力，σ_m 为黏合剂应力。黏合剂只分担一小部分应力，如果要使黏合剂破坏，就要施加比单独黏合剂更大的外力，这就是固体硬颗粒的补强原因，而补强作用的条件是黏合剂与颗粒表面之间不能分离。

关于固体颗粒与复合火药的模量关系，可以用经验公式表示

$$\frac{E}{E_0} = \left(1 + \frac{K\Phi}{1 - S'\Phi}\right)^2 \qquad (6\text{-}107)$$

式中　E——固体颗粒材料模量；

　　　E_0——黏合剂材料原有模量；

　　　Φ——填料的体积分数；

　K，S'——经验参数。

　　填料体积分数及颗粒尺寸大小对复合火药的力学性能和工艺性能有较大影响。

　　复合火药组分中加入固体填料后，其玻璃化转变温度随固体填料体积分数的增加而线性提高，如图 6-17 所示。图 6-17 说明填料加入黏合剂中，使得黏合剂大分子被填料质点表面所吸附，从而使分子链运动受阻所引起玻璃化转变温度升高。

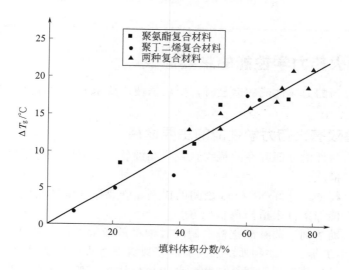

图 6-17　填料体积分数与玻璃化转变温度的关系

　　（4）偶联剂的影响　复合火药的黏合剂与固体颗粒填料之间存在着物理吸附作用，这种吸附作用是比较弱的，在一定荷载作用下很容易使连续相和分散相分离，把这种现象叫作"脱湿"。火药的脱湿使火药相的界面作用降低，内应力传递受到削弱，严重时固体颗粒表面附近将出现很小的裂纹，在火药被拉伸时，这些裂纹逐渐形成应力的集中，这时火药的机械强度下降。如果在固体粒子周围包有一层高模量的弹性分子膜，用来阻止裂纹的生成和发展，使火药的填料继续承担着很大一部分负荷，就可以改善火药的力学性能。为此常在火药中加入偶联剂（又称键合剂）。表 6-28 所列数据为偶联剂对聚氨酯火药力学性能的影响。

　　偶联剂在火药组分中用量很少，作为偶联剂的化合物应满足以下要求：

　　第一，偶联剂必须和黏合剂形成化学结合并转变为高聚物，应具有至少两种官能团；

　　第二，偶联剂和氧化剂具有强烈的物理吸附作用，可以溶解氧化剂却不溶于黏合剂，在工艺过程中可以均匀地分布在氧化剂的颗粒表面。

　　如聚氨酯复合推进剂中常加入少量的三乙醇胺或多官能团的氮丙啶化合物（MAPO），它能与氧化剂产生强烈的吸附作用，三乙醇胺的醇基再与二异氰酸酯反应生成氨基甲酸酯而紧密结合，氧化剂和黏合剂之间的作用得到增强。

　　除上述影响火药力学性能的因素外，还有固化程度、热老化、固化剂选择等因素。

表 6-28　偶联剂对聚氨酯火药力学性能的影响

温度/℃	偶联剂	σ_m/kPa	$\varepsilon_m/\%$	E/kPa
82.2	有	613	26	3131
	无	436	15	3273
21.1	有	1317	75	3638
	无	1216	19	3708
−17.8	有	2027	89	5127
	无	1287	22	6140
−40.0	有	2989	72	18035
	无	1966	21	13324
−59.3	有	5715	35	57705
	无	4347	14	44877

6.2.3　改善火药力学性能的主要途径

在讨论改善火药的力学性能的途径时，要根据使用要求和不同种类的火药提出有针对性的改进方法。

6.2.3.1　改善双基火药力学性能的主要途径

双基火药在力学性能方面存在的最大缺点是高温软、低温脆。为了尽可能地克服这些缺点，可以采用以下措施：

（1）合理设计配方　选好 NC/NG 之间的比例，既要保证满足能量要求，又要有最优的力学性能，要根据使用条件来适当调整配方。

（2）适当加入助溶剂　改善硝化棉在硝酸甘油中的溶解性能。如加入苯二甲酸二丁酯、三醋酸甘油酯、DNT 等，这些物质的加入有利于改善双基火药的低温力学性能。

（3）采用混合硝酸酯　采用混合硝酸酯取代硝化甘油，有利于改善硝化棉的溶解性能和低温力学性能。

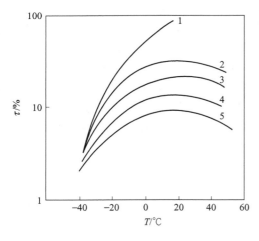

图 6-18　交联剂用量对双基火药
力学性能的影响
交联剂：1—0.0%；2—1.0%；3—2.1%；
4—3.1%；5—4.5%

（4）加入交联剂　对于挤压双基火药，由于不良品要作为返工品重新加以利用，所以不能加入交联剂，但对于浇铸双基火药，为改善高温和低温下的力学性能，则利用硝化棉中未酯化的羟基进行适当的交联，如加入少量大分子预聚体和交联剂与 NC 中的羟基反应生成聚氨酯基而交联，则可以使浇铸双基火药的高温和低温力学性能得到改善。交联剂用量对双基火药力学性能的影响如图 6-18 所示。

（5）严格控制工艺条件　通过严格控制工艺条件，以保证产品质量。在挤压双基火药制造工艺中，挤压时的出药速度对火药密度有影响，出药速度过快使得密度降低而影响力学性能。挤压成型后的晾药条件对双基药柱的力学性能也有很大影响，若成型后的药柱骤然急冷，就会因为表面收缩过快而产生裂纹。成型后的药柱要在温度较高的工房中慢慢冷却，以消除表面产生的应力。

（6）改进黏合剂性能　通过改进黏合剂的性能，加强黏合剂与固体填料之间的黏结，加固药柱的薄弱部位和采用混合增塑剂等方法使改性双基推进剂的低温力学性能显著改善。

主要方法有使用共混聚合物、新型黏合剂等。共混聚合物是将 10% 左右的聚酯型聚氨酯混入双基火药中，组成复合双基推进剂（CDB）。聚酯型聚氨酯用作燃料黏合剂，而把硝化棉和硝化甘油的胶化物看作推进剂的氧化剂，换取部分高氯酸铵和奥克托今（或黑索今），从而改善了低温延伸率。日本研究的 CDB 推进剂在 −30℃ 时，延伸率为 23% 左右；德国研究的 CDB 推进剂在 −20℃ 时延伸率达 70%～100%，在 −40% 时延伸率为 30% 以上。在 NEPE 推进剂中采用新型黏合剂，即有硝酸酯增塑剂的聚醚和乙酸丁酸纤维素取代交联改性双基推进剂中的硝化棉，制得低温力学性能优越的推进剂。

在加强填料与黏合剂的黏结方面，当外力作用在改性双基推进剂时，破裂往往出现在黏合剂与填料的界面上。界面出现裂纹，当裂纹扩展到填料晶体表面时，建立起巨大的应力集中点，于是黏合剂与填料脱开，发生"脱湿"现象。解决方法是黏合剂与填料之间建立化学键或氢键连接。如采用醇胺类或者硅氧烷键合剂，交联聚氨酯衍生物或者聚脲衍生物将奥克托今包覆起来，或采用乙酸乙酯使硝化棉与奥克托今之间形成氢键连接。

6.2.3.2　改善复合火药力学性能的主要途径

复合火药是由高分子黏合剂和固体填料（氧化剂和金属粉）混合组成。从宏观结构上讲，它是一种以黏合剂为连续相、固体填料为分散相的多相体系。黏合剂及固体填料的性质，以及它们相互间的结合作用都会影响复合火药的力学性能。改善复合火药力学性能的主要途径包括：

（1）选择柔顺性好的高分子黏合剂　柔顺性好的高聚物玻璃化转变温度低，制成的火药低温延伸率较大，低温力学性能较好。在常用的复合火药黏合剂中，以端羟基聚丁二烯的低温力学性能最好，能满足各种大型壳体发动机装药的力学性能要求。聚醚黏合剂也有很好的柔顺性。在 NEPE 推进剂中采用的环氧乙烷-四氢呋喃共聚醚是一种含氧量高、柔顺性好的黏合剂，由它制成的推进剂能量高、低温力学性能好，延伸率大。

（2）选择与高聚物相匹配的增塑剂　使用增塑剂是改善力学性能，特别是低温力学性能的重要方法之一。增塑剂可以降低火药的玻璃化温度，改善低温力学性能。例如，在 NEPE 推进剂中加入 NG/BTTN 混合硝酸酯，它与环氧乙烷-四氢呋喃共聚醚相容性好，改善了低温力学性能。

（3）选择性能优良的固化剂　只有柔顺性的高分子预聚体，没有选择良好的固化剂仍然不能做成优质的推进剂。一般要选择具有互补作用的两种固化剂同时使用，力学性能比使用单一固化剂更好。例如，对于含羧基的预聚体，采用氮丙啶化合物与环氧化合物作为复合固化剂比单独选用氮丙啶化合物其抗老化性能效果更好。在用量方面应考虑副反应对固化剂的消耗，不致因固化剂用量不够而固化不完全，也不能用量太多而产生后固化而在贮存过程中产生对力学性能不利的影响。

（4）在保证满足燃速的条件下，氧化剂粒度合理级配　氧化剂粒子合理级配可以减少微观结构的空隙率，从而有利于力学性能的提高。

（5）加入键合剂　加入键合剂是改善复合火药力学性能的重要方法，对高固含量的高能推进剂尤为重要。因为在提高能量的同时不可避免地损坏力学性能，加键合剂可在不影响能量的条件下改善力学性能。

（6）加入交联剂　对于线型高聚物，在高温条件下或在长期载荷作用下可能发生蠕变。采取适度的交联，既不损害低温的延伸率，又能改善高温力学性能。在结合复合推进剂和复合改性推进剂二者的特点发展起来的一种高能推进剂，在力学性能上应用了上述提到的改进力学性能的多种措施，使其在保持高能量的同时，力学性能也完全满足大型壳体黏结式发动机的要求，成为现代火药技术的典范。

6.3
火药的安全性质

6.3.1　火药的安定性

火药的安定性是指火药在正常贮存条件下保持其物理性质和化学性质不变的能力。通常把火药安定性质不变的能力用贮存寿命来表示。所谓"不变"是指在火药力学性能和弹道性能允许范围内的变化。

火药安定性变化是在火药整个内部发生的，有时它缓慢到短时间内难以觉察的程度。而火药的燃烧是在装药规定的某一局部或全部表面的较剧烈的化学反应。火药安定性的变化，将引起火药的能量降低、力学性能变差、燃烧规律性变差，最后导致弹道性能恶化。火药保存不当时可能发生自燃或爆炸，这种危险性应引起人们高度重视。

6.3.1.1　火药的物理安定性

火药的物理安定性是指火药在正常贮存过程中抵抗其物理结构和性质发生变化的能力。其主要表现为火药的吸湿与挥发分含量变化、难挥发溶剂的汗析与迁移、固体组分的晶析、钝感剂的渗入等，这些将引起火药燃烧性质和力学性能变坏，从而影响弹道性能。

（1）吸湿与挥发分含量变化　火药的吸湿性是指在一定条件下，火药吸收空气中的水分和保持一定量水分的能力。吸湿性是可变物理量，其大小主要取决于火药组分性质、表面状态、结构的密实性和空气相对湿度等。单基药吸湿性随硝化棉含氮量增加而降低，如表6-29所示。

表 6-29　单基药吸湿性与硝化棉含氮量的变化关系

含氮量/%	12.74	12.97	13.20
吸湿性/%	1.26	1.13	1.00

用石墨光泽处理的火药比未光泽处理的火药吸湿性小，多孔结构火药比密实火药的吸湿性大。若空气相对湿度从40%增加到90%时，单基药水分含量变化大于1%，而双基药仅改变0.4%~0.8%。

单基发射药中水分含量一般占1.5%左右，双基火药含水量一般小于0.5%。它们的吸湿或挥发将对火药的点火、燃速、膛压、初速等弹道性能产生不良影响。

由于单基药中含有挥发性较强的残余醇醚溶剂，在装药密封性较差、保管温度较高和贮存时间长时，残余溶剂可能挥发，使火药各层溶剂含量发生变化，导致火药燃速的不均匀，从而引起弹道偏差加大。火药燃速、膛内最大压力和弹丸初速之间的变化关系式如下：

$$\left.\begin{array}{l} \dfrac{\Delta u_1}{u_1}=-0.12\Delta H\% \\[3mm] \dfrac{\Delta p_{\mathrm{m}}}{p_{\mathrm{m}}}=-0.15\Delta H\% \\[3mm] \dfrac{\Delta v_0}{v_0}=-0.04\Delta H\% \end{array}\right\} \tag{6-108}$$

式中　Δu_1，Δp_{m}，Δv_0——火药燃速系数、膛压、初速的变化量；

$\quad\quad u_1$，p_{m}，v_0——火药燃速系数、膛压、初速；

$\quad\quad\quad \Delta H\%$——火药中的挥发分含量的变化量。

复合火药的吸湿性比单基、双基火药敏感度大得多，复合火药吸湿后可能引起高氯酸铵的离解，黏合剂大分子在酸性环境中将发生断链、解聚等。在密封不良的条件下，湿气可能渗透到药柱内部或药柱与包覆层的界面，它将引起氧化剂与黏合剂间的脱黏，黏合剂与包覆层的黏合力降低，以及造成火药的弹道性能的改变。实验表明，复合火药在相对湿度大于60%条件下贮存时，药体表面可能出现气泡，内部产生气孔等现象，即使复合火药吸湿量小于0.1%，也可导致复合火药的力学性能降低。

（2）难挥发性溶剂的汗析与迁移　火药在贮存过程中，硝化甘油可能从火药内部渗出到药体表面，把这种现象称为火药的"汗析"，或称为"渗油"。由于火药的老化组织的结合能力降低，汗析现象出现在火药的老化后期。温度周期性变化可能使溶剂及其可溶性组分一起渗入到药体表面，更多的情况是渗出到两药柱紧密接触的部位。双基火药的硝化甘油含量大，汗析现象比较容易发生，硝化棉黏度大可以降低汗析量，加入二硝基甲苯可能增强硝化棉和硝化甘油的结合力，使其汗析减少。双基火药的汗析一般是不可逆的，微量的硝化甘油渗出对弹道性能影响不大，汗析严重时会造成膛压突升或增加发动机内的初始压力峰，或提高撞击感度和摩擦感度，它给运输及勤务处理带来危险性。

火药药柱包覆有阻燃层或绝热层时，还可能出现硝化甘油向包覆层迁移，或包覆层的惰性增塑剂向火药中迁移。这种溶剂迁移所造成的后果是包覆层的失效和火药的弹道性能变坏，影响火药装药的使用寿命。

用樟脑为钝感剂的单基药，在长期贮存过程中将产生挥发和向药体内部渗入的现象，钝感剂的这种重新分布会影响火药原有的燃烧规律性，使弹道性能发生变化。

（3）固体组分的晶析　晶析是指在火药加工成型后，组分中所含的晶体物质析出在药体表面的现象。在火药设计时，为了提高火药能量常加入高能炸药，当它们的含量超过一定数值时火药表面就出现晶析物，严重时在火药加工几小时后就出现晶析现象。

火药固体成分的晶析主要有两种情况。一是硝化甘油汗析时带出被溶解的晶体物质，如中定剂和二硝基甲苯等，此类晶体对安全使用不会造成严重后果；二是双基火药组分中含有硝化二乙醇胺（吉纳，DINA）、奥克托金、黑索今等晶体物质，当其含量达到过饱和后以晶体形态析出，如含有硝化二乙醇胺的双基火药在较高温度（90℃左右）下加工成型，其含量与温度的关系如图6-19所示。

从图6-19中可以看出，DINA在NC中的饱和含量随温度提高而上升，当其含量大于特定温度的饱和含量时，硝化棉和DINA组成的高分子溶液处于过饱和状态，此时DINA将从溶液中析出达到该温度的平衡状态为止，过饱和溶液向平衡点移动是自动进行的过程，所以过饱和溶液的晶析是必然的。从表6-30也可以看出，不同温度下DINA和硝化棉（12.6%）的互溶关系。表6-31列出了26℃时DINA和硝化棉饱和溶液的平衡组成。

图 6-20表示 DINA、DBP 和 NC 三者的互溶关系。

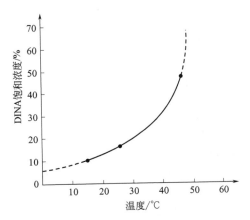

图 6-19　DINA 在 NC（12%）的饱和浓度

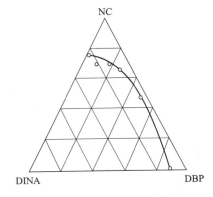

图 6-20　DINA、DBP、NC 的互溶关系

表 6-30　不同温度下 DINA 和 NC（12.6%）的互溶关系

温度/℃	0	10	20	30	40	50	＞51
DINA 饱和浓度/%	15.0	18.5	22.5	27.5	35.5	75.5	∞
DINA/NC	0.176	0.227	0.290	0.379	0.550	＞1.2	∞

表 6-31　DINA/NC 饱和溶液平衡组成

NC/%	11.0	12.2	12.6	13.3	13.9
DINA 饱和浓度/%	24	24	25	23	22.5
DINA/NC	0.32	0.32	0.33	0.3	0.29

6.3.1.2　火药的化学安定性

火药的化学安定性是指火药在正常贮存过程中抵抗其自动发生化学变化的能力。火药的化学安定性取决于火药组分性质及组分间的相容性，而温度、湿度、空气中的氧等是影响火药安定性的外界因素。

（1）硝酸酯的热分解　均质火药的主要组分是多元醇硝酸酯化合物，如硝化棉、硝化甘油、硝化二乙二醇等，这些硝酸酯在常温下就能自动发生缓慢的分解变化。

① 分解过程

a. 热分解反应　硝酸酯分解过程可分为两个阶段：一是硝酸酯键断裂并释放出氧化氮气体产物的初始分解阶段；二是分解产物间的化学反应，并促使火药各组分的热分解，其基本反应式为

$$RCH_2O—NO_2 \longrightarrow NO_2 + RCHO + Q_1$$
$$RCHO + NO_2 \longrightarrow NO + H_2O + CO_2 + R^1 - Q_2$$
$$RCHO—NO_2 + NO_2 \longrightarrow NO + H_2O + CH_2 + R^2 - Q_3$$

此反应过程 $Q_2 + Q_3 > Q_1$，即总的分解反应为放热化学反应。

b. 自动催化反应　自动催化反应是指火药分解放出的 NO_2 气体产物加速硝酸酯的分解反应，如果不能把分解产物的 NO_2 及时排出或被其他火药组分吸收，以及反应放出的热量不能及时导出，火药因热量的不断积累而升温，从而加速分解反应的进行。

如果火药分解放出的 NO_2 和 NO 遇到 H_2O 便生成 HNO_3 和 HNO_2，由于火药中含水量

很少，这时氢离子浓度就很高，它对火药的分解起着进一步催化作用。实践证明，均质火药贮存在潮湿的空气中，是在干燥的空气中寿命的 1/2～1/1.5。在大量水中，由于 H^+ 浓度大大降低，其化学性质相当安定。

② 热分解对火药性能的影响　热分解是火药性能恶化的重要因素，热分解产生的气体和热量会引起许多不良后果，如能量降低、自行着火、大尺寸药柱的破裂、力学性能下降等。

a. 药柱自行着火　双基火药在贮存过程中缓慢分解和放热量的多少与温度有关，其表达式为

$$H = 10^{17.38}\exp\left(-\frac{36400}{RT}\right) \tag{6-109}$$

式中　H——温度升高 10℃时火药放热速率，kJ/(kg·s)；

$\quad\quad R$——气体常数；

$\quad\quad T$——贮存温度，K。

如典型双基火药在 80℃时，放热速率为 29.288×10^{-6} kJ/(kg·s)，110℃时为 16.736×10^{-4} kJ/(kg·s)，它表明贮存温度升高 10℃，其放热速率 H 增加近 3 倍的化学动力学规律。

对于致密性好、导热性差的火药，当药柱尺寸比较大，生成的热量又大于导出热量的情况下，药柱中心与表面间存在着温度梯度，随着分解放热量的积累，可达到火药自燃的温度，从而引起火药燃烧或导致爆炸。对于任何种类的火药药柱都有一个临界温度，超过临界值时都有自行着火的危险。根据一定温度下的热生成速率、比热容和热导率，可以估算出圆柱形药柱的临界半径和着火时间，其估算公式为：

$$R = \frac{2\lambda RT^2}{\rho z E}\exp\left(\frac{E}{RT}\right) \tag{6-110}$$

$$\tau = \frac{C_p RT^2}{z E}\exp\left(\frac{E}{RT}\right) \tag{6-111}$$

式中　R——圆柱形药柱的临界半径，cm；

$\quad\quad \lambda$——火药热导率，23.012×10^4 J/(cm·s·K)；

$\quad\quad T$——贮存温度，K；

$\quad\quad \rho$——火药密度，取 1.55kg/L；

$\quad\quad E$——活化能，取 152.2976kJ/mol；

$\quad\quad Z$——常数，取 $10^{17.38}\times4.184$ kJ/(kg·s)；

$\quad\quad R$——通用气体常数，8.3144kJ/(kg·mol·K)；

$\quad\quad \tau$——着火时间，s；

$\quad\quad C_p$——火药比定压热容，取 1.49kJ/(kg·K)。

火药或组分的实测着火温度、临界半径、自燃时间的理论预测值见表 6-32 和表 6-33。

表 6-32　火药或组分的着火温度

组分	着火温度(加热速率为 5℃/min)/℃
硝化棉	170
硝化甘油	160
双基火药	160～170
高氯酸铵	400

续表

组分	着火温度（加热速率为5℃/min）/℃
奥克托今	260
黑索今	210
复合火药	250～300

表 6-33　双基火药理论临界半径和自燃时间

温度/℃	80	105	110	114	120
临界半径/mm	415.5	83.3	61.3	49.0	34.3
自燃时间/h	105	3.3	1.7	1.0	0.5

　　b. 气体积累造成的药柱破裂　双基火药热解产生的气体，若释放速率大于扩散速率时，药柱内部压力升高，当压力超过火药的极限强度，药柱可能产生破裂。实验证明，某典型双基火药破裂时的临界压力为 3.86atm，在 80℃下存放 4 周所放出的气体量为 0.04L/kg，而扩散系数每升高 5℃时，只增加 1.3 倍，由此得出扩散系数受温度影响比热分解反应速率小的结论。有的实验把直径为 106mm、长 114mm 的双基药柱夹在两钢板之间，在 60℃下加热贮存，用毛细压力计直接测定分解气体的压力，6～10 周后测出最大压力为 3.57atm。

　　气体扩散速率取决于气体在火药中的溶解性及其扩散常数。在稳态情况下，气体生成速率和扩散速率相等。双基火药在不同贮存温度下的临界尺寸见表 6-34。

表 6-34　双基火药临界尺寸与温度的关系

火药温度/℃	临界厚度/mm		至破裂的时间/d
	最小	最大	
50	47	93	85
60	22	47	25
80	5	12	2

　　c. 火药力学性能的降低　火药热分解产生的热量和气体，加速硝化棉的热裂解和断链，从而引起火药力学性能的降低。这种影响可以用硝化棉黏度的降低来表示，应用高分子特性黏度和聚合物之间的关系，即斯道丁格公式，找出其热分解时黏度降低与逸出气体量之间的关系，其方程式为

$$S = 0.28(31.3 - N)K_m(A_m - A_0)f \tag{6-112}$$

式中　S——放出氧化氮的质量；

　　　N——NC 含氮量，%；

　　　K_m——常数；

　　　A_0——分解前，20℃时 NC 在丙酮中的特性黏度；

　　　A_n——分解后的特性黏度；

　　　f——放出的氮原子数。

　　用黏度变化来表示硝化棉火药的分解程度，大量实验表明高温分解所得结果与常规试验基本一致。

　　(2) 高聚物的老化　高分子聚合物及其制品在加工、贮存过程中，由于本身的化学结构性质和外界的热、氧、湿、光等作用原因，会引起高聚物的化学结构变化，习惯上把这种物理和化学的变化称为高聚物的老化。对高聚物的老化问题，目前还无完整的理论，一般认为

高聚物老化机理是在光和热的作用下生成自由基，或是在氧化作用下先吸收氧生成过氧化物或过氧化氢，再裂解生成自由基，这些自由基又引发聚合物引起一系列的裂解、断链及交联的变化，如属不饱和烃的聚丁二烯，在高温大气中氧的作用下，它将产生自由基并形成碳-碳交联，最终变成坚硬的树脂结构或发生烃的断裂、解聚等现象。

6.3.1.3 提高火药安定性的基本途径

火药的老化是一种不可抗御的自然现象，但是应该尽可能采取一些控制措施，以便提高火药的安定性。通常采用的方法有：①控制火药组分的纯度和组分间的相容性；②加入适量的安定剂或者抗老化剂；③严格控制生产工艺和产品质量；④创造良好的贮存条件；⑤加强密封防潮处理，装药的药筒或燃烧室内的相对湿度应尽可能地控制在 30% 以下等。

单基发射药通常加入二苯胺，当二苯胺含量低于 0.5% 时，达到火药贮存寿命结束的临界期。双基火药常加入Ⅰ号中定剂或Ⅱ号中定剂，而不加入碱性较强的二苯胺，复合火药常加入抗老化剂。实践证明，火药组分中加入安定剂后，可使其贮存寿命延长 2.5～3 倍。

（1）安定剂的作用　安定剂的作用是在火药的加工和贮存过程中，吸收火药分解时产生的氮氧化物，而生成各种不同的比较稳定的衍生物。对二苯胺和中定剂的作用机理，反应产物及其衍生物的定量关系，人们已进行了较深入的研究。

实践表明使用安定剂只能在一段时间内减缓火药的自动催化作用，而不能阻止火药本身的热分解反应。火药在长期贮存过程中安定剂不断地被消耗，当安定剂失效后，火药的热分解和自动催化作用加速，一般认为安定剂的化学反应生成物为蓝黑色的二硝基或三硝基衍生物时，火药已达到寿命结束阶段。

由于安定剂高温水解时产生 CO_2 气体，在大型双基推进剂中，有些火药选用 2-硝基二苯胺作为安定剂，在复合火药中选用间苯二酚作为安定剂。

（2）抗老化剂的作用　一般认为复合火药中加入苯胺类抗老化剂能够消除聚合物自动氧化过程生成的自由基 ROO· 和 R· ，从而阻止动力学链锁反应而达到抗老化的目的，其反应式为

$$R\cdot + O_2 \longrightarrow ROO\cdot$$
$$ROO\cdot + RH \longrightarrow ROOH + R\cdot$$
链锁反应

$$R\cdot + AH \longrightarrow RH + A\cdot$$
$$ROO\cdot + AH \longrightarrow ROOH + A\cdot$$
链终止反应

式中，RH 代表聚合物；AH 代表防老剂；生成的 A· 是不活泼的物质，它不再起链锁反应。由上面两个反应式看出，防老剂能有效地破坏链锁反应的进行，但它只能在一段时间内减缓火药自动氧化反应，而不能从根本上消除老化现象。当抗老剂消耗到一定含量时，火药老化反应加速，防老剂也就抵抗不住老化反应的剧烈进行时，火药的安定期限已经到了安全贮存寿命的结束阶段。

6.3.1.4 火药的贮存寿命评价

正确估算火药的安全贮存寿命，对确定和平时期的生产、贮存和武器部署等都有实际的意义。确定火药的贮存寿命年限一般有两种方法：一是自然比较法，即用历史上早已经定型的火药，以及长期贮存中积累的有安定记录的标准火药作为实验标准，将新火药用同样的方法测定其贮存寿命年限。由于火药在正常贮存条件下，其安定性质变化缓慢，若达到贮存寿命年限需要几年或几十年的漫长时间，因此自然比较法既费时又费力。二是升温加速分解法，即通过加热促进火药老化，测定其某些性能参数的变化值，然后用经验公式计算出火药的贮存寿命。

（1）均质火药贮存寿命计算　计算均质火药寿命的安定性实验方法有很多，如65℃棕烟实验、106.5℃维也里实验、132℃棕烟实验和压力法实验等。

① 减量法实验　减量法实验是将10g火药样品，放在50mL带有毛细管磨口塞的减量瓶里恒温加热，一般温度为95℃、85℃、75℃、65℃或其他选定温度，每24h称重一次火药样品，并记录每次失重的百分数与加热时间的关系，如图6-21所示。

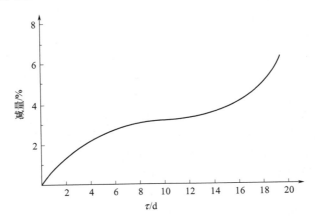

图6-21　火药加热时间与减量关系

实验一直到火药迅速减量为止，其急剧分解所对应的时间为安定度的标记，此法设备简单、操作方便，影响实验的因素较少，其结果比较可靠，而且能够反映火药的整个分解过程。

一般认为火药的热分解速度与加热温度和加热时间的关系为

$$\upsilon = C K^t \tag{6-113}$$

式（6-113）表明火药贮存时间与其热分解速率成反比，即

$$\tau = \frac{1}{\upsilon} = \frac{1}{CK^t} \tag{6-114}$$

令

$$a = \frac{1}{C}$$

所以

$$\tau = aK^{-t} \tag{6-115}$$

式中　τ——火药在给定温度下，所能贮存的时间，h、d、年；

υ——火药在给定温度下的分解速率；

t——火药贮存温度或者加热温度，℃；

K——与火药性质有关的分解速度的温度系数；

C，a——与火药性质、试验条件有及所用时间单位有关的常数；

t_1，t_2——减量实验的较高温度和较低温度，℃；

τ_1，τ_2——实验温度所对应的加速分解时间。

为了确定某一火药的a和K，必须在两个不同的温度下进行实验，而选择的两个实验温度应接近的贮存温度，此外，实验时的湿度应该也尽可能和贮存条件相近，通常采用的相对湿度为70%。

【例6-1】　计算某单基发射药在温度为40℃的条件下的贮存寿命年限。

由减量实验得：$t_1 = 85℃$，$t_2 = 95℃$，加速分解时间分别为$\tau_1 = 50d$，$\tau_2 = 15d$。

解 ① 确定 K 值 将实验已知参数代入公式(6-115)

$$50 = aK^{-8.5}$$
$$15 = aK^{-9.5}$$

把上两式取对数后相减得

$$\lg \frac{50}{10} = 10 \lg K$$

求出 $K = 1.128$

② 确定 a 值 把所求 K 值代入某一对数式，如

$$\lg a = \lg 50 + 85 \lg 1.128$$
$$a = 1359 \times 10^3$$

③ 确定火药在 40℃ 条件下的贮存寿命

把求得的 a、K 代入式(6-115) 中得

$$\tau = 1395 \times 10^3 \times 1.128^{-40} = 11277(\text{d}) = 31(\text{年})$$

由于公式(6-115) 仅适合热分解的条件，实际上在火药的热分解同时还会有水解和自动催化等化学反应，因此这种实验计算求得贮存温度下的安全贮存寿命，只是一个参考值。

② 压力法实验 对火药寿命的确定还可应用压力法实验测得的参数值进行计算，其计算式为

$$\frac{\tau_2}{\tau_1} = A^{\frac{t_1 - t_2}{5}} \tag{6-116}$$

式中 A——火药热分解的温度系数；

t_1，t_2——火药实验的加热温度；

τ_1，τ_2——火药实验温度下所对应的加速分解时间。

国外一些典型的炮用火药的安全贮存年限见表 6-35。

表 6-35 国外一些炮用火药的安全贮存年限

火药品号	用于火炮种类	安定剂名称	安全贮存寿命/年
M1(单基药)	加农炮	二苯胺	40
M2(双基药)	加农炮	二苯胺	25
		乙基中定剂	20
M6(单基药)	榴弹炮	二苯胺	35
M8(双基药)	迫击炮	二苯胺	25
		乙基中定剂	20
M10(单基药)	无后坐力炮	二苯胺	20
M15(三基药)	加农炮	乙基中定剂	15

(2) 复合火药老化寿命计算 大量实验表明，对于多数合成黏合剂而言，老化的主要原因是高温、高湿的共同作用结果。这种老化作用是湿气在高温作用下，渗进药体内部，一是破坏黏合剂易水解的化学键，而易水解的化学键和基团（如酯基、羧基、羟基）的存在，又使黏合剂分子链降解，使性能下降；二是水分子渗入黏合剂与被黏合物的表面，使其分离或者黏结性能变坏；三是湿气进入黏合剂内部，由于交联密度不同，使黏合剂分子链柔顺性发生变化，水起到一种物理增塑剂的作用，这种增塑作用是可逆的，从而使黏合剂某些性能变差。许多研究者认为黏合剂的老化与被黏合物表面状态、表面处理情况及黏合剂化学结构有关。

国内对复合火药老化寿命的研究多采用湿热加速老化方法，这种实验是在恒温箱中进

行。加速老化实验测定火药某些特殊的性能变化参数，如拉伸强度和模量，从而估算复合火药的贮存寿命，具体步骤如下：

第一步，加速老化在几个温度下进行，测出一定时间内所对应的火药力学性能，并用老化时间和对应的力学性能数据作图，从图上找出加速老化前后的力学性能增加一倍或减半所对应的时间，而把这个时间定义为临界贮存期限。

第二步，假定高温加速老化反应速率服从阿伦尼乌斯方程

$$\upsilon = ae^{-\frac{E}{RT}} \tag{6-117}$$

式中　υ——在温度 T 时的反应速率；

　　　a——常数，又称为频率因子；

　　　E——反应活化能；

　　　R——通用气体常数；

　　　K——玻尔兹曼常数。

通过对反应速率 υ 的处理与力学性能改变量 Δ 建立平均速率的关系，如

$$\upsilon = \frac{\Delta}{\tau} \tag{6-118}$$

式中　Δ——临界贮存时间 t 所对应的力学性能改变量，又称力学性能的临界改变量；

　　　τ——某一温度下的临界贮存时间。

把式（6-118）代入式（6-117）中得

$$\frac{\Delta}{\tau} = a \exp\left(-\frac{E}{KT}\right) \tag{6-119}$$

令 $\Delta/a = Az$ 则

$$\tau = A \exp\left(-\frac{E}{KT}\right) \tag{6-120}$$

把式（6-120）取对数得

$$\lg\tau = \lg A + 0.434\frac{E}{KT} \tag{6-121}$$

式（6-121）表明 $\lg\tau$ 对 $1/T$ 作图应该是线性的，已经得到实验证明。可以把该线性曲线外推到正常贮存温度，则求得安全贮存期限。

复合火药老化寿命实验多用精密拉伸机测定力学性能参数变量，取其拉伸强度降低50%为临界值，从而求出正常贮存温度下的老化寿命。也可用精度较高的扭摆式动态力学性能测定仪测定切变模量方法，估算复合推进剂的贮存寿命。

由于复合火药老化实验周期长、影响因素复杂、实验数据重复性差等原因，难以达到希望的精度，要想得到满意的结果是非常困难的，目前尚无统一的老化实验方法。

6.3.2　火药的化学安定性实验方法

火药的安定性即火药的贮存性能，研究火药的安定性对提高火药的贮存期限具有十分重要的意义。

火药中硝酸酯的安定性较差归因于—O—NO₂键比同分子中其他化学键（如 C—O、C—C）弱之故。硝酸酯初始分解释放的 NO₂ 气体，又促进了火药中其他组分如安定剂和硝酸酯本身进一步反应与分解。因此，火药在分解老化过程中伴随着一系列的组分和性能的变化。但是经典的安定性实验方法如维也里实验、贝格曼-荣克实验、真空安定性实验、热失重实验等大多建立在热分解后的气体释放总量或总的失重率的基础上，规定某一特征值（如

试纸的颜色、出现棕烟的时间、释放气体总量、失重百分数等），通过连续热贮存测得耐热时间。这类方法的共同缺点是费时，实验的影响因素多且难于控制，造成实验结果可靠性差、灵敏度低。另外，实验结果不能直接预示火药的寿命和质量现状。

随着检测仪器精密度与相关技术的发展，已经出现了一些比较灵敏的测定火药分解老化的方法，主要有色谱法、量热计法等。这类方法的特点除了灵敏度高之外，可对某些组分进行单独的检测，实验结果与火药的老化状态可建立更密切的联系。由于各种方法的原理、火药组分之间都存在差别，有可能对同一种火药因采用不同的测定方法或用同一种方法来测定不同组分的火药都会得出安定性不同甚至相反的结论。为了保证安定性鉴定的快速和可靠性，除了要选择适宜的方法外，还必须采用综合的程序鉴定方法。程序鉴定方法应包括多种实验法及参量的联合，按顺序进行检测，并要求测试方法本身尽量简单、快速。

6.3.2.1　火药化学安定性的程序实验方法

火药化学安定性的程序实验方法如下：

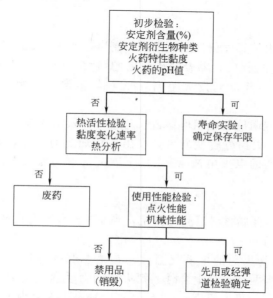

6.3.2.2　测试方法和判定标准

（1）初步检验　使用简单、快速的方法，初步鉴别被测火药处于何种状态。

① 剩余安定剂含量　气相色谱或紫外分光光度法测定。双基药Ⅱ号中定剂含量≥原值 $1/3 \sim 1/2$——可；＜原值 $1/3$——否。单基药二苯胺含量≥原值 $1/3$——可；＜原值 $1/3$——否。

② 安定剂衍生物　薄层或液相色谱法测定。纯安定剂（DPA 或 MC）消失——否；存在——可。

③ 特性黏度　乌氏黏度计法测定特定黏度 $[\eta]$。单基药：$[\eta] \geqslant 150 \mathrm{mL/g}$ 或下降率小于 30%——可；$< 150 \mathrm{mL/g}$ 或下降率大于 30%——否。双基药：$[\eta] \geqslant 100 \mathrm{mL/g}$ 或下降率小于 20%——可；$< 100 \mathrm{mL/g}$ 或下降率大于 20%——否。

④ pH 值　火药粉碎后直接溶于丙酮-水溶液，溶解后用精密 pH 计测定。

（2）热活性检验　当火药出现严重变质后，可能有两种情况：处于加速分解的后期，则大部分含能成分已发生分解，结构松散，对热作用表现出钝感；处于加速分解的前期，对热作用比正常火药更敏感。通过热活性检验可以大致判别火药已处于何种质量状态。

① 特性黏度下降速率 火药中硝化棉的特性黏度 $[\eta]$ 在热老化过程中的特点是前期变化快，后期变化缓慢，因此通过测定特性黏度的变化速率可以判别火药的变质程度。

测定方法：置 10g 火药在维也里烧杯中，于 106.5℃ 下加热 10～15h，用乌氏黏度计测定加热前后两次的黏度值，计算其变化速率。特性黏度下降速率 ≥5%——可；特性黏度下降速率 <5%——否。

② 热分析 测定火药剧烈分解的初始温度。各种正常火药的初始温度大概 135～170℃ 之间。不安定的火药初始剧烈分解温度要提高，废药则推后；热量值变化 ±10℃ 以上。利用差热或示差扫描量热计测定，与正常火药相比较，出峰温度变化在 5℃ 之内——可；出峰温度变化在 5℃ 以上——否；热量变化 ±10% 以上——否。

（3）使用性能检验 最主要的是要保证火药能正常点火和燃烧的规律性。影响这些性能的因素有火药能量和火药力学性能的变化等，通过密闭爆发实验可以了解使用性能的大致情况，但由于实验的灵敏度不够、偏差较大，可以改用点火强度和抗压强度及玻璃化温度 T_g 进行模拟测定。

（1）点火性能测试

① 火焰感度 利用火焰感度仪按照标准进行测定，通常测试用火药量 0.05g，3 号黑火药作点火剂。火药在老化过程中，随着变质程度的增大，分解至出现棕烟之前，其 50% 发火距离（cm）是增大的。当 50% 发火距离（cm）与正常火药相比增大率 ≤40%——可；>40%——否。

② 点火强度 将固定阻值的电阻丝穿过火药柱，电阻丝两端通入直流电，测定 5s 内火药点着的电流值（mA）。火药分解变质后，在出现棕烟之前，其点火电流是随着热解时间而逐渐减小的。被测火药的点火电流（mA）小于正常火药点火电流的 15%——可；大于 15%——否。

（2）力学性能测定

① 抗压强度 σ 用非金属材料试验机测定，当 $\sigma \geq$ 正常同类火药的 70%——可；$\sigma <$ 正常同类火药的 70%——否。

② 玻璃化温度 T_g 为火药的玻璃化温度，T_f 为黏弹性温度。当火药变质时，$(T_g - T_f)$ 的温度范围减小，当两者完全重合时，则火药的力学强度丧失殆尽。$(T_g - T_f)$ 宽度下降 30%～40% 之内时——可；反则——否；或 T_g 提高 1/3 之内——可。

（3）火药寿命测定 对于初步检验合格的火药，需要确定其使用寿命和安全贮存寿命。

测定方法为：将火药分别在 60℃、70℃、80℃、90℃、100℃ 加热老化。对于使用寿命，以特性黏度下降 70%～80% 或剩余安定剂下降到原值的 1/4～1/3 时作为终点值。

通过不同温度下到达终点值的时间，利用贝特罗公式：

$$\lg t = a - bT \tag{6-122}$$

式中 t——不同温度下到达终点值的时间；

T——温度值。

作 $\lg t$-T 图，外推到常温，求得火药的寿命值。临界（终点）值是根据实验温度下的热老化变质规律而确定的。

6.3.3 火药的贮存

研究火药的安定性，提高火药的贮存期限，具有十分重要的战略价值和经济意义。一种火药能否使用，首先应具有一定的贮存期，并绝对保证在有效的贮存期内正常条件下不发生意外的燃烧和爆炸事故。1906 年 IENA 号和 1910 年自由号两艘战舰弹药库发生大爆炸，均系贮存中无烟药化学不安定而引起的，类似事故后果也是灾难性的。

火药长期贮存的经济价值是很明显的，火药的贮存期延长，就能节省大量资金。对于枪炮发射药，要求安全贮存期在 15～20 年以上，大型复合火药在 8～10 年以上。

硝酸酯火药的安全贮存寿命与火药的组分及含量、加工工艺和贮存条件有密切的关系，一般从以下两个方面进行论述。

（1）影响火药安全贮存寿命的因素

① 火药组分及含量　火药中组分不同其安全贮存寿命不同，如表 6-36 中的 M2、M8 和 M15 均系含有硝化甘油的双基药或三基药，其安全贮存寿命低于单基药。就是同一类的单基药，其主要成分硝化棉含量不同，安全贮存寿命也不同，如表 6-36 中 M1、M6 和 M10，它们均含有 1.0% 的二苯胺，但 M1 含 NC85%、M6 含 NC87%、M10 含 NC98%，则安全贮存寿命随 NC 含量的增加而降低。安定剂含量对安全贮存寿命有直接影响。在单基药中二苯胺的含量多为 1.0%～1.5%。双基药中中定剂的含量变化较大，M26 双基系列乙基中定剂高达 6.0%（起增塑剂作用），M9 双基药含中定剂 0.75%，安全贮存寿命为 20 年，而 M26 的安全贮存寿命只有 10 年。因此，并不是安定剂含量愈多愈好，而是有一个适当的值，一般在 2% 以下比较好。

表 6-36　美国部分含硝酸酯发射药的安全贮存寿命

品号	安定剂种类	安定剂含量/%	安全贮存寿命/年
M1（单基药，加农炮用）	二苯胺	1.0	40
M6（单基药，榴弹炮用）	二苯胺	1.0	35
M10（单基药，无坐力炮用）	二苯胺	1.0	20
M2（双基药，加农炮用）	乙基中定剂	0.6	20
M8（双基药，迫击炮用）	乙基中定剂	0.6	20
M9（双基药，榴弹炮用）	乙基中定剂	0.75	20
M26（双基药，榴弹炮用）	乙基中定剂	6.0	10
M15（三基药，加农炮用）	乙基中定剂	6.0	15

② 加工工艺　火药生产中工艺条件对火药贮存性能有很大的影响，第一是原材料的质量控制，不能将安定性不合格的硝化棉和硝化甘油带到生产中；第二，对高温工序的时间要严格控制，因为高温使得硝酸酯分解加速而消耗安定剂；第三是控制最终产品中水分含量，水分能够使得火药在贮存过程中产生酸而加速火药的分解；第四是返工品的掺入量要控制一致，返工品是经过多次加工过的，安定剂的消耗不一致，必须要严加控制。

③ 贮存条件　贮存中火药的安定性能有很大的影响，第一是贮存温度，必须严格控制，暴露于阳光下贮存可使火药箱内的温度高达 71℃ 以上，这必然加速了火药的分解；第二是湿度的影响，水分可以加速硝酸酯火药的分解；第三是贮存物堆积厚度的影响，堆放过厚，影响散热而使得火药内部温度升高；第四是氧气的影响，若包装箱密封不严漏气，空气进入箱中与分解产物 NO 生成 NO_2 而加速火药的分解。

（2）提高火药安全贮存寿命的途径

① 严格控制硝酸酯火药原材料的安定性质量。

② 严格控制火药成品的质量指标，特别要求控制水分的含量。

③ 严格控制贮存条件，贮存仓库温度要保持恒定或温度波动小，包装箱要密封防漏、防潮，堆放层厚度要适中，既要提高仓库的利用率，又要有利于通风散热，露天暂时存放时要加盖防晒雨篷布等。

④ 选择与火药品种相匹配的安定剂和适当的含量。

6.3.4 火药的感度及其测试方法

6.3.4.1 火药的感度

火药的感度是指火药在外界能量作用下发生爆发的难易程度，常采用撞击感度、摩擦感度等来表征含能材料对机械作用的敏感性。在正常条件下，火药主要表现为燃烧，但也可能发生爆炸，或从燃烧转为爆轰。

火药的燃烧或爆轰所需要的初始能量值称为初始冲量，如硝化甘油对撞击起炸所需的初始能量小，所以它的感度高。不同的火药和炸药有不同的初始能，表现出不同的感度，而且具有一定的选择性。同一种火药的燃烧或爆炸所需要的初始能量并不是一个固定值，而且随着加载条件和加载速度的不同而产生差异，如迅速加热所消耗的能量比缓慢加热所消耗的能量要小一些。

对单体炸药来讲，爆炸的根本原因是基团间键的断裂，其感度与基团的性质、数量、位置有关。一般情况下，高氯酸基比硝酸酯基不稳定，硝酸酯基比硝基不稳定，如硝化甘油、硝化棉比三硝基甲苯的感度大。在同类炸药中不稳定基团越多则感度越大，如硝化棉含氮量越高感度越大。

爆炸物感度的大小与生成热、活化能和分子键能有关。通常键能小的物质生成热也小，破坏键能所需要的活化能小，物质的感度就越高。

爆炸物的形态不同，感度也不同。通常由固态转变为液态时感度提高，因为液态内能大，蒸气压高，有利于爆炸反应的进行，故结晶状态的硝化甘油应该比液态的硝化甘油的感度低，在冻结状态时，其感度反而提高。此外，物质的晶型、粒度、密度和表面状态等对感度也有一定的影响。

爆炸物的感度随着初温的升高而增大，原因是温度升高，分子间的相对振动能增大，使得分子中的原子键能减弱，化学反应速度也加快，因而感度增大。

火药感度值的大小取决于本身的物化性质、物理状态和温度、湿度等。火药的感度不同于各组分的感度，更不是各组分原来的感度的简单加和，如单基、双基火药的感度小于原硝化棉的和硝化甘油的感度。火药中随着硝化甘油含量的增加感度增大。

在一般情况下，火药的撞击感度小于起炸药感度，又大于某些猛炸药的感度。火药的热感度与硝化棉、硝化甘油相近。单基药比双基药摩擦感度大。通常用普遍雷管不能引起火药的爆轰，而需要用 50g 以上的猛炸药作传爆炸药时才能起爆。

常见火药的撞击感度、摩擦感度及爆发点等见表 6-37 和表 6-38。

表 6-37 常见火药的撞击感度

火药名称	撞击感度/%			备注
	+50℃	+18℃	−50℃	
黑火药	100	100	100	
枪用单基药	88	66	56	
炮用单基药(12.95%)	92	68	64	落锤 10kg、落高 25cm，
单基药(13.2%)	100	80	75	试验次数 50 次,样品量 0.2g
双基药	80	50	90	
双基片状药	65	45	70	

表 6-38 典型火药的机械感度及爆发点

火药品号	摩擦感度/%	撞击感度/%	爆发点(5s)/℃	备注
双石-2	12	100		
双铅-2	16	50		撞击试验:
双芳镁-1	18	76		锤重 2kg、落高 25cm、
乙基 PS 推进剂	4	34		次数 50 次、样品量 0.2g、
丁基 PS 推进剂	0	0	262～268	摩擦试验:摆角 66°、
CTPB 推进剂	6	16	346	表压 25atm
HTPB 推进剂	4	8	344	

6.3.4.2 火药感度的测试方法

（1）热感度实验 热感度是火药在热作用下发生燃烧或爆炸的难易程度。不论是加工、贮存和使用过程中，火药都可能受到热的作用。在实际中，火药因热作用而发生燃烧或爆炸的事故是很多的。因此，对于火药的热感度应该给予足够的重视和了解。

火药受热作用发生着火的表示方法常用爆发点表示，又称为自动着火点。爆发点是指在一定的条件下将火药加热到爆燃时加热介质的最低温度。在某一温度下，将火药加热到爆燃所需要的时间就叫作火药的爆发延滞期。很显然，加热火药的温度越高，爆发延滞期就越短。热感度的经典试验即爆发点试验。通常采用 5s 或 5min 延滞期的爆发点相对比较火药的热感度。火药的爆发点不是一个严格的物理化学常数，即爆发点不仅与火药的物理性质、化学性质有关，如火药的熔点、挥发性、导热性和热容等，而且与测试条件有关，例如仪器的构造、装药量以及加热方式等。

① 实验原理 在一定的实验条件下，测试不同的恒定温度下试样发生爆炸的延滞期，将数据作图，即可求得一定延滞期的爆发点。若将实验数据按一定的程序输入计算机进行数据处理，求得的结果更精确。

② 实验装置 5s 延滞期爆发点测定仪由伍德合金浴和可调节加热速度的电炉组成。伍德合金组成（质量分数）为锡 13%，铅 25%，镉 12%，铋 50%。伍德合金浴为圆柱形钢浴，内径 75mm、高 74mm，钢浴外边包着保温套，钢浴内装有伍德合金。钢浴上面有带孔的盖子，一个孔安装着插温度计的套管，另一孔插入铜雷管。实验装置如图 6-22 所示。改进的爆发点测定仪能自动计时、自动测温和控温。

由于爆发点是以火药爆燃时加热介质的最低温度来表示，从理论上讲，爆发点是延滞期为无穷大时加热介质的温度，这在实际中是难以测定的。为了确定火药的爆发点，实际中人们常规定延滞期为 5s 或 5min，这样就可以比较不同火药的爆发点高低。从图 6-23 上可以求出 5s（或 5min）延滞期下的爆发点。

火药爆发反应符合阿伦尼乌斯关系，延滞期 τ 的对数与热力学温度 T 的倒数作图为一直线，如图 6-24 所示。

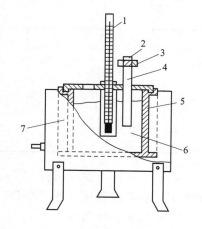

图 6-22 测定 5s 爆发点实验装置
1—温度计；2—塞子；3—固定螺母；
4—雷管壳；5—加热浴体；
6—加热用合金；7—电炉

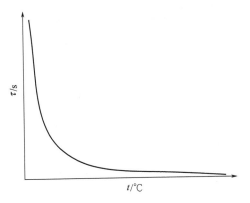

图 6-23　延滞期 τ 与温度 t 的关系曲线

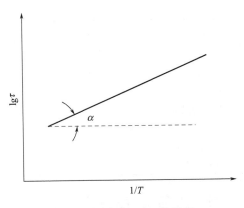

图 6-24　$\ln\tau$ 与 $1/T$ 的关系

τ 与 T 的数学关系式为

$$\ln\tau = A + \frac{B}{T} = A + \frac{E_a}{RT} \tag{6-123}$$

式中　τ——延滞期，s；

　　　A——与火药有关的常数；

　　　T——爆发点，K；

　　　B——E_a/R；

　　　E_a——火药爆燃反应活化能，J/mol；

　　　R——摩尔气体常数，J/(mol·K)。

由图 6-24 或式(6-123)就可以求出火药的爆燃反应活化能 E_a。它是研究火药爆发反应化学动力学的一个很重要的特征值。

部分火药的爆发点列于表 6-39 中。从表中可以看出，延滞期越长，火药的爆发点就越低。所以，爆发点不是火炸药的特性参数，各种资料报道的火药爆发点数据不完全相同也就不足为奇了。

表 6-39　部分火药的爆发点

火药名称	5s 延滞期爆发点/℃	5min 延滞期爆发点/℃
NC	230	195
NG	220	200～205
TNT	475	295～300
RDX	260	215～230
单基火药	220～224	180～200
双基火药		180～200
黑火药		290～310

另外，国际上常采用在 75℃下连续加热 48h 观察热质量损失、放气、变色等情况来判断它们的热安定程度。还有如 DTA、DSC 等热分析实验，也属于热感度实验。

(2) 机械感度实验

① 撞击感度实验　撞击感度是指在机械撞击作用下，被测物燃烧或爆炸的难易程度。测定时以自由落体撞击样品，观察样品受撞击后的反应。火药撞击感度的实验中普遍采用的是立式落锤仪，实验结果表示方法主要有爆炸百分数法和 50% 爆发临界落高（或特性落高）表示法。通常自由落体的速度为 2～10m/s。

火药撞击感度的立式落锤仪如图 6-25 所示，撞击装置如图 6-26 所示。实验前的试样要按有关标准进行处理，尤其对试样粒度和水分含量有严格要求。实验一般在室温（15～35℃）下进行。火药实验中落锤的质量随感度而变，当特性落高不大于 60cm 时，落锤质量选用 2kg，药量为 0.03g；当特性落高大于 60cm 时，落锤质量选用 5kg，药量为 0.05g。实验时，先将试样放在上、下击柱间，将落锤拉至实验的高度，用爪勾或电磁铁固定，将撞击装置放在落锤仪的底座上，将落锤落下，观察撞击时发生的现象，凡有声响、冒烟、气味、痕迹和变色均判为爆炸，无上述现象为不爆炸。为了保证仪器的可靠性，提前对仪器进行标定。采用 2kg 的落锤，黑索今的爆炸百分数 28%～44% 为合格；采用 5kg 落锤，黑索今的爆炸百分数 40%～56% 为合格。

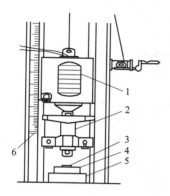

图 6-25　立式落锤仪装置示意图

1—电磁铁；2—落锤；3—上击柱；

4—击柱套；5—底座；6—标尺

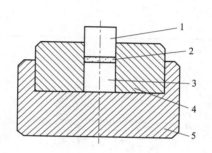

图 6-26　撞击装置

1—上击柱；2—试样；3—下击柱；

4—击柱套；5—底座

a. 以爆炸百分数表示撞击感度：用爆炸百分数表示撞击感度，是广泛采用的方法之一，实验采用 2kg 落锤，落高 25cm，平行实验 25 次，计算其爆炸的百分数。按下式计算

$$P_d = \frac{X}{25} \times 100 \tag{6-124}$$

式中　P_d——爆炸百分数，%；

　　　X——25 次实验中发生爆炸、燃烧、分解的总次数。

若 100% 不发生爆炸，或特性落高超过 60cm，则采用 10kg 落锤实验。表 6-40 列出了部分火药及 NC 在落锤为 10kg、落高为 25cm 的爆炸百分数。从表中可以看出，所有火药的撞击感度均高于 TNT；双基药的低温撞击感度最高，这是因为低温（−50℃）下硝化甘油可能发生结晶而敏化所致。

表 6-40　用爆炸百分数表示的部分火药的撞击感度

试样名称	不同温度下的爆炸百分数/%		
	50℃	18℃	−50℃
黑火药	100	100	100
枪用单基药	88	66	56
炮用单基药	92	68	64
双基药	80	50	90
梯恩梯	—	9	
硝化棉[$w(N)$=13.29%]	100	80	75
硝化棉[$w(N)$=12.90%]	92	68	64

爆炸百分数表示法最大的缺点是100％爆炸和0％爆炸的火药需要更换落锤，不能在同一标准进行比较。

b. 以特性落高表示撞击感度：特性落高是指在一定质量的落锤撞击作用下，药剂爆炸概率为50％时落锤下落的高度，又称为临界落高，以H_{50}表示，单位cm。一般火药的特性落高实验时采用2kg的落锤，用阶梯法或升降法进行30次实验，求出临界落高。进行两组平行实验，以算术平均值的误差小于20％为合格，取两组平均值为实验结果。部分火药的特性落高值列于表6-41中。

表6-41　部分火药的特性落高值

火药	H_{50}/cm	火药	H_{50}/cm
双铅-2	25.7	单基药	40.7
双芳-3	19.0	复合改性双基药	35.0
双芳镁-1	16.6	聚硫复合药	11.5
三酯芳-1	9.2	丁羟复合药	20.0

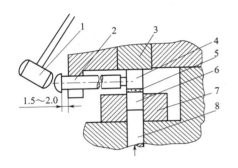

图 6-27　摆式摩擦仪的结构
示意图（单位：mm）

1—摆锤；2—击杆；3—上顶柱；4—上滑柱；
5—试样；6—下滑注；7—导向套；8—顶柱

② 摩擦感度实验　火药的摩擦感度是指在机械摩擦作用下发生燃烧或爆炸的难易程度。火药在生产、运输和使用中经常要受摩擦作用，如双基药的压延、压伸；单基药的挤压成型、滚筒干燥、气流输送、筛选、混同；复合火药的混合、脱模、拔模芯、整形；火药运输中的振动摩擦；火药使用中的装卸等，在这些过程中，因摩擦作用而发生燃烧或爆炸是火药事故的重要原因之一。

火药摩擦感度用摆式摩擦仪进行测定。常采用WM-1型摆式摩擦仪，将规定粒度和数量的火药，在具有一定正压力和相对速度的摩擦作用下，测定发火概率。摆式摩擦仪的结构示意图如图6-27所示。摆锤质量为1.5kg，摆臂长76cm，击杆可移动的距离为1.5～2.0mm，试样量为0.02g，摆角90°。

实验时，将摆锤固定于90°的位置，将试样置于上下滑柱之间，并通过顶杆给下滑柱施以3.92MPa的压强，当启动按钮，摆锤即落下冲击击杆，使上滑柱发生1.5～2.0mm的位移，试样受到摩擦力的作用。观察试样是否发生爆炸（声响、冒烟、气味、痕迹和变色），平行实验25发，以爆炸百分数表示。按下式计算

$$P_D = \frac{X_D}{25} \times 100 \tag{6-125}$$

式中　P_D——摩擦引起的爆炸百分数，％；

X_D——25发试验中的爆炸发数。

火药及其含能原材料的摩擦感度值对于指导生产和使用安全规范的制定具有重要意义。

③ 静电感度试验　静电现象在生产和生活中是一种很常见的现象，在火药的生产中也因运动摩擦产生不同负荷而使火药带电。各国对于静电火花感度的表示方法还没有统一的标准，但多采用针尖放电产生火花点燃试样的能量来表示。静电火花感度的测试装置原理图如图6-28所示。测量方法是在样品池2中放入试样后，将开关K置于a的位置，用高压电源E将系统充电至所需的电压，然后将开关K置于b的位置，板极1和针极4之间则放电产

生静电火花将样品 3 点燃。若样品被点燃，爆燃小室 5 内的压力就要升高，压力变化由 U 形毛细管 6 反映出来。

静电火花能由以下公式计算

$$E = \frac{1}{2}CV^2 \tag{6-126}$$

式中　E——放电火花的能量，J；

　　　C——电容量，F；

　　　V——电压，V。

静电火花感度表示方法有很多种，如在一定的静电火花能下的爆炸百分数、50％爆炸的临界静电火花能、100％爆炸所需要的最小能和 0％爆炸的临界静电火花能来表示静电火花感度。

④ 爆轰感度实验　火药的爆轰感度是指火药在爆轰冲击波作用下发生殉爆的难易程度，又称为爆轰波感度。火药在生产、贮存、运输和战场使用时，常因周围的爆炸物而受到冲击波的作用，了解火药爆轰感度对于生产、运输等的安全防护措施制定具有重要意义。

爆轰感度的实验方法最普遍的是卡片实验，是从炸药爆轰波感度实验衍生过来的。除了实验条件略有差异外，基本原理和方法都是相同的，实验装置如图 6-29 所示。实验所用的主发药柱为钝化 RDX 或者 TNT/PETN＝50/50 的混合炸药，尺寸为 $\phi36\text{mm}\times25.4\text{mm}$，卡片材料为三醋酸纤维，厚 0.17mm。被发药柱为 $\phi36.5\text{mm}\times140\text{mm}$，外套钢管。主发药柱用 8 号雷管起爆，以见证板（钢板）是否被击穿来判断被发药柱是否殉爆。

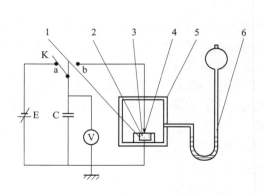

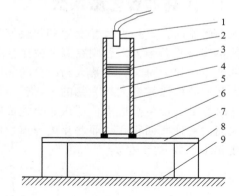

图 6-28　静电火花感度测量装置原理图

1—极板；2—样品池；3—样品；4—针板；
5—爆燃小室；6—U 形毛细管；E—高压电源；
K—开关；C—电容器；V—电压表

图 6-29　卡片实验装置图

1—雷管；2—主发药柱；3—卡片；4—被发药柱；
5—钢管；6—纸垫圈；7—见证板；
8—支架；9—地面

爆轰感度的表示方法是以火药 50％殉爆的卡片数（或总厚度）来表示，称为临界卡片数。卡片数越多，表示火药的感度越大。在复合火药中临界卡片厚度大于 17.5mm 时，则认为该火药存在爆轰危险性。

表 6-42 列出了部分固体推进剂的爆轰感度。主发药柱为 PETN，隔板为醋酸纤维卡片，每张厚度为 0.25mm，被发药柱的直径为 38.1mm。表中有的火药卡片数为 0，就是说不加隔板也不殉爆。这是因为试验药柱直径小于 38.1mm 小于爆轰临界直径。所以，对于那些 50％爆炸的卡片数为 0 的火药，并不意味着没有爆炸危险性，只要装药直径大于爆轰的临界直径，仍具有一定的爆轰危险性。

表 6-42 部分固体推进剂的爆轰感度

火药类型	50%爆炸的卡片数/张
NC/NG	35
AP/DB/Al	75
AP/NC-TEGDN/Al	63～64
AP/CTPB/Al	0
AP/PSR	0
AP/PU/Al	0
AP/PVC	0

通常，火药不但要求测定爆轰感度，而且还要求测定爆速，测定方法和炸药测爆速是一样的。

6.4

火药的热性质

火药的热性质用于计算药柱内各点的温度分布及环境温度变化时药柱体积的变化，如热导率、比热、热扩散系数、线膨胀系数等都是装药设计和影响内弹道性能的重要参数。

6.4.1 火药的线膨胀系数

火药膨胀时，其外形尺寸发生变化会使发动机内装药产生热应力。火药中各种成分的膨胀系数不应该相差很大，否则在温度发生变化时火药内部产生很大的内应力，严重时会使火药内部产生裂纹。可见，了解火药组分的热膨胀性质是非常必要的。

火药的线膨胀系数大约为钢的 10 倍，对于钢壳体黏结的装药是值得重视的问题，在温度变化时黏结面产生热应力，严重时会造成脱黏。在自由装填装药的发动机内，装药因膨胀或收缩而改变通气面积，从而恶化内弹道性能。

线膨胀系数 α 定义为：

$$\alpha = \frac{1}{L}\frac{dL}{dT}(\text{℃}^{-1}) \tag{6-127}$$

火药和铸钢的线膨胀系数列于表 6-43。

表 6-43 某些火药及铸钢的线膨胀系数

名称	线膨胀系数/℃$^{-1}$
"H"型双基药	1.0×10^{-4}
双石-2 双基药	0.828×10^{-4}
双铅-2 双基药	0.611×10^{-4}
PS 复合火药(63%AP)	0.625×10^{-4}
聚酯复合火药(75%AP)	0.482×10^{-4}
PBAN 复合火药(Al+AP89%)	0.792×10^{-4}
含 TiO_2 的包覆剂	0.75×10^{-4}
铸钢	1.17×10^{-5}

采用压伸工艺制造的双基火药具有各向异性，火药径向比轴向线膨胀系数大两倍左右，

如表 6-44 所示。

表 6-44　双基火药与铸钢线膨胀系数比较

名称	线膨胀系数/℃$^{-1}$		实验温度/℃
	轴向	径向	
"H"型双基药	1.0×10^{-4}	2.0×10^{-4}	$0 \sim 40$
铸钢	1.17×10^{-5}	1.17×10^{-5}	室温

6.4.2　火药的热容量

在进行工艺设计、热量计算和燃烧机理的研究时，需要知道火药的热容量。热容量的定义为：一定物质温度升高 1℃ 所需要的显热。如果物质的量是 1mol，其热容称为摩尔热容，简称热容。如果物质的量为 1kg，其热容称为比热。火药及其一些物质的比热数据列于表 6-45。

表 6-45　火药及一些物质的比热

物质名称	比热/[kJ/(kg·K)]	物质名称	比热/[kJ/(kg·K)]
空气	1.00	硝化棉	1.42
钢	0.50	硝化甘油	1.46
黄铜	0.38	硝酸铵	1.71
硝酸钾	1.21	黑火药	1.00
木炭	0.84	单基火药	1.21
硫黄	0.75	双基火药	1.50
乙醇	2.42	复合火药	1.25
乙醚	2.26	含铝复合火药	1.13

无烟火药与复合火药的热容可以按下式进行估算：

$$C = \sum n_i C_i \tag{6-128}$$

式中　C——火药的摩尔热容；

　　　n_i——火药中所含某一元素的物质的量；

　　　C_i——火药中所含某一元素的摩尔热容。

6.4.3　火药的热导率和热扩散系数

火药的导热率和热扩散系数是影响内弹道性能的重要参数，也是工艺计算时所必需的数据。通常实测出热导率后，热扩散系数 K 可以由下式计算：

$$K = \frac{\lambda}{C\rho} \tag{6-129}$$

式中　λ——火药的热导率；

　　　C——火药的比热；

　　　ρ——火药的密度。

表 6-46 列出了火药和一些物质的热导率和热扩散系数。从表中的数据可以看出，火药的热导率和热扩散系数与一些高聚物材料相近，热导率约为钢的 1/300，热扩散系数约为钢的 1/200。火药和空气相比，其导热系数比空气大 10 倍，热扩散系数约为空气的 1/200。这是因为热扩散系数不仅和热导率有关，而且和物质的密度有关。火药的热导率和热扩散系

都很小，所以认为火药是一种热的不良导体。

表 6-46　火药和一些物质的热导率及热扩散系数

物质名称	热导率/[kJ/(m·h·K)]	热扩散系数/(m²/h)
空气	0.09	6.75×10^{-2}
石棉板	0.42	7.12×10^{-4}
水(液体)	1.97	4.70×10^{-4}
冰	8.09	3.84×10^{-3}
钢	225.72	6.25×10^{-2}
黄铜	307.23	1.02×10^{-1}
橡胶	0.59	3.53×10^{-4}
单基火药	0.80	4.48×10^{-4}
"H"型双基火药	0.75	3.08×10^{-4}
聚酯复合火药(75%AP)	1.15	5.48×10^{-4}
聚酯复合火药(75%AN)	0.94	3.71×10^{-4}
PS复合火药(63%AP)	1.02	4.83×10^{-4}

6.5
火药在武器中的做功原理

火药的设计与制造，最终的目标是实现更好的使用性能。在武器发射过程中，火药首先被点火热源点燃，药体通过燃烧反应将其蕴藏的化学能转化为热能而释放出来。假设没有其他热损失，则火药燃烧产生的热能全部用来加热燃烧产物，使燃烧产物的温度升到 T_V K（或 T_p K），高温燃气经过膨胀而做功，完成其功能转化。显然，武器发射过程的功能转化与普通热机的功能转化原理相同，所以武器被认为是一类特殊的热机。这类热机使用的燃料是火药，其做功能力同样取决于火药本身能量及其燃烧产物的性质和武器对火药能量利用的有效功系数。

6.5.1　火药在枪炮中的功能转化

火药在火炮射击过程中的功能转化可分为三个阶段进行讨论。

第一阶段为火药燃烧定容加热时期。假设火药定容绝热燃烧，此时不对外做功即 $p\,\mathrm{d}V=0$，则可以认为火药燃烧放出的热量全部用来加热燃烧产物，由初始温度 T_0 K 加热到爆发温度 T_V K，即燃烧产物由初始内能 U_0 升高到 U_V，其表达式为

$$Q_{V(\mathrm{g})} = \int_{T_0}^{T_V} nC_V \mathrm{d}T = U_V - U_0 \tag{6-130}$$

令
$$U_1 = U_V - U_0 \tag{6-131}$$

式中　$Q_{V(\mathrm{g})}$——1kg 火药定容燃烧所放出的热量，kJ/kg；

　　　　T_V——火药定容燃烧所达到的最高温度，K；

　　　　n——1kg 火药燃烧气体的总物质的量，mol/kg；

　　　　C_V——燃烧产物的摩尔热容，J/(mol·K)；

U_V——T_VK 时火药燃烧产物的总内能，kJ/kg；

U_0——T_0K 时火药燃烧产物的总内能，kJ/kg。

式（6-130）表示火药蕴藏的化学潜能转化为燃气的内能。

第二阶段为火药燃气绝热膨胀时期。当火药热能全部转化为高温燃气内能之后，在绝热条件下，气体由药室膨胀到炮管出口处时，燃气温度 T_V（K）降至炮口温度 T_g（K），此时燃气的内能 U_2 为

$$U_2 = \int_{T_0}^{T_g} nC_V \mathrm{d}T = U_g - U_0 \tag{6-132}$$

高温燃气膨胀时系统所消耗的内能为

$$U_1 - U_2 = \int_{T_0}^{T_V} nC_V \mathrm{d}T - \int_{T_0}^{T_g} nC_V \mathrm{d}T = U_V - U_g \tag{6-133}$$

假定高温燃气在绝热的理想条件下膨胀做功，即系统消耗的内能全部转化为膨胀功。

第三阶段为膨胀功转化为弹丸的动能。火药燃烧产物系统所做的膨胀功主要贡献给弹丸，使其获得动能 $mV_0^2/2$，与此同时，产生火炮后座、弹带变形和机械摩擦等次要功，用次要功系数 ϕ 来描述，所以火药燃气系统的膨胀功与弹丸动能的关系为

$$\frac{\phi}{2}mV_0^2 = (U_V - U_g) \tag{6-134}$$

由式（6-134）得

$$V_0 = \sqrt{\frac{2}{\phi m}U_V\left(1 - \frac{U_g}{U_V}\right)} \tag{6-135}$$

式中　ϕ——次要功系数；

　　　m——弹丸质量，kg；

　　　V_0——弹丸飞出炮口瞬间初速，m/s；

$1-U_g/U_V$——有效功系数。

由热力学中已知

$$C_p - C_V = R$$
$$K = \frac{C_p}{C_V} \tag{6-136}$$

整理后得

$$C_V = \frac{R}{K-1} \tag{6-137}$$

式中　R——气体摩尔常数，8.3144J/(mol·K)；

　　　K——燃气的比热比或绝热指数。

把式（6-137）代入式（6-134）得

$$\frac{\phi}{2}mV_0^2 = \frac{1}{K-1}nR(T_V - T_g) = \frac{1}{K-1}nRT_V\left(1 - \frac{T_g}{T_V}\right) \tag{6-138}$$

若火炮装药量为 W_p。把式（6-138）整理后得

$$V_0 = \sqrt{\frac{2}{K-1}\frac{W_p}{m}\frac{nRT_V}{\phi}\left(1 - \frac{T_g}{T_V}\right)} = \sqrt{\frac{1}{K-1}\frac{W_p}{m}\frac{f_V}{\phi}\eta_t} \tag{6-139}$$

式中　m——弹丸质量，kg；

　　　W_p——火药质量，kg；

　　　η_t——有效功系数。

6.5.2 火药在火箭发动机中的功能转化

火药在火箭发动机中的功能转化同样分为几个阶段讨论。

第一阶段为火药燃气加热时期。火药在发动机中为定压绝热燃烧，释放出来的热能全部用来加热燃烧产物，温度由 $T_0(K)$ 升到 $T_p(K)$，即

$$Q_p = \int_{T_0}^{T_p} nC_p \, \mathrm{d}T = nC_p(T_p - T_0) = H_p - H_0 = H_c \tag{6-140}$$

式中 Q_p——1kg 火药定压爆发热，kJ/kg；

T_p——火药定压燃烧温度，K；

n——1kg 火药燃气的总物质的量，mol/kg；

C_p——燃烧产物的定压热容，J/(mol·K)；

H_p——燃烧室内 1kg 火药燃烧产物温度 T_p 时的总热焓，kJ/kg；

H_0——T_0 K 时燃烧产物的热焓，kJ/kg。

此式表示火药贮藏的化学能全部转化为燃烧产物的热焓。

第二阶段为火药燃气绝热等熵流动膨胀时期。当推进剂热能全部转化为高温燃气热焓之后，在绝热等熵膨胀由燃烧室流动到喷管出口处时，燃气温度从 T_p（或 T_c）降至 T_e，此时燃气的热焓为

$$H_e = \int_{T_0}^{T_e} nC_p \, \mathrm{d}T = nC(T_e - T_0)$$

此时高温燃气膨胀时，系统所消耗的热焓为

$$H_c - H_e = nC_p(T_p - T_e)$$

通常假设高温燃气在理想条件下流动膨胀做功，即系统消耗的热焓全部转化为膨胀功。

第三阶段为高温燃气经喷管流动膨胀做功时期。假设发动机是理想的，燃烧室内的燃气流动可以认为是等熵过程，而燃烧产物在喷管中膨胀流动也可以认为是等熵过程，因此喷管入口处与喷管出口处服从能量守恒方程，则燃气膨胀功转变为燃气的动能，即

$$H_c + \frac{1}{2}mV_c^2 = H_e + \frac{1}{2}mV_e^2 \tag{6-141}$$

式中 H_c——燃烧室喷管入口处的燃气热焓，kJ/kg；

H_e——喷管出口处燃气热焓，kJ/kg；

V_c——喷管入口处燃气速度，m/s；

V_e——喷管出口处燃气速度，m/s；

m——燃气质量，kg。

由于燃烧产物在喷管入口处的速度 V_c 远小于喷管出口处的速度 V_e，所以 V_c 可以忽略不计（$V_c \approx 0$）。

由于燃烧的火药质量为 1kg，可把式(6-141)改写成

$$V_e^2 = 2(H_c - H_e) \tag{6-142}$$

式中，H_c 就是 H_p。此式表示出 1kg 药燃烧产物的热焓变为燃气动能的情况。

第四阶段为燃气的动能转化为火箭的推力。

根据发动机原理，火药燃气经过喷管达到最佳膨胀时，发动机的总冲量应等于发动机的推力 F 与发动机工作时间 t 的乘积，即

$$I = Ft = V_e \dot{m} t$$

而比冲量则为

$$I_{sp}=\frac{I}{W_p}=\frac{V_e\dot{m}t}{W_p}=V_e \quad (\text{N}\cdot\text{s/kg}) \tag{6-143}$$

式中 $\dot{m}$——发动机中火药燃烧产物的质量流率；

W_p——火药的总质量。

整理后得

$$I_{sp}=V_e=\sqrt{2(H_c-H_e)} \quad (\text{N}\cdot\text{s/kg}) \tag{6-144}$$

此式为推进剂比冲的基本表达式。

假设燃烧产物在喷管中膨胀流动时组分不变，热容取 $0\sim T_p(\text{K})$ 的平均值，从式 (6-144) 得出

$$I_{sp}=V_e=\sqrt{2(H_c-H_e)}=\sqrt{2nC_p(T_c-T_e)} \tag{6-145}$$

由比热比 $K=C_p/C_V$ 及理想气体绝热膨胀方程 $pV^K=$ 常数，导出

$$C_p=\frac{K}{K-1}R; \qquad \frac{T_e}{T_c}=\left(\frac{p_e}{p_c}\right)^{\frac{k-1}{k}} \tag{6-146}$$

代入式(6-145) 得

$$I_{sp}=\sqrt{2(H_c-H_e)}=\sqrt{2\frac{K}{K-1}nRT_c\left[1-\left(\frac{p_e}{p_c}\right)^{\frac{K-1}{K}}\right]} \tag{6-147}$$

式(6-147) 就是通常用来计算冻结流动比冲的基本公式。

或写成

$$I_{sp}=\sqrt{2\frac{K}{K-1}nRT_c\eta_t} \tag{6-148}$$

式中 I_{sp}——推进剂比冲，N·s/kg；

n——1kg 燃气总物质的量，mol/kg；

R——气体常数，8.3144J/(mol·K)；

T_c——燃烧室温度，K；

p_c——燃烧室内压力，atm；

p_e——燃气在喷管出口处压力，atm；

η_t——有效功系数。

火药的比冲决定着火箭主动段末端理想的最大初速 V_m，其关系式为

$$V_m=I_{sp}\ln\frac{W_m}{W_p} \tag{6-149}$$

式中 W_m——火箭总重量（$=W_p+W_k$），kg；

W_p——发动机携带的火药质量，kg；

W_k——发动机工作结束时火箭质量，kg；

I_{sp}——推进剂比冲，N·s/kg。

此式为火箭的理想速度公式，又称齐奥柯夫斯基公式。而火箭的最大射程 X_{max} 与 V_m 有如下关系式

$$S_{max}=2S_0+K_1V_m^2 \tag{6-150}$$

式中 S_0——主动段射程；

K_1——常数。

火药在武器中的做功大小，主要取决于燃气总物质的量和燃烧温度 T_p 或 T_c 及有效功系数 η_t。

6.6

火药的设计

由于发射药和火箭固体推进剂对性能要求方面的差异，火药设计的要求和重点也不同，下面分发射药和固体推进剂的设计进行讨论。

6.6.1 发射药的设计

设计发射药时应已知武器的基本参数，如口径、炮管长、药室的形状、容积和长度，以及弹丸的重量、初速、膛压等。发射药的设计主要包括原材料性质和成分确定、发射药的能量设计、发射药的力学性能与配方设计的关系、装药量和装填密度的确定、发射药形状的设计、燃烧层厚度和其他尺寸的确定，理论验算和试验调正等。

6.6.1.1 原材料性质和成分确定

发射药的性质根据原料来源、生产工艺条件等确定，目前应用最多的发射药品种还是传统的单基和双基两类。单基药与双基药相比，后者生产周期短、能量范围广，因此双基药可以应用到几乎所有武器上。双基药制备成多孔结构和燃烧层厚度小的药粒较困难，只有当单基药的爆热不满足要求时才考虑采用双基药。

为了使火药满足某些特殊要求，单基药中除了含作为能量成分的硝化棉之外，还加入溶剂、安定剂等附加成分，双基药中还加入降温剂、增塑剂、增韧剂等附加物。

6.6.1.2 发射药的能量设计

火药是发射弹丸或火箭的动力来源，要完成武器的战术要求，必须使之具有足够高的热量或爆热，因此热量是火药最主要的能量参数。火药的做功能力大小、燃烧速度和火药气体对武器膛壁的烧蚀情况等主要取决于火药热量的大小。

对火箭装药应选择热量在 3350kJ/kg 以上的火药。低热量的火箭装药容易引起燃烧不完全和断续燃烧，在特别恶劣的条件下甚至熄灭。高热量的火箭装药会使火箭燃烧室喷管烧蚀或烧蚀较严重，特别是发射终了时，热量以辐射方式由气相向固相传播，烧蚀现象变得更加剧烈。

发射药能量是发射药在火炮燃烧室中燃烧时释放出来的，是发射药主要成分提供的。根据身管武器对发射药的基本要求，发射药配方必须具有足够高的能量。这就需要了解：①该发射药配方应用于哪一类武器；②发射药能量与成分的关系，哪些元素及其化合物可以作为发射药成分，其热化学性能如何；③发射药燃烧产物的热化学性能及热化学数据；④表征发射药能量的参数，即能量示性数，包括爆热、比容、燃烧温度、火药力等；⑤发射药能量示性数的计算原理和方法；⑥以能量为主的发射药设计原则与方法。

计算能量示性数的方法前面已经做了详细的介绍，此处不再重复。下面介绍以能量为主的发射药设计原则与方法。

在选择火药热量时，首先必须考虑武器的类型和战术要求。对于不同的武器应采用适合该武器对热量要求的火药品种。对迫击炮装药来说，火药应在相当低的膛压下在极短的时间内燃尽，所以必须选择热量不低于 4600kJ/kg 的高热量火药。

对初速大和膛压高的大威力火炮装药，必须选择热量不超过 3350kJ/kg 的低热量火药。根据火药的威力系数及武器寿命要求，选择热量低且能在容许的装填密度情况下达到弹道性能要求的火药品种。

发射药能量是其组成成分热化学性质的函数，在已知可用作发射药成分的化合物化学数据后，利用能量示性数与发射药热化学性质之间的关系即可进行以能量为主的配方设计。能量示性数又可以与组分直接联系起来，因此可以利用发射药组分的能量系数设计配方。

因为发射药的定容火药力是燃气物质的量与发射药定容爆温的函数

$$f_V = nRT_V \tag{6-151}$$

而 n 和 T_V 均可以用发射药组分的能量系数表示

$$n = V_1/22.4 = 100V_j/22.4 \,(\text{mol/kg})$$
$$T_V = [2.643Q_{V(1)} + 560] = (2.643 \times 100\beta_j/4.18 + 560)\,(\text{K})$$
$$f_V = nRT_V = (\beta_j V_j + 2.12V_j) \times 10^3 \,(\text{kJ/kg})$$

1977 年，赵子立教授提出用火药各成分的能量系数图设计火药配方。各火药成分的能量系数图即为以 β_j 为横坐标，V_j 为纵坐标，在 $\beta_j\text{-}V_j$ 坐标图上分别标示出可以用作火药成分的各化合物的 (β_j, V_j) 点，并绘制出不同火药力值的等火药力线图。等火药力线将候选成分划分为两部分，位于等火药力线左边的候选组分不能单独满足所设计火药要求。等火药力左右各候选配方两两组合或多元组合都能满足所设计火药配方的能量要求。因此，以能量为主设计火药配方可以有很多个，即火药配方的能量选择范围比较宽。这一情况为设计不同能量等级的火药配方及允许其他约束火药配方提供了可能。采用计算机筛选满足特定能量水平的配方组合也具有相同的特点。

6.6.1.3 发射药的力学性能与配方设计的关系

武器的使用条件是十分恶劣的，作为它们的零部件，火药必然会受到各种外力的作用。如果火药不具备足够的力学性能，它将在外力作用下发生形变或破碎，结果它将不能规律地燃烧，从而影响武器的射击精度与正常发射，严重时会造成炮尾爆炸事故。因此，火药的力学性能是配方设计、火炮装药设计的重要依据和约束条件之一。

（1）发射药在火炮发射时遭受的外力破坏作用及受损发射药燃烧时对内弹道性能的影响 中低压火炮的装药量较少，历史上长期使用力学性能比较好的单基火药和双基火药，因而这些火炮的内弹道较少反常。自从高膛压或高初速等高性能火炮出现后，火炮的装药量不断增加，火炮射击时内弹道反常的现象时有发生。实验结果表明，火炮发射时的内弹道反常及炮尾爆炸事故可能是由于特定条件下压力波引起火药药粒破碎而导致的。

由经典火炮内弹道学可知，中低压火炮在正常点火条件下，膛底压力比弹底压力高，但不存在压力波动现象。然而，近代内弹道实验证明，火炮在实际发射过程中，装药中的火药并非瞬时全面着火，装药发生着一系列复杂的物理变化与化学变化，包括火药受外力作用后发生的破碎。

在点火药燃烧的同时，它前面及周围的火药也被逐次点燃，这些点燃的火药又去点燃前面的火药，于是火药药室内形成多个由于逐次点燃而产生的压力波。如果药室足够长，药粒的装填密度又比较大，这些压力波在传播过程中将不断叠加，最后在药室中形成一个有一定强度的压力波，压力波传播至弹底后发生反射。

压力波压缩火药床时火药床中的药粒将向前移动并被加速，加速运动的药粒又将其动量传递给邻近的药粒，于是火药床内部形成一个高速传递的应力波，这一应力波不仅压缩药粒床，而且推动火药床前方自由面上的药粒高速运动。药粒撞击药室内的硬物或相互撞击，导致药粒破碎，从而使火药内弹道失稳甚至发生炮尾爆炸事故。

火炮火药除了可能遭受外力破坏以外，如果火药装药结构设计不合理，运输与使用过程中操作不当等都可能使火药遭受冲击而破碎。

总之，火药的力学性能是影响内弹道稳定性及火炮发射安全的重要因素之一，正确理解火炮力学性能与火炮内弹道性能的关系，改进与设计出高力学性能的火药配方是解决高性能火药内弹道稳定性与发射安全的一个新的重要课题。

(2) 发射药动态力学性能及其试验方法　研究发射药的力学性能主要应研究其动态力学性能。动态力学试验是指在交变力（应力大小呈周期性变化）的作用下，推进剂所表现出的力学性能。推进剂在运输过程中和机载条件下，可能要经受周期力的作用，如振动等。测定动态力学试验的仪器有很多，如振簧仪、扭变仪、扭摆仪、黏弹谱仪等，最常用的是黏弹谱仪。这些仪器可以在很宽的温度范围和很宽的作用频率下进行试验，除研究材料的动态力学性能外，还可研究高分子材料的玻璃化转变、次级转变、结晶、相变、固化动力学和老化等。

对于理想的弹性体，在施加交变力的作用后，因其弹性恢复力，则会在平衡的位置上振动，其能量全部用于弹性变形，振幅与时间无关，呈现出无阻尼的自由振动。对于黏性液体，动能全部被吸收转变为热能而损耗，振幅随时间很快衰减，呈现出典型的阻尼运动。对于黏弹体，则介于二者之间，一部分能量用于弹性形变，另一部分动能则转变为热能而损耗，振幅随时间逐渐减小，称为阻尼振动。所以，在动态力学试验中，应力和应变按正弦形式变化，但应变相对滞后于应力。应力和应变的关系为

$$\varepsilon(t) = \varepsilon_0 \sin\omega t \tag{6-152}$$

$$\sigma(t) = \sigma_0 \sin(\omega t + \delta) \tag{6-153}$$

式中　ω——角频率；

δ——滞后角。

将式(6-153) 改写为

$$\sigma(t) = \sigma_0 \sin(\omega t)\cos\delta + \sigma_0 \cos(\omega t)\sin\delta \tag{6-154}$$

式(6-154) 表明，应力可分为两部分：一部分与应变同相位，幅值为 $\sigma_0 \cos\delta$，是弹性形变；另一部分与应变相差 $90°$，幅值为 $\sigma_0 \sin\delta$，是热能损耗。若用模量表示，则

$$E' = \frac{\sigma_0 \sin(\omega t)\cos\delta}{\varepsilon_0 \sin(\omega t)} = \frac{\sigma_0}{\varepsilon_0}\cos\delta \tag{6-155}$$

$$E'' = \frac{\sigma_0 \cos(\omega t)\sin\delta}{\varepsilon_0 \sin(\omega t - 90)} = \frac{\sigma_0 \cos(\omega t)\sin\delta}{\varepsilon_0 \cos\omega t} = \frac{\sigma_0}{\varepsilon_0}\sin\delta \tag{6-156}$$

若用复模量表示

$$E^* = E' + iE'' \tag{6-157}$$

式中　E^*——复模量；

E'——储能模量；

E''——损耗模量。

E' 是模量的实数部分，代表黏弹材料形变时的弹性变形；E'' 为模量的虚数部分，代表黏弹材料形变时转变成热的动能损耗。

在复数表示中，滞后角 δ 可用损耗角正切表示

$$\frac{E''}{E'} = \frac{\sin\delta}{\cos\delta} = \tan\delta \tag{6-158}$$

损耗角正切（即内耗）是每周期内所损耗的能量与所贮存的能量之比，它表示能量的大

小，$\tan\delta$ 的值越大，损耗的能量越大。在黏弹谱仪中，可直接测出 $\tan\delta$ 的值。

推进剂在运输或机载时因为受不同的振动而使部分振动的机械能转变为热能，被推进剂吸收而使温度升高，严重时会使药柱发生自燃。此外，动态力学性能试验结果对于分析推进剂的玻璃化温度、低温次级转变、氧化剂和黏合剂的结合能力等物理化学性能是必不可少的。

6.6.1.4 装药量和装填密度的确定

决定火药装药量时应考虑到火药燃烧的能量是否全部转变为推动弹丸的机械能，因此引入火药的有效作用系数的概念，它的意义是用来推测弹丸的能量占火药燃烧放出的总能量的百分数。根据火药的功能转化原理

$$Q_V\omega\,\eta_\psi = \frac{1}{2}mV_0^2 \tag{6-159}$$

式中　Q_V——定容爆热，kJ/kg；

　　　ω——装药量，kg；

　　　η_ψ——火药的有效作用系数，$\%$；

　　　m——弹丸质量，kg；

　　　V_0——弹丸初速，m/s。

不同类型的武器，火药的有效作用系数差异较大，根据经验来确定，通常采用的标准为：

一般武器$\eta_\psi = 35\% \sim 40\%$；

火箭炮$\eta_\psi = 10\% \sim 20\%$。

火药的装药量可以按下式计算

$$\omega = \frac{mV_0^2}{2Q_V\eta_\psi} \tag{6-160}$$

经验证明，保证火药全部点燃的引燃药量应为火药装药量的 1.5%，即

$$\omega_0 = 0.015\omega \tag{6-161}$$

式中　ω_0——引燃药量。

对小口径、短药室的武器，ω_0 可以小于 $1.5\%\omega$；对于大口径、长药室的武器，ω_0 应大于 $1.5\%\omega$。

发射药的装填密度用下式计算

$$\Delta = \frac{\omega}{V} \tag{6-162}$$

式中　Δ——装填密度，kg/dm^3；

　　　ω——装药量，kg；

　　　V——药室容积，dm^3。

一般武器的装填密度见表 6-47。

6.6.1.5 发射药形状的设计

在确定药型时，必须依据以下原则，在满足弹道要求的前提下尽可能使制造工艺简单。一般手枪因口径小、枪管短，要求火药燃尽的时间短，宜采用方片药、粒状药或球形药。这些药形尽管都是减面性火药，但对于短身管武器来说，由此带来对初速和膛压的影响较小，另外在制造工艺上较简单。

对步枪、机关枪及榴弹炮等长管武器，要求较大的装填密度，宜采用渐增性火药，可以

表 6-47　武器与装填密度对照

武器类型	装填密度/(kg/dm³)
轻武器	0.8～0.95
大口径火炮	0.65～0.78
一般加农炮	0.55～0.70
全装药榴弹炮	0.45～0.65
减装药榴弹炮	0.10～0.35
迫击炮	0.13～0.22

采用表面钝感的球扁形药，单孔或多孔结构的圆柱形粒状药。迫击炮通常采用薄片形环状药，大口径火炮因药室大、装药量大，应选用带孔管状药或带状药。

6.6.1.6　燃烧层厚度及其他尺寸的确定

发射药的燃烧层厚度对弹道性能的影响很大，当药形和装药量固定时，燃烧层厚度的增加会导致初速和膛压的降低，根据经验可知：

$$\frac{\Delta p_m}{p_m} = -\frac{4}{3} \times \frac{\Delta 2e_1}{2e_1} \tag{6-163}$$

$$\frac{\Delta V_0}{V_0} = -\frac{1}{3} \times \frac{\Delta 2e_1}{2e_1} \tag{6-164}$$

式中　　　　　p_m——最高膛压；

　　　　　　　V_0——炮弹初速；

　　　　　　　$2e_1$——燃烧层厚度；

Δp_m，ΔV_0，$\Delta 2e_1$——初速、膛压和燃烧层厚度在 5% 以内的变化值。

上式表明，燃烧层厚度变化时，膛压的变化为初速变化的 4 倍。因此，在药形和装药量固定时，应先确定一个最好的燃烧层厚度，以满足弹道指标的要求。

（1）燃烧层厚度的确定　　燃烧层厚度一般先用计算方法或密闭爆发器燃烧试验来确定，再根据射击试验测定的初速和膛压校验和调正。

估算公式为：

$$2e_1 = \frac{2u_1}{S}\sqrt{Bf\omega\varphi m} \tag{6-165}$$

式中　$2e_1$——燃烧层厚度；

　　　u_1——燃烧速度；

　　　S——武器线膛断面积；

　　　B——装填参数；

　　　f——火药力；

　　　ω——装药量；

　　　φ——次要功系数；

　　　m——弹丸质量。

其中 φ 取决于武器种类、装药量 ω 和弹重 q，

火炮：　　　　　　　　　　$\varphi = 1.05 + \frac{1}{4} \times \frac{\omega}{q}$

步枪：　　　　　　　　　　$\varphi = 1.22 + \frac{1}{4} \times \frac{\omega}{q}$

（2）孔径的确定　单孔粒状药和 7 孔粒状药的孔径为其燃烧层厚度的一半

$$d_k = 0.5 \times 2e_1$$

对于短管状药

$$d_k = 1.5 \times 2e_1$$

对于长管状药

$$d_k = 2.0 \times 2e_1$$

（3）长度的确定

轻武器：

　　　　方片药（宽）　（5～10）×2e_1；

　　　　小孔粒状药　　（5～10）×2e_1。

中小口径炮药：

　　　　管状药　　　　（100～300）×2e_1；

　　　　七孔粒状药　　（8～15）×2e_1。

高射机关枪药：

　　　　七孔粒状药　　（5～6）×2e_1。

大口径炮：

　　　　管状药　　　　药室长度的一半。

6.6.1.7　理论验算和试验调正

保证发射药在膛内完全燃尽是设计火药的基本要求，也是理论校验的依据。

设火药燃尽时弹丸的行程为 l_k，线膛长度 l_g，药室容积 V，线膛断面积 S，药室缩径长为 $l_0 = \dfrac{V}{S}$。

若 $\dfrac{l_k}{l_0} < \dfrac{l_g}{l_0}$，火药可以燃尽；若 $\dfrac{l_k}{l_0} > \dfrac{l_g}{l_0}$，则火药燃烧不完全。$\dfrac{l_g}{l_0}$ 是已知数。管状药和片状药的 $\dfrac{l_k}{l_0}$ 可以从内弹道表中查出；七孔药在燃烧过程中出现棱条，棱条燃尽尚需要一段时间，因此内弹道表中查出的 $\dfrac{l_k}{l_0}$ 还需乘以 1.07。

6.6.2　固体推进剂的设计

推进剂的综合性能和质量需要通过系统的设计和控制来实现，较高的延伸率、低的拉伸模量和低的蠕变量等是固体推进剂应有的基本特征。固体推进剂中的黏合剂既是燃料部分又是结构材料，因此聚合物类黏合剂是推进剂中最关键的组分。推进剂的各种性能指标都和黏合剂有关。推进剂药柱还要通过与发动机壳体很好地结合，要求在较宽的温度范围内不发生开裂等问题。

6.6.2.1　推进剂的能量性能设计

固体推进剂的能量设计的主要手段是推进剂配方能量特性的理论计算和筛选。能量特性计算方法主要采用热力学最小自由能法。

推进剂能量理论计算是推进剂组分筛选及配方能量性能优化设计的基础方法，大致可以分为 4 个步骤：

a. 计算出 1kg 推进剂的假定化学式和初始总焓。

b. 燃烧室中燃烧过程的热力学计算。在给定的推进剂组成、初温和燃烧室压强条件下，等熵的燃烧成为高温工作流体，使工作流体中燃烧产物达到热平衡和化学平衡；根据平衡时系统的自由能函数最小的原理，计算燃烧产物的平衡组分、绝热燃烧温度及其他热力学函数。

c. 燃烧产物在喷管膨胀过程中的热力学计算。燃烧室内高温工作流体所具有的压力可以使它通过喷管膨胀到出口压力，进而可以算出喷管出口处的温度、平衡组成及其他热力学函数。

d. 计算推进剂的理论比冲、特征速度、燃烧温度、燃烧产物、燃烧产物的平均分子量、比热比等能量参数。

（1）推进剂配方能量设计的组分选择原则　推进剂要获得高比冲，首先要求其燃烧过程能释放出最大的热量，以提高发动机燃烧室内的温度；其次要求燃烧气体产物具有更小的平均分子量，并且燃烧产物应有一定的稳定性，在膨胀过程中尽量减少二次反应；此外，尽可能选用密度高的推进剂组分以提高推进剂药柱的密度。

① 提高燃烧温度的途径　燃烧温度与单位质量推进剂燃烧后放出的热量有关，爆热越大，则燃烧温度越高。因此，为了增加推进剂的能量，通常选择生成焓高的组分。从键能的角度，燃烧反应使反应物分子中的化学键断裂，生成燃烧产物中的新键；键断裂需要能量，生成新键又放出热量。如果推进剂组分的键能越小，燃烧产物的新键能越大，则燃烧反应产生的热量越高。因此，选择生成焓高的组分、含弱键的化合物，便可提高燃烧温度。常用的方法包括：

a. 提高推进剂的氧平衡，以提高燃烧的完全程度，增加爆热。为了提高氧平衡可以增加氧化剂含量；使用新型的有效氧更高的氧化剂取代高氯酸铵；使用含氧的高能黏合剂和增塑剂。

b. 提高组分的生成焓或加入高生成焓、燃气产物分子量小的炸药。

c. 选用高热值的轻金属（Li、Be、B、Al）和轻金属氢化物（AlH_3等）。

d. 将含弱键结合的基团引入到组分中，如硝基、硝氨基、亚硝基、肼基、羟氨基、二氟氨基、叠氮基、硝酸酯基等。

② 降低推进剂燃气平均分子量的途径　为了降低推进剂燃气的平均分子量，可以从以下几点着手：

a. 组成燃烧产物各元素要有较小的原子量，密度满足要求后，尽量选择含氢元素多的组分；

b. 选择含氢量多的组分，提高黏合剂的氢碳比例；

c. 选择成气性好的化合物，许多含弱键结合基团的化合物和含 H、N、F 量大的化合物都具有此特点；

d. 用金属氢化物代替金属燃烧剂，金属氢化物可以大幅度提高配方的氢含量，从而降低燃气的平均分子量。

③ 增加密度的途径　增加密度可以考虑以下几点：

a. 选用密度大的组分。Al 显著增加推进剂的密度，若需要更大的密度，还可以选用金属锆等。

b. 选择合适的黏合剂，提高固体含量，从而增加推进剂密度。HTPB 推进剂，固含量可以达到 90%；硝酸酯增塑的叠氮推进剂，黏合剂密度比 HTPB 高近 50%，在较低固含量的水平下同样可以使推进剂具有较大的密度。

c. 选用具有高能量密度的物质。高能量密度化合物的发展是推进剂能量水平提升的必然选择。RDX 和 HMX 是当前普遍应用于固体推进剂的高能化合物。探索更高能量水平的化合物是高能推进剂研究的永恒主题。

（2）推进剂的燃烧效率和比冲效率 为了获得高的实测比冲，推进剂除了应具有高的化学潜能外，还必须要提高燃烧效率和发动机喷管效率，以充分发挥推进剂的化学潜能。

推进剂的燃烧效率取决于燃烧室中金属燃烧的完全程度，以及燃烧产物间达到的化学平衡的程度。燃烧室中金属及燃气的停留时间、燃烧室压强、燃烧室温度、推进剂氧平衡和燃烧金属滴的粒径等都影响推进剂的燃烧效率。其中，从推进剂配方优化设计的角度，可通过调节氧化剂含量或含能增塑剂组成，使推进剂具有适宜的氧平衡；通过降低氧化剂粒度、优化选择金属粉粒度，减小凝聚态金属液滴的直径，增加其燃烧速度，从而提高燃烧效率。固体推进剂的燃烧效率在实验室中可利用真空定容爆热及残渣活性铝含量等手段进行表征和分析。

推进剂能量性能优化除了需要考虑如何提高燃烧效率外，同样需要考虑对喷管效率的影响。喷管损失包括热损失、低膨胀损失、动力学滞后损失、边界摩擦损失和二相流损失等，这些损失都在一定程度上与推进剂组成有关；其中二相流损失随推进剂中铝粉含量的不同而有较大差别。这些损失主要归因于凝聚颗粒在喷管喉部的速度滞后，以及排出燃气流达不到热平衡。一方面，喷管损失会随排气中凝聚相含量的增加而迅速增加，推进剂中铝粉的含量通常在 $1\% \sim 19\%$，如果再增加喷管损失往往超过比冲增益；另一方面，氧化剂及铝粉粒度、配方氧平衡、含能黏合剂体系的含能程度等因素，均会影响铝粉在燃烧过程中的凝聚状况，从而影响发动机喷管效率。

提高铝粉燃烧效率、降低凝聚相颗粒尺寸、减少二相流损失，是提高比冲效率的关键，也是固体推进剂配方能量性能优化所要考虑的重要方面。

（3）固体推进剂能量性能的设计优化 固体推进剂能量性能设计优化，首先需要根据能量性能指标要求，利用能量性能理论计算程序进行设计和筛选，确定推进剂配方组分的主要种类和含量范围；同时根据提高燃烧效率的需要对配方体系的氧平衡、固体组分粒度等进行进一步的选择设计，确定主要组分的规格；为推进剂其他性能的设计提供的可用配方选择范围。固体推进剂能量性能设计流程如图 6-30 所示。

6.6.2.2 推进剂的燃烧性能设计

火药的燃烧性能设计和调节方法，是建立在对燃烧性能深入研究基础上得到的。掌握火药的燃烧规律也是将火药成功应用于各技术领域的重要前提。

燃烧性能的研究上升到理论上，建立起配方及燃烧条件对燃速及其他燃烧规律的数学模型，应用这些模型便可以反向进行设计，即在火药配方设计初期就可以预估其燃烧性能，实际上这项工作难度很大，对于不同体系的推进剂相应的规律和模型差异较大，目前还没有普遍适用的燃烧模型和燃速计算方法。

火药燃烧时的火焰结构、火药燃速与配方及外部条件相互关系研究结果都表明，无论是均质火药还是复合火药，它们的燃烧过程都相当复杂。但是常用的燃速公式却很简单（例如，$u = u_1 p^v$，$u^{-1} = ap^{-1} + bp^{-1/3}$），它除了表明火药燃速与火药配方的关系外，所有其他影响因素都被综合于两个系数 u_1 与 v 或 a 与 b 之中。这些燃速公式不能直接反映燃速与配方的关系，但寻找配方与线性燃速之间的关系是火药设计人员长期以来追求的目标。然而，火药的实际燃烧过程极其复杂，已有的火药燃烧模型大多数仅具有理论分析意义。新火药配方的燃速还需要通过实验方可得到，目标产品的燃速满足设计要求还需经过反复的测试和调整。

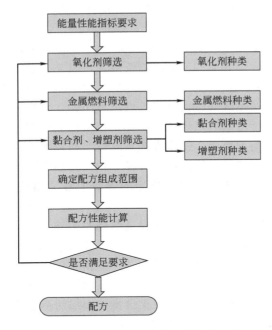

图 6-30　固体推进剂能量性能设计流程

（1）均质火药燃速的理论计算公式　为了理论上建立计算火药的燃速公式，苏联与欧美许多学者都对此进行了大量研究，1938 年苏联学者捷尔道维奇建立了混合可燃气体稳定燃烧理论，并于 1942 年提出了均质火药燃烧模型。假定火药的火焰区反应服从阿伦尼乌斯定律，得到零级反应的火药燃速方程：

$$u = \frac{1}{\rho}\sqrt{\frac{2\lambda_{g}}{Q}W\frac{RT^{2}}{E_{0}}\exp\left(-\frac{E}{RT}\right)} \tag{6-166}$$

对于一级反应有

$$u = \frac{1}{\rho Q}\frac{RT_{f}^{2}}{E}\sqrt{2Z_{1}\lambda_{g}C_{g}(T)\rho_{g}\exp\left(-\frac{E}{RT}\right)} \tag{6-167}$$

式中，λ_{g}、C_{g}、ρ_{g} 分别为火药气态分解产物的热导率、比热容和密度；W 为气相反应速度；Q 为爆热；ρ 为火药密度；E 为反应活化能；T 为温度；T_{f} 为火焰温度；Z_{1} 为指前因子；R 为气体常数。

式(6-167) 已将火药的燃速与火药的密度、爆热、燃气压力及燃气的一些常数联系起来，若知道新设计火药配方的这些参数，则可以计算出对应的火药燃速。由于火药分解反应产物的反应活化能等参数难以准确确定，故捷氏燃速公式仅具有理论分析意义，还不能用来实际计算配方的燃速。

（2）复合火药燃速的理论计算公式　复合火药的结构是非均质的，它的燃烧要比均质火药更为复杂。有关学者曾提出过多个复合火药的燃烧模型，其中应用较广泛的有 M. 萨默费尔德教授根据 GDF 模型导出的燃速公式。

GDF 模型将复合火药燃烧气相区分为Ⅰ、Ⅱ两部分，并认为在不同压力下控制燃速的区域是不同的。低压下，黏合剂与高氯酸铵（AP）分解产物的化学反应速度较慢，而气团的扩散速度较快，因此复合火药燃速受化学反应速度控制。高压时，黏合剂与 AP 的反应速度较快，而气团的扩散速度较慢，燃速受气团扩散混合速度控制。中等压力时，燃速则同时受上述两种速度的控制。为了求得复合火药的燃速 u，可以利用决定燃速区的能量平衡方程，即：

$$\rho u[C(T_s-T_0)-Q_s]\cong\lambda_g(T_f-T_s)/L \tag{6-168}$$

式中，ρ、C 分别为火药的密度和比热容；T_0、T_s、T_f 分别为火药的初温、燃烧表面温度和燃烧温度；Q_s 为火药燃烧表面反应的净热效应；λ_g 为燃气的热导率；L 为气相燃烧区的总厚度。

由式(6-168)可知，对于给定的火药，燃速与 L 成反比。故只要求出复合火药的气相反应区的总厚度，即可求得火药的燃速。

M. 萨默费尔德教授求出三种情况的燃烧区厚度。

a. 低压下

$$L_1=\frac{1}{\rho}\sqrt{\frac{\lambda_g(T_f-T_s)}{Z[(T_f-T_s)-Q_s]\exp\left(-\dfrac{E}{RT_g}\right)}} \tag{6-169}$$

$$u=\frac{\rho_g}{\rho}\sqrt{\frac{\lambda_g(T_f-T_s)}{Z[(T_f-T_s)-Q_s]\exp\left(-\dfrac{E}{RT_g}\right)}} \tag{6-170}$$

b. 高压下

$$L_2=\frac{(6m/\pi)^{1/3}}{\rho_g^{5/6}}\times\frac{\lambda_g(T_f-T_s)}{D[C(T_f-T_s)-Q_s]^{1/2}} \tag{6-171}$$

$$u=\frac{1}{\rho}\sqrt{\frac{\lambda_g(T_f-T_s)\rho_g^{5/3}D}{(6m/\pi)^{2/3}[(T_f-T_s)-Q_s]}} \tag{6-172}$$

式中　D——扩散系数；

　　　Z——指前因子；

　　　m——气团质量。

c. 中压下

$$L_3=L_1+L_2 \tag{6-173}$$

$$\frac{1}{u}=\rho\sqrt{\frac{C(T_s-T_0)-Q_s}{\lambda(T_f-T_s)}}\times\frac{RT}{pM\sqrt{Z\exp\left(-\dfrac{E}{RT_g}\right)}}+\frac{(6m/\pi)^{1/3}}{\left(\dfrac{RT}{PM}\right)^{1/3}} \tag{6-174}$$

简化后得到

$$u^{-1}=ap^{-1}+bp^{-1/3} \tag{6-175}$$

这就是著名的 M. 萨默费尔德燃速公式。

（3）宋氏燃速理论——火药燃烧一维气相反应流燃速公式

从 20 世纪 70～80 年代，我国学者宋洪昌教授在深入研究火药燃烧模型的基础上提出了火药燃烧一维气相反应流模型，并建立了基于配方设计的火药燃速理论计算方法，我们称为"宋氏理论"。下面介绍一下有关的内容。

该燃烧模型认为：火药的稳态燃烧可以由给定的燃烧条件下，火药燃烧初期分解中间产物的化学反应及流动过程来确定，利用质量输运和特定气相组分化学反应速度的相关性，直接由质量平衡方程导出火药的燃速公式。这一公式可以表示为压力及火药组分（不含催化剂）的函数，适用于均质火药、改性双基火药与复合火药的燃速计算。

当火药的组分、固体成分颗粒的粒度、压力等因素在一定范围内任意变化时，该公式计算得到的火药燃速与实测值基本相符，偏差一般不大于 5%，该模型预示的火药燃速变化规律也与实际情况相一致。

火药燃烧时在不同的火焰区发生多种物理化学变化，其中化学变化是影响燃速的主要因素。火药燃烧时，其凝聚相反应区的主要成分首先分解成一些中间产物，其中的气态产物逃离燃烧表面进入到气相火焰区，在不同的气相火焰区继续反应，放出热量，使燃烧能持续进行下去。因此，如果能了解火药燃烧初期分解生成的主要产物在不同气相火焰区的反应，则对建立燃速公式有很大帮助。

由于火药种类很多，成分又复杂，且在高温高压下燃烧，燃烧反应机理还不太清楚。然而，如果从均质火药入手，分析其主要组分和分解产物的关系，就可以找出解决问题的办法。均质火药的主要成分为硝化棉和硝化甘油等硝酸酯，为此先研究硝酸酯的热分解与火药燃速的关系。

1）硝酸酯类均质火药组分的热分解　研究表明，硝酸酯分子内酯基中的 O—N 键最不稳定，它在热分解过程中首先断裂。每一种化合物的分子结构中都有一些相对不稳定的化学键。这一观点由化合物的电子结构和化合物分解时的质谱数据所证实。

硝酸酯的电子结构数据分析表明，硝酸酯热分解时化学键断裂的顺序是 O—N、C—C、C—H 键。质谱数据研究表明，硝酸酯的热分解反应为：

$$RO—NO_2 \longrightarrow NO_2 + RO\cdot$$
$$RO—NO_2 \longrightarrow NO_2 + CH_2O + [CHO] + [CH_2] + [CO]$$

式中　[CHO]——与 CHO 有关的有机碎片；

　　　[CH$_2$]——CH$_2$·、CH·、C· 等；

　　　[CO]——CO、H$_2$、H、N$_2$ 等。

这些反应主要发生在凝聚相反应区、燃烧表面和上表面反应区。

暗区与最终产物区一般无重要的化学反应发生。

硝酸酯在燃烧初期的分解产物按其化学结构与性质可分为 5 类：① 二氧化氮 NO_2；② 甲醛 CH_2O；③ 醛基 [CHO]；④ 烃基 [CH$_2$]；⑤ 其他基团，如 CO、H$_2$、H、N$_2$ 等。

上述分解产物中，第①类是具有强氧化性的气体，第②~④类是可燃性气体，其中第③类的醛基具有相对不稳定性，第④类烃基在分解产物中较少，可暂不计其裂解程度随压力的变化，第⑤类分解产物可认为不参与内火焰的反应。

对于不同的硝酸酯，在不同的加热条件下，其热分解过程及分解产物会有所不同，且随着热作用的增强，硝酸酯分子内化学键断裂的程度将加深。

热分解产物的质谱结果研究表明，均质火药的其他次要组分热分解产物大都是一些醛类和烯类化合物的自由基。

2）均质火药组分热分解产物的数量　燃烧初期均质火药组分的分解反应与压力有关，均质火药在一定压力下燃烧时，其气相区的热量反馈给火药的燃烧表面层，并将其加热，使火药各组分连续分解，形成火药燃烧初期的分解产物。火药的这种热分解与一般组分的热分解有所差异，它仅发生在火药的燃烧表面，但火药组分分子内化学键的强弱顺序仍然可以作为确定火药组分初期分解产物的依据。

燃烧初期均质火药组分的分解程度随自由基 [CHO·] 的裂解程度变化。但是，[CHO·] 的裂解程度与压力无关，因此，可以假定火药燃烧时存在某个特定压力 p^*，当 p^*/p 值不同时，燃烧初期均质火药组分的分解有三种情况：

① $p^*/p \ll 1$ 时

$$[RO—NO_2] \longrightarrow NO_2 + CH_2O + (CH_2OCHO\cdot + CH_2CHO\cdot) + [CH_2] + [CO]$$

② $p^*/p=1$ 时

$$[RO—NO_2] \longrightarrow NO_2 + CH_2O + CHO\cdot + [CH_2] + [CO]$$

③ $p^*/p \gg 1$ 时

$$[RO—NO_2] \longrightarrow NO_2 + CH_2O + [CH_2] + [CO]$$

以上分析说明，燃烧初期均质火药的组分分解都是一些化学基团，因此可以将火药的公斤假定分子式以相应的基团表示。若火药组分以 A_i 表示（下标 i 为序号），则

A_i 为：$(CO)_{B_{i1}} (CH_2)_{B_{i2}} (CHO)_{B_{i3}} (CH_2O)_{B_{i4}} (NO_2)_{B_{i5}}$

1kg 火药组分 A_i 所含有的相应基团的物质的量，用向量 B_i 表示时有

$$B_i = (B_{i1} B_{i2} B_{i3} B_{i4} B_{i5}) \tag{6-176}$$

在特定压力 p^* 下，1kg 火药组分 A_i 在燃烧初期分解生成的气体的物质的量为

$$N_i(p^*) = \sum_{j=1}^{5} B_{ij} \tag{6-177}$$

引入特定函数 $\eta(p)$ 作为描述 [CHO] 裂解程度的表达式，则在任意压力下，1kg 火药组分 A_i 在燃烧初期的分解产物物质的量可以表示为

$$N_i(p) = \sum_{\substack{j=1 \\ j \neq 3}}^{5} B_{ij} + \eta(p) B_{i3} \tag{6-178}$$

显然，$\eta(p)$ 应有下列特点：

当 $p^*/p \ll 1$ 时，$\eta(p) = 0$，这对应于分解产物中不出现 CHO·；

当 $p^*/p = 1$ 时，$\eta(p) = 1$，这对应于分解产物中[CHO]以 CHO· 的形式出现；

当 $p^*/p \gg 1$ 时，$\eta(p) = 2$，这对应于 CHO· 已全部裂解成 CH 和 H·。

燃烧初期均质火药主要组分的分解产物的物质的量可以由其所含相应基团物质的量的向量 B_i 确定。

根据原子质量守恒原理，可以计算出 1kg 硝化棉的分解产物的基团数量（N 为硝化棉的含氮量），根据公斤假定分子式推算得到：

$$B_{i1} = 0$$

$$B_{i2} = n_C - n_O + 2n_N = 6.1775 - 0.1981N$$

$$B_{i3} = n_O - n_H - 2n_N + n_C = 6.1775 + 0.5158N$$

$$B_{i4} = n_H - n_C = 24.6700 - 1.5063N$$

$$B_{i5} = n_N = 0.7139N$$

同样地，硝化甘油的分子式可以改写为 $(CHO)_1 (CH_2O)_2 (NO_2)_3$，可以推算出 1kg 硝化甘油分解产物的物质的量。

$B_{i1} = 0$；$B_{i2} = 0$；$B_{i3} = 1000/227 = 4.40$；$B_{i4} = 8.80$；$B_{i5} = 13.20$。

对于不同结构的火药组分，均可以按照同样的方法确定其各自的 B_i，有关基团划分可参照表 6-48 及表 6-49。一般以 C—C 键为基准，键能接近或低于 C—C 化学键键能的均被认为在火药分解时断裂。

若将所有与火药组分 A_i 对应的向量集合成一个矩阵 B_{IJ}，则

$$B_{IJ} = \{B_{ij}\} \quad (i=1 \cdots I, \ j=1 \cdots J) \tag{6-179}$$

此即压力为 p^* 时，火药各组分在燃烧初期分解产物的矩阵，见表 6-50。

均质火药中各组分是均匀分布的，在燃烧初期，它们都有相同的机会各自独立地分解，因此，均质火药的分解产物可以看成是各组分分解产物的加和。

表 6-48 C、H、O、N 化合物系统化学键的键能数据

键型	键能/(kJ/mol)	键型	键能/(kJ/mol)
C=O(醛)	682	C—C	347
C⋯C	500	C—O	351
C=C	619	N—O	238
O—H	463	C—N	336
N—H	391	C=N	615
C—M	413	N—N	158
N=O	632	N=N	441

表 6-49 双基火药燃烧分解过程中断裂的化学键（$p=p^*$ 时）

键型	分解产物	键型	分解产物
O—NO$_2$	NO$_2$	$\overset{\displaystyle O}{O-\overset{\|}{C}-CH}$	CO,CH$_2$,H
C—C	CH$_2$O,CHO,CH$_2$,CH,C	O=C—O—CH$_3$	CO,CHO,H
C⋯C	CH,C	CH$_2$—CH$_2$—CH$_2$—CH$_2$	CH$_2$=CH$_2$,CH$_2$
CH$_2$—H	CH$_2$,H		

表 6-50 火药各组分在燃烧初期分解产物（压力为 p^*）

组分名称	化学式	B_{i1}(CO)	B_{i2}(CH$_2$)	B_{i3}(CHO)	B_{i4}(CH$_2$O)	B_{i5}(NO$_2$)
硝化甘油	C$_3$H$_5$O$_9$N$_3$	0	0	4.40	8.80	13.20
硝化乙二醇	C$_2$H$_4$O$_6$N$_2$	0	0	0	13.16	13.16
硝化二乙二醇	C$_4$H$_8$O$_7$N$_2$	0	5.10	0	15.30	10.20
硝化三乙二醇	C$_6$H$_{12}$O$_8$N$_2$	0	0	4.17	16.66	8.33
二硝基甲苯	C$_7$H$_6$O$_4$N$_2$	5.49	38.40	0	0	10.98
硝化二乙醇胺	C$_4$H$_8$O$_8$N$_4$	12.49	4.17	0	8.33	12.49
甘油三醋酸酯	C$_9$H$_{14}$O$_6$	27.50	13.75	4.58	9.17	0
邻苯二甲酸二乙酯	C$_{12}$H$_{14}$O$_4$	18.02	36.04	9.01	0	0
邻苯二甲酸二丁酯	C$_{16}$H$_{22}$O$_4$	14.39	43.17	7.19	0	0
Ⅱ号中定剂	C$_{15}$H$_{16}$ON$_2$	12.50	58.33	0	0	0
2-硝基二苯胺	C$_{12}$H$_{10}$O$_2$N$_2$	4.67	56.07	0	0	0
凡士林	C$_{18}$H$_{38}$	7.07	70.70	0	0	0

若将火药配方以向量 A_I 表示

$$A_I=(a_1 a_2 a_3 \cdots a_i) \tag{6-180}$$

则有

$$B_J=\sum_{i=1}^{I} a_i B_{ij} \quad (j=1\cdots 5) \tag{6-181}$$

若以向量 C_J 表示 1kg 均质火药在压力 p^* 下燃烧初期分解产物的组分，则有

$$C_J=(B_1 B_2 B_3 B_4 B_5) \tag{6-182}$$

C_J 可表示为 A_I 与 B_{IJ} 的点积

$$C_J=A_I \cdot B_{IJ} \tag{6-183}$$

燃烧初期任意压力 p 下，1kg 均质火药分解产物的物质的量为

$$N(p) = \sum_{\substack{j=1 \\ j \neq 3}}^{5} B_j + \eta(p) B_{i3} \tag{6-184}$$

待函数 $\eta(p)$ 的具体形式确定后即可计算 $N(p)$。

3）均质火药稳态燃烧火焰中的质量输运与气相化学反应速度的相关性　均质火药稳态燃烧时，若压力与初温固定则其燃速即确定，这时燃烧系统的化学反应、热传导、质量输运等均达到某种协调状态，整个燃烧系统处于动态平衡。只要揭示稳态燃烧的质量输运和化学反应之间的联系，即可导出火药燃速公式的基本形式。

① 总质量流守恒方程　若将均质火药的稳态燃烧视为一维稳态反应流，气相中的压力均匀分布，且不计质量损失与热量损失，则总质量流守恒方程可表示为

$$\dot{m}(x) = \dot{m}(p) \quad (0 \leqslant x \leqslant x_f)$$

或

$$u\rho_p = u_g(x)\rho_g(x) \tag{6-185}$$

式中　u——火药的燃速；

ρ_p——火药的密度；

$u_g(x)$——气相中的气流速度；

$\rho_g(x)$——气相中的气体密度；

$\dot{m}(x)$——总质量流；

$\dot{m}(p)$——质量燃速。

在总质量流守恒条件下，若气相中的任意组分 j 的质量流以 $\dot{m}_j(x)$ 表示，则有

$$\dot{m}(x) = \sum_{i=1}^{J} \dot{m}_j(x) \quad (x > 0) \tag{6-186}$$

若定义 $w_j(x)$ 为气相中组分 j 的质量分数，则在 x 处应有

$$\dot{m}_j(x) = w_j(x)\dot{m}(x) \tag{6-187}$$

式（6-187）表明，在火药稳态燃烧时，整个火焰中气相组分 j 的质量流与总质量流是相关的。理论上讲，研究火药燃烧火焰中任意坐标 x 处的与气相组成都可以导出总质量流 $\dot{m}_j(x)$，即火药的质量燃速。

② 气相组分的质量方程　在火药燃烧的气相中，取一单位面积微元作为控制体，如图 6-31 所示。

由质量守恒原理可以写出气相中任一组分 j 的质量平衡方程

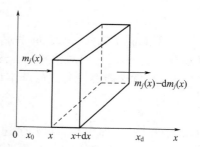

图 6-31　控制体微元内组分 j 的质量流示意图

$$D_g\rho_g(x)\frac{\mathrm{d}^2 w_j(x)}{\mathrm{d}x^2} - u_g(x)\rho_g(x)\frac{\mathrm{d}w_j(x)}{\mathrm{d}x} + W_j(x) = 0 \quad (x_0 \leqslant x \leqslant x_d) \tag{6-188}$$

式中　D_g——气体的平均扩散系数；

$W_j(x)$——组分 j 的反应速度。

式（6-188）中表示质量流的变化率等于反应速度与扩散速度之和。对于均质火药的稳态燃烧，式中首项的绝对值比其他项要小得多，N. Kubota 给出它们的数值比为 1：200，式（6-188）可以简化为

$$u_g(x)\rho_g(x)\frac{\mathrm{d}w_j(x)}{\mathrm{d}x}=W_j(x) \tag{6-189}$$

由于 $\dot{m}_j(x)=\rho_g(x)u_g(x)w_j(x)$

$$\frac{\mathrm{d}\dot{m}_j(x)}{\mathrm{d}x}=\rho_g(x)u_g(x)\frac{\mathrm{d}w_j(x)}{\mathrm{d}x} \tag{6-190}$$

于是气相中组分的质量方程为

$$\frac{\mathrm{d}\dot{m}_j(x)}{\mathrm{d}x}=W_j(x) \tag{6-191}$$

③ 质量输运与化学反应的相关性 一般的火药燃烧理论都是将能量方程、质量方程、化学反应速度方程联立求解火药的燃速。这种方法至少会遇到两个方面的困难。第一，它只能从总体上描述化学反应速度，在阿伦尼乌斯方程中，所有的参数并不是针对基元反应的，因而它们只具有表观或等效的意义。第二，在能量方程中含有反应热效应与热传导等因子，当气相组分因火药组成或压力等因素变化时，均无法定量计算这些因子的相应变化。

实际上，在火药稳态燃烧时，总的质量输运与任一气体组分的化学反应速度之间都存在一定的联系，虽然这种联系并不是很容易解出的，然而，若能选出一种特定气相组分并解出这种联系，则不难求得火药的燃速。

积分式(6-191)，得

$$\dot{m}_j(x_0)-\dot{m}_j(x_d)=\int_{x_0}^{x_d}W_j(x)\mathrm{d}x \tag{6-192}$$

若对于某一特定的气相组分 j_1 有

$$\dot{m}_{j1}(x_0)=0 \tag{6-193}$$

则式(6-193)可改写为

$$\dot{m}(p)=-\int_{x_0}^{x_d}W_{j1}(x_0)\mathrm{d}x \tag{6-194}$$

对于能满足式(6-194)的特定组分 j_1，其初始质量流 $\dot{m}_{j1}(x_0)$ 与其化学反应速度的区间积分 $(x_0\sim x_d)$ 绝对值相等，这一特殊关系对推导燃速公式将非常有用。

4) 均质火药燃速公式的基本形式 由式(6-185)及式(6-194)可将式(6-187)改写为

$$\dot{m}(p)=-\int_{x_0}^{x_d}W_{j1}(x_0)\mathrm{d}x/w_{j1}(x) \tag{6-195}$$

式(6-195)即为均质火药燃速的基本形式。在研究处的气相组成，并选择合适的特定组分 j_1 以后，设法求出该组分化学反应速度区间积分值，即可求得均质火药的燃速。

① 双基火药的燃速与压力指数公式的确定

a. 双基火药燃烧过程中二氧化氮的还原历程 硝酸酯的热分解与它们在燃烧初期的分解反应说明，二氧化氮是硝酸酯分解时首先产生的分解产物，而且是主要分解产物，它是一种强氧化剂，对均质火药的燃烧起着决定性的作用。因此，火药燃烧一维气相反应流模型就选择它作为特定气相组分。

有关学者对二氧化氮及其还原反应开展了大量的研究。宋洪昌教授假定，二氧化氮与醛反应之前，它的分子需要通过自身相互碰撞（活化成 NO_2^*）而转移分子内的能量，这一碰撞是 NO_2 还原反应过程的决定步骤。NO_2 的还原反应应为

$$NO_2+NO_2\longrightarrow NO_2^*+NO$$

$$NO_2^*+CH_2O\longrightarrow NO+CH_2O_2$$

$$CH_2O_2\longrightarrow CO+H_2O$$

二氧化氮的还原反应的速度分布可用一级近似描述：

$$\frac{\mathrm{d}w_{j1}(x)}{\mathrm{d}x}=\frac{w_{j1}(x)}{L},\quad(x_0\leqslant x\leqslant x_d)\tag{6-196}$$

式中　$w_{j1}(x)$——NO_2 的反应速度；

　　　　L——待定系数。

式(6-196) 的边界条件为

$$x=x_0,\quad w_{j1}(x)=w_{j1}(x_0)$$
$$x=x_d,\quad w_{j1}(x)=w_{j1}(x_d)$$

由 x_0 到 x 积分式(6-196) 得

$$\ln|w_{j1}(x)|=-(x-x_0)/L+\ln C$$

式中，C 为积分常数。

由边界条件得

$$w_{j1}(x)=w_j(x_0)\exp[-(x-x_0)/L]\tag{6-197}$$

式(6-197) 表明，在一级近似时，NO_2 还原反应的速度按指数规律衰减。

b. 二氧化氮还原反应的等效反应厚度

由式(6-197) 并假定 L 不随 x 变化，则 $w_{j1}(x)$ 的区间积分为

$$\int_{x_0}^{x_d}w_{j1}(x)\mathrm{d}x=Lw_{j1}^*(x_0)\tag{6-198}$$

若以 $w_{j1}(x_0)$ 为平均反应速度，则 L 即相当于等效反应区的厚度，一般应与内火焰反应区气体分析的浓度及初始浓度有关，若它们之间成正比例关系，则

$$L=\xi\bar{l}w_{j1}(x_0)\tag{6-199}$$

式中　ξ——比例系数。

由式(6-199) 可得

$$\dot{m}_{j1}(x_0)=\xi\bar{l}w_{j1}(x_0)|w_{j1}(x_0)|\tag{6-200}$$

② 燃烧初期压力对双基火药分解的影响

a. 压力对火药燃烧表面温度的影响　压力对火药燃烧初期分解反应的影响，在一定程度上可以通过燃烧表面温度随压力的变化反映出来。

N. P. Sun 曾报道了不同双基火药燃烧表面温度的测试结果，如图 6-32 和图 6-33 所示。

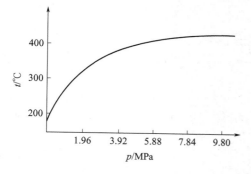

图 6-32　双基火药燃烧表面温度与压力的关系

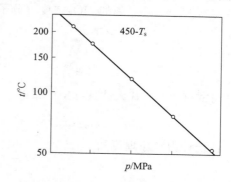

图 6-33　火药燃烧表面温度与压力的关系

b. 火药分解反应与燃烧表面温度的关系　低压下 T_s 随压力变化大，高压下 T_s 随压力变化较小。由此可以推测，火药组分分子内一些化学键的断裂也具有这种性质。

前面曾提到，火药组分在燃烧初期的分解随压力的变化主要体现于 [CHO·] 的裂解程度。低压下表面反应区的温度较低，分子间的碰撞数也较少，火焰中的光辐射作用较弱。这些因素都不利于 [CHO] 的充分裂解。高压下的情况则相反，部分或全部的 CHO· 裂解为 CO 及 H·。一旦 CHO· 全部裂解，则火药燃烧初期的分解也就再无变化，这时 T_s 即趋于定值。因此，可以认为，火药燃烧初期分解产物的总物质的量与燃烧表面温度之间存在一致的对应关系。

c. 燃烧初期压力对火药分解的影响　由以上分析可以确定，$\eta(p)$ 函数也应具有指数函数的形式。再根据前面提出的 $\eta(p)$ 函数的特点，即可找到 $\eta(p)$ 函数的具体形式为

$$\eta(p) = 2 - \exp[0.6931 \times (1 - p/p^*)] \tag{6-201}$$

容易看出，它满足所要求的基本特点。当 p^* 确定后即可进行实际计算。

d. 内火焰反应区中二氧化氮的初始浓度　由式(6-200) 和式(6-201) 可以写出火药燃烧火焰中 x_0 处 NO_2 的浓度表达式，并以 NO_2 的物质的量 $\theta_0(p)$ 表示。

$$\theta_0(p) = B_5/N(p) \tag{6-202}$$

$$N(p) = \sum_{\substack{j=1 \\ j \neq 3}}^{5} B_j + \eta(p)B_3 \tag{6-203}$$

令 $\alpha = B_1/B_5$；$\beta = B_2/B_5$；$q = B_3/B_5$；$r = B_4/B_5$；$B_5/B_5 = 1$。

$$D = (\alpha、\beta、q、r、1) \tag{6-204}$$

则有

$$\theta_0(p) = 1/[\alpha + \beta + \eta(p)q + r + 1] \tag{6-205}$$

已知 $\theta_0(p)$ 即可进一步建立双基火药的燃速公式。

③ 双基火药的燃速公式

a. 内火焰反应区中二氧化氮的质量流　由化学反应动力学的碰撞理论，可以给出火药燃烧火焰中 x_0 处单位时间、单位体积内的 NO_2 分子碰撞频率数

$$Z_{j1} = 2\sqrt{\frac{k\pi T_5'}{M_1}}\sigma^2 n_{j1}^2(x_0) \tag{6-206}$$

式中　　　k——玻尔兹曼常数；

　　　　　σ——NO_2 分子的有效直径；

　　　　M_1——NO_2 的分子量；

　　$n_{j1}(x_0)$——x_0 处的 NO_2 浓度（分子数）。

于是 $w_{j1}(x_0)$ 可表示为

$$w_{j1}(x_0) = -2\sqrt{\frac{k\pi T_5'}{M_1}}\sigma^2 n_{j1}^2(x_0)M_1 \tag{6-207}$$

将式(6-207) 代入式(6-200) 即得

$$\dot{m}_{j1}(x_0) = 2\sigma^2\sqrt{k\pi T_5'}\,\bar{l}w_{j1}(x_0)\eta^2\,_{j1}(x_0)\xi \tag{6-208}$$

由统计力学原理可知

$$\bar{l} = (2\pi\bar{\sigma}^2 n_0)^{-1} \tag{6-209}$$

$$n_0 = p/(kT') \tag{6-210}$$

式中　n_0——x_0 处气体分子的总浓度；

　　　$\bar{\sigma}$——气体分子的平均直径；

　　　p——气相的总压。

由 NO_2 的物质的量的定义 $\theta_0(p) = n_{j1}(x_0)/n_0$，式(6-208) 中可化为

$$\dot{m}_{j1}(x_0) = \sqrt{2}\left(\frac{\sigma}{\bar{\sigma}}\right)^2\sqrt{\frac{M_1}{k\pi}}\xi\varepsilon_{j1}(x_0)\frac{p}{\sqrt{T_5'}}\theta_0^2(p) \qquad (6\text{-}211)$$

式(6-211) 即为 x_0 处 NO_2 的质量流表达式。

b. 双基火药燃速公式的待定形式　由式(6-210) 和式(6-211) 可得

$$m_{f1}(x_0) = \sqrt{2}\left(\frac{\sigma}{\bar{\sigma}}\right)^2\sqrt{\frac{M_1}{k\pi}}\xi\frac{p}{\sqrt{T_5'}}\theta_0^2(p) \qquad (6\text{-}212)$$

若令

$$k^* = \sqrt{2}\left(\frac{\sigma}{\bar{\sigma}}\right)^2\sqrt{\frac{M_1}{k\pi}}\xi\frac{1}{\sqrt{T_5'}} \qquad (6\text{-}213)$$

则式(6-213) 可简化为

$$\dot{m}(p) = k^* p\,\theta_0^2(p) \qquad (6\text{-}214)$$

式(6-214) 即为火药燃速公式的待定形式，只要由实验确定 k^* 和 p^* 即可求得火药的燃速。

c. 双基火药燃速公式的确定形式　系数 k^* 的形式虽然复杂，但其中仅有 $\bar{\sigma}$ 与 T' 为变量，而这两个参数随压力变化的趋势是相反的，这是因为当 T' 升高时，相应地气相分子的总物质的量增加，故变小。在一定范围内，可以认为 $(\bar{\sigma}^2\sqrt{T_5'})$ 这一因子的变化值很小。实验发现，在初温为 20℃时，若取

$$p^* = 9.8\text{MPa}$$

则近似为常数，

$$k^* = 1.709\text{g}/(\text{MPa}\cdot\text{s})$$

则可得

$$\begin{cases} \dot{m}(p) = 1.709p\theta_0^2(p) \\ \theta_0(p) = 1/[\alpha+\beta+\eta(p)q+r+1] \\ \eta(p) = 2 - \exp[0.6931(1-p/p^*)] \end{cases} \qquad (6\text{-}215)$$

式(6-215) 即为双基火药的燃速公式。由此可以得出下列推论：

ⅰ. 燃烧初期火药分解产物中的 NO_2 的物质的量不随压力变化时，火药的质量燃速与压力的一次方成正比。

ⅱ. 压力一定时，火药的质量燃速与 NO_2 的物质的量的平方成正比。

这两点推论与 N. 库伯塔（N. Kubota）、M. 莎默菲尔德的报道完全一致，表 6-51 给出了详细的分析结果。

表 6-51　气体组成及 NO_2 的摩尔分数对燃速的影响

编号	气体组成	NO_2 的摩尔分数 θ_0	燃速/(cm/s)	θ_0^2/u
1	NO_2/CH_2O	0.568	140	0.230×10^{-2}
2	NO_2/CH_2O	0.400	70	0.229×10^{-2}
3	NO_2/CH_3CHO	0.630	10	3.97×10^{-2}
4	NO_2/CH_3CHO	0.400	4	4.00×10^{-2}

由表 6-51 中的实验 1 与 2 或 3 与 4 均可看出，燃速与 θ_0^2 成比例关系。

经过验证，火药燃烧初期，分解产物中 CH_2O 较多，即 $r>1$ 时，则燃速公式应该作一定的修正，这是由于 CH_2O 较多时，有一部分 CH_2O 在上表面反应区已分解为 CO 与 H·，即

$$CH_2O \longrightarrow CO + 2H \cdot$$

从而使 θ_0 值下降。修正的方法可取下式

$$\theta_0(p) = 1/[\alpha + \beta + \eta(p)q + \alpha + (r-1) \times 3] \tag{6-216}$$

式中　$(r-1) \times 3$——表示过量的 CH_2O 分解为 CO 与 H·，使总物质的量变化。

d. 双基火药的燃速压力指数公式

将式(6-215) 取对数并求导即得双基火药的燃速压力指数公式

$$\begin{cases} \nu(p) = 1 - \alpha \times \dfrac{pq}{Z_1} \times \dfrac{1}{p^*} 0.6931 \exp[0.6931(1 - p/p^*)] \\ Z_1 = 1 + \alpha + \beta + \eta(p)q + r \end{cases} \tag{6-217}$$

根据实际火药配方数据，由式(6-215) 和式(6-217) 分别计算出火药的燃速及压力指数，并作出 $\ln u\text{-}\ln p$ 与 $\nu(p)\text{-}\ln p$ 曲线，如图 6-34 和图 6-35 所示。

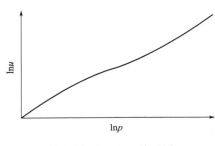

图 6-34　$\ln u\text{-}\ln p$ 关系图

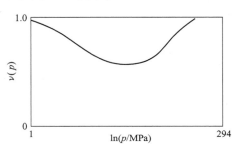

图 6-35　$\nu(p)\text{-}\ln p$ 关系图

图中燃速及压力指数变化规律与双基火药燃速及压力指数实测曲线基本一致。

若将式(6-215) 和式(6-217) 与维也里定律比较，可以看出：

ⅰ. 维也里定律只是一种近似表达式，它仅能适用于一定压力区间。而式(6-215) 和式(6-217) 能比较准确地反映火药燃速与压力指数随压力变化的规律，它已将过去分别适用于火箭燃烧室与火炮药室内的压力范围的维也里公式统一起来。

ⅱ. 式(6-215) 和式(6-217) 可以根据火药配方的组成计算火药的燃速及压力指数。

ⅲ. 由于 $\eta(p)$ 函数的形式已经确定。由此可以计算任意压力下火药燃烧初期分解产物的总物质的量，并可进一步推算 T_s 与 T'_s。由 T_s 还可以推算火药的燃速温度系数。

e. 双基火药的燃速及压力指数计算程序与计算结果

由式(6-215) 和式(6-217) 可以编写计算程序计算出给定火药配方的燃速及压力指数。计算程序的计算步骤如下。

ⅰ. 给出矩阵 B_{IJ}

ⅱ. 给出火药配方 $A_I = (a_1 a_2 \cdots a_I)$

$$\sum_{i=1}^{I} a_i = 1$$

ⅲ. 求出向量 C_J 和 D_J

$$C_J = A_J B_{IJ} = (B_1 B_2 B_3 B_4 B_5)$$

$$D_J = \frac{1}{B_5} \times C_J = (\alpha \beta q r 1)$$

ⅳ. 计算火药的密度

$$\rho_p = \Big[\sum_{i=1}^{I}(a_i/\rho_i)\Big]^{-1}$$

式中 ρ_i——火药组分 A_i 的密度。

ⅴ. 计算 $\eta(p)$ 函数的值

$$\eta(p) = 2 - \exp[0.6931(1 - p/p^*)]$$
$$\theta_0(p) = 1/[\alpha + \beta + q \cdot \eta(p) + r + 1]$$

ⅵ. 计算双基火药的燃速（初温为 20℃）

$$u(p) = 16.76 \times (p/p^*) \times \theta_0^2(p)/\rho_p$$

ⅶ. 计算双基火药的燃速压力指数

$$\nu(p) = 1 - 0.6931 \times \frac{q}{Z_1} \times \frac{p}{p^*} \exp[0.6931(1 - p/p^*)]$$

$$Z_1 = 1 + \alpha + \beta + q\eta(p) + r$$

ⅷ. 计算火药燃烧表面温度及燃速温度系数

$$T_s = F_1(B_1、B_2、B_3、B_4、B_5)$$
$$\sigma_{T_0} = F_2(B_1、B_2、B_3、B_4、B_5)$$

利用上述计算公式，可以编制计算机程序，应用该程序计算得到典型双基火药的燃速及压力指数列于表 6-52 及表 6-53。

表 6-52　双芳-3 火药的燃速计算结果与实测值对比

压力/MPa	$u_{计算}$/(m/s)	$u_{实测}$/(m/s)	压力/MPa	$u_{计算}$/(m/s)	$u_{实测}$/(m/s)
9.81	0.77	—	146.50	7.20	7.47
10.30	0.80	0.71	182.79	8.98	9.32
13.82	0.96	0.87	203.38	9.99	10.35
19.44	1.19	1.12	216.80	10.65	11.13
24.93	1.42	1.35	254.21	12.49	13.03
40.46	2.09	2.05	261.87	12.87	13.36
48.09	2.49	2.49	263.79	12.96	13.60
58.78	2.93	2.93	281.75	13.84	14.26
81.58	4.01	4.07	328.67	16.15	16.39
93.70	4.60	4.78	353.07	17.34	17.86
108.74	5.35	5.51	402.80	19.79	20.15
137.01	6.73	7.02	410.32	20.16	20.49

表 6-53　双芳-3 火药的压力指数计算及实测值

压力区间/MPa	计算值	文献数据	文献数据
0.1～1	0.60～0.95	—	—
1～10	0.60～0.62	—	—
10～25	0.62～0.73	0.73	0.70
25～58	0.73～0.95	0.90	0.9
58～410	0.95～1.00	0.95～1.0	0.9

表 6-52 说明，对于双芳-3 火药，用一维气相反应流火药燃速公式所得计算值与实测值相差很小，低压时偏差约为 10%，高压时偏差近 5% 左右。

火药燃烧一维气相反应流燃速公式亦可用于其他双基火药的燃速。例如双芳-3 中的 DNT 以 BTTN、DEGN、TEGN 代替后的火药，其燃速计算值列于表 6-54（9.81MPa）和表 6-55。

表 6-54 含 BTTN 等的双基火药燃速计算值（$p=9.81$MPa）

置换物质名称	DNT	BTTN	DEGN	TEGN
燃速/(cm/s)	4.82	5.40	5.28	5.04

表 6-55 某些制式双基火药燃速计算值

火药名称	双芳-3	双芳-2	乙芳-3	乙芳-4	双迫
燃速/(cm/s)	4.82	4.52	4.93	5.27	7.21

5）单基火药的燃速计算公式 单基火药主要由硝化棉组成，其中硝化棉含量在 80％以上，由于硝化棉是一种刚性大分子聚集体，分解温度较高，其分解反应与双基火药有所不同，故应修改为

单基火药 $\longrightarrow$ $NO_2+CH_2O+(CHO \cdot CH_2O+CHO \cdot CHO+CHO \cdot CH+CHO)+CH$

根据上式，在 $p=p^*$ 时，单基火药燃烧表面 1kg 硝化棉分解出 CHO 的物质的量为：

$$n_{(CHO)1}{}^* = n'_{(CHO)1}\lambda(w_{NC1})$$

式中　$\lambda(w_{NC1})$——w_{NC1} 的修正单元函数。

$\lambda(w_{NC1})$ 可取下列形式

$$\begin{cases} \lambda(w_{NC1})=(0.7/w_{NC1})^{0.583} \\ 0.98 \geqslant w_{NC1} \geqslant 0.83 \end{cases} \tag{6-218}$$

于是，按照双基火药燃速表达式单基火药的燃速计算公式可写成下列形式

$$\begin{cases} u(p)=1.709p\theta_0^2(p)/\rho_p \\ \theta_0(p)=1/[\alpha+\beta+q\eta(p)+r+1] \\ \eta(p)=2-\exp[0.6931(1-p/p^*)] \\ q=w_{NC1}q_1{}^* / \sum_{i=1}^{I}\delta'_i w_{NCi} \\ q_1{}^* = q'_1(0.7/w_{NCi})^{0.538} \end{cases} \tag{6-219}$$

式中，α、β、q、r、1 分别表示火药燃烧表面气相中各类气体的相对量，其中以 NO_2 为 1 份，NO_2 的数量以 mol/kg 计并记为 δ'_i。

单基火药的压力指数公式为

$$\begin{cases} \nu(p)=1-2\dfrac{pq}{p^* Z_1} \times 0.6931\exp[0.6931(1-p/p^*)] \\ Z_1=\alpha+\beta+\eta(p) \times q+r+1 \end{cases} \tag{6-220}$$

① 单基火药燃速计算公式的验证 几种单基火药的燃速实测值与计算值基本一致。另外，在 $p=30$MPa 与 $p \geqslant 500$MPa 时，由单基火药压力指数公式分别计算求得 $\upsilon < 1.0$ 与 $\upsilon \approx 1.0$。

② 单基火药中硝化棉含量及含氮量变化对燃速的影响 利用式（6-220）计算求得单基火药中硝化棉及含量变化对燃速的影响（表 6-56）。

表 6-56　单基火药中 NC 含氮量变化与燃速的关系

$w_N \times 100$	12.2MPa	12.4MPa	12.6MPa	12.8MPa	13.0MPa	13.15MPa
$u(100)$	46.2	47.6	49.1	50.7	52.2	54.8
$u(150)$	69.2	71.4	73.7	76.0	78.3	82.2
$u(200)$	92.3	95.2	98.2	101.3	104.4	109.6

注：表中单基火药的配方为：$w_{NC}=98\%$，$w_{DBP}=1\%$，$w_{C_2}=1\%$。

6）硝胺火药的燃烧特点及其燃速与压力指数的计算　硝胺火药是由硝化棉增塑体系或复合火药用黏合剂与硝胺炸药组成的一种复合火药。由于它具有高能低烧蚀等优良性能，是目前火炮与火箭火药的一个重要发展方向。但是，硝胺火药的燃烧却出现了一些不利于其使用的特点，其中最主要的是在硝胺炸药含量的某个区间，它的 u-p 曲线会出现转折。这一现象已引起国内外火药、内弹道、武器和燃烧工作者的严重关注，并进行了深入的研究。

宋洪昌教授根据硝胺炸药分解产物的特点，在一维气相反应流火药燃烧模型基础上，推导出硝胺火药的燃速及压力指数公式，经过理论计算与实验验证，较好地解决了这一问题。

① 硝胺火药的燃速

a. 硝胺火药的特征分解产物。对于以双基火药基体与硝胺炸药组成的硝胺火药，一维气相反应流火药燃烧模型仍可应用，但应与硝胺炸药特征分解反应产物相结合。硝胺炸药的热分解和分解产物，M. S. 密勒等已做过详细讨论。国内外多学者都认为，RDX、HMX 的分解产物主要有 NO_2、N_2O、CH_2O、N_2 等，其中 N_2O 是一种有别于双基火药分解产物的特征化合物。它的氧化活性与其浓度及压力有关。为了便于推导硝胺火药的燃速公式，将燃烧初期硝胺火药分解产生的 N_2O 的相对物质的量记为，

$$\alpha_N = X_N / \delta' \tag{6-221}$$

式中　X_N——1kg 硝胺火药分解生成的 N_2O 物质的量；

　　　δ'——NO_2。

若活性 N_2O 的转化率以 $\xi(p)$ 函数表征，显然，$\xi(p)$ 有下列特征

$$p=0, \xi(p)=0$$
$$p=\infty, \xi(p)=1$$

于是，燃烧初期硝胺火药分解产物中，氧化性气体由 N_2O 及 NO_2 组成，它们的摩尔分数分别为 1 与 $\xi(p)\alpha_N$。

b. 硝胺火药的燃速。由于硝胺火药分解产物中含有氧化性气体 N_2O，且引入了 $\xi(p)$ 函数，其氧化性气体的摩尔分数可写为

$$\theta_0(p) = \frac{1+\xi(p)\alpha_N}{\alpha+\beta+q\eta(p)+r+1} \tag{6-222}$$

于是硝胺火药的燃速公式为

$$\begin{cases} u(p) = 16.76\left(\dfrac{p}{p^*}\right)\theta_0^2\dfrac{(p)}{\rho_p} \\ \theta_{0(p)} = \dfrac{1+\xi(p)\alpha_N}{\alpha+\beta+q\eta(p)+r+1} \end{cases} \tag{6-223}$$

上式的使用压力范围为 0.1～500MPa。

② 硝胺火药的燃速压力指数

a. 硝胺火药燃速压力指数公式　将式（6-223）取对数，并以为自变量求导，得

$$\frac{\partial \ln u}{\partial \ln p} = 1 + 2 \times \frac{\partial \ln \theta_0(p)}{\partial \ln p} = 1 - 2 \times \frac{pq}{Z_1} \times \frac{\partial \eta(p)}{\partial p} + 2 \times \frac{p}{Z_2} \times \frac{\partial \xi(p)}{\partial p} \tag{6-224}$$

式中

$$Z_1 = \alpha + \beta + q\eta(p) + r + 1$$
$$Z_2 = 1 + \alpha_N \xi(p)$$

式（6-224）可改写为

$$\nu(p) = 1 + \nu_1(p) + \nu_2(p) \qquad (6\text{-}225)$$

式（6-225）表明，硝胺火药的燃速压力指数实际上由三部分组成。当火药的组成一定而压力变化时，$\nu(p)$ 值将由 $\nu_1(p)$ 与 $\nu_2(p)$ 决定。

b. 硝胺火药燃速压力指数全程曲线的特征　若以表 6-57 所列不同硝胺火药配方，计算其在不同压力下的燃速压力指数列于表 6-58。

表 6-57　不同硝胺火药的配方

编号	火药		编号	火药	
	DB	RDX		DB	RDX
1	100	0	7	100	0
2	80	20	8	80	20
3	70	30	9	70	30
4	60	40	10	60	40
5	50	50	11	50	50
6	40	60	12	40	60

表 6-58　含 RDX 硝胺火药的燃速压力指数计算值

p/MPa	火药编号					
	1	2	3	4	5	6
1.0	0.69	0.80	0.84	0.87	0.90	0.93
5.0	0.52	0.72	0.75	0.80	0.85	0.90
10	0.52	0.72	0.77	0.82	0.88	0.93
40	0.82	0.91	0.98	1.05	1.10	1.15
70	0.96	0.99	1.04	1.10	1.16	1.21
100	0.96	1.00	1.03	1.08	1.14	1.20
150	1.00	1.00	1.01	1.04	1.08	1.13
200	1.00	1.00	1.00	1.01	1.04	1.08
300	1.00	1.00	1.00	1.00	1.01	1.03
400	1.00	1.00	1.00	1.00	1.00	1.01
500	1.00	1.00	1.00	1.00	1.00	1.00

③ 关于硝胺火药燃速压力指数的讨论

a. 火药燃速压力指数的自然本质　火药燃速压力指数的自然本质是指它与单纯的压力及火药化学组成的相关性，如果不考虑催化剂、火药燃烧表面结构、气流等因素的影响，它反映了压力相对变化与火药燃速相对变化之间的关系，即反映了压力对火药燃烧过程中特定化学反应的影响。

b. NO_2 的还原反应　D. B. 斯柏尔丁假设，火药燃烧表面附近 NO_2 的还原反应有自身的活化过程控制。

$$\begin{cases} NO_2 + NO_2^* \longrightarrow NO_2 + NO_2 \\ NO_2^* + CH_2O \longrightarrow NO + CO + H_2O \end{cases} \qquad (6\text{-}226)$$

根据这一反应导出燃速压力指数公式如式（6-225）所示。当 $\theta_0(p)$ 不变（即 $p \rightarrow \infty$）时，燃速压力指数等于 1.0。

c. CHO 的热裂解反应

$$(CHO) \longrightarrow \begin{cases} (CHO)_n (p=0) \\ CHO(p=p^*) \\ CO + H(p=\infty) \end{cases} \qquad (6\text{-}227)$$

压力对（CHO）热裂解反应的影响以 $\eta(p)$ 函数描述。

有了火药配方与其燃速的关系，特别是含有火药组分特征结构的燃速公式，即可进行以燃速为主的火药配方设计，其设计步骤如下：

ⅰ．火药类型的选择。根据武器对火药燃速的要求，考虑到火药能量、物理-化学安定性、力学与工艺性能等，初步确定火药的类型。

ⅱ．初步确定火药配方中各种组分及其含量范围，即根据对火药能量、物化安定性、力学、工艺等要求初步拟定一系列火药配方。

ⅲ．设计火药配方方案的燃速计算。利用火药燃烧一维气相反应流燃速公式计算上述拟定的一系列火药配方的燃速及压力指数，并将计算求得的火药燃速与武器对火药燃速的要求值对比，取燃速及压力指数计算值符合武器要求的配方作为基础配方，并记为 A_1^*。若经过计算，上述火药的燃速不能满足武器对火药燃速的指标要求，则应考虑改选火药原料品种及规格，重新设计火药配方甚至改选火药的类型。

ⅳ．以初选火药配方进行小样试制并测定其燃速，若火药小样的燃速实测值与计算值接近，则适当细调火药配方即可进行中试。再经过实弹射击试验合格后，方可进行设计定型。

（4）固体推进剂燃速调节的技术途径　扩大固体推进剂燃速可调范围，是满足固体火箭发动机对推力-燃烧时间控制范围的基本要求。当推进剂工作压强、初温和药柱形状确定后，调节燃速的主要途径包括：

a. 改变推进剂的组分，调节推进剂配方的基础燃速；

b. 调节氧化剂用量、粒度级配，或采用多孔氧化剂；

c. 选择合适的燃速调节剂；

d. 嵌入金属丝或金属纤维；

e. 上述途径合理组合。

推进剂燃速的调节可以通过氧化剂粒度控制或调节燃速催化剂含量来实现。为了达到高的质量燃速，复杂的推进剂药柱形状或高的燃烧压力应尽可能避免。

双基推进剂燃速的降低不应该通过降低爆热来实现，除非比冲降低是可以容忍的。氧化剂表面的阻燃包覆也是不可取的，因为这样将降低系统的能量。通常使用大粒径的氧化剂来降低推进剂的燃速。复合推进剂燃速的调节也可以通过氧化剂粒径级配控制来实现。通过燃烧催化剂调节燃速时，应该考查组分之间的相容性，还应该进行加速老化试验。氧化铁和铬酸铜是成熟的催化剂，二茂铁类催化剂对复合推进剂则具有更高的催化效率。丁基二茂铁比二茂铁挥发性更低，燃速催化效率较好，但由于丁基二茂铁具有低温结晶特性，需要与戊基二茂铁配合使用。由于二茂铁衍生物催化剂降低 AP 的热稳定性，因而降低了推进剂的自点火温度。

如果燃速在 5mm/s 左右，可以选用含惰性增塑剂和硝化甘油的双基推进剂。如果需要更高的燃速，各种含金属或不含金属的双基推进剂和复合推进剂配方都可以选择。这些燃速范围可以通过控制燃速催化剂或调整氧化剂的粒度分布来实现。当需要非常低的燃速，可以使用硝酸铵、硝基胍等作为氧化剂的配方体系，值得注意的是这些推进剂具有较低的比冲。

推进剂配方燃速可调范围的极限，在很大程度上依赖于推进剂系统本身，即依赖于基础配方的燃速，如 NEPE 推进剂比 HTPB 推进剂的基础配方燃速药高，燃速可调下限相对较窄，而依靠配方调整实现中、高燃速调节相对更容易。为了将特定的推进剂配方体系的燃速进行大幅度调节，必须将采用大比例、宽粒度范围氧化剂与一定含量的燃速调节剂等手段充分结合，以实现推进剂燃速范围扩大，并保持工艺、力学性能的基本要求。

（5）降低固体推进剂燃速压力指数的技术途径　通常要求推进剂的燃速压力指数小于 0.5。在实际应用中需要更低的压力指数，平台型或具有麦萨燃烧特性的双基推进剂可以获得低的压力指数。上述措施不适用于非常高燃速或需要中途熄灭的情况。高燃速经常只能在具有高压力指数的推进剂在高压力下达到。低压力指数推进剂在现有技术条件下中途熄灭是非常困难的。降低固体推进剂燃速压力指数的技术途径包括以下几方面。

① 改变或增加氧化剂的种类　氧化剂种类不同，引起的相关物理化学特性的差异会对推进剂燃速压力指数产生一定的影响。复合固体推进剂中，AP 作为氧化剂，其燃速压力指数通常要比 KP、硝胺等作为氧化剂的配方低得多。

② 改变氧化剂的含量、粒度和级配　采用改变氧化剂的含量方法调节推进剂的压强指数，必须考虑其对推进剂能量特性和力学性能的影响，只能在一定范围内变动。氧化剂粒度及级配的变化对推进剂能量特性的影响不大，而燃速调节范围相对较大，但必须考虑氧化剂粒度变化对推进剂工艺性能的影响。

③ 黏合剂和固化剂种类的调节　在复合固体推进剂中，黏合剂和固化剂种类的变化能引起燃速压力指数的显著变化。对于异氰酸酯固化剂，DDI 比 IPDI 能够使推进剂获得更低的燃速和燃速压力指数。

黏合剂的热分解、熔融流动特性等对推进剂的燃速压力指数也具有显著的影响。相同配方条件下，环氧乙烷-四氢呋喃共聚醚比聚丁二烯类推进剂具有较低的燃速压力指数。聚醚型聚氨酯黏合剂在燃烧过程中熔化液流动性较好，而聚丁二烯在 417℃ 左右成为高黏性液体，497℃ 完全分解；相比之下，前者更容易流动到推进剂燃烧表面的 AP 晶体上，造成局部熄火，从而使推进剂具有较低的燃速压力指数。

④ 金属燃料的组分调节　为了提高复合固体推进剂的能量，通常需要加入一定量的金属，其含量及粒度会对燃速压力指数造成一定的影响。在 HTPB 推进剂中，适当增加铝粉含量和粒度可以在一定程度上降低燃速压力指数。而添加一定量的硼粉，可降低推进剂的燃速压力指数，并保持推进剂在 6.86MPa 下燃速基本不变。

⑤ 燃速调节剂的影响　为了满足不同弹道性能的要求，常在推进剂配方中加入燃速调节剂。燃速调节剂的种类不仅对燃速的影响幅度大小不同，而且对燃速压力指数的影响也不同。在聚醚型和聚酯型的聚氨酯推进剂中，添加适量的硫酸铵可以得到负的压力指数；在 AP/HTPB 推进剂中，添加少量的卡托辛或平均粒度为 $4.3\mu m$ 的硫化铜，可以在显著提高燃速的同时降低压强指数；季铵盐、碳酸盐等催化剂单独或组合使用，可同时降低燃速和燃速压力指数。

由于温度敏感系数小的推进剂通常压强指数也比较低，所以，可采用低温度敏感系数的方法降低推进剂的燃速压力指数，如在推进剂组分中加入少量稀土金属化合物可以达到这种效果。

燃速与压力的关系在配方初步筛选阶段就应该考虑。在目标工作压力范围内，每个压力条件下应至少测试九组燃速数据，测试的数据标准偏差不应超过 2%。

需要调节压力指数的情况非常罕见，有效的方法是通过调节氧化剂的粒径实现。减小氧化剂的粒径，将降低推进剂的燃速压力指数。但是，压力指数的变化将会影响到目标压力范围内的燃速和燃速温度系数。实际调节燃速压力指数时，需要用大量的试验数据通过改变氧化剂粒度确定燃速压力指数适当的调节范围。对于含铝粉的复合推进剂可以通过提高铝含量来降低燃速压力指数。同时，铝粉增加将导致推进剂能量水平的改变，并提高两相流的损失。一般不推荐采用该方法调节压力指数，除非推进剂的能量下降是可以接受的。

当需要很低的压力指数或实现平台效应，应该考虑双基推进剂。如有高压力指数的需求，选用含 HMX 的双基或复合推进剂配方体系，硝基胍双基配方体系以及 AP-KP 复合推进剂配方体系也具有较高的压力指数，但比冲也偏低。

（6）降低固体推进剂燃速温度系数的技术途径　设计推进剂时应尽可能选择低的燃速温度系数，特别是要求推力限定在较窄的范围的情况。当温度敏感性较低时，推进剂一般也具有较低的压力指数。具有平台燃烧特性和麦萨燃烧特性的配方也具有较低的燃速温度系数。通常复合推进剂比改性双基推进剂具有更低的燃速温度系数。

当需要低温度系数，也应该考虑低压力指数配方体系。平台燃烧及麦萨燃烧双基推进剂也表现出低的温度系数。

6.6.2.3　推进剂的力学性能设计

延伸率、拉伸强度及弹性模量在推进剂药柱设计和力学分析中是必不可少的。通常，延伸率与拉伸强度具有一定的相关性。如果需要 25% 的延伸率，可以选择的配方体系包括聚酯类、CTPB 或 HTPB 推进剂体系。要求 20% 以上的延伸率时，不应选择非交联的溶塑性双基复合推进剂配方体系。交联型 PNC-DB 配方体系具有良好的延伸性。如果要求低温延伸性好，则需要选择 HTPB 复合推进剂配方体系。在较高温度应用的高延伸率和拉伸强度时，需要选择 CTPB、HTPB 或 PU 型推进剂配方体系。

（1）推进剂在制造和使用过程的受力破坏　推进剂装填方式包括自由装填及壳体黏结式两种形式，它们的受力破坏情况各不相同。

① 自由装填推进剂的受力破坏　自由装填推进剂装药在使用过程中经常受到的外力作用包括：

a. 火箭发动机燃烧室内前后端压力差（Δp）在药柱中引起的压应力 σ_1

$$\sigma_1 = \Delta p S_T / S_d \tag{6-228}$$

式中　S_T——火药装药药柱的端面积；

　　　S_d——挡药板的支撑面积。

b. 火箭加速飞行过程中惯性力引起的压应力

$$\sigma_2 = m_p n / S_d \tag{6-229}$$

式中　m_p——火药装药质量；

　　　n——过载系数。

c. 管状药内孔燃气压力对火药产生的切应力

$$\tau = [p_i(b^2 + a^2) - 2p_o b^2] / (b^2 - a^2) \tag{6-230}$$

式中　p_i，p_o——管内、外燃气的压力；

　　　a，b——药柱的内、外半径。

d. 火药装药从制造到使用的整个过程都受到重力的作用。对于大尺寸的推进剂，在高温时重力有可能使之发生蠕变。在运输与发射过程中振动与冲击亦可能使火药破损。

根据以上情况，自由装填式推进剂装药，应具有较高的弹性模量，抗压强度与一定的延伸率。例如，双石-2 推进剂的力学性能如表 6-59 所示。

表 6-59　双石-2 推进剂的力学性能

试验温度/℃	50	20	—40
抗压强度/MPa	13.1	34.9	143.1
压缩率/%	66.8	55.1	44.6
抗拉强度/MPa	2.9	12.7	48.5
延伸率/%	36.1	25.2	3.8
抗冲击强度/(kJ/m²)	481.18	264.6	40.18

② 壳体黏结式火箭装药的受力破坏　某些火箭特别是一些大型火箭发动机，由于尺寸很大，挤出法已难以满足制造要求，故一般采用浇铸工艺制造。由于这类火药与火箭发动机内壁黏结在一起，它们的受力破坏又有一些新的特点。

a. 温度变化时火药的破坏作用　浇铸工艺制备的推进剂装药，其药料在注入发动机以后固化时会因冷却而收缩。由于火药与火箭发动机壳体的热膨胀系数不同，它们的收缩率也不同。例如，浇铸型双基推进剂的体积收缩率为 0.005，聚丁二烯-AP 推进剂的体积收缩率为 0.002。火药在收缩时，火药与发动机壳体黏结面上产生的拉应力将使火药与壳体脱黏，或者在药柱内部产生裂纹。

火药收缩产生的脱黏现象不仅在火药固化时会发生，火药在贮存过程中，若环境温度不加控制，在冷热环境交替时也会发生。

对于机载导弹，由于飞机的高飞行速度使导弹表面温度升高，发动机壳体与火药之间亦可能因膨胀不一致而脱黏。

b. 重力对推进剂的破坏作用　壳体黏结式推进剂由于尺寸大，同时模量比较小，它们在贮存时可能因重力作用而发生蠕变，这种蠕变的变形量比较大且与火箭发动机直径的平方成正比。如果火箭发动机长时间垂直放置，则火药在重力作用下会发生下沉，这种下沉还会因火箭发射时的加速而加剧，结果在发动机壳体与火药黏结面之间产生很大的剪切力，从而导致火药与壳体之间产生裂缝。

c. 振动与冲击对推进剂的破坏作用　火箭在实际贮运与使用过程中它的破裂往往不是单一因素造成，而是诸多因素综合作用的结果。另外，有些破坏因素还具有累积性质。因此，严格地估计推进剂破损与各种因素的关系还存在一些困难。

火箭火药特别是复合推进剂是一种典型的固体氧化剂填充的高分子复合材料，它们的形变规律服从一般高分子复合材料的形变准则。

为了保证推进剂的力学性能，设计火药配方时，应该提供火药力学性能数据，一些常用推进剂在不同温度下的力学性能见表 6-60。

表中数据说明，低温时双基推进剂 σ_m 与改性双基推进剂的 σ_m 都比较大，而 ε_m 相对要小得多。对于壳体黏结推进剂要求有较大的延伸率，一般在低温时希望它的 ε_m 大于 30%，而 σ_m 大于 1MPa。HTPB/AP/Al 和 CTPB/AP/Al 体系可以满足这一要求，而双基推进剂则不能，这也是浇铸复合火药广泛用于壳体黏结式火箭发动机的原因之一。

（2）推进剂力学性能的调节　通常，复合推进剂力学性能调节的主要方法包括：

① 调节黏合剂基体相的网络和形态结构

a. 提高黏合剂分子量；

b. 改变黏合剂主链结构；

表 6-60　某些常用推进剂的力学性能

推进剂	−50℃	25℃	高温
	$(\sigma_m/\mathrm{MPa})/(\varepsilon_m/\%)$		
DB	31.68/1.5	13.0/40	3.24/60(71℃)
DB/AP/Al	18.93/4.5	2.65/4.5	0.98/45(49℃)
DB/(AP+HMX)/Al	16.38/2.7	1.18/50	0.39/33(49℃)
PU/AP/Al	8.04/5	0.69/41	0.49/33(82℃)
HTPB/AP/Al	6.28/50	—	0.62/33(66℃)
CTPB/AP/Al	2.26/26(−40℃)	0.88/—	0.69/75(54℃)
	4.51/43(−57℃)	1.18/43	0.78/41(77℃)

c. 应用双模或多模理论，使用长、短链黏合剂；

d. 引入可诱发微相分离的添加剂，增强体系的物理相互作用；

e. 充分增塑基体，调节基体模量。

② 调节填料与黏合剂之间的相互作用

a. 引入适宜的键合剂；

b. 调节中间相的模量，在保证填料与黏合剂结合良好的情况下，尽量降低中间相的模量，如采取提高键合剂分子量等措施。

思 考 题

(1) 火药的基本性质有哪些？

(2) 火箭和火炮对火药性能的要求有哪些不同点？

(3) 什么是火药的燃速压力指数和燃速系数？

(4) 评价火药安定性的主要指标是什么？

(5) 什么是火药的安全性能？主要测试方法有哪些？

(6) 火箭装药和火炮装药对火药力学性能的要求有哪些不同？

参 考 文 献

[1] 庞爱民，马新刚，唐承志. 固体推进剂理论与工程 [M]. 北京：中国宇航出版社，2014.

[2] 刘继华. 火药物理化学性能 [M]. 北京：北京理工大学出版社，1997.

[3] 周起槐，任务正. 火药物理化学性能 [M]. 北京：国防工业出版社，1983.

[4] 黄人骏，宋洪昌. 火药设计基础 [M]. 北京：北京理工大学出版社，1997.

[5] 关红波，李军，等. 落锤试验稳定性的讨论 [C]. 第五届固体推进剂安全技术研讨会，2015：167-171.

[6] 吉法祥，罗蕴华，徐复铭. 火药化学安定性的综合鉴定方法 [J]. 火炸药，1984 (1)：24-32.

[7] 陆安舫，李顺生，等. 国外火药性能手册 [M]. 北京：兵器工业出版社，1991.

[8] 陈廷皋，宋泽，李宝善. 无烟火药制造工艺学 [M]. 北京：国防工业出版社，1966.

[9] 余永刚，薛晓春. 发射药燃烧学 [M]. 北京：北京航空航天大学出版社，2016.

[10] 张柏生. 火药燃烧导论 [M]. 南京：南京理工大学，1988.

[11] Beckstead M W, Derr R L, Price C F. A model of composite solid-propellant combustion based on multiple flames [J]. Aiaa Journal, 2012, 8 (12)：2200-2207.

第7章
新型火药及其制造技术

现代武器在威力、精度和射程等方面的提升离不开发射、推进技术的进步。新型火药仍具有传统火药的一些重要特征,如可隔绝大气燃烧、能量释放功率高、与武器环境相容等。此外,还具有满足武器发展要求的独特性能,如高能、钝感、低特征信号、燃烧性能优良且调节范围大等。新型火药种类繁多、性能各异,下面仅介绍具有代表性的几种。

7.1
新型发射药及其装药技术

7.1.1 高能低烧蚀发射药

身管武器在多次使用后,因高温燃气烧蚀作用的积累,使药室变形、漏气、膛压下降,影响弹丸初速和精度,最终报废。由烧蚀造成的损耗数量可观,因此发展低烧蚀火药是各国长期关注的重要技术问题。火药能量的提高会带来烧蚀性增大的问题,高能和低烧蚀是一对矛盾,只能在一定范围内相对平衡。

火药的烧蚀性主要用燃烧温度或爆温表征,爆热基本相同的情况下,比容大的火药爆温低,提高比容是获得高能低烧蚀火药的最佳途径。例如,在双基药的基础上加入硝基胍、硝化二乙二醇、硝化三乙二醇、黑索今、奥克托今等,得到的火药燃气温度相对较低。

英国坦克炮用的 F527/428 高能硝胺火药能量较高,相对烧蚀性小,其主要成分为硝化棉、硝化甘油、硝基胍和黑索今,火药力达 1218kJ/kg,定容爆温为 3688K。20 世纪 70 年代以来,我国研制出了 RB 型、GR5 型、RGD7 型等高能硝胺火药,其中 RGD7 型火药力高达 1226kJ/kg,火焰温度为 3618K。

我国曾使用吉纳 (DINA)、硝酸异丁基甘油三硝酸酯代替硝化甘油,而美国使用三羟甲基乙烷三硝酸酯 (TMETN) 作为高能增塑剂,并加入三乙二醇二硝酸酯 (TEGN) 和二乙二醇二硝酸酯 (DEGN) 提高增塑效果。例如,利用丁三醇三硝酸酯 (BTTN)、TMETN、TEGN 组成的混合酯代替硝化甘油,制成的 PPL-A-2923 火药,火焰温度比 M8 双基火药低 309K,而火药力比 M8 高 2.4%。

叠氮硝胺火药因燃气平均分子量小而具有高能低烧蚀的特点。美国研制的以 1,5-二叠氮基-3-硝基氮杂戊烷 (DANPE) 为增塑剂的火药,与 RDX 等进行双组分组匹配,计算火药力达 1430kJ/kg,火焰温度为 3571K。我国将二叠氮基硝基氮杂戊烷引入火药配方,得到火药力达 1128kJ/kg、爆温 2980K 的叠氮硝胺火药，较好地缓解了提高能量和减少烧蚀之间的矛盾。

7.1.2 低易损性发射药

低易损性发射药（LOVA 发射药）是一种对高速破片和火焰等反应迟钝、不易烤燃和殉爆的发射药类型，它可提高弹药的安全性和武器系统的战场生存能力。为获得低易损特征，国际上主要采用两种途径，一种是通过使用填充高含量固体硝胺的聚合物黏结基质，另一种是采用硝化棉基配方体系。能量水平高、易损性低的高能 LOVA 发射药技术是近年来的研究重点。

美国研究的典型 LOVA 发射药是在含能氧杂环丁烷类热塑性黏合剂中加入 RDX 或 CL-20 等含能添加剂，火药力可增加到 1300kJ/kg 以上，黏合剂多用醋酸丁酸纤维素（CAB），化学稳定性好，并可提高装填密度（>1.4g/cm³）。瑞士硝基化学公司推出了不含 NG 的挤出复合不敏感发射药（ECL），火药力在 900~1080kJ/kg。R5730 型、I 型、R2 型、JA2 型、L1 型及 SCDB 型发射药均采用先进的无溶剂法工艺制备，部分品种已完成生产装备。印度用含能增塑剂取代传统的惰性增塑剂，选用低易损的含能填料研制了系列 LOVA 发射药配方。南非丹尼尔弹药公司完成了三种新的不含二硝基甲苯（DNT）、二苯胺（DPA）的绿色低感度发射药，采用二乙二醇二硝酸酯、三乙二醇二硝酸酯等含能组分作为增塑剂。瑞典的 NL-0XX 发射药则是在硝胺发射药中加入低感度的 FOX7 制成的。

7.1.3 高能高强度发射药

火炮装药向着高初速、高膛压、高装填密度的方向发展，对发射药能量和力学性能提出了越来越高的要求，在配方中添加固体高能炸药是提高发射药能量的主要技术途径，但随着配方中固体组分含量的增加，也增加了对发射药力学性能的不利影响，难以满足高膛压武器的应用要求。

火药的力学性能主要是由高分子黏合剂决定的，获得高能高强度发射药的主要途径包括改进黏合剂性能、采用新的黏合剂、增加交联剂含量和改善黏合剂网络结构，比如加入热塑性弹性体、键合剂等改性添加剂，或采用混合硝酸酯增塑的聚醚型聚氨酯作为发射药黏合剂的主体网络结构等。例如，德国研制的 JA-2 型混合硝酸酯火药是国际上公认的性能优良的高能高强度火药，主要增塑剂成分为硝化甘油和硝化二乙二醇，火药力高达 1140kJ/kg，火焰温度达 3412K。

高能热塑性弹性体的应用也是提高发射药力学性能的重要技术途径。热塑性弹性体包括惰性热塑性弹性体（TPE）和含能热塑性弹性体（ETPE），其中含能热塑性弹性体研究最为活跃。美国聚硫橡胶公司研制的 ETPE 发射药，主要配方体系分 BAMO-AMMO/RDX/NQ、BAMO-AMMO/RDX、BAMO-AMMO/TNAZ 或 CL-20 等。荷兰国家科学研究院研制的 TNO-LSP 型 ETPE 不敏感高能发射药，采用螺杆挤出机制备，在 155mm 口径的火炮上进行试验，火药力达到 1250J/g，燃烧温度 3000K，最大膛压 300MPa。

7.1.4 模块发射装药

模块发射装药（也称刚性组合式装药）是指由可燃容器、发射药、点火系统及装药附件制成一定尺寸的标准模块，使用时可按射程需要灵活组合的发射药装药系统。模块发射装药技术是适应提高大口径火炮反应能力、实现装填自动化、提高弹道性能需要而发展的新型发射装药技术。与传统药筒或药包装药相比，模块发射装药具有模块呈刚性、尺寸标准统一的特点，适合于大口径火炮机械化自动装填；可以按照需要进行多模块组合，满足不同射程发射需要；模块综合考虑了点传火、消焰和防烧蚀等需要，减少了装药元件数量，勤务处理简便。

20世纪80年代，英国、德国、南非和以色列等相继开始发展模块装药技术。模块装药技术已由多模块发展到单模块、双模块并存，且以双模块装药为主；由155mm火炮扩展到105mm、122mm及152mm榴弹炮上使用。模块装药技术的发展方向是朝通用性和兼容性方向发展，改进模块发射装药系统以提高综合性能。

我国科学家王泽山带领的团队，独创的补偿装药理论和技术方案，在全等模块发射装药方面取得了重大进展，火炮只需用一种操作模块即可覆盖全射程，通过实际验证，射程能够提高20%以上，最大发射过载有效降低25%以上。此项技术不仅使弹道性能全面超过国际上同类火炮，还降低了火炸药的火焰、烟以及毒气对操作员和环境造成的影响。

7.1.5　低温感系数发射装药

低温感系数发射装药（LTC）简称低温感发射药，是各国广泛研究的先进发射装药技术，其特征是能消除环境温度对火炮初速、膛压的影响，在不改变原火炮结构的情况下，保持各使用温度下火炮的弹道性能稳定，并显著提高炮口动能，同时提高武器使用的安全性。

20世纪50年代，美国的BRL、LCWSI等研究机构对多种口径火炮的温度系数进行了深入研究。用特殊工艺可以控制发射药在不同温度下的燃烧表面积，取得了降低温度系数的效果。J. O. Hirschfelder将阻燃包覆的单孔药与球形药混合，不但改变了装药的燃烧曲线，还较大幅度提高了初速和降低了装药的温度系数。研究发现，阻燃层阻止了火焰的传播，调节了火药燃气生成速率和改变了装药的燃烧曲线。用高分子材料对发射药进行阻燃包覆成为降低装药温度系数的一个研究方向。

德国的Branchert等用丙烯酸树脂作为包覆剂包覆多种发射药，不仅实现低温度系数特征，还有延迟点火的效果，适用于混合装药。法国火炸药公司利用热塑性聚合物包覆球形药，在相同压力下可以提高初速和减小烧蚀。瑞士联邦发射药厂利用聚合物涂覆双基药表面，在-40~50℃温度范围内用105mm火炮进行试验，弹道性能基本一致。德国硝基化学公司研制了表面包覆双基发射药（SCDB）、挤压-浸渍（EI）发射药。

2009年，德国ICT研究院与迪尔公司（DIEHL）联合开发的低温感硝胺发射药，以RDX、NC、含能增塑剂DNDA（二硝基二氮杂戊烷）等为主要组分，自燃温度达到220℃以上，火药力可达1140kJ/kg。2010年，韩国研究人员开展了19孔药的表面包覆低温感系数发射药研究。

我国科学家王泽山带领的团队，在低温感发射装药（LTSC）方面取得了新的突破，发展了低温感混合装药、破孔增燃补偿装药与功能新材料等理论与技术，研究解决了包覆层与本体火药的黏结强度、化学相容性及阻燃剂迁移等问题，通过多层包覆，调节阻燃层厚度及各阻燃层阻燃剂含量，获得较好的低温度系数弹道效果。在30~155mm系列火炮上进行了应用研究，火炮初速可提高2%~8%。

7.1.6　泡沫发射装药

泡沫发射装药是由炸药晶体和含能聚合物黏结而成的一类发射药，具有能量高、燃烧特性可变、易损性低等优势。由于其燃烧行为与装药形状无关，能够采用反应注射成型工艺（RIM）制备复杂的药形，在可燃药筒、模块发射装药和层状发射药等方面有广泛的应用前景。泡沫发射药主要由填充了RDX的聚氨酯体系和其他添加剂组成。

德国 ICT 研究院建立基于反应注射成型工艺的半连续化泡沫发射药成型系统，可以实现 70％固体含量的高黏度聚合物体系的成型，并将基于晶体炸药与反应性含能聚合物的泡沫发射药用作可燃药筒，制备的多种无壳弹经过实弹测试，枪口初速达到 960m/s，最大膛压 440MPa。

7.1.7　层状变燃速发射装药

层状变燃速发射装药是按线性渐增原理设计的一种先进发射装药，采用燃速不同但有足够化学安定性的相邻几层材料制成，化学能利用效率高，装填密度大，在不加剧身管烧蚀的情况下能够增大炮口动能，并使热塑性弹性体（TPE）发射药的使用成为现实，各国纷纷发展这项技术。

美国研制的三明治层状发射药具有高能量（1300kJ/kg）、快慢燃速比大（190MPa 压力下的比值为 2.7）、低毒和不敏感的优势。法国研制的 NENA-ST-06-1 不敏感层状发射药，采用以丁基-NENA 和 NQ 为基础原料的配方体系，经 20mm 口径火炮测试，与现有的 JA-2 等发射药相比炮口动能提高了 15％。荷兰应用科学技术研究院（NTO）开展了挤压叠合工艺研究，并采用双管微挤出流变仪及双螺杆挤出机研究了层状发射药的同步挤出工艺，完成了 7 孔层状发射药的研制。2000 年以来，国内多家单位在层状发射药方面也开展了大量研究，部分成果已在中小口径武器上获得应用。

7.2

新型推进剂技术

7.2.1　低特征信号固体推进剂

随着电子技术的发展，红外、紫外、主被动雷达探测系统搜索、跟踪目标的能力大大提高，传统导弹的生存能力和突防能力受到了极大考验，在这种对抗中，发展低特征信号推进剂是一种有效的应对途径。低特征信号（low signature，LS）是指发动机排气羽流无可见烟雾、二次火焰等电磁辐射特征信号较低，且对导弹制导信号衰减低。

抑制羽流二次燃烧是降低推进剂特征信号的关键，主要实现途径有降低燃气温度，减少发动机排气中可燃气体的浓度，抑制或中断二次燃烧链式反应。具体方法包括加入中定剂、松香等惰性物质，加入硝基胍、三聚氰胺等含氮高的物质，或加入抑制剂、消焰剂。

法国火炸药集团公司含能材料部（SEM）推出了固体填料仅为 RDX、HMX 或 CL-20 的 GAP 基无烟推进剂。瑞典防务研究局（FOI）的研究人员开展了球形化 ADN/GAP 低特征信号推进剂研究，通过 0.5％的 SiO_2 包覆 ADN 表面，很好地解决了其结块问题。

7.2.2　贫氧固体推进剂

固体冲压发动机具有结构紧凑、容积利用率高、系统简单、推力大、可靠性高、维护方便、战斗准备时间短等优点，是现代导弹发展的方向之一。贫氧固体推进剂是发展固体冲压发动机的基础，也是推动武器动力系统发展的关键技术之一。

贫氧推进剂又称为富燃料推进剂，其主要特点是氧化剂含量相比一般火药要低得多，氧系数通常在 0.2～0.3，远低于一般火药的 0.6～0.7。燃烧所需的氧主要靠飞行过程中吸入的空气获得，在发动机内燃烧时具有更高的比冲。贫氧推进剂中氧化剂含量的下限是能使其在二次燃烧前实现正常的一次分解燃烧，含量几乎是普通火药的 1/2。

贫氧推进剂主要有碳氢型贫氧推进剂、铝镁中能贫氧推进剂、含硼高能贫氧推进剂。高能贫氧推进剂的发展方向之一就是金属化，铝镁中能贫氧推进剂是目前使用最为广泛的一种贫氧推进剂。硼具有高的体积热值和质量热值，是高能贫氧推进剂最具吸引力的成分，但由于硼粉点火和燃烧困难带来的一系列问题，采用适当方法改善含硼贫氧推进剂中硼颗粒的燃烧环境可以获得较高的燃烧效率，可采用某些添加剂包覆硼颗粒，以及添加易燃金属或高能黏合剂等措施。

7.2.3　不敏感固体推进剂

不敏感推进剂是实现导弹、火箭等武器的推进剂或发射系统安全生产、运输、贮存、提高战场生存能力的关键。常规的端羟聚丁二烯（HTPB）/高氯酸铵（AP）推进剂虽然具有密度高、能量高、力学性能好和制备工艺优良等特点，但无法通过不敏感弹药测试，特别是慢烤试验。国外从 20 世纪末就开展了不敏感推进剂的研究。

不敏感推进剂主要包括三种类型，即不敏感改性双基推进剂、不敏感复合推进剂以及新型高能不敏感推进剂。采用的技术途径主要包括：①采用钝感改性的高能固体组分；②采用新型高能不敏感固体组分；③选用高能不敏感含能黏合剂和含能增塑剂；④优化推进剂制造工艺。

国外多家公司研制了基于端羟基聚醚（HTPE）或端羟基聚己内酯（HTCE）为黏合剂的不敏感复合推进剂。如美国 ATK 公司研制了一种少烟 HTPE 推进剂，用普通复合发动机壳体试验通过了 IM 试验。南非丹尼尔弹药公司也开展了 HTPE 不敏感推进剂的研究工作，研制的推进剂不敏感性较好，力学性能和制备工艺也优于 HTPB 推进剂。法国火炸药集团公司含能材料分部已成功研制了含铝的 GAP 基固体推进剂，该推进剂的能量与硝酸酯增塑聚醚（NEPE）推进剂相当，而 IM 性能明显提高。德国 ICT 研究院完成了低感度微烟复合推进剂的研制，采用喷雾分离技术解决了 AN 的吸湿性和转晶等问题。

7.2.4　电控固体推进剂

电控固体推进剂（ESP）是在固体推进剂药柱中设置电极，通电后药柱即被点燃，断电后药柱熄火，并可通过调节电压来控制其燃速的一类特殊固体推进剂。这类固体推进剂实现了燃烧过程的主动控制，从而使火箭发动机具备多次启动和推力可调功能，同时保留了固体推进剂发动机的固有优势。该类推进剂生产过程简单，对设备和制造环境要求不高，绿色环保，制备所需原料及燃烧产物无毒害，安全性高。主要应用领域是航天和国防方面，包括小型飞行器动力装置、星际探索动力装置、导弹动力装置、电热化学炮等。

电控推进剂的研究始于 1996 年，美国 ET Materials 公司开发了应用于汽车安全气囊的电控固体推进剂，随后发展了以硝酸羟胺和黏合剂为主要成分标准比冲达 245～263s 的第二代配方。电控推进剂逐步向三个系列发展，即不含金属粉的配方、含金属铝粉的配方和含金属硼的配方。

7.2.5　凝胶推进剂

凝胶推进剂又称胶体推进剂，是一种"非固非液"的高性能推进剂，它具有特殊的流变性能和存在状态，兼具有液体推进剂和固体推进剂的优点，尤其是安全性、能量、长贮性能、推力可调和配方组分选择等方面具有不可比拟的优越性。凝胶推进剂黏度高达 200Pa·s，力学性能好且调节范围大，装填系数高，生产工艺简单，运输和操作简单，存贮期可达 10

年以上。

凝胶推进剂一般分为两大类，一类是由液体推进剂演化而来的"gel propellants"，美国采用该类推进剂进行了"灵巧战术导弹"的飞行实验；另一类是由固体推进剂演化而来的"pasty propellants"，俄罗斯和乌克兰已完成相关推进剂的全套地面实验，相关技术已达到实用化水平。

由美国 TRW 公司制备的能量可控凝胶推进系统试验成功，该推进系统装填的凝胶推进剂，存放时呈固态，加压后呈液态，这样就使得推进系统像液体推进系统一样可根据需要调节推力。德国拜耳公司研制的两种凝胶推进剂完成了飞行器试验验证，标志着凝胶推进剂达到实用化水平。德国 ICT 研究院选用 PVP 作为双氧水的胶凝剂，开发了过氧化氢绿色凝胶推进剂，最大理论比冲为 2750N·s/kg，感度优于硝基甲烷，7MPa 下的燃速达到 100mm/s，燃烧温度 2400～2500K。

7.3
火药成型工艺研究新进展

7.3.1 发射药无溶剂法成型技术

发射药无溶剂法成型技术是相对于传统的溶剂法成型工艺技术而言的，为了大幅降低环境危害，"绿色"发射药应从原始组分上就不使用有毒的、致癌的物质，并选用不产生挥发性有机物的无溶剂制造工艺进行加工。2006 年，美国陆军采用无溶剂法工艺开发了环境友好的"绿色"发射药供中口径训练弹使用。2007 年，美国、奥地利两国合作改进无溶剂法工艺，引入先进的剪切压延机进行驱水、压延和造粒，并用一种等压成型工艺替代传统的卷制工艺制取药杯，提高了产品的稳定性。

7.3.2 双螺杆挤出成型技术

美国、德国、瑞典等许多国家已发展了以双螺杆挤出技术为核心的火药柔性制造技术，实现多种含能材料的连续化制造，包括复合固体推进剂及发射药等。

以色列军事工业公司（IMI）采用双螺杆挤出工艺制造了高能 LOVA 发射药，研制的 NC/硝胺/增塑剂发射药具有良好的综合性能。英国奎耐蒂克公司采用双螺杆挤出工艺制备了以 polyNIMMO、RDX 和硝基胍为主要组分的 LOVA 发射药，解决了气孔控制问题。

法国火炸药公司含能材料分部建成了一套用于高能含铝推进剂的双螺杆生产线，并将连续混合设备与双螺杆挤出机联用，采用的双螺杆直径为 55mm。美国海军与法国 SNPE 公司联合进行了高性能复合推进剂制造工艺研究，开发了复合推进剂连续化、自动化双螺杆挤出生产线，达到工业化规模。

7.3.3 模压成型技术

传统的双基固体推进剂成型工艺有螺旋压伸、淤浆浇铸、充隙浇铸等。随着双基推进剂中添加大量的高能炸药和金属粉，其工艺性能发生较大变化。当固体含量达到 40% 甚至更高时，其机械感度上升，力学性能、燃烧性能恶化，物料的流动性较差。由于高能添加剂对机械摩擦、撞击较敏感，再加上工艺过程存在剧烈的剪切作用，危险性也随之增加。

国内外有关高固含量推进剂工艺研究的报道越来越多。美国 Thelma G. Manning 等采用双螺杆挤压机制得了 HMX 质量分数高达 85%、以 BAMO/AMMO（3,3-双叠氮甲基氧杂环丁烷/3-叠氮甲基-3-甲基氧杂环丁烷）热塑性弹性体为黏合剂的高能固体推进剂。日本 Oda Masaru 发明了压实推进剂改性工艺，成功地将推进剂压装到发动机内，具有装填密度的特点，但是压实工艺仍然存在某些问题，力学强度不够理想。俄罗斯 G. V. E. Kutsenko 等发明了固体火箭推进剂模压制造工艺，主要包括药团制备、装药模压成型等工艺过程，研究获得了该类推进剂装药固化反应动力学参数随模压温度、装药尺寸和外壳组成的变化规律。国内西安近代化学研究所也开展了高固含量推进剂的模压成型工艺研究。

7.3.4 增材制造技术

增材制造技术（additive manufacturing，AM），俗称 3D 打印技术，是在计算机控制下直接利用三维立体数字模型将物料逐层堆砌形成实体产品。该技术已应用于导弹、火箭等武器装备零部件的制造，在火药领域的应用也呈现出快速发展态势，有望克服传统火药制备工艺的局限，精密而安全地制备复杂药型结构的火药产品，且具有设计灵活、研发周期短、成本低、安全绿色等特点。

Danforth J C 等公开了以 1,2-聚丁二烯和聚戊二烯为主体成分的光固化油墨组分，并公布了一种电控推进剂的增材制造方法，电极和推进剂组分由不同的材料挤出打印成型。Whitmore S A 等采用商用 3D 打印机和工程塑料，打印了固液混合发动机用惰性推进剂药柱，测试了综合性能。实验表明，聚碳酸酯无法点燃，而 ABS 具有良好的点火特性和较高的特征速度。Mcclain M S 等采用 HTPB 树脂和聚氨酯型 UV 树脂打印固含量为 85% 的复合推进剂物料，采用 X 射线断层扫描测试了内部孔隙结构，在 10.34MPa 压力下测试的样品燃烧稳定性与浇铸工艺制备的样品相当。聚氨酯型 UV 树脂制备的药柱具有更低的孔隙率。科罗拉多大学 Cameron B 等采用 CO_2 激光器对粉末蔗糖和硝酸钾进行熔融烧结，制备了圆柱形推进剂药柱。澳大利亚国防科学与技术组织（DST）等多个单位合作开展含能材料的增材制造技术研究。印度科学研究院采用增材制造技术成功制得不同内孔形状燃速可控的 HTPB 基复合固体推进剂。国内南京理工大学等多家研究单位也开展了火药增材制造的配方体系和工艺技术研究。

增材制造技术还没有成功地应用于发射药、固体推进剂等定型产品，仍需在配方、工艺、设备等方面开展深入研究，以满足复杂结构的新型火药装药发展的需要。

7.3.5 无桨混合技术

真空立式混合机是国际上生产复合固体推进剂的主流混合设备，但由于立式混合机桨叶的存在，混合过程存在较大摩擦，无法完全消除安全隐患，在桨叶的边缘处摩擦最大，出于安全的考虑无法制造较大尺寸的立式混合机，因此，探索无桨叶混合方式成为必然趋势。俄罗斯和乌克兰对无桨混合机进行了 30 多年的研究，建立了以无桨混合机为核心的装药批量生产流水线，处于国际领先技术水平。国内上海交通大学等单位开展了无桨混合技术的初步研究。

共振声混合（resonant acoustic mixing，RAM）是基于振动宏观混合和声流微观混合耦合作用的混合新工艺，工艺过程中没有桨叶等元件的介入，具有混合效率高、均匀性好、危险刺激量小等优势，已应用到医药、食品、生物等领域。近年来，该技术应用于含能材料的混合得到国内外学者的重视。2012 年，美国在 China Lake 军事基地采用共振声混合技术进行高能炸药和推进剂的混合实验，混合均匀性优于传统捏合机，能够满足炸药和推进剂的性能要求。西安近代化学研究所开展了 PBX 炸药的共振声混合实验，证明了该技术在炸药中应用的可行性。

7.4
新材料在发射药和推进剂中的应用

7.4.1 纳米材料

纳米材料因其具有小尺寸效应、表面效应、量子尺寸效应和宏观量子隧道效应等特性而得到广泛的应用。近年来，国内外学者将各种纳米材料在火药领域开展了探索研究，取得了一些可喜的进展。

7.4.1.1 纳米催化剂

推进剂的燃烧性能是推进技术的核心，使用少量纳米催化剂可以调节固体推进剂燃烧性能，近年来有关纳米催化剂的研究报道较多。美国、俄罗斯采用纳米镍作为推进剂燃烧催化剂可使燃烧效率提高 100 倍；美国 MACHI 公司生产了一种 3nm 的 Fe_2O_3（SFIO），其堆积密度只有 0.05g/mL，比表面积高达 $250m^2/g$，应用于复合推进剂中大幅度提高了燃速，并显著降低了压力指数。

邓鹏图等研究了纳米 Cr_2O_3、Cu_2O、Fe_2O_3 在 HTPB/AP/Al 推进剂体系中的催化效果，结果表明这些催化剂具有较高的催化效率，催化剂含量增加粒度效应增强。纳米 Cu_2O 含量较低时，在 9MPa 下的催化效率已接近辛基二茂铁；纳米 $CaCO_3$ 和普通 Cr_2O_3 在一定比例下具有催化协同效应，且高压下协同作用更强。徐宏等用 DSC 考察了纳米级 La_2O_3 对黑索今热分解的催化作用。

7.4.1.2 纳米燃烧剂

金属燃烧剂的粒度是影响火药性能的重要因素之一，探索纳米金属粉在火药中的应用已成为国内外研究者的共识，研究较多的包括纳米铝、镁、硼等。

20 世纪 90 年代美国 Argonide 公司用 EEW 工艺生产出超微活性铝"Alex"，其粒径为 100~200nm。Alex 比普通铝粉容易氧化得多，空气中将其加热到 450℃ 就开始部分氧化，放出大量的热。普通含铝复合推进剂在发动机装药燃烧时，易造成铝粒子熔化和聚集成大的液滴而导致燃烧不完全，采用 Alex 可大大提高推进剂的能量利用率。Mench 等人研究了 Alex 取代丁羟推进剂中常规铝粉的燃烧特性，Alex 对推进剂能量和燃速的提高都有显著效果。

美国陆军武器研究发展中心在发射药中引入纳米铝和纳米硼，研制出具有更好燃烧渐增性的新型层状发射药。纳米铝对发射药的能量略有提高，而纳米硼使发射药能量下降。意大利研究了含纳米铝的固体推进剂燃烧性能，采用 150nm 的铝粉代替常规的 $50\mu m$ 铝粉使 70bar 压力下的燃速从 6.43mm/s 提高到 12.16mm/s。加拿大研究人员在 GAP/AN 推进剂中加入 1%~5% 的纳米硅，可显著提高推进剂在高压下（14MPa）的燃速。美国和俄罗斯等开展了金属化纳米碳管及其在固体推进剂中的应用研究。

国内赵凤起等学者采用 70nm 的铝粉取代改性双基推进剂中的普通铝粉，可使其燃速提高 4mm/s 以上，纳米铝粉、镍粉、铜粉对 GAP、RDX 等含能材料的分解具有催化作用。

7.4.1.3　纳米炸药

纳米炸药在多个方面表现出与常规炸药的巨大差别，其机械感度较低，爆轰更接近于理想爆轰，爆速高，爆轰稳定，安全性能好，更适于制造低易损装药。美国 Lawrence Livermore 国家实验室在多孔的 SiO_2 基材上合成出了含高能炸药 RDX 或 PETN 的纳米晶体复合材料。国内南京理工大学的研究人员成功制备出了粒径为 4nm 纳米的 HMX，其粒度分布窄，形状为球状，其分解活化能大幅降低。

7.4.1.4　纳米铝热剂

在 HTPB 推进剂中加入铝粉等金属粉可以提高推进剂的比冲、降低燃烧的不稳定性、提高燃速，但铝粉的燃烧不完全经常导致烧结问题，纳米铝粉的烧结问题更加严重，影响了其使用效能。2010 年，美国 ATK 公司采用纳米铝热剂作为 HTPB 推进剂的燃速调节剂，以降低点火温度、提高燃速。含 $Al \cdot Fe_2O_3$ 或 $4Al \cdot CuO$ 的推进剂燃速显著提高，含 $Al \cdot Fe_2O_3$ 的推进剂通过了力学性能和安全性能评估。

7.4.2　储氢材料

对于固体推进剂，降低燃烧室内燃气的平均分子量是一种提高推进剂比冲的有效方法。将 H_2 引入固体推进剂的燃烧过程中可显著降低燃气的平均分子量，此外 H_2 燃烧能放出大量的能量。因此，将储氢材料应用于固体推进剂方面有望大幅度提高其能量水平。

现有的储氢技术中仅有固态储氢能够满足在固体推进剂中应用的要求。固态储氢材料分物理吸附储氢材料和化学吸附储氢材料。物理吸附储氢材料如碳纳米管、活性炭、金属有机框架化合物（MOFs）等，其吸放氢工作需要在低温或常温高压下进行，这些条件限制了其在固体推进剂中的应用。化学吸附储氢材料是通过氢与物质之间的化学反应来储氢，包括金属氢化物、配位氢化物等，它们的储氢特性主要由材料的物理化学性质以及吸放氢化学反应的热力学和动力学特征来决定。此类储氢材料具有储氢量大、性能可控等优点，在固体推进剂领域具有较好的应用前景。

储氢合金氢化物与推进剂常用含能组分间的相容性较好，能够满足在推进剂中的应用。刘磊力研究发现 Mg_2NiH_4 热分解生成的 H_2、Mg 和 Ni 能与 AP 的分解产物发生反应，从而促进其分解反应进程。姚淼等研究发现 MgH_2 可使 RDX 分解的表观活化能由 159.22kJ/mol 降低至 133.69kJ/mol，同时还能降低 RDX 的安定性。

轻金属硼氢化合物具有很高的储氢量，更适用于向推进剂燃烧过程中引入 H_2，但此类化合物有较强的还原性，与推进剂中的氧化性成分之间很可能存在相容性问题。轻金属铝氢化合物的热稳定性一般低于相应的硼氢化合物，可以在更低的温度下分解并放出氢气。$LiAlH_4$ 大约在 110℃ 熔化，随后分解生成 Li_3AlH_6 和 LiH 并放出 H_2。该放氢过程为放热反应，其产物在更高温度能继续分解放出氢气。

金属氨硼烷（NH_3BH_3）化合物是近年来储氢材料领域最大的研究热点之一，具有极高的储氢量，放氢过程伴随着热量的释放，利于在推进剂中的应用。但此类化合物的热稳定性较低，与推进剂主要成分间的相容性问题有待解决。

7.4.3　新型含能材料

7.4.3.1　高能氧化剂

新型高能氧化剂对推进剂能量特性的影响是国内外研究报道较多的一个课题，目前的主要研究方向是二硝酰胺铵（ADN）、硝仿肼（HNF）等的应用研究。

ADN 取代推进剂中目前广泛使用的 AP 和 AN，可大幅度提高推进剂的能量，降低特征信号，减少污染，被认为是下一代低特征信号推进剂用氧化剂主要品种之一。在 HTPB 推进剂体系中使用 40% 的 ADN，可将比冲提高 100N·s/kg。ADN 用于低特征信号推进剂，可将比冲提高 7%。用于含铝推进剂，比冲可提高 10%。

早在 20 世纪 60 年代，欧洲就曾在 HNF 的研制及应用方面做过大量工作。影响 HNF 应用的原因主要有两个，其一是制备 HNF 的前体三硝基甲烷的工艺危险性大；其二是 HNF 易与不饱和黏合剂中的双键起化学反应而破坏推进剂性能。

除了 ADN 和 HNF，国内外对新的高能氧化剂合成与应用开展了大量研究，但尚没有开发出综合性能超过高氯酸铵的无卤型氧化剂品种。

7.4.3.2 含能黏合剂

含能黏合剂的合成研究可以追溯到 20 世纪 60 年代中期，各国都试图在已有聚合物侧链上引入含能基团，主要有硝基（—NO_2）、硝酸酯基（—ONO_2）、叠氮基（—N_3）、二氟氨基（—FN_2）和氟二硝基 [—$CF(NO_2)_2$] 等。以 GAP（缩水甘油叠氮聚醚）、PGN（聚缩水甘油硝酸酯）、BAMO、AMMO 等为代表的叠氮黏合剂已成为世界各国研究发展高性能、钝感并与环境相容的高能量密度材料的重要目标，其中 PGN 基推进剂和 PGN 基推进剂是研究最为广泛的两种。

CL-20/GAP 推进剂的比冲可达 2524N·s/kg，燃速范围 11~20mm/s。美国、德国等在 PGN 合成及其在推进剂中的应用研究方面做了大量工作，取得了较大突破。与 GAP 类含能黏合剂基推进剂相比较，PGN 基推进剂的比冲接近，但由于其密度较高，PGN 推进剂的密度比冲更高，与大型运载火箭用的 HTPB 推进剂性能相似。

PBBP [聚双(1,3-氧杂丙基)-双(2,2-二硝酸酯基甲基)-1,3-丙二酸酯] 被认为较具发展前景的含能黏合剂，其特点是氧含量高达 62%，基础配方比冲计算值为 2518.6N·s/kg，较 GAP 类推进剂高出约 98.07N·s/kg。

7.4.3.3 高能燃料

AlH_3 常被用作高能金属燃烧剂使用，能显著提高推进剂的比冲和燃速，应用前景广阔，但存在易于氧化和水解、稳定性差等缺点。美国、俄罗斯等已掌握 AlH_3 的批量化制备技术。国外学者开展了 AlH_3 取代 HTPB/Al/AP 推进剂中的 Al 的研究，结果表明 AlH_3 可显著提高推进剂的比冲，比冲可以达到 2549.7N·s/kg 左右，15% 的 AlH_3 可以使 HTPB/AP 推进剂燃速提高 2 倍，安全性能显著提高。

Be 或 BeH_2 曾因毒性大而被停止研究。1998 年的美国专利公开含 Be 的推进剂配方，以 PGN 为黏合剂，HMDI 为固化剂，AP 或 HAP（高氯酸羟铵）为氧化剂，以 Be 或 BeH_2 为燃料，在宇航发动机中试验，当总固体含量在 80%~85%，理论比冲可达 3825~3922N·s/kg。

近年来，美国、日本等对原子簇 C_{60}、N_{60} 等进行了合成研究，据预测其性能将比液体氢氧推进剂的比冲提高 20%，可高达 5390N·s/kg。

7.5

火药技术发展趋势

火药的发展趋势是朝着高能量、燃速系列化、低易损性、低毒害方向发展，并合理利用新的高能量密度材料、纳米材料、储氢材料等调整火药性能参数。

高能固体推进剂的发展趋势主要包括以下几方面：

① 重视开发纳米改性高能固体推进剂；

② 重视发展低特征信号高能固体推进剂；

③ 继续研究可再生利用的绿色高能固体推进剂；

④ 高能量密度材料不断应用到高能固体推进剂配方中；

⑤ 不断探索绿色、环保的先进制造工艺技术，满足新配方的需求。

以新型含能组分为基的下一代发射药技术的发展趋势主要包括以下几方面：

① 含新型高能氧化剂的发射药；

② 含新型含能黏合剂的发射药；

③ 含新型含能增塑剂的发射药；

④ 含纳米组分的高能发射药；

⑤ 挤压-浸渍（EI）发射药和挤出复合发射药（ECL）。

由于用途及作用方式的不同，发射药在高能量利用率、低烧蚀性方面有更高要求；而推进剂在低特征信号、良好力学性能有更高要求，此外还要在燃速等方面有较大的可调节范围。

思 考 题

（1）近年来钝感发射药技术的发展特点有哪些？

（2）低特征信号推进剂的主要特点是什么？

（3）贫氧推进剂的主要用途有哪些？

（4）纳米材料在火药中应用的优点和应用困难分别有哪些？

参 考 文 献

[1] 王泽山，史先扬. 低温度感度发射装药 [M]. 北京：国防工业出版社，2006.

[2] 刘鹏，严启龙，李军强. 新技术在固体推进剂中的应用 [J]. 化学推进剂与高分子材料，2011（5）：35-38.

[3] 王新强，邓康清，李洪旭，等. 电控固体推进剂点火技术研究 [J]. 固体火箭技术，2017（3）.

[4] 程红波，陶博文，黄印，等. 国外电控可熄火固体推进剂技术研究进展 [J]. 化学推进剂与高分子材料，2016（6）：1-6.

[5] 胡建新，李洋，何志成，等. 电控固体推进剂热分解和燃烧性能研究 [J]. 推进技术，2018，39（11）：194-200.

[6] Arun C R, Balasubramanian N, Natarajan V, et al. Flame Spread Studies on Additive Manufactured Porous Propellant Grains [C] // Aiaa/sae/asee Joint Propulsion Conference. 2017.

[7] Chandru R A, Balasubramanian N, Oommen C, et al. Additive Manufacturing of Solid Rocket Propellant Grains [J]. Journal of Propulsion & Power, 2018：1-4.

[8] 万新斌. 无桨混合机中药浆流动规律实验研究 [D]. 上海：上海交通大学，2007.

[9] 郝世超，吴伟亮，吴志合. 无桨混合机内高粘塑性流体掺混规律试验研究 [J]. 化工装备技术，2009，30（4）：6-10.

[10] 徐海元，包玺，唐根，等. 固体推进剂新型无桨混合工艺的研制 [J]. 质量与可靠性，2015（6）.

[11] Matta L M, Zhu C, Jagoda J, et al. Mixing by resonant acoustic driving in a closed chamber [J]. Journal of Propulsion and Power, 1996, 12（2）：366-370.

[12] 马宁，陈松，蒋浩龙，等. 共振声混合技术在含能材料领域应用研究进展及展望 [J]. 兵工自动化，2017（07）：23-27.

[13] 蒋浩龙，王晓峰，陈松，等. 声共振混合技术及其在火炸药中的应用 [J]. 化工新型材料，2017（02）：242-244.